高职高专 “十三五”规划教材

计算机组装与维护项目化教程

第二版

孙承庭 陈 军 主编

瞿 江 马仕麟 余于仿 副主编

化学工业出版社

·北京·

本书编写基于项目化教学，内容翔实，涵盖当前计算机软硬件技术，讲述了台式微型计算机和笔记本电脑的组装、维护与故障维修、数据恢复等技术。内容包括：计算机系统概述，主板与CPU、存储设备、输入设备、输出设备、其他设备的主要技术指标及选购方法，BIOS的设置，计算机的组装过程，操作系统的安装，计算机系统维护与优化，磁盘维护与虚拟PC技术，计算机系统故障诊断与维护，数据恢复软件与应用，笔记本电脑维护等，涵盖计算机维护与维修相关知识和技能，每个项目都有针对性很强的实训指导和思考练习。

本书适合作为应用型本科和各类职业院校相关专业课程的教材，也可作为各类计算机培训机构的培训教材，还可作为初学者学习计算机组装和维护技能的普及性读物。

图书在版编目(CIP)数据

计算机组装与维护项目化教程 / 孙承庭，陈军主编.
2版. —北京：化学工业出版社，2019.6（2023.11重印）
高职高专“十三五”规划教材
ISBN 978-7-122-34166-2

Ⅰ. ①计… Ⅱ. ①孙… ②陈… Ⅲ. ①电子计算机-组装-高等职业教育-教材 ②计算机维护-高等职业教育-教材 Ⅳ. ①TP30

中国版本图书馆CIP数据核字（2019）第053901号

责任编辑：王昕讲
责任校对：张雨彤　　装帧设计：刘丽华

出版发行：化学工业出版社（北京市东城区青年湖南街13号　邮政编码100011）
印　　装：北京印刷集团有限责任公司
787mm×1092mm　1/16　印张17¾　字数500千字　　2023年11月北京第2版第4次印刷

购书咨询：010-64518888　　售后服务：010-64518899
网　　址：http: // www. cip. com. cn
凡购买本书，如有缺损质量问题，本社销售中心负责调换。

定　　价：49.00元

第二版前言

本书采用基于工作过程的项目化教学方法。我们对原书2015版的内容进行全面修订，每个项目都进行了精心删减与优化，增加了新的内容，紧跟计算机维护技术发展。

本书系统地介绍了“计算机组装与维护”技巧，全书共分14个项目，内容包括：认识计算机系统，认识主板与CPU、存储设备与选购、输入设备与选购、输出设备与选购、其他设备与选购、BIOS设置与升级，计算机的组装与调试，硬盘规划与操作系统的安装、计算机系统维护与优化、磁盘维护与虚拟PC技术、计算机系统故障诊断与维护、数据恢复软件与应用、笔记本电脑维护等涵盖计算机维护与维修相关知识和技能。每个项目都有针对性很强的实训指导和思考练习。

本书主要特色如下。

① 特别提示：项目关键处有【特别提示】，以便向计算机维护者遇到难题时提供解决问题的参照，起到特殊的警示作用。

② 特别增加了数据恢复内容和笔记本电脑维护内容：计算机维护中的数据安全非常关键，数据恢复是一项新技术；随着笔记本电脑价格下降，市场保有量增大，其基本维护有很大市场。

③ 有课程支持网站：丰富的课程资源为教学提供支持平台。

④ 项目实训：每个项目后都有精选的实训指导，可以进一步巩固所学习内容。

全书内容翔实、深入浅出、通俗易懂，既重视必要知识的讲解，又关注实战技能的培养。书中的每章都安排了实训和习题，以方便实践训练和巩固知识。通过系统的讲解和有效的实训，读者可以轻松地掌握相关知识点。

本书适合作为各类计算机培训机构、高等院校特别是职业院校相关专业课程的教材，也可作为初学者学习计算机组装和维护技能的普及性读物。

本书由孙承庭、陈军主编，瞿江、马仕麟、余于仿副主编。瞿江编写项目1、项目2；莫莉萍编写项目3；马仕麟编写项目4；余于仿编写项目5、项目6；陈军编写项目7～项目9；占崇玉编写项目10、项目11；张紫霞编写附录专业英语，并对全书专业英语进行翻译和校对；孙承庭编写项目12～项目14和所有项目的实训指导和习题，并最终完成统稿工作。

本书在编写过程中，参阅了相关参考文献和网络资源，也得到了化学工业出版社相关人员的大力帮助，编者在此表示衷心感谢。

由于编者水平有限，书中难免有不妥之处，恳请广大读者批评指正。

编　者

2019年3月

目录

项目1　认识计算机系统……1
　任务1.1　认识计算机……1
　任务1.2　了解计算机的发展和应用……4
　任务1.3　熟悉计算机的系统组成……5
　任务1.4　了解计算机种类与常用名词……7
　任务1.5　计算机选购……8
　实训指导……9
　思考与练习……9
项目2　认识主板与CPU……11
　任务2.1　认识主板……11
　任务2.2　认识CPU……23
　任务2.3　主板与CPU的选购……29
　实训指导……31
　思考与练习……34
项目3　存储设备与选购……35
　任务3.1　认识内存……35
　任务3.2　认识硬盘……46
　任务3.3　认识可移动设备……52
　任务3.4　认识光驱和光盘……53
　实训指导……58
　思考与练习……60
项目4　输入设备与选购……61
　任务4.1　认识键盘……61
　任务4.2　认识鼠标……63
　任务4.3　认识扫描仪……65
　任务4.4　认识摄像头……67
　任务4.5　认识数码产品……68
　实训指导……70
　思考与练习……70
项目5　输出设备与选购……71
　任务5.1　认识显卡……71
　任务5.2　认识显示器……75
　任务5.3　认识声卡……78
　任务5.4　认识音箱……80
　任务5.5　认识打印机……83
　实训指导……91
　思考与练习……92

项目 6 其他设备与选购……93
任务 6.1 认识机箱……93
任务 6.2 认识电源……96
任务 6.3 认识网卡……98
任务 6.4 了解调制解调器……101
任务 6.5 熟悉常用网络设备……101
实训指导……102
思考与练习……106
项目 7 计算机组装与调试……107
任务 7.1 装机准备……107
任务 7.2 机箱和电源的安装……109
任务 7.3 CPU 和内存的安装……110
任务 7.4 主板的安装……116
任务 7.5 安装显卡……116
任务 7.6 驱动器的安装……117
任务 7.7 机箱面板与主板连线……121
任务 7.8 主板其他接口的连接及整理……124
任务 7.9 外设的连接……125
任务 7.10 裸机的测试及故障检查方法……127
实训指导……128
思考与练习……130
项目 8 BIOS 设置与升级……131
任务 8.1 了解 BIOS 的基础知识……131
任务 8.2 BIOS 设置……135
任务 8.3 BIOS 的升级……144
任务 8.4 UEFI 与 BIOS……147
实训指导……150
思考与练习……150
项目 9 硬盘规划和操作系统安装……151
任务 9.1 硬盘分区与格式化……151
任务 9.2 了解常用的硬盘分区管理软件……154
任务 9.3 操作系统安装……163
任务 9.4 Ghost 系统备份……178
实训指导……182
思考与练习……183
项目 10 计算机系统维护和优化……184
任务 10.1 计算机系统基本维护……184
任务 10.2 计算机病毒知识与防范……191
任务 10.3 Windows 注册表的应用与维护……196
实训指导……200
思考与练习……200
项目 11 磁盘维护与虚拟 PC 技术……201

任务 11.1 磁盘维护技术 …… 201
任务 11.2 虚拟 PC 技术 …… 202
实训指导 …… 209
思考与练习 …… 213
项目 12 计算机系统故障诊断与维护 …… 214
任务 12.1 了解计算机系统维护的基本原则和方法 …… 214
任务 12.2 计算机硬件故障分析与维修案例 …… 221
任务 12.3 计算机常见软件故障分析与维护 …… 234
任务 12.4 计算机主板故障诊断卡的应用 …… 236
实训指导 …… 238
思考与练习 …… 239
项目 13 数据恢复软件与应用 …… 240
任务 13.1 了解数据恢复 …… 240
任务 13.2 熟悉硬盘的数据结构 …… 241
任务 13.3 用 DiskGenius 软件恢复数据 …… 243
任务 13.4 用 R-Studio 软件恢复数据 …… 246
任务 13.5 WinHex 对指定类型的文件进行恢复 …… 253
实训指导 …… 255
思考与练习 …… 256
项目 14 笔记本电脑维护 …… 257
任务 14.1 认识笔记本电脑 …… 257
任务 14.2 了解笔记本电脑的电路原理 …… 261
任务 14.3 笔记本电脑的安装 …… 262
任务 14.4 笔记本电脑的拆卸 …… 264
任务 14.5 笔记本电脑的维护与保养技巧 …… 268
任务 14.6 笔记本常见故障分析与维修案例 …… 270
实训指导 …… 272
思考与练习 …… 273
附录 计算机维护常用专业英语 …… 274
参考文献 …… 277

项目 1　认识计算机系统

【项目分析】

要让计算机成为生活、工作的好助手，必须首先对计算机有一个基本的认识，了解计算机的基本配置和各部件的功能、性能参数，了解计算机的发展历史，掌握计算机的系统组成和不同计算机的维护与维修方式。

【学习目标】

知识目标：

① 了解计算机的组成部件；

② 了解计算机的发展、分类和应用；

③ 掌握计算机的系统组成。

能力目标：

① 能识别构成计算机的各硬件设备；

② 对于市场上的硬件设备具备一定的选购能力。

任务 1.1　认识计算机

1.1.1　常见的计算机

目前人们日常生活、工作中使用的计算机基本可以分成三类：一类是独立、相互分离的计算机，通常被称为台式机；另一类是手提式电脑，又被称为笔记本电脑（简称：笔记本）；还有一类叫一体机，它是将主机部分、显示器部分整合到一起的新形态电脑，内部元件高度集成。这三类计算机的外观如图 1-1 所示。

(a) 台式机

(b) 笔记本电脑

(c) 一体机

图 1-1　三类计算机外观

台式机从外观上看，显示器和主机箱是相对分离的，一般要放置在电脑桌或者专用的办公桌上，故称之为台式机。相对于笔记本电脑而言，它具有散热好、扩展方便等优点。台式机比较著名的品牌有联想（Lenovo）、华硕（Asus）、戴尔（Dell）、方正、清华同方等。

1.1.2　主机

主机是安装在一个主机箱内所有部件的统一体。台式机的主要组成部分，通常包括CPU、内存、硬盘、光驱、电源以及其他输入输出控制器和接口，如 USB 控制器、显卡、网卡、声卡等，其结构如图 1-2 所示。

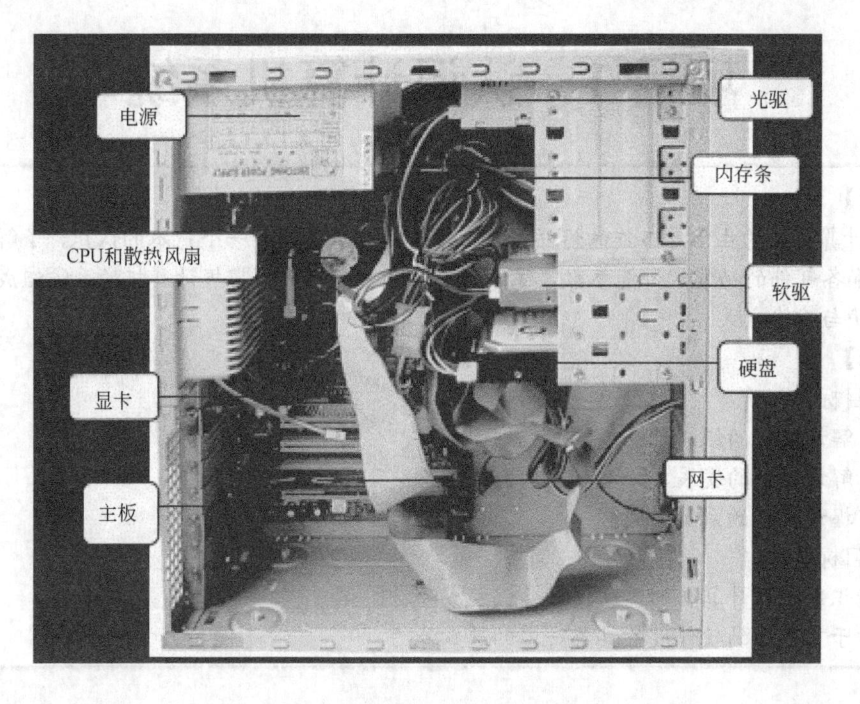

图 1-2　主机内部结构

下面简单地介绍主机内各组成部分及功能。

① 机箱。主机的外壳，用于固定各个硬件。

② 电源。主机供电系统，用于给主机供电稳压。

③ 主板。连接主机内各个硬件的电路板。

④ CPU。主机的大脑，负责数据运算处理。

⑤ 内存。暂时存储电脑正在调用的数据。

⑥ 硬盘。主机的存储设备，用于存储数据资料。

⑦ 声卡。处理计算机的音频信号，有主板集成声卡和独立声卡。

⑧ 显卡。处理计算机的视频信号，有核心显卡（集成）及独立显卡。

⑨ 网卡。处理计算机与计算机之间的网络信号，常见个人主机都是集成网卡，多数服务器是独立网卡。

⑩ 光驱。光驱用于读写光碟数据。

⑪ 散热器。主机内用于对高温部件进行散热的设备。

1.1.3　显示器

显示器通常也被称为监视器。显示器属于电脑的输出设备，比较常见的 CRT 和 LCD 显示器如图 1-3 所示。

1.1.4　键盘和鼠标

键盘是最常见的计算机输入设备，它广泛应用于微型计算机和各种终端设备上，计算机操作者通过键盘向计算机输入各种指令、数据，指挥计算机的工作。

鼠标是计算机输入设备的简称，分有线和无线两种。它也是计算机显示系统纵横坐标定位的指示器，因形似老鼠而得名“鼠标”。

目前常用的键盘和鼠标按接口类型分为PS/2接口和USB接口。PS/2 鼠键通过一个六针微型接口与计算机相连；USB 鼠键通过一个USB 接口，直接插在计算机的USB口上。图 1-4 为常见的鼠标和键盘。

图 1-3 CRT 和 LCD 显示器　　　　图 1-4 常见鼠标键盘

1.1.5 音箱和耳机

音箱是整个音响系统的终端，其作用是把音频电能转换成相应的声能，并把它辐射到空间去。在计算机系统中，音箱是重要的“发声器官”。通常情况下只需要把音箱的信号线插入声卡的 Line Out 孔中就可以使用了。图 1-5 为常见的台式电脑音箱。

图 1-5 常见台式电脑音箱

耳机是微型化的个人音响，其选择完全出于个人的用途、习惯、好恶。根据其换能方式分类，主要有动圈方式、动铁方式、静电式和等磁式。从结构上可分为开放式、半开放式和封闭式。从佩戴形式上分类则有耳塞式、挂耳式、入耳式和头戴式。从音源上区别，可以分为有源耳机和无源耳机，有源耳机也常被称为插卡耳机。

1.1.6 摄像头

摄像头（Camera）又称为电脑相机、电脑眼等，是一种视频输入设备，被广泛运用于视频会议、远程医疗及实时监控等方面。普通的人也可以彼此通过摄像头在网络中进行有影像的沟通。另外，人们还可以将其用于当前各种流行的数码影像、影音处理。图 1-6 是部分常见的摄像头。

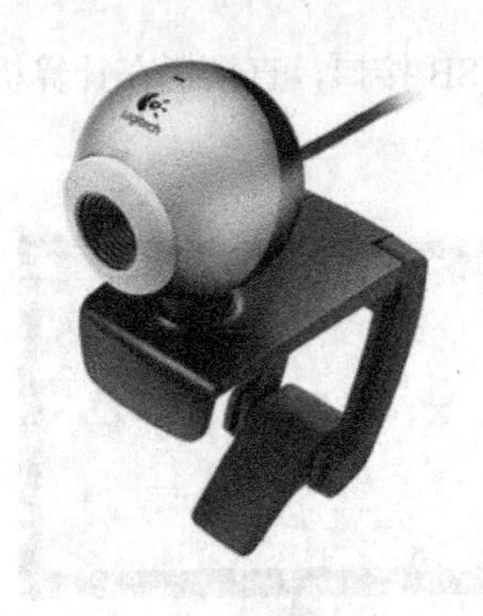

图 1-6　常见摄像头

1.1.7　计算机的常见周边设备

人们在计算机的使用过程中还会接触到其他一些设备，如打印机、扫描仪、多功能一体机、数码相机等，在后续的章节会作详细介绍。

任务 1.2　了解计算机的发展和应用

1.2.1　计算机发展简史

计算机的发展到目前为止共经历了四个时代，从 1946 年到 1958 年这段时期称之为“电子管计算机时代”。第一代计算机的内部元件使用的是电子管。一台计算机需要几千个电子管，每个电子管都会散发大量的热量，因此，如何散热是一个令人头痛的问题。电子管的寿命最长只有 3000 h，计算机运行时常常发生由于电子管被烧坏而使计算机死机的现象。第一代计算机主要用于科学研究和工程计算。

从 1959 年到 1964 年，由于在计算机中采用了比电子管更先进的晶体管，所以将这段时期称为“晶体管计算机时代”。晶体管比电子管小得多，消耗能量较少，处理更迅速、更可靠。第二代计算机的程序语言从机器语言发展到汇编语言。接着，高级语言 FORTRAN 语言和 COBOL 语言相继开发出来并被广泛使用。这时，开始使用磁盘和磁带作为辅助存储器。第二代计算机的体积和价格都下降了，使用的人也多起来了，计算机工业迅速发展。第二代计算机主要用于商业、大学教学和政府机关。

从 1965 年到 1970 年，集成电路被应用到计算机中来，因此这段时期被称为“中小规模集成电路计算机时代”。集成电路是在晶片上的一个完整的电子电路，这个晶片比手指甲还小，却包含了几千个晶体管元件。第三代计算机的特点是体积更小、价格更低、可靠性更高、计算速度更快。IBM 公司花费 50 亿美元开发的 IBM 360 系统是第三代计算机的代表。

从 1971 年到现在，被称之为“大规模集成电路计算机时代”。第四代计算机使用的元件依然是集成电路，不过，这种集成电路已经大大改善，它包含着几十万到上百万个晶体管，人们称之为大规模集成电路（LargeScale Integrated Circuit，LSI）和超大规模集成电路（Very Large Scale Integrated Circuit，VLSI）。1975 年，美国 IBM 公司推出了个人计算机 PC（Personal Computer），从此，人们对计算机不再陌生，计算机开始深入到人类生活的各个方面。

1.2.2　计算机的应用领域

计算机的应用已渗透到社会的各个领域，正在改变着人们的工作、学习和生活的方式，推动着社会的发展。中国科学院计算研究所给出的分类如图 1-7 所示。

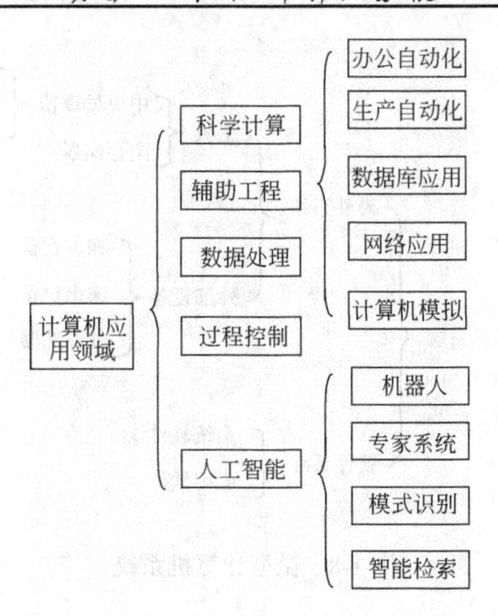

图 1-7 计算机的应用领域划分

下面，对上述部分应用领域进行一些简单介绍。

（1）科学计算（或称为数值计算）

早期的计算机主要用于科学计算。目前，科学计算仍然是计算机应用的一个重要领域，如高能物理、工程设计、地震预测、气象预报、航天技术等。

（2）数据处理（信息管理）

用计算机来加工、管理与操作任何形式的数据资料，如企业管理、物资管理、报表统计、账目计算、信息情报检索，主要包括数据的采集、转换、分组、组织、计算、排序、存储、检索等。

（3）辅助工程

计算机辅助设计、制造、测试（CAD/CAM/CAT）。

① 用计算机辅助进行工程设计、产品制造、性能测试；

② 办公自动化；

③ 生产自动化；

④ 情报检索；

⑤ 自动控制；

⑥ 计算机模拟等。

（4）过程控制

利用计算机对工业生产过程中的某些信号自动进行检测，并把检测到的数据存入计算机，再根据需要对这些数据进行处理。

（5）人工智能

开发一些具有人类某些智能的应用系统，如计算机推理、智能学习系统、模式识别、专家系统、机器人等。

任务 1.3 熟悉计算机的系统组成

计算机系统由计算机硬件和软件两部分组成。硬件包括中央处理机、存储器和外部设备等；软件是计算机的运行程序和相应的文档。计算机系统具有接收和存储信息，按程序快速计算和判断并输出处理结果等功能。微型计算机系统的组成如图 1-8 所示。

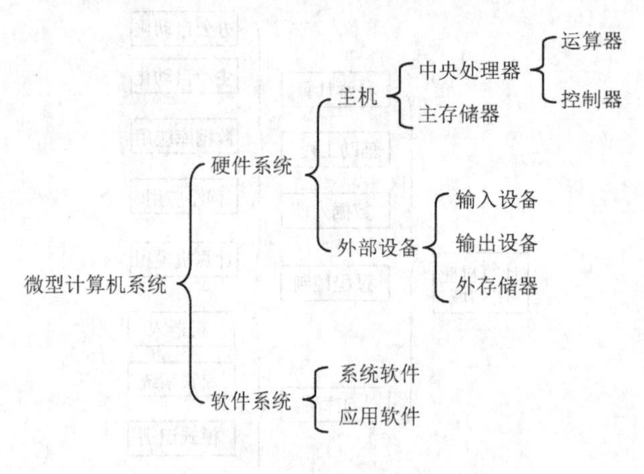

图 1-8　微型计算机系统

结合日常生活中经常遇到的设备，可以参考图 1-9 来进一步了解微型计算机的系统组成。

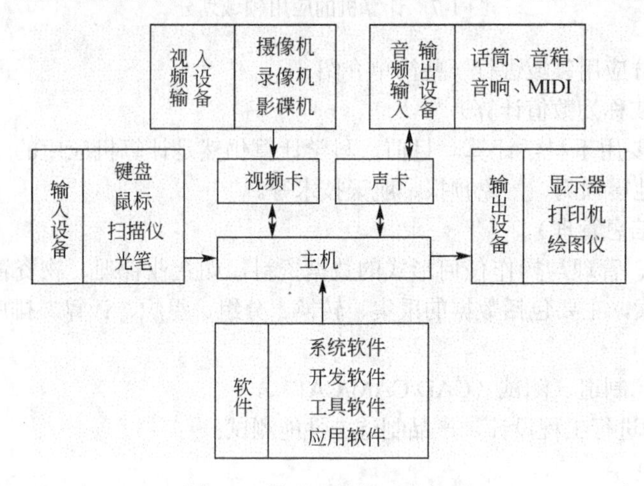

图 1-9　微型计算机系统组成

1.3.1　计算机的硬件组成

组成计算机的硬件设备非常多，但大体上可以分为中央处理器 CPU（运算器和控制器）、存储器、输入/输出设备，这个划分是由数学家冯·诺依曼提出来的。冯·诺依曼理论的要点是：数字计算机的数制采用二进制；计算机应该按照程序顺序执行。

人们把冯·诺依曼的这个理论称为冯·诺依曼体系结构。从 ENIAC 到当前最先进的计算机都采用的是冯·诺依曼体系结构。

根据冯·诺依曼体系结构构成的计算机，必须具有如下功能：把需要的程序和数据送至计算机中；必须具有长期记忆程序、数据、中间结果及最终运算结果的能力；具有能够完成各种算术、逻辑运算和数据传送等数据加工处理的能力；能够根据需要控制程序走向，并能根据指令控制机器的各部件协调操作；能够按照要求将处理结果输出给用户。

为了完成上述的功能，计算机必须具备五大基本组成部件，包括：输入数据和程序的输入设备；记忆程序和数据的存储器；完成数据加工处理的运算器；控制程序执行的控制器；输出处理结果的输出设备。现代计算机的工作原理如图 1-10 所示。

1.3.2　计算机的软件组成

计算机软件是根据解决问题的方法、思想和过程编写的程序的有机集合，可以分为系统软件和应用软件两大类。所谓程序指的是指令的有序集合，一台计算机中全部程序的集合，统称为这台计算机的软件系统。

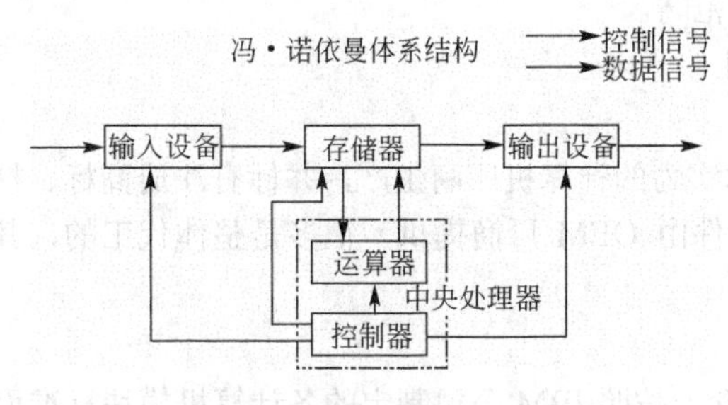

图1-10 现代计算机工作原理

（1）系统软件

系统软件由一组控制计算机系统并管理其资源的程序组成，其主要功能包括：启动计算机，存储、加载和执行应用程序，对文件进行排序、检索，将程序语言翻译成机器语言等。实际上，系统软件可以看作用户与计算机的接口，它为应用软件和用户提供了控制、访问硬件的手段，主要包括以下内容。

① 操作系统软件，如DOS、Windows NT、Linux、UNIXN等。

② 语言处理程序，如低级语言、高级语言、编译程序、解释程序。

③ 服务型程序，如机器的调试、故障检查和争端程序、杀毒程序等。

④ 数据库管理系统，如SQL Server、Oracle、Informix、FoxPro等。

（2）应用软件

为解决各类实际问题而设计的程序系统称为应用软件。从其服务对象的角度，又可分为通用软件和专用软件两类。

① 通用软件。这类软件通常是为解决某一类问题而设计的，而这类问题是很多人都要遇到和解决的。例如：文字处理、表格处理、电子演示等。

② 专用软件。在市场上可以买到通用软件，但有些具有特殊功能和需求的软件是无法买到的。比如某个用户希望有一个程序能自动控制车床，同时也能将各种事务性工作集成起来统一管理。因为它对于一般用户是太特殊了，所以只能组织人力开发。当然开发出来的这种软件也只能专用于这种情况。

任务1.4 了解计算机种类与常用名词

1.4.1 计算机种类

计算机的种类很多，可以按其不同的标志进行分类。

① 一般来说，常将电子计算机分为数字计算机（Digital Computer）和模拟计算机（Analogue Computer）两大类。

② 按照计算机的用途可将其划分为专用计算机和通用计算机。

专用计算机具有单纯、使用面窄甚至专机专用的特点，它是为了解决一些专门的问题而设计制造的。因此，它可以增强某些特定的功能，而忽略一些次要功能，使得专用计算机能够高速度、高效率地解决某些特定的问题。一般地，模拟计算机通常都是专用计算机。在军事控制系统中，广泛地使用了专用计算机。

通用计算机具有功能多、配置全、用途广、通用性强等特点，通常所说的计算机就是指通用计算机。在通用计算机中，人们又按照计算机的运算速度、字长、存储容量、软件配置等多方面的综合性能指标将计算机分为巨型机、大型机、小型机、工作站、微型机等几类。本书介绍的台式机及笔记本维修都属于微型机的范畴。

1.4.2 计算机中常用的名词

（1）品牌机

由具有一定规模和技术实力的计算机厂商生产，并标有注册商标、拥有独立品牌的计算机整机称之为品牌机。其大多数部件由 OEM 厂商提供，很多是整体代工的，其特点是品质和售后有足够保证。

（2）兼容机

由 IBM 最先提出此概念，按照 IBM 公司制定的各计算机模块标准而组装成的计算机统称为兼容机，主要采用了总线技术和开放标准。与兼容机有密切关系的词叫“DIY”，是英文名称“Do it yourself”的首字母的缩写，即“自己做”的意思，通常指有一定的计算机组装技术的人员在计算机配件市场上购买符合自己使用要求的配件后组装成计算机的过程。

（3）笔记本

笔记本分商用、设计用、民用、上网本等，起初主要为商业应用目的，随着微机便携化的进展，目前正逐步取代台式机而成为微机市场的主流。由于其结构的特殊性，个人要想组装笔记本难度还很大。

（4）服务器

服务器属资源共享的微机，主要有台式（塔式）、刀片式两种，组建局域网时，一般至少要有一台服务器作资源共享。

任务 1.5 计算机选购

计算机现已成为人们工作、学习、生活的必备工具。选购计算机的关键是在财力允许的情况下，满足自己的使用要求，确定计算机的配置方案时，必须考虑以下几个要点。

（1）明确购买计算机的目的（需求分析）

① 家庭上网型：满足一般应用即可，高配置是浪费。

② 商务办公用型：以稳定、可靠、易操作、易维护、环保为原则。

③ 图形设计及图像处理型：宜选浮点运算速度快、整体配置高、性能好的计算机。

④ 游戏娱乐型： CPU、内存、显卡、显示器等性能要好。

（2）了解计算机的性能指标

需要掌握：CPU 的主要性能指标；内存的主要性能指标；主板的主要性能指标；显卡的主要性能指标；显示器的主要性能指标；与使用业务有关的其他主要设备的性能指标。

（3）确定购买品牌机还是兼容机

品牌机和兼容机各有优缺点，用户可根据自己喜好或经济能力选购。

① 品牌机经过严格测试，并通过 3C 认证，稳定性较好；兼容机稳定性不高，不适合新手使用。

② 品牌机大都会使用一些专用配件，能够提供一些额外的便捷功能，操作起来更易上手，且一般都随机赠送正版操作系统；组装机一般安装的是盗版软件，安装、使用、维护都必须要有足够的训练。

③ 品牌机的外观比较整齐统一；组装机更富有个性。

④ 组装机性价比相对较高；品牌机易误导普通消费者。

⑤ 兼容机可以根据用户需求，随意购买和搭配，品牌机硬件配置上没有特色。

⑥ 兼容机可以使用最新的硬件设备。

⑦ 品牌机都提供免费电话服务，并上门服务；组装机售后服务比较薄弱。

（4）确定购买台式机还是笔记本

一般来说，有以下几个因素必须考虑。

① 应用场合：是否为移动办公、外出使用或为普通使用。

② 价格承受能力：笔记本的价位在同性能的情况下，要比台式机高许多。

③ 对性能的需求程度：同价位的笔记本要比台式机性能低很多，并且笔记本的升级、部件更换性要比台式机复杂得多。

此外还存在以下几个需考虑的因素：防盗、显示效果、键盘、鼠标、用电、体积、便携、线缆、环境、辐射、舒适、噪声、应急能力、个人形象等。

实训指导

1．认识微机的组成和配置

① 拆开实验机的机箱面板，观察硬件设备，识别各主要组成部分。

② 观察机箱后方的输入/输出接口，能举例说明这些接口对应可以连接的硬件设备。

③ 能脱离书本，通过自己对微机组成的理解绘制组成结构图、接口图。

2．微机选购和行情调研

为充分发挥所组装计算机的性能和效益，一般来说，在选购电脑的时候应注意考虑以下问题：

① 配置与用途的适应性；

② 总体配置的先进性和平衡性；

③ 兼容性或可扩充性；

④ 性能价格比；

⑤ 售后服务。

在购物之前先做好功课，可以到较为权威的电脑产品的门户网站上查询目标硬件的性能指标和价格，参考技术论坛、产品论坛上的用户反馈，从而买到实惠又好用的个人电脑。这里推荐部分信息较为全面、更新及时的门户网站的网址。

电脑之家：www.pchome.net

中关村在线：http://www.zol.com.cn

太平洋电脑网：http://www.pconline.com.cn

思考与练习

1．硬件市场调查：调研本市的计算机硬件市场完成下列题目。

① 本市计算机硬件市场主要分布。

② 本市影响较大的计算机公司（至少写出3个）。

③ 所走访的硬件销售实体店（至少写出3个）。

④ 谈一谈调研感受。

2．配置合适的微型计算机。

小明是模具专业的学员，想买一台新电脑，用于学习专业课程，如CAD、SolidWorks等，平时也经常上网搜集资料，一般不玩游戏，预算经费4000元。请实地调研当地数码商城或者查找专业的电脑网站，为小明推荐一款品牌电脑或者组装电脑。给出选配的理由（最大特色）并完成表1-1的填写。

表 1-1　配置表

序号	配件名称	规格、型号、品牌	技术指标	价格
1	CPU			
2	主板			
3	内存			
4	硬盘			
5	显卡			
6	电源			
7	机箱			
8	光驱			
9	鼠标			
10	键盘			
11	其他			

项目2　认识主板与CPU

【项目分析】

了解主板的组成、结构、部件功能及选购；了解 CPU 的生产厂家、性能指标和采用的新技术；了解市场主流 CPU 及安装。

【学习目标】

知识目标：

① 了解主板上的部件及功能；

② 熟悉主流 CPU 及性能指标。

能力目标：

① 掌握主板、CPU 的选购原则；

② 掌握主板、CPU 的安装与拆卸。

任务2.1　认识主板

主板是计算机系统中最大的一块电路板，英文名字为“Main Board”或“Mother Board”或“System Board”，又叫做主机板、母板或系统板，它为计算机的其他部件提供了接入计算机系统的通道，并协调各部件进行工作。主板是计算机系统的最重要的部件之一，是构成计算机系统的基础。主板的性能决定了接插在主板上的各个部件性能的发挥，主板的可扩充性决定了整个计算机系统的升级能力。

2.1.1　主板的结构及类型

主板是一块长方形的多层印刷的集成电路板，它是组成计算机系统的主要电路系统，电路板采用蛇形布线，四层和六层 PCB（Printed Circuit Board，印制电路板），结构如图 2-1 所示。

图 2-1　四层和六层的印制电路板

主板上有各种扩展插槽、BIOS 芯片、各种控制芯片、CPU 插槽、内存条插槽、跳线开关、键盘（鼠标）接口、指示灯接口、主板电源插座、软驱接口、硬盘接口、串行接口、并行接口等部件，主板的结构如图 2-2 所示。

现在的主板种类繁多，主板的分类方法也不相同。比如根据主板上提供 CPU 插槽的不同，可以把主板分为支持 Intel CPU 的主板和支持 AMD CPU 的主板。

主板的尺寸和结构不同，对机箱及电源的要求也不相同，了解所选购主板的尺寸与结构，可以帮助用户选择合适的主机箱和电源。根据主板的尺寸和总体结构，可以把主板分为AT主板、Baby AT主板、ATX主板、Micro ATX主板、一体化主板和NLX主板六大类。

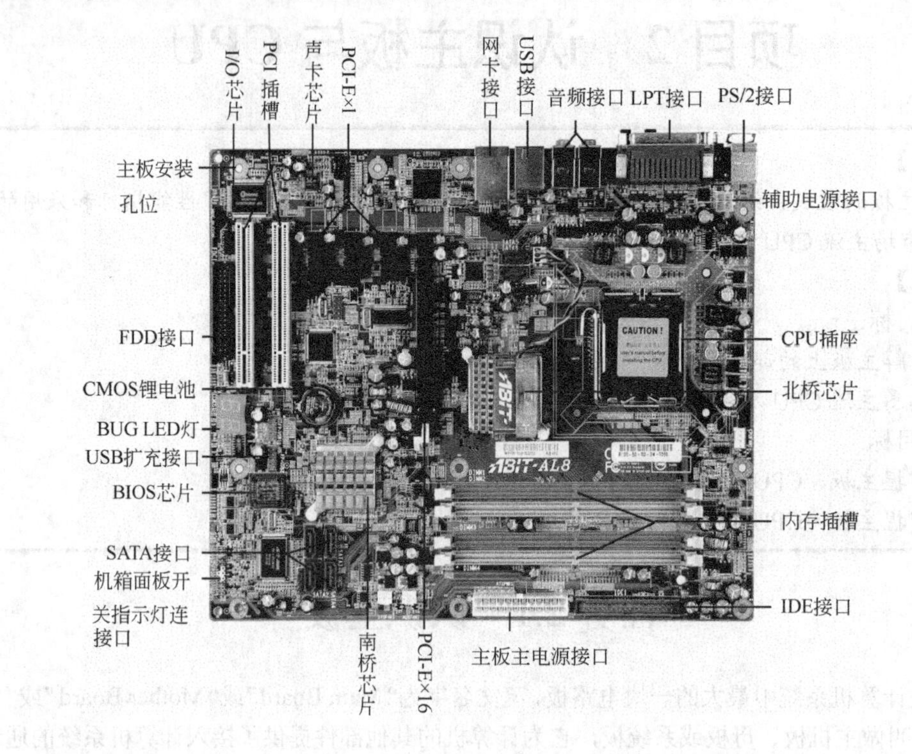

图2-2 主板的结构

主板除了按结构分类外，还可以按功能分为PnP功能主板、节能（绿色）主板和免跳线主板等几种类型。

2.1.2 主板上主要部件的认识

虽然目前市场上主板的种类很多，但其组成基本相同，下面介绍主板上的各个组成部件。

1）主板芯片组

芯片组是主板上仅次于CPU的第二大芯片，是主板的核心部件，决定了主板的功能，其性能影响整个电脑系统，是主板的“灵魂”。如果芯片组不能与CPU等良好地协同工作，将严重地影响计算机的整体性能，甚至不能正常工作。根据位置和功能不同可以分为北桥芯片和南桥芯片，北桥芯片和南桥芯片合称为芯片组。

北桥芯片组：又称为主控制芯片组，它多位于CPU插槽旁，离CPU很近。一般来说，芯片组的名称是以北桥芯片的名称来命名的，例如英特尔845E芯片组的北桥芯片是82845E，975X芯片组的北桥芯片是82975X等。

北桥芯片功能：负责与CPU的联系并控制内存、显卡数据在北桥内部传输，提供对CPU的类型和主频、系统的前端总线频率、内存的类型和最大容量、AGP插槽、PCI-E×16、ECC纠错等支持，整合型芯片组的北桥芯片还集成了显示核心。北桥芯片组915如图2-3所示。

南桥芯片组：南桥芯片组又称为功能控制芯片组，它离CPU槽稍远，主要决定扩展槽种类与数量、扩展接口的类型和数量等。

南桥芯片功能：主要是控制一些接口，比如硬盘IDE、SATA接口，USB接口等，另外PCI、PCI-E总线、USB、LAN、ATA、音频控制器、键盘控制器、实时时钟控制器、高级电源管理等也是由南桥控制的。由于这些设备的处理速度都比较慢，所以 Intel 将它们分离出来让南桥芯片控制，这样北桥高速部分就不会受到低速设备的影响，可以全速运行。南桥芯片组 ICH6R 如图 2-4 所示。

图 2-3　北桥芯片组 915

图 2-4　南桥芯片组 ICH6R

芯片组的生产厂商：Intel（美国）、VIA（中国台湾）、SIS（中国台湾）、ALi（中国台湾）、AMD（美国）、NVIDIA（美国）、ATI（加拿大）等。

2）CPU 插座

选择不同接口方式的 CPU，就要选择与之配套的主板。由于 CPU 的种类很多，外观和针脚数也不尽相同，故主板上提供的 CPU 的插座的样式也很多。目前比较流行的 CPU 插座有 Intel 的 LGA 775、LGA 1366、Socket 478 等几种；AMD 的 CPU 插座有 Socket 940、Socket 939、Socket AM2 等几种。典型的 4 种插座如图 2-5～图 2-8 所示。

图 2-5　LGA 775 插座

图 2-6　Socket 478

图 2-7　Socket AM2

图 2-8　Socket 940

LGA 775（Land Grid Array）又叫 Socket T，是 Intel 公司用作取代 Socket 478 的接口。支持的 CPU 有 Pentium 4、Pentium D、部分 Prescott 核心的 Celeron（Celeron D）以及桌上型的 Core 2 CPU。

LGA 1156 又叫 Socket H，是 Intel Core i3/i5/i7 处理器（Nehalem 系列）的插座。LGA 1366 支持酷睿 i7 系列 CPU。

3）内存插槽

内存插槽是主板上提供的用来安装内存条的插槽，它决定了主板所支持的内存类型和容量。常见的插槽有 SIMM（Single In-Line Memory Module，单列直插式内存模组）、DIMM、RIMM 等几种。图 2-9 为 SIMM 内存插槽，图 2-10 为 DIMM 内存插槽。

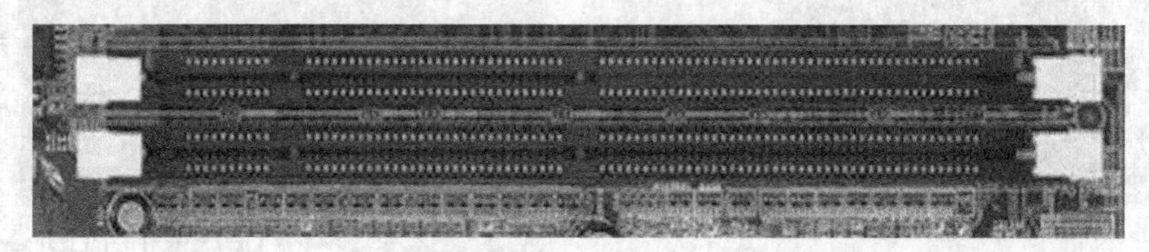

图 2-9　SIMM 内存插槽

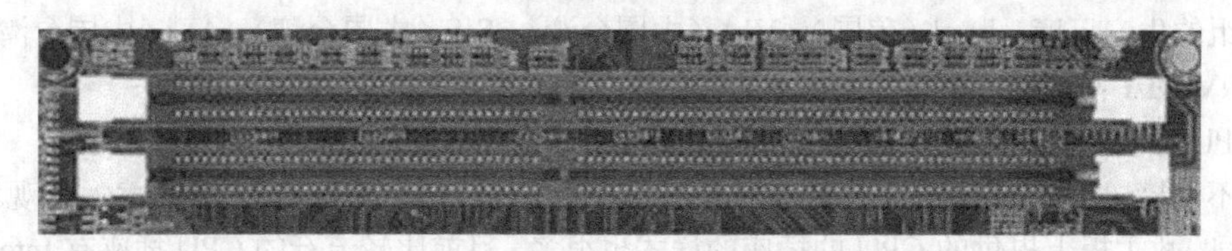

图 2-10　DIMM 内存插槽

内存与主板的通信是通过其端口的“金手指”来实现的。SIMM 是一种两侧金手指传输相同信号的内存结构，最初一次只能传输 8 位数据，后逐渐增至 16 位、32 位，其中 8 位和 16 位的 SIMM 使用 30 线接口，32 位使用 72 线接口。目前这种内存插槽已经淘汰，取而代之的是 DIMM 插槽。DIMM 插槽两侧的金手指可以传输各自独立的信号，能满足更多数据信号的传送需求。采用 DIMM 插槽的内存有两类：SDRAM 和 DDR SDRAM。

4）扩展槽

扩展槽也叫做扩充槽，是主板上用于固定扩展卡（如声卡、显卡、网卡等）并将扩展卡连接到系统总线上的插槽。在主板上使用的扩展槽有 ISA、PCI、AGP、CNR、AMR、ACR 和 PCI Express 等几种，如图 2-11～图 2-14 所示。

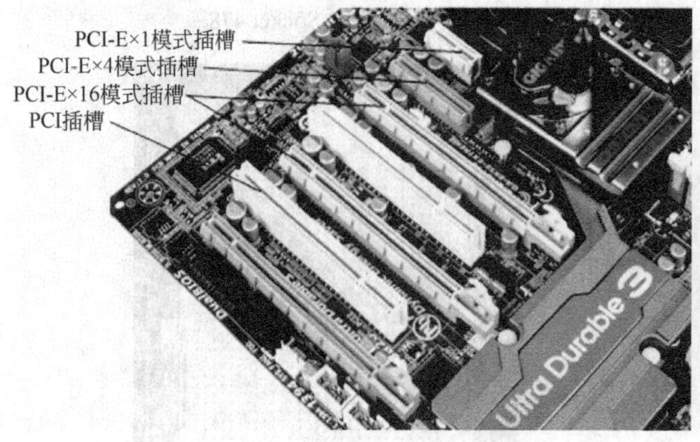

图 2-11　PCI 插槽

图 2-12　CNR 插槽

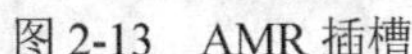

图 2-13 AMR 插槽

图 2-14 ACR 插槽

目前，主板上主流的显卡插槽是 PCI Express×16（PCI-E×16）插槽。PCI Express（PCI-E）是新一代的总线接口，而采用此类接口的显卡产品，也已经正式面世。PCI Express×16 采用了目前业内流行的点对点串行连接，不需要向整个总线请求带宽，而且可以把数据传输率提高到一个很高的频率。在北桥芯片当中添加对 PCI-E×16 的支持，能够提供最快为 8GB/s 的带宽。

PCI 插槽是基于 PCI（Peripheral Component Interconnection，外设部件互连）的局部总线扩展插槽，其颜色一般为乳白色。PCI 总线是 Intel 公司开发的一套局部总线系统。它支持 32 位的总线宽度，频率通常是 33MHz，最大数据传输率为 133MB/s（32 位）。PCI 是用于连接 PC 各种板卡的局域总线标准，声卡、网卡、内置 Modem、内置 ADSL Modem、USB2.0 卡、IEEE 1394 卡、IDE 接口卡、RAID 卡、电视卡、视频采集卡以及其他种类繁多的扩展卡。PCI 插槽是主板的主要扩展插槽，通过插接不同的扩展卡可以获得目前计算机能实现的几乎所有外接功能。

eSATA（External Serial ATA，外部串行 ATA）是 SATA 接口的外部扩展规范。eSATA 就是“外置”版的 SATA，它是用来连接外部而非内部的 SATA 设备。

5）IDE 接口

IDE（Integrated Device Electronics，集成设备电子部件）接口又叫 ATA 接口（并行口），常用来接硬盘和光驱等 IDE 设备。

IDE 的各种标准都具有向下兼容的特性，如 ATA 133 就兼容 ATA 33/66/100 标准。可提供 33MB/s、66MB/s、100MB/s 以及 133MB/s 的最大数据传输率。

ATA 66 及以上的 IDE 接口传输标准都使用了 80 芯专门的 IDE 排线，比普通的 40 芯排线更能增加信号的稳定性。图 2-15 为 IDE 接口及数据线。

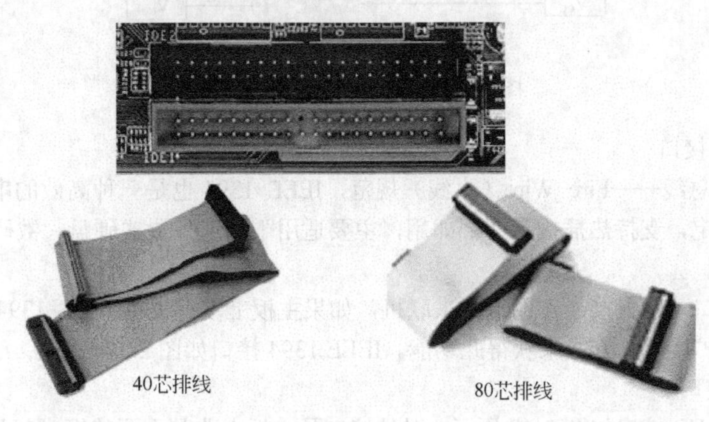

图 2-15 IDE 接口及数据线

6）SATA 接口

IDE 接口是传统的并行 ATA 传输方式，目前比较流行的串行 ATA 传输方式，即 Serial ATA，简称 SATA（Serial Advanced Technology Attachment，串行高级技术附件），接硬盘或光驱。与 ATA 并行传输方式相比，SATA 传输速率更快，已达到 300Mb/s 和 600Mb/s，而且 SATA 接口非常小巧，排线也很细，更有利于机箱内部空气流动而增强散热效果。SATA 传输方式还有一个特点就是支持热插拔。SATA 硬盘数据接口是 7 针，电源接口是 15 针。如图 2-16 所示为 SATA 接口及数据线。

图 2-16　SATA 接口及数据线

7）USB 接口

USB（Universal Serial Bus，通用串行总线）接口的发展经历了几个阶段，从最开始的 USB V0.7 到 USB 1.1 再到 USB 3.0，从最开始不被接受到成为目前电脑中的标准扩展接口。USB 接口具有传输速率快（如 USB 2.0 可达到 480Mb/s）、使用方便、支持热插拔、连接灵活等优点，广泛应用于鼠标、键盘、打印机、摄像头、U 盘、MP3 播放机、手机、移动硬盘、数码相机等外部设备上。图 2-17 为主板上的 USB 插针定义，机箱前面板 USB 接口连线需要与此插针对应。

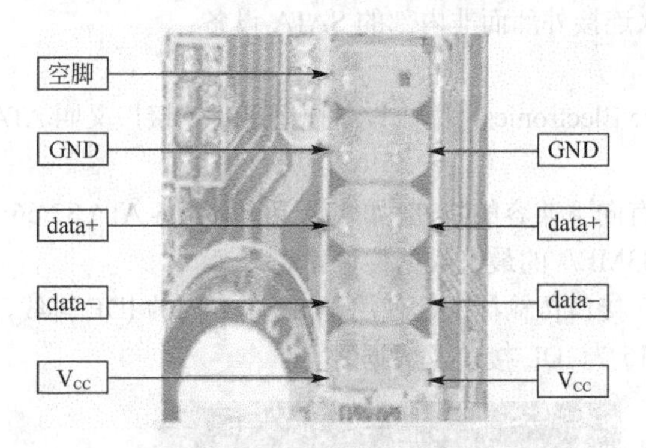

图 2-17　主板上 USB 插针定义

8）IEEE 1394 接口

一种高速串行总线——Fire Wire（火线）规范，IEEE 1394 也是一种高效的串行接口标准，功能强大而且性能稳定，支持热插拔和即插即用，主要适用于高速外置式硬盘、数码摄像机等需要高速数据传输的设备。

IEEE 1394 接口可以直接当作网卡用来联机，如果主板上没有提供 IEEE 1394 接口，也可以通过插接 IEEE 1394 扩展卡的方式来获得此功能。IEEE 1394 接口如图 2-18 所示。

9）外置 I/O 接口

主板上的外置 I/O 接口如图 2-19 所示。对外接口是主板上非常重要的组成部分，通过对外接口可以将计算机的外部设备与主机连接起来。

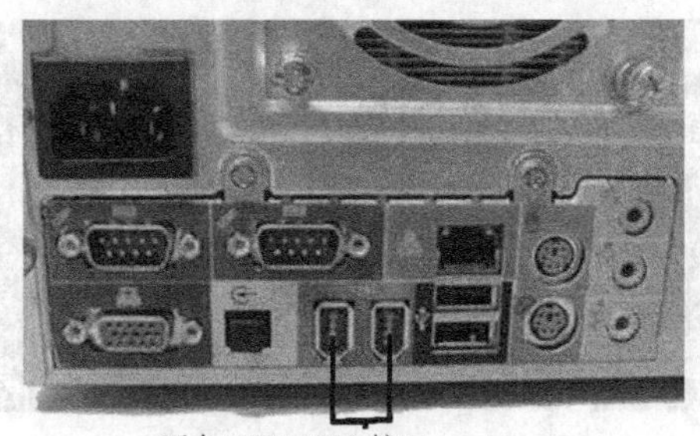

图 2-18 IEEE 1394 接口

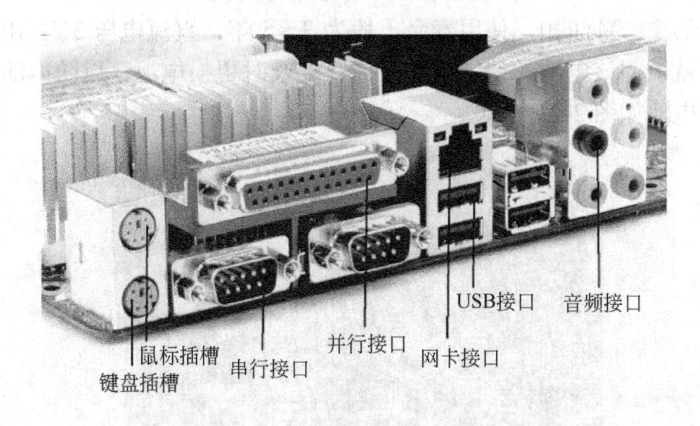

图 2-19 主板上的外置 I/O 接口

（1）PS/2 接口

PS/2 是一种键盘、鼠标接口，最早出现在 IBM 的 PS/2 的计算机上而得名。PS/2 是一种 6 针的圆形接口，但键盘只用到了其中的 4 针传输数据和供电，另外两个接口为空脚。PS/2 接口的传输速率比 COM 接口稍微快一些。

（2）串行接口（Serial Port）

串行接口也叫串口，也叫 COM 接口。从外观上看，串口是一个 9 针 D 型插座，早期用来连接鼠标和打印机。因串行接口速率仅为 115～230 kb/s，所以它已被淘汰了，目前主板已没有该接口了。

（3）并行接口

并行接口也叫做并口，即所说的 LPT 口或 PRN 接口。从外观上看，并口是一个 25 孔 D 型插座，一般用来连接打印机、扫描仪等设备。并口数据传输速率达到了 1Mb/s，比串口快了近 8 倍。

10）BIOS 芯片

BIOS（Basic Input Output System，基本输入输出系统）是一组程序，为计算机提供最基本的硬件支持信息。BIOS 芯片是主板上一块长方形或正方形芯片，保存着有关微机系统最重要的基本输入输出程序，包括自诊断程序（完成系统自检和初始化工作）、CMOS 设置程序（对 CMOS 参数进行设置）、系统自动装载程序（自检成功后将磁盘 0 道 0 扇区的引导程序装入内存）、主要 I/O 设备的驱动程序和中断服务等几个方面的内容。图 2-20 即为主板上的 BIOS 芯片。

11）电池

通过 BIOS 设置程序，可以对系统的硬件进行参数的设置。这些设置的内容存储在一块名为 COMS（Complementary Metal-Oxide Semiconductor，互补性氧化金属半导体）的 RAM 芯片上，而 RAM 芯片的内容在断电后会自动丢失。RAM 芯片一般集成在南桥内，用来保存当前系统的硬件配置及设置信息。

图 2-20 主板上的 BIOS 芯片

为了在断电期间维持 COMS 的内容不丢失，主板上安装了一个专门为 COMS 芯片提供电力支持的锂电池。电池外形像一颗纽扣，使用寿命一般为 3～5 年，直流电压 3V。用户如果发现计算机的时间变慢不准时，就表明该电池的使用寿命已完，要及时更换电池，以防电池的电解溶液泄漏而腐蚀主板。主板上锂电池如图 2-21 所示。

图 2-21 主板上锂电池

12）电源插座

主板为各个扩展卡、接口电路等部件提供了连接线路，而要让这些部件进行工作，还必须给它们提供电力支持，这就需要主板与电源连接了。电源插座（如图 2-22 所示）就是为了连接主板的电源而提供的插座，有防反插的设计。

24 针主供电针与 4 针 CPU 供电插座　　24 针与 8 针电源插座

图 2-22 电源插座

13）跳线

跳线的英文名字为 Jumper，它实际上是一个开关。通过跳线，可以改变硬件的相关设置。跳线根据功能不同也可以分成许多种，如内存跳线、CPU 跳线等。不管是哪种跳线，它们的组成大多包括两个部分：一是固定在主板上的两根或两根以上的金属针，二是可以插在金属针上，将两根针接成通路的“跳线帽”。跳线帽可以移动，外层为绝缘材料，内层为导电材料。跳线帽扣住的两根针通过跳线帽内层的导电体，可以使原来的断开状态（OFF）变成连通状态（ON），从而达到改变相关设置的目的。具体不同位置的跳线的连接方式和作用，主板说明书上有详细的说明。主板上的跳线和双掷 DIP 开关如图 2-23 所示。

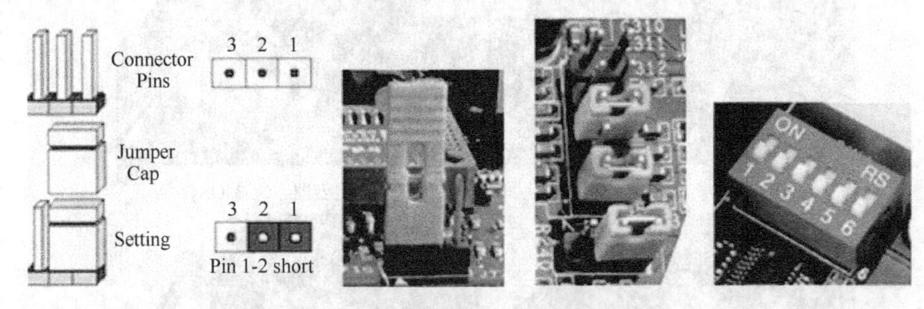

图 2-23　主板上的跳线和双掷 DIP 开关

14）面板插座

主板上的面板插座及连线如图 2-24 所示。主板上的面板插座包括电源开关、复位开关、电源指示灯、PC 喇叭接口和硬盘指示灯等几项。与之相应的还有一组连线，连线头上分别标注的有相应的英文名称，在进行连接时，要认清连线头上的英文名称与主板上面板插座旁标注的英文名称相一致。不同的主板连接的方式有区别，一般在主板说明书上都有详细的介绍。

图 2-24　主板上的面板插座及连线

插头或主板上常见英文标识：

① POWERON 或 POWERSW 是电源开关插针；

② RESET 是重启开关插针；

③ POWERLED 是电源指示灯插针；

④ SPEAKER 是机箱喇叭开关插针；

⑤ HDDLED 是硬盘指示灯插针。

15）CPU 供电单元

主板上的 CPU 供电电路在主板上容易辨别，一般为三相或四相供电，包括滤波用的电容、电感，电压调整 MOS 场效应管和控制芯片。电感线圈分为全裸电感、半封闭式电感和防磁全屏蔽电感。CPU 供电单元如图 2-25 所示。

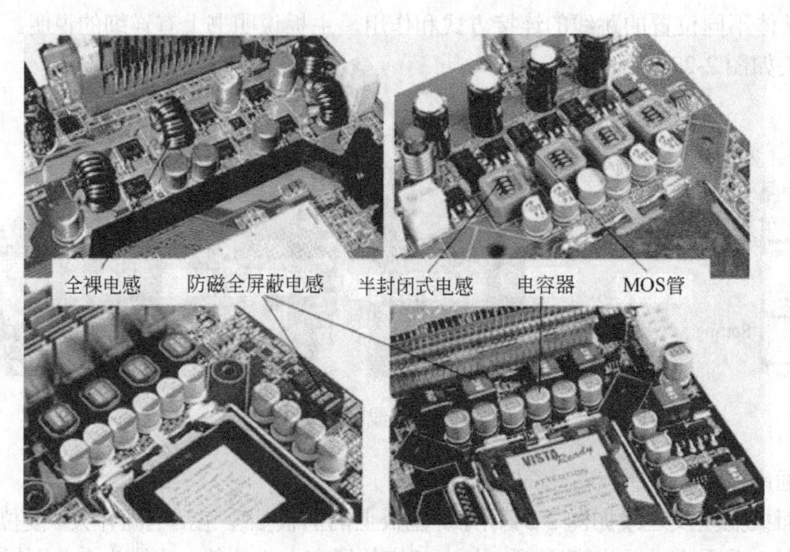

图 2-25　CPU 供电单元

16）SATA 接口控制芯片

主板上常用的 SATA 扩展芯片有 GIGABYTE SATA2、Marvell 88SE6111、JMB 363 等，如图 2-26 所示。

图 2-26　SATA 接口控制芯片

17）音频控制芯片

对于集成了 AC97 软声卡的主板，一般在 PCI 插槽上端的主板上能看到一块小小的 AC97 芯片，如图 2-27 所示。

图 2-27 音频控制芯片

18）网卡控制芯片

许多主板上集成了具备网卡功能的芯片（10/100/1000Mb/s Fast Ethernet 以太网控制器），在主板上板载网卡芯片主要由 3COM、Realtek、Marvell、VIA 等，板载网卡芯片如图 2-28 所示。

图 2-28 板载网卡芯片

19）I/O 及硬件监控芯片

I/O（Input/Output，输入/输出）芯片一般位于主板的边缘，体积大，四边都有引脚，负责键盘、鼠标、USB 等主板后部接口的输入输出控制，带电插拔容易损坏该芯片。I/O 及硬件监控芯片如图 2-29 所示。

图 2-29 I/O 及硬件监控芯片

20）时钟发生器

主板上的多数部件的时钟信号，由时钟发生器提供工作时钟，也可通过分频给主板上不同部件作为工作时钟。时钟发生器是主板时钟电路的核心，如果损坏，主板就不工作，如同主板的心脏。如图 2-30 所示为主板上的晶振和时钟芯片。

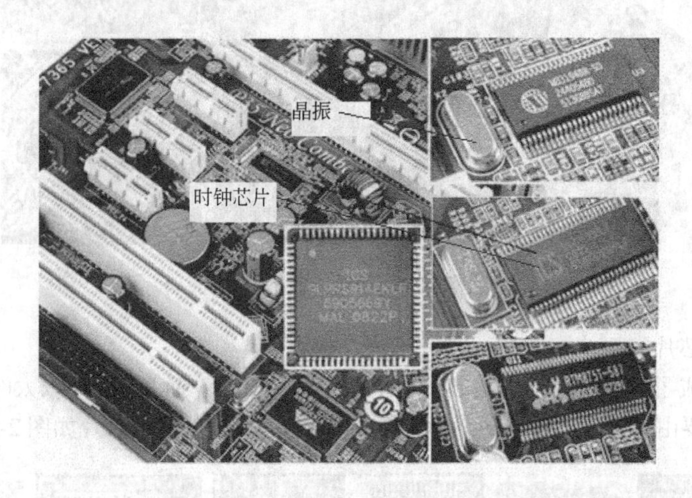

图 2-30　主板上的晶振和时钟芯片

21）S 端子

S 端子（简称 S-Video，全称是 Separate Video）是视频信号专用输出接口，如图 2-31 所示。

22）HDMI 接口

最新的主板和显示卡上已经开始配备 HDMI（High Definition Multimedia Interface，高清晰多媒体接口）接口插座，如图 2-32 所示。

图 2-31　S 端子

图 2-32　HDMI 接口

【特别提示】 BIOS 与 CMOS 关系。

BIOS 与 CMOS 既相关又不同：BIOS 中的系统设置程序是完成 CMOS 参数设置的手段；CMOS RAM 既是 BIOS 设定系统参数的存放场所，又是 BIOS 设定系统参数的结果。因此，完整的说法应该是“通过 BIOS 设置程序对 CMOS 参数进行设置”。由于 BIOS 和 CMOS 都跟系统设置密切相关，所以在实际使用过程中造成了 BIOS 设置和 CMOS 设置的说法，其实指的都是同一回事，但 BIOS 与 CMOS 却是两个完全不同的概念，千万不可搞混淆。

2.1.3　主板的性能指标

决定主板性能好坏的因素很多，主要有芯片组、外频及调频、BIOS 及刷新、主板缓存、集成功能与个性化设计、安全设计等几项影响主板性能好坏的技术指标。

（1）芯片组

主板是以芯片组命名的。采用何种芯片组决定了该主板性能的好坏与档次的高低，因此，芯片组是主板选购时考虑的最重要的性能指标。

（2）外频及调频

主板的外频是由主板上的时钟发生器产生的，它实际上就是系统总线频率。总线是指计算机各部件之间的传递数据信息的线路。总线越宽，一次能传输的数据就越多；总线速率越快，数据传输的速率就越快。因为CPU的工作速度很高，要远高于外频，所以就产生了倍频的概念。外频与倍频之积即为CPU的工作频率。所谓调频，就是改变主板的外频，以达到改变CPU工作速度的目的。调频的方法有两种：一是通过BIOS程序进行设置；二是通过主板跳线来设置。

（3）BIOS及刷新

主板上的BIOS芯片为计算机提供了最基础的功能支持，包括开机引导代码、基础硬件驱动程序、基本参数设置程序等。BIOS的一大特点就是可以用特定的方法来刷新、升级。刷新BIOS除了可以获得许多新的功能之外，还可以解决芯片组、主板设计上的一些缺陷，排除一些特殊的计算机故障等。

（4）主板Cache

主板上的高速缓冲存储器（Cache）实际上是实现“预处理”操作的一种特殊存储器。因为CPU的速度远高于内存、硬盘等部件的工作速度，所以在很多操作中，CPU都在等待其他部件完成工作，这对CPU是一种极大的浪费。为避免这种浪费，提高CPU的工作效率，有许多部件都在自身集成了高速缓存，提前把CPU下一步所要处理的数据写入其中，需要时直接提供给CPU内部的高速缓存，把CPU内部集成的Cache叫做一级高速缓存（L1 Cache）或内部缓存，把主板上集成的Cache叫做二级高速缓存（L2 Cache）或外缓存。

（5）集成功能与个性化设计

主板的集成功能是整合型主板独有的功能设计，它通常把一些扩展卡，如显卡、声卡、网卡等直接作在主板上。用户购买了此类主板，就不用单独去购买这些部件了。主板的集成功能一直有着自己的拥护者，带有集成功能的主板适用于对系统要求不高的用户或经济实力薄弱的用户。带有集成功能的主板优势体现在价格经济实惠、各设备之间兼容性好、不用专门安装相关部件的驱动程序等几个方面。

（6）安全设计

主板的安全是计算机系统正常工作的基础，也是一个不容忽视的问题。用户在追求速度快、功能全、性能稳定的同时，需要注重主板的安全设计。主板的安全主要体现在三个方面：电压、温度和防病毒。主板要正常运行，必须有稳定的供电电源。电压不稳会损坏主板上的元器件。当主板工作速度较快时，主板也会产生较高的温度。为了避免烧坏主板上的元器件，必须为主板散热，让它的温度保持在安全线以内。

任务2.2 认识CPU

2.2.1 CPU概述

CPU（Central Processing Unit）是计算机系统的核心部件，控制着整个计算机系统的运行。CPU一般由运算器、控制器、寄存器、高速缓冲存储器等几部分组成，主要用来分析、判断、运算并控制计算机各个部分协调工作。简单地说，CPU的功能是读数据、处理数据和写数据。CPU在计算机系统中的地位是举足轻重的，计算机系统运行的全部过程都是在CPU的控制下完成的。计算机没有了CPU，就好像人没了大脑一样，因此，有很多用户就直接把CPU的型号作为了计算机的代名词。

2.2.2 CPU 的工作原理

由晶体管组成的 CPU 作为处理数据和执行程序的核心，它的内部结构可分为控制单元、逻辑单元和存储单元三大部分。各个单元分工不同，但组合起来紧密协作，可使其具有强大的运算处理能力。

CPU 的工作原理类似一个工厂对产品的加工过程：进入工厂的原料（程序、指令）经过物资分配部门（控制单元）的调度分配，送往生产线（逻辑单元），生成产品（处理后的数据）后，从控制单元开始，CPU 正式运行，中间过程由逻辑单元来运算处理，最后交到存储单元，此时 CPU 停止工作。

CPU 的工作过程是不断重复进行的。为了保证每一步操作都准时发生，CPU 内部设置了一个时钟，时钟控制着 CPU 执行的每一个动作。它就像一个节拍器，不停地产生脉冲信号，决定、调整 CPU 的步调和处理时间，这就是人们所熟悉的 CPU 主频。同时，一些制造厂商在 CPU 内增加了一个数据浮点运算单元（FPU），专门用来处理非常大和非常小的数据，大大地加快了 CPU 对数据的运算处理速度。

AMD 公司（Advanced Micro Devices，超威半导体）成立于 1969 年，总部位于加利福尼亚州桑尼维尔，它收购了显卡著名制造商 ATI 公司。AMD 公司专门为计算机、通信和消费电子行业设计和制造各种创新的微处理器、闪存和低功率处理器解决方案。AMD 公司在笔记本处理器方面发展速度很快，目前拥有 Turion（炫龙）、Athlon（速龙）、Sempron（闪龙）、AthlonNeo 等系列。移动式 Turion（炫龙）64 系列是 AMD 公司的 64 位平台处理器，是 Intel 的同类产品 Pentium M 及 Intel Core 的有力竞争产品。

2.2.3 Intel 公司的 CPU 采用的新技术介绍

（1）睿频加速技术

它是指在 CPU 中都加入睿频加速（Turbo Boost），使得 CPU 的主频可以在某一范围内根据处理数据需要自动调整主频。它是基于 Nehalem 架构的电源管理技术，通过分析当前 CPU 的负载情况，智能地完全关闭一些用不上的核心，把能源留给正在使用的核心，并使它们运行在更高的频率，进一步提升性能；相反，需要多个核心时，动态开启相应的核心，智能调整频率。

睿频加速技术好比一个五星级酒店的中央空调体系，并不是随时对着每个出风口工作，比如，它会在几百人的礼堂采用最大功率制冷，在 1～2 人的标间简单吹一下，而空无一人的屋子则干脆关闭空调，这样在相同能源消耗下可使得效率最大化。

（2）超线程技术

它是利用特殊的硬件指令，把两个逻辑内核模拟成两个物理芯片，让单个处理器都能使用线程级并行计算，进而兼容多线程操作系统和软件，减少了 CPU 的闲置时间并提高 CPU 的运行效率的技术。新酷睿双核处理器均拥有两个物理线程和两个逻辑线程，需要说明的是超线程不是双核变四核，当两个线程都同时需要某一个资源时，其中一个要暂时停止并让出资源，直到这些资源闲置后才能继续被使用，因此应用超线程技术的双核处理器不等于四核处理器，在这一点上经常会有消费者误会。超线程技术之前就出现了，但同时拥有睿频加速技术和超线程技术还是头一次。

2.2.4 Intel 最新主流 CPU 介绍

1）Intel 酷睿双核处理器

酷睿 2：英文 Core 2 Duo，2006 年 7 月发布，是一个跨平台的构架体系，包括服务器版、桌面版、移动版三大领域，能够提供超强性能和超低功耗。其中，服务器版的开发代号为 Woodcrest，桌面版的开发代号为 Conroe，移动版的开发代号为 Merom、Penryn，它是 Intel 推出的新一代基于Core 微架构的产品体系统称。

CPU 类型还分 E 系、Q 系、T 系、X 系、P 系、L 系、U 系、S 系。E 系就是普通的台式机的双核 CPU，功率 65W 左右；Q 系就是四核CPU，功率会在 100～150W；T 系是普通的笔记本CPU，功率在 35W 或者 31W；X 系是酷睿 2双核至尊版，笔记本的 X 系 CPU 的功率是 45W，台式机的 X

系的 CPU 功率是 100W 左右；P 系是迅驰 5 的低电压 CPU，功率 25W；L 系是迅驰 4 的低电压 CPU，功率 17W；U 系是迅驰 4 的超低电压 CPU，功率 5.5W。

有些 CPU 的前面是 QX 的，目前所有的 QX 系列 CPU 全部是台式机的。

2）酷睿 i 系列 CPU

目前，市场上所有的主流笔记本酷睿 i 系列处理器和台式机都使用它。包括 i3、i5、i7 三种。

（1）i3

适合绝大多数普通用户日常使用。采用如下技术：Nehalem 架构，双核心设计，支持超线程，采用当前最先进的 32nm 工艺；主频为 2.93～3.06GHz，外频 133MHz，倍频 22～23；集成 4MB 高速三级缓存，处理器内部整合北桥功能，支持双通道 DDR3 1333/1066 规格内存。其次，i3 的频率高、速度快，主频已经突破了 3GHz。

（2）i5

i5 包含了 i3 的全部优点，还特别支持“英特尔睿频加速”技术，能在需要的时候自动提高处理器频率，在常规运算时降低频率并最大化地节电。新酷睿 i5 具体包括四款产品，分别是 i5-650/660/661/670，基础频率为 3.2～3.46GHz，通过睿频加速最高可提高至 3.46～3.73GHz，酷睿 i5 系列产品适合对速度要求更高的用户，例如更流畅地运行游戏，更高速的商业或办公运用等。i5 的定位在于游戏爱好者，或对办公速度有要求的用户。

以酷睿 i5-450M 举例说明。“i” 是酷睿处理器的标志，“5” 是主流级别处理器，相对应的“7”和“3”分别对应高端和入门级别。数字“450”代表处理器的详细规格，同型号处理器，数字越大说明越高端。字母“M”代表移动版 CPU，如果前面出现了“Q”、“L”和“U”，则分别代表着“四核处理器”、“低电压处理器”和“超低电压处理器”。酷睿 i5 CPU 外观如图 2-33 所示。

图 2-33 酷睿 i5 CPU 外观

（3）i7 处理器

i7 处理器是专为高端用户准备的处理器，全部采用四核心设计，支持超线程和睿频加速技术，并且三级缓存容量达到 8MB。

2.2.5 CPU 的性能指标

CPU 因为在计算机系统中的核心地位而经常被用户作为计算机的代名词。CPU 性能的高低已成为用户衡量计算机性能高低的一个重要指标。

CPU 的性能指标主要有主频、外频、倍频、字长、寻址空间、缓存、扩展指令集、制造工艺、工作电压等几项。

（1）主频

CPU 的主频又叫 CPU 的时钟频率，即 CPU 正常工作时在一个单位时钟周期内完成的指令数。从理论上讲，主频越高，运算速度越快。因为主频越高，单位时钟周期内完成的指令数就越多，速度也就越快。但这也不是绝对的。实际上，CPU 主频与 CPU 的实际运算能力并无直接的关系。因为 CPU 内部结构的差异，如缓存的大小、指令集等方面的不同，就会出现相同主频的 CPU 运算速度有差异的现象。

（2）外频与前端总线线频率 FSB

外频的概念是建立在数字脉冲振荡信号基础上的，即 100MHz 外频指的就是数字脉冲信号在每秒振荡一亿次。外频影响 PCI 及其他总线频率。FSB（Front Side Bus，前端总线）频率指的是 CPU 与北桥芯片之间总线的速率，即数据带宽。数据传输带宽取决于同时传输的数据宽度和总线频率，即数据带宽=（总线频率×数据宽度）÷8。

目前 PC 机上所能达到的前端总线频率有 266MHz、333MHz、400MHz、533MHz、800MHz、1333MHz 等几种。

外频与前端总线（FSB）频率的区别：前端总线的速率指的是数据传输的速率，外频是 CPU 与主板之间同步运行的速度。也就是说，100MHz 外频特指数字脉冲信号在每秒钟振荡一亿次；而 100MHz 前端总线指的是 CPU 每秒可接收的数据传输量是 100MHz×64bit÷8 =800MB/s。

（3）倍频

随着计算机的发展，CPU 主频也越来越高。与此同时，计算机的其他一些部件，如显卡、硬盘、内存等却因受到制造工艺的限制跟不上 CPU 如此之高的工作频率，这样就产生了一种速度上的“瓶颈”，从而限制了 CPU 主频的进一步提高，为解决这个问题，人们引入了倍频技术。倍频表示主频与外频之间的倍数，通过一个计算公式可以表示主频、外频和倍频三者之间的关系：主频=外频×倍频。引入倍频技术就可以让 CPU 和其他部件以不同的频率进行工作。

（4）字长

字长是 CPU 与二级高速缓存、内存以及输入/输出设备之间一次所能交换的二进制位数。位数越多，处理数据的速度就越快。字长就好比一条公路的宽度，道路越宽，车流量就会越大。

（5）寻址空间

寻址空间由地址总线宽度决定，它规定了 CPU 可以访问的物理内存的地址空间的大小，即 CPU 能够识别和使用内存的容量。

（6）高速缓存

高速缓存也称为高速缓冲存储器。可以进行快速数据存取的存储器，它的存取速率远远高于内存。高速缓存的出现是源于 CPU 在完成指令操作时，需要频繁地和内存交换数据，而内存的速度远远低于 CPU 的速度，这样就造成了一种系统“瓶颈”的现象，CPU 在处理指令时大多数的时间在等待内存处理完毕，这种等待极大地浪费了 CPU 资源。为解决这个问题，人们在 CPU 内部集成了高速缓存，它的工作频率与 CPU 完全同步。一般将高速缓存分为两类：一级缓存（L1 Cache）和二级缓存（L2 Cache）。

（7）扩展指令集

在 CPU 中增加扩展指令集是为了增加 CPU 处理多媒体和 3D 图形方面的应用能力。目前主要的扩展指令集有 MMX（多媒体扩展指令集）、SSE（单指令多数据流扩展集）、3DNow！和增强版 3DNow!。前两种指令集是由 Intel 研发的，后两种是由 AMD 研发的。

（8）制造工艺

制造工艺的微米或纳米是指 IC 内电路与电路之间的距离。制造工艺的趋势是向密集度更高的方向发展。密度更高的 IC 电路设计，意味着在同样大小面积的 IC 中，可以拥有密度更高、功能更复杂的电路设计。

制造工艺本身是一个半导体工业术语，引入 CPU 中是表示组成 CPU 芯片的电子线路宽度或元件的细致程度。现在主要有 45nm、32nm、22nm、14nm 等几种。

（9）工作电压

CPU 的工作电压分为内核电压和 I/O 电压两种，通常 CPU 的核心电压小于等于 I/O 电压。其中内核电压的大小是根据 CPU 的生产工艺而定，一般制作工艺越小，内核工作电压越低；I/O 电压一般都在 1.2～5V。低电压能解决耗电量过大和发热过多的问题。

2.2.6 CPU 产品标注识别

每一种 CPU 产品表面都印有标识字符，主要是生产厂家、型号主频、缓存、工作电压等参数。认识这些参数对于选购 CPU 很重要。

（1）Intel 处理器标注

图 2-34 中为 Intel 公司生产的双核 CPU，数字和字母标注如图所示。图中画横线处标注含义：主频是 1.86GHz，二级缓存 2MB，前端总线 1066MHz。

图 2-34　Intel 公司生产的双核 CPU 标注

（2）AMD 处理器标注

图 2-35 为一款 AMD 处理器上的标注，这是一块 754 接口的 Sempron 2600+，下面简要介绍其标注代表的含义。

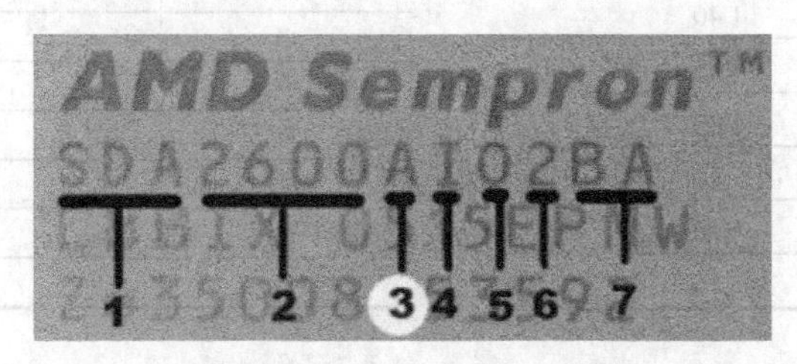

图 2-35　一款 AMD 处理器上的标注

把该标注分为七部分。第 1 部分一般是 3 个字母组成的，它代表 CPU 所属种类。AMD 最为常见的是低端的 Sempron 系列和高端的 Athlon64 系列，分别由“SDA”和“ADA”这两组字母所表示。至于最新推出的双核 15 Athlon64×2 系列，则采用了“ADA(×2)”这组字母来表示。第 2 部分的 4 位代码是代表 CPU 的具体的型号。从前两部分就可以知道这是某款 CPU，而且是某款 CPU 的某个型号。

第 1、2 部分表示 CPU 某个型号，如表 2-1 所示。

表 2-1　第 1、2 部分表示 CPU 某个型号

代号	所属 CPU 族类	代号	主频/MHz
ADA	AMD Athlon64 桌面	2800	1800
		3000	2000
		3200	2200
ADA(×2)	AMD Athlon64×2 双核处理器	4200	2200
		4600	2400
AMA	AMD Athlon64 Mobile DTR	3000	1800
		3400	2200
AMN	AMD Athlon64 Mobile(62W)	3400	2200
OSB	AMD Opteron Server(30W)	142	1600
		144	1800

第 3 部分表示封装形式及接口，如表 2-2 所示。

表 2-2　封装形式及接口

代码	二 级 缓 存	代码	二 级 缓 存
A	754 pin 有盖 OuPGA	D	1 MB 有盖 OuPGA
B	256 KB 无盖 OuPGA	E	2 MB 有盖 OuPGA
C	512 KB 有盖 OuPGA		

第 4 部分表示工作电压，字母对应的电压如表 2-3 所示。

第 5 部分对许多超频发烧友极为重要，这部分代码代表 CPU 所能承受的最高温度。如表 2-4 所示。

表 2-3　工作电压字母对应表

代码	工作电压/V
A	1.35～1.40
C	1.55
E	1.50
I	1.40
K	1.35
M	1.30
O	1.25
Q	1.20
S	1.15

表 2-4　CPU 所能承受的最高温度

代码	最高工作温度/℃
A	63
I	63
K	65
M	67
O	69
P	70
V	85
T	90
X	95
Y	100

第 6 部分是以数字表示 L2 缓存种类，如表 2-5 所示。

表 2-5　以数字表示 L2 缓存种类

代码	二级缓存	代码	二级缓存
1	128 KB	4	1 MB
2	256 KB	5	2 MB
3	512 KB		

第 7 部分是 2 个字母，表示 CPU 的编号，所代表的就是 CPU 的核心工艺。比如说高端的 Ahtlon64 系列，就分为最新的 Venice 核心和旧版的 Claw hammer 核心，Venice 核心还分为初始版本的 E3 制程和改进版本的 E6 制程，都可以通过这 2 个字母进行区分，并且还可以区分 CPU 的制程是 0.09μm 还是 0.13μm（通常 A 开头的就是采用 0.13μm 工艺，而 B 和 C 开头的则为 0.09μm 工艺，LA 则为 0.13μm 工艺，LD 则表示采用了 0.09μm 工艺）。BA 特指 Sempron 处理器的 D0 版本，采用 0.09μm 工艺，OAKville 核心。该部分很复杂，如想了解详细信息可查阅相关文献资料。

2.2.7　CPU 风扇

CPU 风扇根据工作原理不同，可以分为风冷式、热管散热式、水冷式、半导体制冷和液态氮制冷等几种，但常用的散热器仍然是风冷式。风冷式风扇主要由散热片、风扇和扣具构成。风冷式风扇结构如图 2-36 所示。

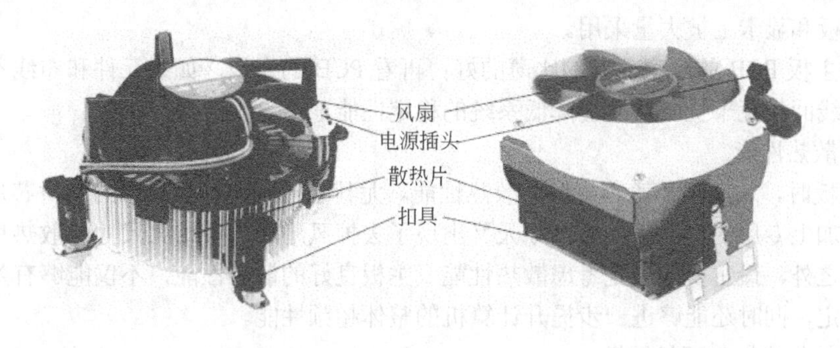

图 2-36 风冷式风扇结构

热管散热器分为有风扇主动式和无风扇被动式两种，其结构如图 2-37 所示。

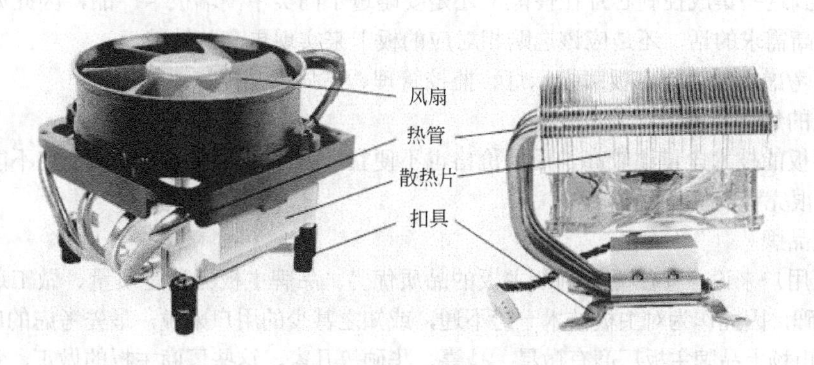

图 2-37 热管散热器结构

任务 2.3 主板与 CPU 的选购

2.3.1 主板的选购

市场上的主板根据支持的 CPU 类型的不同，一般可以分为支持 Intel CPU 的和支持 AMD CPU 的两类。不论是何种类型的主板，选购主板可以考虑以下几方面。

（1）PCB 板的做工

主板做工的精细程度，会直接影响主板的稳定性。因此在挑选主板时，必须仔细观察主板的做工。目前主板市场上，有些厂家为了降低成本，在选料和做工方面大做文章，甚至有些不法厂商打磨芯片以假乱真，导致主板性能极不稳定。

名牌大厂所生产的主板用料，如 CPU 插座、扩展槽等都采用名牌元器件，采用高品质贴片元件（镀金处理）、高质量钽电容。

首先，有实力的 PCB 生产厂家所生产的 PCB 板色泽一定是均匀的，PCB 板边缘光滑，光洁度也好。其次，PCB 的布线层数越多越好，一般以 6 层板为宜，具有完整的电源层和布线层。而普通主板多为 4 层 PCB 板，在稳定性上就有很大差距。

其次，再看一下主板是几相供电和电容的质量。因为它对主板的供电电压和电流的稳定起着关键作用。主板上常见的电容有铝电解电容、钽电容、陶瓷贴片电容等。铝电解电容（直立电容）是最常见的电容，一般在 CPU 和内存槽附近比较多，铝电解电容的体积大、容量大。钽电容、陶瓷贴片电容一般比较小，外观呈黑色贴片，体积小、耐热性好、损耗低，但容量较小，一般适合用于高频电路，在主板和显卡上被大量采用。

最后，看主板 PCB 的厚度，厚的比薄的好；再看 PCB 的布线，如果元件和布线不合理，很有可能会导致邻线间相互干扰，从而会降低系统的稳定性能。

（2）主板散热性能

在选购主板时，还应当注意芯片组的散热性能。尤其是控制内存和显卡的北桥芯片，从开始附加散热片，到加上专用的小风扇，再到今天又出现了去掉风扇转而采用大尺寸的散热片的方式，除降低运行噪声之外，最主要的还是考虑散热性能。主板良好的散热性能，不仅能够有效保证整机长时间工作的稳定，同时还能够进一步提升计算机的整体超频性能。

（3）主板的集成性与可扩展性

现在越来越多的主板生产厂商都在强调高集成化的产品，包含集成显卡、声卡、网卡等的主板产品在市场上已经比比皆是。在选购这类集成主板产品时，主要还是应当考虑使用者自身的需求，同时应当注意到这些集成控制芯片在性能上还是要略逊于同类中高端板卡产品，因此如果消费者在某一方面有较高需求的话，还是应该选购相对应的板卡来实现更高的性能。

另外还要考虑板载功能：板载指示灯、监控管理、防病毒功能等。

（4）主板的售后服务

考虑到主板的技术含量比较高，而且价格也不便宜，因此在挑选主板时，一定不能忽略厂家能否为自己提供很完善的售后服务。

（5）主板品牌

对于普通用户来说，往往无法判断主板的品质优劣。品牌主板无论是质量、做工还是售后服务都有良好的口碑，因此作为对主板技术一窍不通，或知之甚少的用户来说，最先考虑的应该是选用品牌主板。目前市场上品牌主板厂商有微星、技嘉、华硕等几家，这些厂商主板的做工、稳定性、抗干扰性等都优于同类产品，更为重要的是，这些品牌厂商几乎提供了免费 3 年的质保，售后服务完善。

（6）大板和小板

一般市场上同一个型号的主板有大板和小板两种，通常大板在设计方面都是比较正规的厂家设计出来的，而小板很多都是公板设计，因此在主板稳定性能上大板要好于小板。

2.3.2　CPU 的选购

CPU 是计算机硬件系统关键部件，CPU 的选购要注意以下几点。

（1）CPU 的生产厂家

AMD 公司和 Intel 公司的 CPU 相比，AMD 的 CPU 在三维制作、游戏应用和视频处理方面比较突出，Intel 的 CPU 在商业应用、多媒体应用、平面设计方面有优势，综合来看，Intel 公司的比 AMD 公司的有优势，但价格方面，AMD 公司的更便宜。

（2）散装还是盒装

散装和盒装没有本质区别，质量上是一样的，主要差别是质保时间的长短以及是否带散热风扇。一般而言，盒装 CPU 保修期要长一些，通常为三年，而且附带质量比较好的散热风扇，散装的 CPU 质保时间一般是一年，不带风扇。

（3）购买时机

一款 CPU 刚发布，价格肯定较高，但技术未必成熟，所以可以选择经过市场检验、技术相对成熟的 CPU。

（4）真品还是赝品

Intel 公司 CPU 的鉴别方法：先看封装线，正品盒装的 Intel CPU 的塑料封纸的封装线不可能在盒右侧条形码处，如果发现在条形码处就可能是赝品；其次看水印，Intel 公司在处理器包装盒上包裹的塑料薄膜使用了特殊的印刷工艺，薄膜上“Intel Corporation”的水印文字很牢固，用指甲是刮不下来的，假盒装处理器上的水印能擦下来；最后看激光标签，正品盒装处理器外壳左侧的激光标签处采用了四重着色技术，层次丰富，字迹清晰；也可以拨打 Intel 公司的查询热线 800-820-1100 查询真伪。

实训指导

1．主板的安装与拆卸

买回来主板后，紧接着的工作就是要把主板安装到计算机机箱内。主板是通过在机箱内部安装一些金属螺柱和塑料钉来固定的。安装主板前需要认识一下用来固定主板的零件。图 2-38 所示为金属螺柱、塑料钉、螺钉和一些工具。

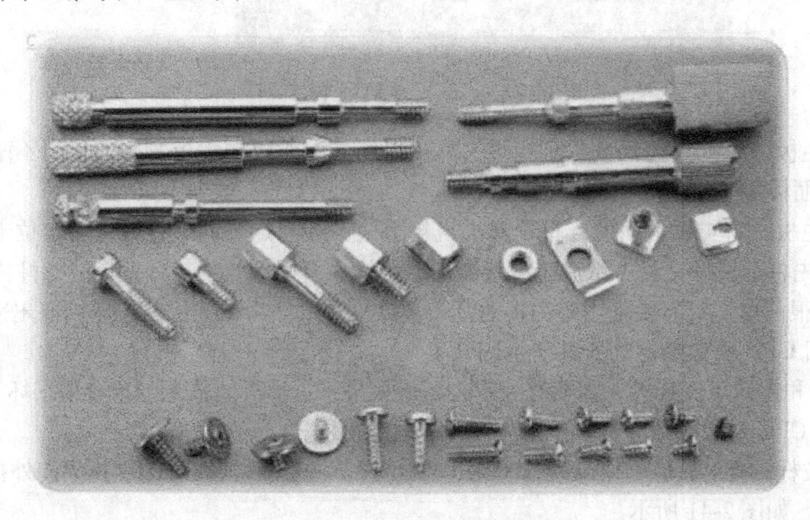

图 2-38　各种螺钉及工具

① 确定固定位置。把机箱放平，将主板小心地放入机箱进行比对，看看需要在机箱哪些位置安装固定金属螺柱或塑料定位卡。

② 固定金属螺柱。按照比对结果，将机箱附带的金属螺柱和塑料定位卡固定好，至少需要安装 3 个，如图 2-39 所示。

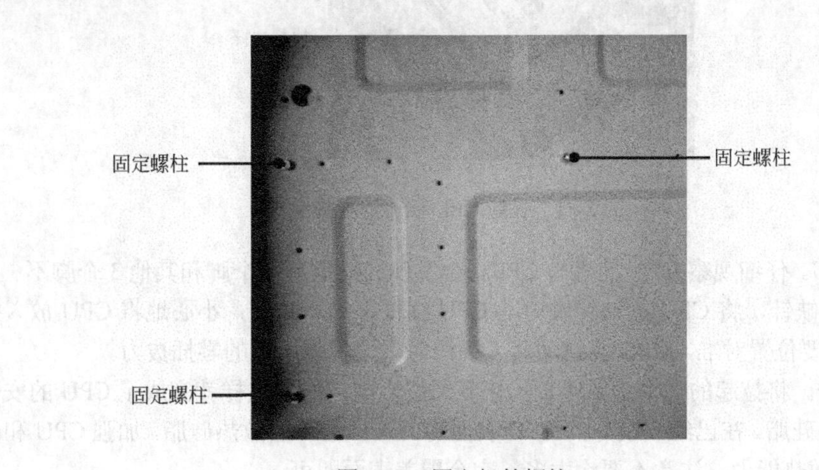

图 2-39　固定机箱螺柱

③ 去掉挡板铁片。用螺钉旋具（螺丝刀）将机箱后边 I/O 挡板上的铁片去掉。如图 2-40 所示。

图 2-40　去除主板 I/O 挡板铁片

④ 放入主板。将主板轻轻放入机箱中，如果机箱后面面板和主板侧面的接口不配套，则需要将机箱后边的面板撬掉，使用主板自带的金属面板。

⑤ 固定主板。将主板上面的连接孔对准机箱上边已经固定好的螺柱或塑料定位卡。如果均已一一对应后，先将金属螺钉套上纸质绝缘垫圈加以绝缘，再用螺丝刀旋入此金属螺柱内。

主板拆卸很简单，只需要将固定主板的几个螺钉松开，然后将主板从机箱内取出来就可以了。

2．奔腾四 CPU 及散热器的安装与拆卸

CPU 安装和拆卸难度较大，需要有一定技巧，如果不了解拆装技术，很容易损坏 CPU。

（1）安装 CPU 及散热器

① 拉起拉杆。将主板放平，找到 CPU 插槽的位置，将 CPU 插槽旁的小扳手向外拉，并向上拉起与主板垂直。如图 2-41 所示。

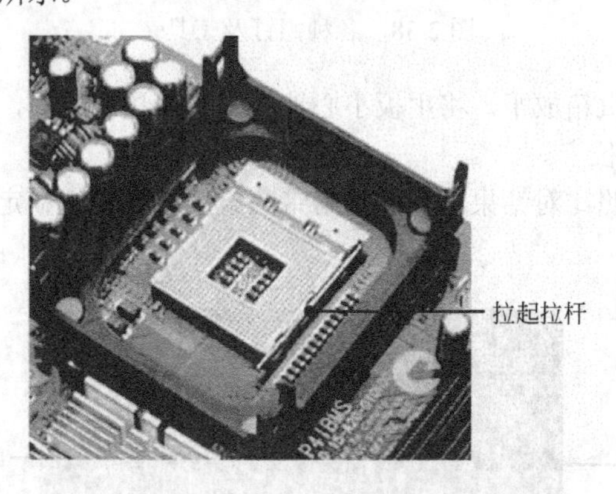

图 2-41　拉起 CPU 插座的小扳手

② 放入 CPU。仔细观察 CPU 插槽与 CPU，会发现插槽上有一个脚和其他 3 个脚不一样，有缺孔，而且 CPU 上缺针，将 CPU 的缺针脚对准 CPU 插槽上的缺孔处，小心地将 CPU 放入插槽。如图 2-42 所示。只要位置对准，CPU 会自动落入插槽内。这就是所谓的零插拔力。

③ 压下拉杆。将拉起的插槽边的小扳手恢复原位，固定好，这样就完成了 CPU 的安装。

④ 涂抹散热硅脂。在已经安装好的 CPU 表面均匀涂抹上一层散热硅脂，加强 CPU 和散热片之间的接触，提高散热能力。注意不要涂太多，完全覆盖表面即可。

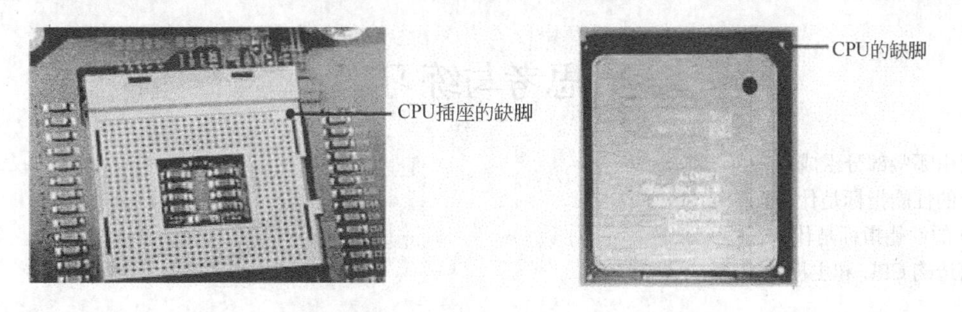

图 2-42 对准安装插槽缺孔和 CPU 缺针

⑤ 固定散热风扇。将 CPU 风扇的散热片小心地放入主板上的风扇支架，确保 CPU 和散热片紧密接触。将 CPU 风扇上的扣具小心地挂在风扇支架的挂孔上。对于有压杆的，还需要拉紧压杆，注意用力均匀，如图 2-43 所示。

图 2-43 放置风扇和安装扣具

⑥ 连接 CPU 风扇电源。将 CPU 风扇上的 3 针电源插头插入主板上标有“CPU FAN”的插槽里，如图 2-44 所示。

图 2-44 CPU 风扇电源的连接

（2）CPU 及散热器的拆卸

拆卸过程是安装过程的逆过程。首先从主板上拔掉 CPU 风扇的电源线，再将散热风扇上面的固定杆向相反的方向拉起来，然后拆掉 4 个脚的固定端（因为扣具卡比较牢固，所以在拆卸过程中，要先把扣具卡口下压，然后向外提，先拆掉一个固定端，再顺次拆掉其他 3 个固定端），拆固定端的时候要注意别用力过猛，以防碰坏了电容或损坏固定端。4 个固定端拆掉后，就可以将 CPU 散热风扇从板上取下来。CPU 风扇拆掉后，就会露出 CPU，此时向外向上稍用力拉起 CPU 插座旁边的拉杆，CPU 就会从插座中升起来，然后就可以取出 CPU 了。

思考与练习

1. 主板由哪些部分组成？
2. 主板的性能指标是什么？
3. CPU 的性能指标是什么？
4. 如何选购 CPU 和主板？

项目3　存储设备与选购

【项目分析】

系统及程序是安装到硬盘上的，程序运行离不开内存，内存的类型与容量大小已成为用户衡量计算机性能高低的重要指标之一。辅助存储器的种类有很多，主要有硬盘、光驱及光盘、U盘等，掌握它们的性能及主要参数对于计算机选购、维护非常重要。

【学习目标】

知识目标：

① 了解内存的性能、分类及性能指标；

② 了解硬盘、光驱的分类及性能指标。

能力目标：

① 掌握内存的选购、安装与拆卸；

② 掌握硬盘的设置、安装与拆卸。

任务3.1　认识内存

3.1.1　内存的概述

内存也称主存或内存储器，用于暂时存放CPU的运算数据或与硬盘等外部存储器交换的数据。任何程序要想被执行，必须首先调入内存，并在执行的过程中不断把所需要的数据调入内存，把执行过程中产生的临时数据信息和最终得到的结果信息写入内存。在这个过程中，使用最多的就是随机存储器RAM，可以说程序主要是在RAM中进行数据交换。内存是指计算机系统中存放数据与指令的半导体存储单元，它主要表现为三种形式：RAM（随机存取存储器）、ROM（只读存储器）、Cache（高速缓冲存储器）。

（1）ROM

ROM（Read Only Memory，只读存储器）只能从中读取信息而不能任意写信息。ROM具有掉电后数据可保持不变的优点，多用于存放一次性写入的程序或数据，如BIOS。

（2）RAM

RAM（Random Access Memory，随机存储器）存储的内容可通过指令随机读写访问，RAM中的数据在掉电时会丢失，因而只能在开机运行时存储数据。

内存条接口称为线，所谓多少“线”是指内存条与主板插接时有多少个接点，俗称“金手指”。

（3）高速缓存

高速缓存（Cache）的作用主要是用于在CPU和主存之间建立一个中间速度的缓冲区间，加快数据的读写速度。高速缓冲存储器一般含在CPU中。

3.1.2　内存的分类

内存是指计算机系统中存放数据与指令的半导体存储单元，其中RAM是最主要的存储器，通常所说的内存也就是指RAM。RAM一般又可以分为两大类型：SRAM（静态随机存储器）和DRAM（动态随机存储器）。SRAM的读取速度快，但造价昂贵，一般被用作计算机中的高速缓存。DRAM虽然读写速度慢，但它的价格低，集成度高，故比较便宜，作系统所需的大容量“主存”。下面主要介绍 DRAM 内存的分类。

（1）FPM DRAM

FPM DRAM（Fast Page Mode DRAM，快速页面模式动态存储器）是较早期（386、486 时代）使用的一种内存，采用 30 线或 72 线 SIMM 类型的接口，工作电压为 5V，带宽为 32 位，基本速度为 60ns 以上，大约每隔 3 个时钟周期传送一次数据。FPM DRAM 内存如图 3-1 所示，该种内存现在很少见了。

图 3-1　FPM DRAM 内存

（2）EDO DRAM

EDO DRAM（Extended Data Out DRAM，扩展数据输出动态存储器）内存如图 3-2 所示，是 FPM DRAM 内存的替代产品，由 Micron（美光）公司开发，有 72 线和 168 线之分。EDO DRAM 的工作电压为 5V，带宽为 32 位，基本速度为 40ns 以上。它不需要像 FPM DRAM 内存那样每次传送数据都需要等待资料的读写操作完成，只要规定的存取时间一到就可以读取下一个传送地址了，因此，EDO DRAM 内存缩短了存取时间。EDO DRAM 内存现在已经被淘汰。

图 3-2　EDO DRAM 内存

（3）SDRAM

SDRAM（Synchronous DRAM，同步动态存储器）是一种与 CPU 外频时钟同步的内存模式。它采用 168 线的 DIMM 类型接口，工作电压为 3.3V，带宽为 64 位，基本速度可达 7.5ns。随着 DDR 内存的推出，SDRAM 内存已退出市场。图 3-3 所示为 SDRAM 内存。

（4）RDRAM（Rambus DRAM）

RDRAM 是美国的 RAMBUS 公司开发的一种内存。与 DDR 和 SDRAM 不同，它采用了串行的数据传输模式。RDRAM 的数据存储位宽是 16 位。远低于 DDR 和 SDRAM 的 64 位。但在频率方面则远远高于二者。同样也是在一个时钟周期内传输两次数据，能够在时钟的上升期和下降期各传输一次数据，内存带宽能达到 1.6GB/s。

图 3-3　SDRAM 内存

RDRAM 的频率一般可达到 800MHz，但要使用该内存，必须对内存控制器做较大的改变，而且该内存昂贵，故在 PC 上很少使用，它主要用在专业的图形加速适配卡或电视、游戏机的视频内存中。图 3-4 所示为一款 RDRAM 内存。

图 3-4　RDRAM 内存

（5）DDR SDRAM（Double Data Rate SDRAM）

DDR SDRAM 就是通常所说的 DDR 内存，全称为双倍速率同步动态随机存储器。DDR 内存与 SDRAM 相似，只不过它在系统时钟的上升沿和下降沿都能传输数据，这样就能够将 DRAM 的数据传输速率提高 1 倍，即 DDR 内存的数据传输速率是普通 SDRAM 的 2 倍。作为 SDRAM 内存的换代产品，DDR 内存除了速度上比 SDRAM 快 1 倍外，它还采用 DLL（Delay Locked Loop，延时锁定回路）提供了一个数据滤波信号。从外观上看，DDR 内存只有一个卡口，SDRAM 内存一般有两个卡口，这是两种内存最明显的区别。DDR SDRAM 内存是目前内存市场上的主流产品。图 3-5 所示为 DDR SDRAM 内存。

图 3-5　DDR SDRAM 内存

（6）DDR2 内存

DDR2 内存能够提供比传统 SDRAM 内存快 4 倍、比 DDR 内存快 2 倍的数据传输速率，它是现在主流内存 DDR 内存的换代产品。DDR 内存由于架构的局限性，当数据传输达到 400MHz 后，就很难再有所提升了，而作为 DDR 内存的替代者，DDR2 内存在总体上仍保留了 DDR 的大部分特性，所做的改进主要体现在以下 5 个方面。

① 改进针脚设计。DDR2 在外观、尺寸上与目前的 DDR 内存几乎完全一样（DDR2 内存的下端也只有一个卡口，但卡口的位置与 DDR 内存卡口的位置不同，所以 DDR2 与 DDR 不能混插），

但为了保持较高的数据传输率，DDR2 对针脚进行了重新定义，采用了双向数据控制针脚，针脚数由 184pin 变为了 240pin（其实 DDR2 的针脚数还有 200pin、220pin 两种，240pin 的主要用于桌面 PC 系列）。

② 更小的封装。目前的 DDR 内存多采用 TSOP2 封装和 BGA 封装，而 DDR2 采用的是更为先进的 CSP 无铅封装技术，芯片面积与封装面积之比接近理想比值 1∶1，使得单条 DDR2 内存的容量增大，而且在抗噪性、散热性、可靠性和稳定性等几个方面都要优于 DDR 内存。

③ 更低的工作电压。DDR2 内存采用了先进的制造工艺，工作电压降至 1.8V，这样，DDR2 内存在功耗和发热量上都比 DDR 内存要低得多。

④ 更低的延迟时间。DDR2 内存的延迟时间相对于 DDR 内存来说大大降低了，介于 1.8～2.2ns 之间（DDR 内存的延迟时间为 2.9ns），从而使 DDR2 内存达到更高的工作频率（1GHz 以上）。

⑤ 采用了 4 位预读取功能。DDR2 在 DDR 的基础上新增了 4 位数据预读取的特性，即增强了预读取操作的能力，这是 DDR2 内存的关键技术之一。这种技术的实现，使得 DDR2 内存的数据传输率提高到了 DDR 内存的 2 倍。DDR2 内存如图 3-6 所示。

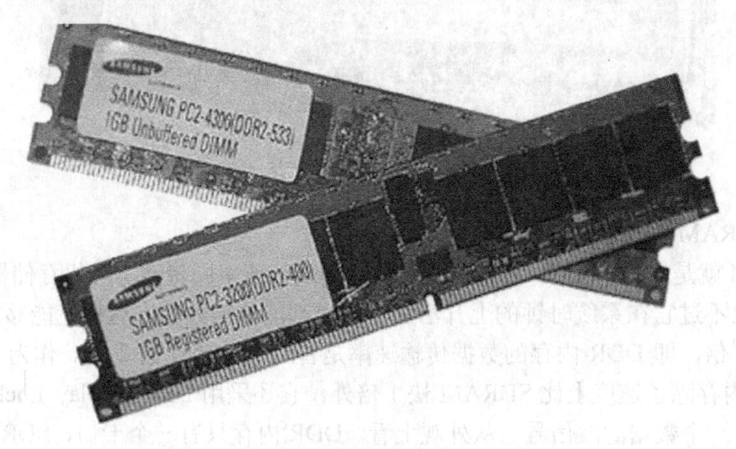

图 3-6　DDR2 内存

（7）DDR3 内存

DDR3 与 DDR2 相比工作电压更低，从 DDR2 的 1.8V 降落到 1.5V，性能更好更为省电；DDR3 目前最高能够达到 1600MHz 的频率。DDR3 将比现时 DDR2 节省 30%的功耗。所做的改进主要体现在以下几个方面。

① 8 位的预取设计，而 DDR2 为 4 位预取，这样 DRAM 内核的频率只有等效数据频率的 1/8，DDR3-800 的核心工作频率（内核频率）只有 100MHz。

② 采用点对点的拓扑架构，以减轻地址/命令与控制总线的负担。

③ 采用 100nm 以下的生产工艺，将工作电压从 1.8V 降至 1.5V，增加异步重置（Reset）与终端电阻校准功能。DDR3 内存如图 3-7 所示。

（8）DDR4 内存

DDR4 内存由芯片、散热片和金手指等部分组成。DDR4 内存是目前最新一代的内存类型，相比 DDR3，性能提升有 3 点，即 16 位预读取机制（DDR3 为 8 位），在同样内核频率下理论速度是 DDR3 的两倍；更可靠的传输规范，数据可靠性进一步提升；工作电压降为 1.2V，更节能。DDR4 内存如图 3-8 所示。

（9）五种常见内存比较

下面从工作电压、引脚、工作频率、预读位数和封装工艺五个方面作比较，五种常见内存比较如表 3-1 所示。

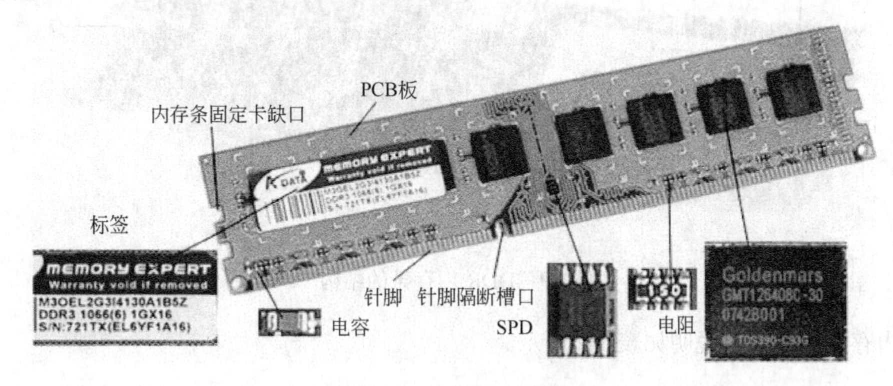

图 3-7　DDR3 内存

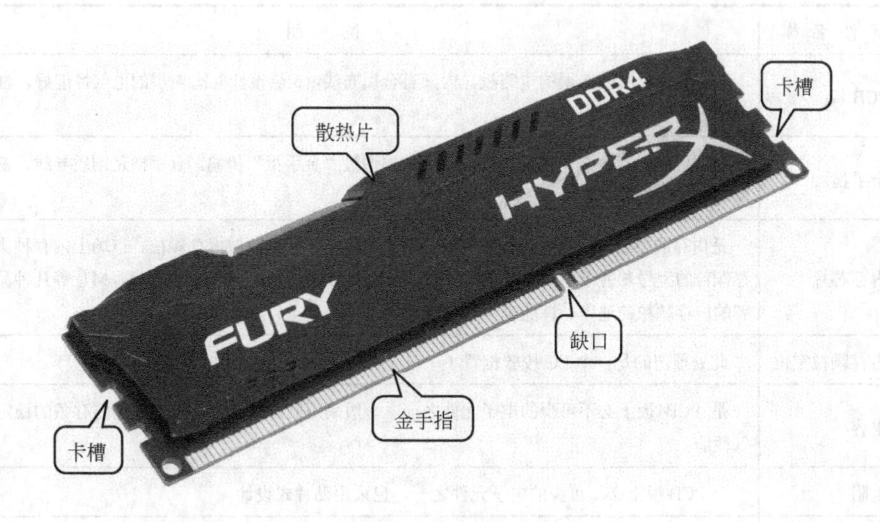

图 3-8　DDR4 内存

表 3-1　五种常见内存比较

类型 名称	SDRAM	DDR	DDR2	DDR3	DDR4
工作电压/V	3.3	2.5	1.8	1.5	1.2
引脚数/pin	168	184	240	240	240
工作频率/MHz	66/100/133	200/266 333/400	400/533 667/800	800/1066 1333/1600	2133/2400/2666
预读位数/bit	1	2	4	8	16
封装工艺	TSOP	TSOP	FBGA	FBGA	FBGA

3.1.3　内存的结构与封装

1）内存的结构

内存发展到今天，已进入了 DDR 时代。此处便以主流的 DDR 内存来介绍内存的结构。图 3-9 所示为一根 DDR 内存条的结构。

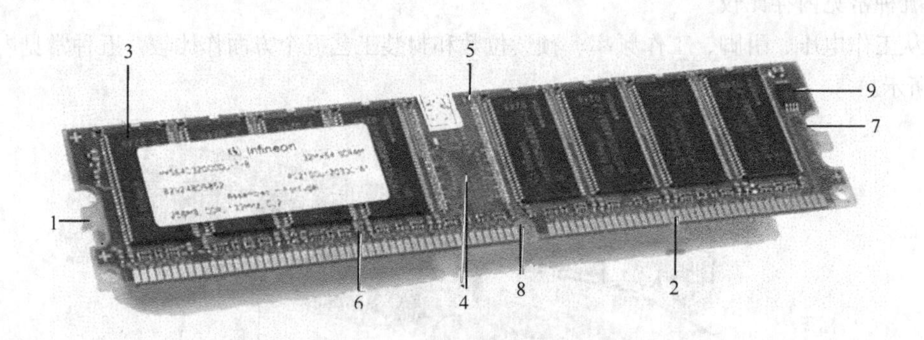

图 3-9 DDR 内存条的结构

DDR 内存的组成部分说明如表 3-2 所示。

表 3-2 DDR 内存的组成部分说明

标 注	部 件 名 称	说 明
1	PCB 板	为绿色，4 层或 6 层的电路板，内部有金属布线，6 层设计要比 4 层的电气性能好，性能更稳定，名牌内存多采用 6 层设计
2	金手指	金黄色的触点，与主板连接的部分，数据通过“金手指”传输。金手指是铜质导线，易氧化，要定期清理表面的氧化物
3	内存芯片	是内存的核心，决定着内存的性能、速率、容量等，也叫做内存颗粒。市场上内存种类很多，但内存颗粒的型号却并不多，常见的有 Hynix、KingMax、Winbond、Sumsang、MT 等几种品牌，不同品牌的内存颗粒的速率、性能也不尽相同
4	内存颗粒空位	此处预留的是一个 EC 校验位置
5	电容	是 PCB 板上必不可少的电子元件之一。一般采用贴片式电容，可以提高内存条的稳定性，提高电气性能
6	电阻	是 PCB 板上必不可少的电子元件之一，也采用贴片式设计
7	内存固定卡缺口	内存插到主板上后，主板内存插槽的两个夹子便扣入该缺口，可以固定内存条
8	内存脚缺口	防止反插，也可以区分以前的 SDRAM 内存条，以前的 SDRAM 内存条有两个缺口
9	SPD	是一个 8 脚的小芯片，实际上是一个 EEPROM，即可擦写存储器。有 256 B 的容量，每一位都代表特定的意思，包括内存的容量、组成结构、性能参数和厂家信息

2）内存的封装

平时所看到的内存其实并不是内存真正的面貌和大小，而是内存芯片经过“封装”后的产品。像 CPU 一样，封装是内存至关重要和必不可少的一道程序。封装可以隔离空气中的杂质对内存芯片电路的腐蚀，便于安装和运输，良好的封装也会提高内存芯片的性能。常见的内存封方式有 DIP、SOJ、TSOP、BGA 等几种。

（1）DIP 封装

DIP（Dual In-line Package，双列直插式封装）是内存最初的封装方式。DIP 封装的封装面积与芯片面积的比值远远大于 1，所以封装效果很差。DIP 封装一般是长方形，针脚从长边引出来，且针脚数量一般为 8～64 针，抗干扰能力很差，此种封装方式很快就被淘汰了。采用 DIP 封装方式的内存芯片如图 3-10 所示。

（2）TSOP 封装

TSOP（Thin Small Outline Package）中文意思为薄型小尺寸封装。TSOP 封装技术出现于 1980 年，在当时，TSOP 封装技术以高频应用、操作方便和可靠性高三个方面的优点而受到厂商和用户的青睐。TSOP 封装技术广泛地应用于 SDRAM 内存的制造上，一些著名的厂商，如三星、现代、Kingston 等都是采用该种封装技术进行内存封装的。随着技术的不断进步， TSOP 封装也暴露出了一些弱点，如芯片引脚焊点与 PCB 板上的接触面积小，不利于内存芯片向 PCB 板传热；TSOP 封装的内存的工作频率超过 150 MHz 后，会产生较大的信号干扰和电磁干扰。这些弱点使得 TSOP 封装技术越来越不适用于高频、高速内存的需求。图 3-11 所示为采用 TSOP 封装技术的内存芯片。

图 3-10 DIP 封装方式

图 3-11 TSOP 封装方式

（3）BGA 封装

BGA（Ball Grid Array，球形矩阵排列封装）简称为球形封装。BGA 能用可控塌陷芯片法焊接，电热性能得到改善；此种封装内存的厚度和重量减少，信号传输延迟小，工作频率大大提高；相同容量的内存，采用 BGA 封装技术的体积只有 TSOP 封装的 1/3。图 3-12 所示为采用 BGA 封装方式的内存芯片。

图 3-12 BGA 封装方式

BGA 封装技术还有两种特殊版本，一种是 KingMax 公司推出的 Tiny-BGA 封装（小型球栅阵列封装），它可以视为一种超小型的 BGA 封装。另一种是主要应用于 Direct RDRAM 内存上的 mBGA 封装（微型球栅阵列封装）。图 3-13 和图 3-14 所示分别为采用这两种封装技术的内存芯片。

图 3-13 Tiny-BGA 封装方式

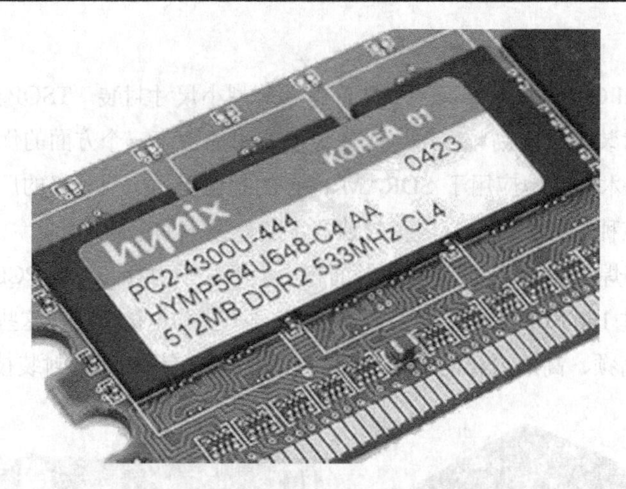

图 3-14　mBGA 封装方式

（4）CSP 封装

CSP（Chip Scale Package，芯片尺寸封装）是一种新的封装方式。在 TSOP、BGA 的基础上，CSP 封装的性能有了很大的提升。CSP 封装的芯片面积之比超过了 1∶1.14，几乎接近 1∶1 的理想情况，绝对尺寸也只有 32 mm^2，仅为普通 BGA 封装的 1/3，为 TSOP 封装的 1/6。也就是说，在相同的体积下，CSP 封装的内存条可以装入更多的内存颗粒，增大了单条内存的容量。另外，CSP 封装的内存产品在抗噪性、散热性、电气性能、可靠性、稳定性等方面也要比其他封装形式强。CSP 封装技术以它的绝对优势成为了 DRAM 产品中最具有革命性变化的内存封装工艺。图 3-15 所示为 CSP 封装方式的内存。

随着 DDR2 技术规范的制定和推广，CSP 封装的改良版 WLCSP 封装成为内存芯片封装技术领域的新主流。WLCSP 即 Wafer Level Chip Scale Package 的缩写，中文意思为晶圆体芯片封装。WLCSP 封装相对普通 CSP 和其他的封装技术有着更明显的优势：一是工艺工序大大优化，直接对晶圆体进行封装，而不需要对晶圆体进行切割、分类；二是生产周期和成本大幅度下降；三是电气性能更优异，几乎消除了引脚产生的电磁干扰。采用 WLCSP 封装技术的内存可以支持 800MHz 的频率和 1GB 的容量。图 3-16 所示为采用 WLCSP 封装方式的内存芯片。

图 3-15　CSP 封装方式

图 3-16　WLCSP 封装方式

3.1.4　内存的接口方式

内存的接口方式是根据内存条金手指上导电触片（也叫做针脚或线，英文为 pin）的数量来划分的。不同的内存采用的接口方式也不相同，每个接口方式采用的针脚数也不尽相同。如台式机内存早期一般使用30线、72线的接口，现在多为168线、184线的接口，笔记本内存则一般使用144线和200线的接口。使用不同针脚数的内存，在主板上对应的插槽也各不相同。就台式机而言，主要有三种类型的接口：SIMM（早期的30线、72线的内存使用）、DIMM（168线、184线、240线的内存使用）、RIMM（RDRAM内存条使用）。

（1）SIMM

内存条通过金手指与主板相连，正反两面都有金手指，这两面的金手指可以传输不同的信号，也可以传输相同的信号。SIMM（Single In-line Memory Module，单列直插内存模块）属于金手指两面都提供相同信号的内存结构。早期的FPM内存（快速页面模式）和FDO RAM内存多使用此种结构，而且传输数据宽度不尽相同，最开始一次能传输8位数据，后升到16位、32位。传输8位和16位的SIMM使用30线接口，传输32位的SIMM则使用72线接口。图3-17所示为采用30pin接口的内存，图3-18所示为采用72pin接口的内存。

图3-17 30 pin接口的内存

图3-18 72 pin接口的内存

（2）DIMM

DIMM（Dual In-line Memory Module，双列直插内存模块）与SIMM相比，DIMM金手指的两面传输的是各自独立的不同的信号，这样，DIMM便于满足更多数据信号的传递需要。在DIMM下，又有三种不同的接口，一为SDRAM内存使用的168线接口，二为DDR SDRAM内存使用的184线接口，三为DDR2内存使用的240线接口。普通的SDRAM内存使用168pin接口，金手指每面有84pin，且有两个卡口，可以防止反插。DDR SDRAM内存与之不同，它使用184pin接口，下端只有一个卡口，金手指每面各有92pin。卡口数量不同是普通SDRAM内存与DDR SDRAM内存最明显的区别。DDR2内存使用240pin接口，金手指每面有120pin，其下端也只有一个卡口，但卡口位置与DDR SDRAM内存的稍有不同，DDR SDRAM内存是插不进DDR2的插槽中的，两者不能混插。图3-19、图3-20和图3-21所示分别为168pin、184pin和240pin接口的内存。

图 3-19　168 pin 接口的内存

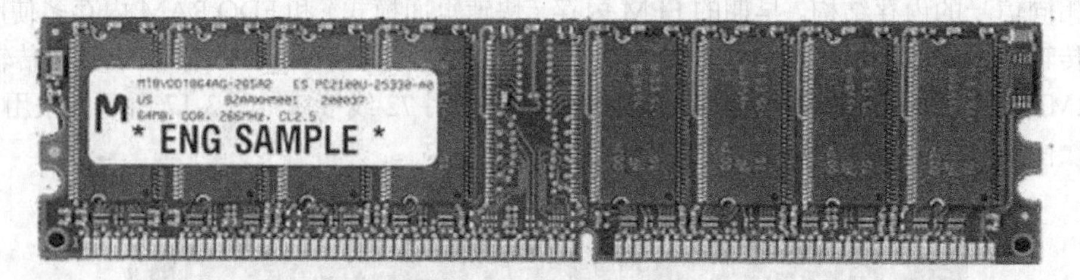

图 3-20　184 pin 接口的内存

图 3-21　240 pin 接口的内存

（3）RIMM

RIMM（Rambus In-line Memory Module）是 Rambus 生产的 RDRAM 内存所采用的接口类型。RIMM 与 DIMM 在外形尺寸上差不多，金手指也同样是双面的，也有 184 pin 的针脚。只不过 RIMM 内存在金手指的中间部分有两个靠得很近的卡口。由于 RDRAM 内存造价太高，故市场上很少见到 RDRAM 内存条和 RIMM 接口。图 3-22 所示为 RIMM 接口的 RDRAM 内存。

图 3-22　RIMM 接口的 RDRAM 内存

3.1.5　内存的性能指标

要组装一台计算机，选购内存条也是非常重要的一个环节。当前主流内存包括：金士顿、宇瞻、现代、金邦科技、胜创、海盗船、黑金刚、三星、金泰克。除了品牌，衡量一个内存性能好坏的主要指标有容量、工作频率、数据带宽、校验、工作电压等。

（1）内存容量

内存容量是指一根内存可以容纳的二进制信息量，用 MB 作为计量单位。目前常见的内存单条容量为1GB、2GB、4GB，早期还使用过 128 MB、256 MB、512 MB 的单条内存。现在内存单条容量最大可以达到 4GB 以上，当然价格就相对昂贵多了。目前装机大多选配单条 1GB 或 2GB 的内存。

（2）工作频率

内存的工作频率表示的是内存传输数据的频率，一般用 MHz 作为计量单位。内存工作频率是衡量内存性能的较简单而又直接的指标，它表示该内存条能在多大的外频下工作。内存工作频率越高，在一定程度上代表着内存所能达到的速度越快。由于内存本身并没有晶体振荡器，故内存的实际工作频率由主板决定。一般情况下，内存的工作频率与主板的外频相一致，通过调节主板上 CPU 的外频也就调整了内存的实际工作频率。内存有两种工作模式：一种是同步工作模式，此时内存的工作频率与 CPU 外频一致；另一种是异步工作模式，此时内存的工作频率与 CPU 外频会存在一些差异。这种差异的存在可以避免出现以往因超频而导致的内存瓶颈现象。目前的主板芯片组几乎都支持内存异步工作模式。

（3）数据带宽

数据带宽是指内存的数据传输速率，也就是内存一次能处理的数据宽度，它是衡量内存性能的重要标准。通常情况下，PC 100 的 SDRAM 在额定频率（100 MHz）下的峰值带宽可达到 800 MB/s。PC 133 的 SDRAM 工作在 133 MHz 下，则可达到 1.06 GB/s 的带宽，比 PC 100 高出了 200 MB/s。对于 DDR 内存而言，由于它在同一时钟的上升沿和下降沿都能传输数据，所以工作在 133 MHz 时，其数据带宽可达到 2.1 GB/s，相当于普通 SDRAM 内存工作在 266 MHz 下所拥有的带宽。内存数据带宽的计算公式是：

数据带宽=内存的数据传输频率×内存数据总线位数 / 8

（4）奇偶校验与 ECC 校验

内存是一种电子器件，在工作过程中难免会出现错误。内存错误对一些稳定性要求极高的用户来说可能是致命的。根据错误的原因，可以把内存错误分为硬错误和软错误，硬错误是无法纠正的，软错误则可以检测并纠正。奇偶校验是最早使用的内存软错误的检测方法。内存的最小单位是位（bit），用 0 和 1 分别表示该位上的两种状态。每 8 个连续的位构成一个字节。不带奇偶校验的内存每个字节只有 8 位，若某一位上存储的数据出错，就会导致程序出错，而且这种错误无法检测。奇偶校验就是在每个字节（8 位）以外再增加一位作为错误校验位，该位用来记录这个字节上 8 个位的状态和值的奇偶性。当 CPU 读到该字节时，会自动把这个字节各个位上的状态值相加，再与奇偶校验位上的值相对比，看看是否一致，若不一致就说明数据出错了。奇偶校验方法只能从一定程度上检测出内存软错误，但不能进行纠正，而且不能检测出双位错误。

另外一种方法是 ECC（Error Check Correct，错误检查与校正）错误检查和纠正。ECC 校验同样也是在数据位上额外增加一位，用来存储一个用数据加密的代码。当数据被写入内存的同时，相应的 ECC 代码也被保存下来，当重新读回刚才存储的数据时，保存下来的 ECC 代码就会与读数据时产生的 ECC 代码做比较，若不相同则说明出错，此时两个 ECC 代码都会被解码，以确定数据中的错误位，然后丢掉这个错误位，同时从内存控制器中释放出正确的数据来填补该错误位，从而达到纠正错误的目的。使用 ECC 校验的内存会对系统性能造成不小的影响，但这种校验、纠错功能十分重要，所以带 ECC 校验的内存的价格要比普通内存的昂贵许多。

（5）CAS 的延迟时间

CAS（Column Address Strobe，列地址控制器）的延迟时间就是指内存纵向地址脉冲的反应时间，用 CL（CAS Latency，CAS 潜伏期）来表示。其实无论何种内存，在数据传输前都有一个等待传输请求的响应时间，这就造成了传输的延迟时间。CL 设置在一定程度上反映出了该内存在 CPU 接到读取内存数据的指令后，到正式开始读取数据所需要的等待时间。对同频率的内存, CL 设置低的更具有速度优势。CL 参数值一般有 2 和 3 两种（即读取数据的延迟时间为 2 个和 3 个时钟周期）。数字越小，代表延迟时间越短。

（6）工作电压

工作电压是指内存正常工作时所需要的电压值，不同类型的内存电压也不同，各有各的规格，不能超出规格，否则会损坏内存。SDRAM 内存的工作电压一般在 3.3 V 左右，上下浮动不超过 0.3 V；DDR SDRAM 内存的工作电压一般在 2.5 V 左右，上下浮动不超过 0.2 V；DDR2 内存的工作电压一般在 1.8 V 左右；DDR3 内存工作电压一般在 1.5V 左右；DDR4 内存工作电压一般在 1.2V 左右。

（7）SPD

SPD（Serial Presence Detect，串行存在探测）是一个 8 针的 EEPROM（电可擦写可编程只读存储器）芯片，位置一般处在内存条正面的右侧，里面记录了诸如内存的速度，容量，电压，行、列地址，带宽等参数信息。当开机时，BIOS 会自动读取 SPD 中记录的信息。如果没有 SPD，就容易出现死机和致命错误的现象。SPD 更是识别 PC 100 内存的一个重要标志。

任务 3.2 认识硬盘

硬盘是计算机硬件系统中最重要的数据外存储设备，具有存储空间大、数据传输速度较快、安全系数较高等优点，因此计算机运行所必需的操作系统、应用程序、大量的数据等都保存在硬盘中。现在的硬盘分为机械硬盘和固态硬盘两种类型，机械硬盘是传统的硬盘类型，平常所说的硬盘都是指机械硬盘。CPU 要做运算，必须要把硬盘上存储的数据取出来调入内存才能运行，所以有人把硬盘称做计算机的数据仓库。

3.2.1 机械硬盘的外观和内部结构

机械硬盘就是传统普通硬盘，主要由盘片、磁头、传动臂、主轴电机和外部接口等几个部分组成，硬盘的外形就是一个矩形的盒子，分为内外两个部分。

目前主流硬盘的尺寸为 3.5in（1in=25.4mm）。一般硬盘的正面都贴有标签，标注硬盘的一些参数；硬盘背面是一块控制电路板，上面还有一些芯片。下面主要介绍硬盘的外部结构、内部结构和逻辑结构。

1）硬盘的外部结构

硬盘的外部尺寸有 5.25in、3.5in、2.5in 和 1.8in 等几种，其中前两种主要用于台式机，后两种主要用于笔记本计算机。5.25in 的硬盘已被淘汰，目前台式机的主流硬盘尺寸为 3.5in。硬盘的外部结构包括外壳、接口和控制电路板等部分。

（1）外壳

硬盘的外壳与底板结合成一个密封的整体，正面的外壳保证了磁盘盘片和机构的稳定运行。在固定面板上贴有产品标签，上面印着产品型号、产品序列号、产地、生产日期等信息。外壳上还有一个透气孔，它的作用就是使硬盘内部气压与大气气压保持一致。另外，硬盘侧面还有一个向盘片表面写入伺服信号的孔。

（2）接口

接口包括电源接口插座和数据接口插座两部分。其中电源接口插座与主机电源插头相连接，为硬盘正常工作提供动力。数据接口插座是硬盘数据与主板控制芯片之间进行数据传输与交换的通道。

（3）控制电路板

硬盘的控制电路板一般是六层板，电路板上分布着接口芯片、缓存、数字信号处理器、前置信号处理器、电机驱动芯片、BIOS 芯片、电阻、电容、电感等电子元器件，硬盘的控制电路板如图 3-23 所示。硬盘的控制电路板上电子元件大都采用贴片式焊接，包括主轴调速电路、磁头驱动与伺服定位电路、读写电路、高速缓存、控制与接口电路等。在电路板上还有一块 ROM（Read-Only Memory，只读存储器）芯片，里面固化的程序可以初始化硬盘，执行加电自检、启动主轴电机、磁头定位与故障检测等。在电路板上还安装有容量不等的高速数据缓存芯片，缓存对磁盘读取数据的性能有很大的作用。读写电路的作用就是控制磁头进行读写操作。磁头驱动电路直接控制寻道电机，使磁头定位。主轴调速电路可控制主轴电机带动盘体以恒定速度转动。

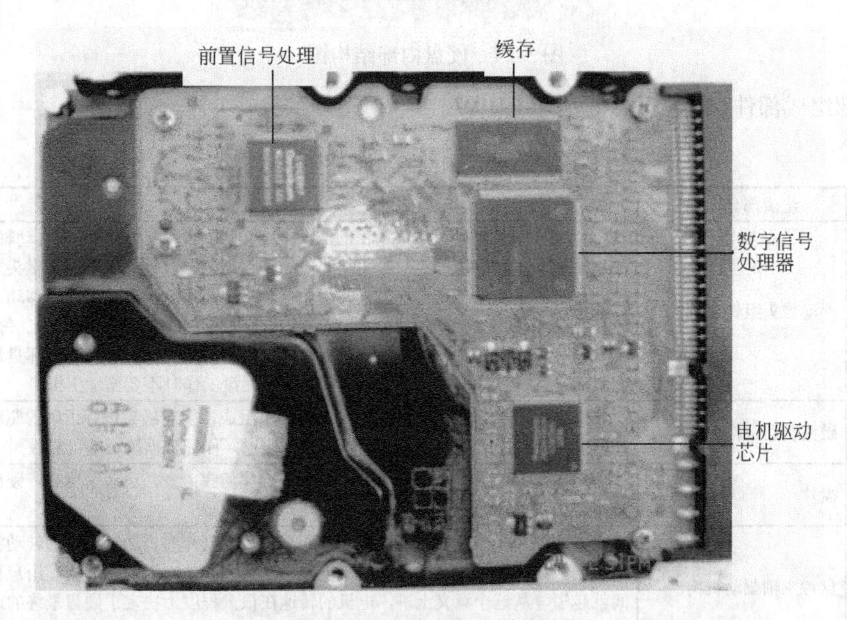

图 3-23 硬盘的控制电路板

硬盘电路板上除了有许多分立电子元件外，还有许多芯片。

① 电机驱动芯片：用于驱动硬盘的主轴电机和音圈电机。由于现在的硬盘转速很高导致该芯片发热量大而容易损坏。

② 前置信号处理芯片：用于加工处理磁头传来的信号。

③ 数字信号处理器：是电路板上最大的芯片，用于处理主板与硬盘之间的数据通信。它的集成度很高，损坏率也较高。

④ 缓存：外形和内存条的内存芯片相似，用于加快硬盘数据的传输速率，容量一般为几 MB。

2）硬盘的内部结构

打开硬盘的外壳，可以看清硬盘的内部组成，它主要由浮动磁头组件、磁头驱动机构、盘片、盘片主轴驱动机构和前置读写控制电子线路等几部分组成。图 3-24 所示为一块硬盘内部结构图。

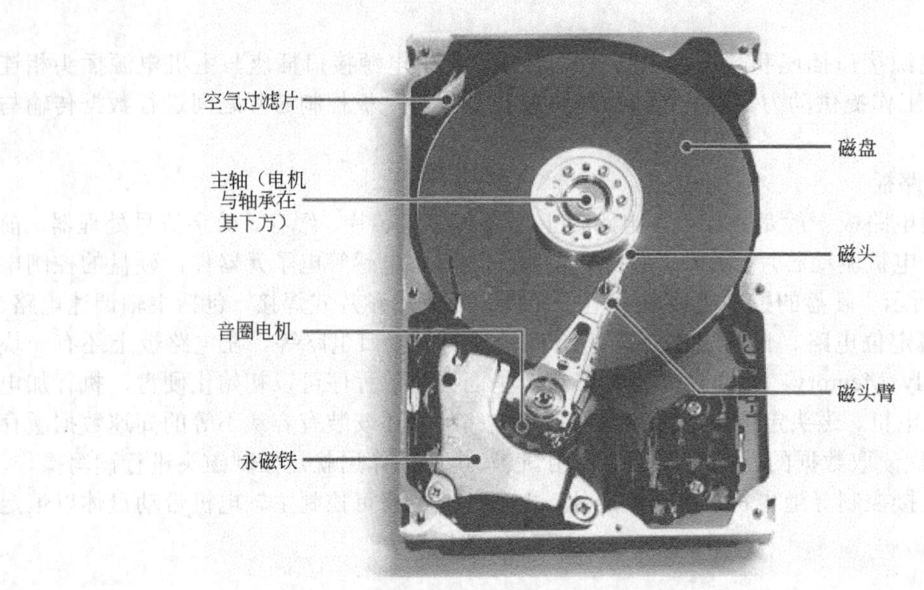

图 3-24　硬盘内部结构图

硬盘内部组成部件说明如表 3-3 所示。

表 3-3　硬盘内部组成部件说明

编　号	组成部分名称	说　明
1	浮动磁头组件	浮动磁头组件是硬盘中最精密的部件之一，由读磁头、传动手臂和传动轴三部分组成。磁头是硬盘技术中最重要、最关键的一环，它类似于“笔尖”。硬盘磁头采用非接触式结构，它的磁头是悬在盘片上方的，加电后可在高速旋转的盘片表面移动，与盘片的间隙只有 0.08～0.3 μm。硬盘磁头其实是集成工艺制造的多个磁头的组合，每张盘片的上、下方都各有一个磁头。磁头不能接触高速旋转的硬盘盘片，否则会破坏盘片表面的磁性介质而导致硬盘数据丢失和磁头损坏，因此硬盘工作时不要搬运主机
2	磁头驱动机构	磁头驱动机构由音圈电机和磁头驱动小车组成，能对磁头进行正确的驱动和定位，并在很短时间内精确定位于系统指令指定的磁道，保证数据读写的可靠性
3	盘片	盘片是硬盘存储数据的载体，一般采用金属薄膜磁盘，记录密度高。硬盘盘片通常由一张或多张盘片叠放组成
4	盘片主轴驱动机构	盘片主轴驱动机构由轴承和电机等组成。硬盘工作时，通过电机的转动将盘片上用户需要的数据所在的扇区转动到磁头下方供磁头读取。电机转速越快，用户存取数据的时间就越短，从这个意义上讲，电机的转速在很大程度上决定了硬盘最终的速度。常说的 5400 转、7200 转就是指硬盘电机的转速。轴承是用来把多个盘片串起来固定的装置
5	前置读写控制电子线路	用来控制磁头感应的信号、主轴电机调速、磁头驱动和定位等操作

3.2.2　硬盘的逻辑结构

前面介绍的是硬盘的物理组成。要在硬盘上以文件的方式记录信息，还必须制定相关的规则，这就涉及了硬盘的逻辑结构的划分。硬盘逻辑结构如图 3-25 所示。

硬盘从逻辑上划分，包括下面几个部分。

磁面（Side）：每个盘片都有上、下两个磁面，从上向下从 0 开始编号，0 面、1 面、2 面、3 面……

磁道（Track）：硬盘在格式化时，盘片会被划成许多同心圆，这些同心圆轨迹就叫做磁道。磁道从外向内从 0 开始顺次编号，0 道、1 道、2 道……

柱面（Cylinder）：所有盘面上的同一编号的磁道构成一个圆柱，称为柱面，每个柱面上从外向内以 0 开始编号，0 柱面、1 柱面、2 柱面……

扇区（Sector）：硬盘的盘片在存储数据时又被逻辑划分为许多扇形的区域，每个区域叫做一个扇区。每个扇区可以存储 512 B。扇区编号按一定规则从 1 开始编号。

弄清这几个概念后，就可以计算出硬盘的容量了。

硬盘容量=柱面数×扇区数×每扇区字节数×磁头数

存储在硬盘上的某个信息就可以表示为：××磁道（柱面），××磁头，××扇区。

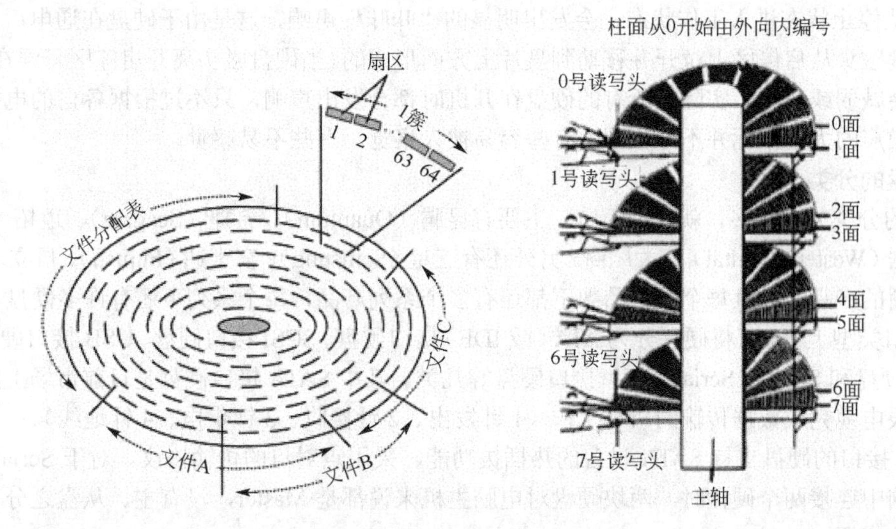

图 3-25 硬盘的逻辑结构

3.2.3 硬盘分区表

一个硬盘经过分区和高级格式化以后，会在所属的操作系统中建立分区表，记录一些基本信息，如硬盘的容量大小，硬盘开始柱面和结束柱面的分配情况，硬盘的引导区、文件分配表、根目录和数据区等一系列数据，分区表的功能可归纳如下。

① 分区表是创建在硬盘的第 0 柱面、第 0 磁道、第 1 个扇区上。

② 记录操作系统的数据。

③ 记录分区硬盘的 C（Cylinder，柱面）、H（Head，磁头），S（Sector，扇区）的数量。

④ 记录分配柱面的起始扇区号、结束扇区号和容量。

⑤ 记录可启动的硬盘。

⑥ 建立引导区（Boot Sector，引导区）。

⑦ 建立文件分配表 FAT（File Allocation Table，文件分配表）。

⑧ 建立根目录。

⑨ 建立数据存储区。

3.2.4 硬盘的工作原理

硬盘作为一种磁表面存储器，是在非磁性的合金材料（多为铝片）表面涂上一层很薄的磁性材料，再通过磁层的磁化来存储信息的，即硬盘是利用特定的磁粒子的极性来记录数据的。磁头在读取数据时，将磁粒子的不同极性转换成不同的电脉冲信号，再利用数据转换器将这些原始信号变成计算机可以使用的数据，写操作正好相反。硬盘缓存主要负责协调硬盘与主机在数据处理速度上的差异。

硬盘驱动器加电正常工作后，首先是利用控制电路完成初始化工作，将磁头置于盘片中心位置；初始化完成后主轴电机将高速旋转，装载磁头的驱动小车机构开始移动，将磁头置于盘片表面的 0 道，处于等待指令状态；当接收到系统指令后，通过前置放大控制电路处理，并由驱动音圈电机发出磁信号，此时根据感应阻值变化的磁头对盘片数据进行正确定位并将接收后的数据信息编码，再通过放大控制电路传输到接口电路，由接口电路传送给主机，完成一次指令操作。

当硬盘断电停止工作时，硬盘不旋转，各个浮动磁头依靠反力矩弹簧的作用与对应的盘片表面相接触。每个盘片的中心位置都留有一部分空间不存放任何信息，专用来停靠磁头，这个位置叫做启停区。一旦硬盘开始工作，磁头便会离开启停区，不再与盘片接触，而是悬浮在盘片上方进行数据的读写。

硬盘从停止状态进入工作状态，会发出明显的“咔咔”声响，这是由于硬盘在通电后，音圈电机带动硬盘磁头从启停区上拉开并移动到盘片上方而形成的。当硬盘磁头离开启停区悬浮在上方后，这一声响会减弱或消失。实际上所有的硬盘在开机时都会发出声响，只不过根据各自的电机种类不同，这一噪声的大小指标并不尽相同，有些容易被人察觉，有些不易察觉。

3.2.5 硬盘的分类

硬盘的分类方法很多，就品牌而言，主要有昆腾（Quantum）、希捷（Seagate）、迈拓（Maxtor）和西部数据（Western Digital）几大厂商。另外还有三星（Samsung）、富士通（Fujitsu）、日立（Hitachi）等几家厂商的产品。而且每个硬盘品牌下都还有多个系列产品，每个系列下还有许多硬盘。

从接口类型上分，可将硬盘分为ATA（或IDE）接口硬盘、SCSI接口硬盘、USB接口硬盘、IEEE 1394接口硬盘和SATA（Serial ATA）接口硬盘等几类。其中SATA接口硬盘是目前市场上的主流硬盘，用4根电缆完成数据传输的所有工作（1针发出、2针接收、3针供电、4针地线）。

SATA接口的硬盘支持SATA设备的热插拔功能，采用点对点的传输协议。对于Serial ATA接口，在电脑中连接两个硬盘时，两块硬盘对电脑主机来说都是Master，没有主、从盘之分，这样可省了跳线的麻烦。

服务器硬盘一般采用SCSI接口，适应面广，在一块SCSI控制卡上就可以同时挂接15个设备；具有很多任务、带宽宽及少CPU占用率等特点。图3-26所示为两种不同接口的硬盘。

SCSI接口硬盘　　SATA接口硬盘

图3-26　两种不同接口的硬盘

3.2.6 固态硬盘

固态硬盘（Solid State Disk或Solid State Drive），简称SSD，也称为电子硬盘或者固态电子盘，是由控制单元和固态存储单元（DRAM或FLASH芯片）组成的硬盘。

固态硬盘的接口规范和定义、功能及使用方法与普通硬盘的相同，在产品外形和尺寸上也与普通硬盘一致。由于固态硬盘没有普通硬盘的旋转介质，因而抗振性极佳。其芯片的工作温度范围很宽（−40～85℃），目前广泛应用于军事、车载、工控、视频监控、网络监控、网络终端、电力、医疗、航空、导航设备等领域。新一代的固态硬盘普遍采用SATA-2接口。

固态硬盘的存储介质分为两种，一种是采用闪存（FLASH芯片）作为存储介质，另外一种是采用DRAM作为存储介质。

基于闪存的固态硬盘，采用FLASH芯片作为存储介质，这也是通常所说的SSD。它的外观可以被制作成多种模样，例如笔记本硬盘、微硬盘、存储卡、优盘等样式。这种SSD固态硬盘最大的优点就是可以移动，而且数据保护不受电源控制，能适应于各种环境，但是使用寿命不长，适合于个人用户使用。

3.2.7 硬盘的技术指标

（1）容量

容量是指硬盘的存储空间大小，常用 GB 作为单位。硬盘容量是硬盘的重要技术指标，大多数硬盘被淘汰都是因为容量不足的原因。目前市场上的硬盘容量多为 160～500GB。影响硬盘容量的决定性因素有两个：一个是硬盘盘片的单片容量大小，二是硬盘盘片的数量。硬盘内部由一张或多张盘片组成，单张盘片的容量大小不但关系到硬盘的总容量，还与硬盘的性能密切相关。如果在单张盘片上增加扇区密度，那么磁头在相同时间内扫描的扇区数也就越多，速度自然也就越快。因此在转速相同的情况下，单片容量大的硬盘比单片容量小的硬盘要快。很多用户发现硬盘的标称容量跟系统显示的容量不一致，这是因为厂商在标称硬盘容量时按 lGB=1000MB 计算，而系统则是按 1GB=1024MB 计算的，系统显示的容量要比标称容量小。例如购买了一块 80 GB 的硬盘，经系统格式化后，显示容量为 75GB 左右，这是正常现象。

（2）转速

硬盘工作主要依靠内部主轴电机的驱动，转速也就是指硬盘内部主轴电机的转动速度。转速越高，硬盘内部的数据传输率也就越快。在读取大量数据时，高转速硬盘的优势很明显。目前台式机硬盘的转速主要有两种：5400 r/min 和 7200 r/min（转每分钟）。目前硬盘的主流转速为 7200 r/min 或更快。另外，SCSI 接口的硬盘的转速可达到 10000～15000 r/min，但造价较高，多用于服务器上。

（3）动作时间

所谓硬盘的动作时间，主要包括平均寻道时间、平均访问时间、道至道时间、最大寻道时间和平均等待时间等几种。由于各个厂商使用的技术不同，即使是同一转速的硬盘，它们自身的传输速率也各不相同。

（4）MTBF（连续无故障时间）

MTBF 是指硬盘从开始运行到出现故障的最长时间，单位为小时（h）。一般硬盘的 MTBF 至少在 30000 h 或 40000 h。

（5）数据传输率

硬盘的数据传输率衡量的是硬盘读写数据的速度，一般用 MB/s 作为计算单位。它又可分为外部数据传输率（External Transfer Rate）和内部数据传输率（Internal Transfer Rate）。

外部数据传输率也叫做突发数据传输率或接口传输率，是指从硬盘缓存中向外输出数据的速率，单位为 MB/s。外部数据传输率与硬盘接口类型和硬盘缓存的大小有关。常见的硬盘接口类型有 ATA 66/100/133，其外部数据传输率分别可达到 66MB/s、l00MB/s 和 133MB/s。内部数据传输率也叫做最大或最小持续传输率，是指硬盘从盘片上读写数据到缓存的速度。内部数据传输率一般取决于硬盘盘片的转速和盘片数据线密度（即同一磁道上的数据间隔度），一般使用 Mb/s 为单位（即兆位/秒的意思）。此处要注意区分 Mb/s 与 MB/s 的不同。两个单位的转换方式为：1MB/s=8Mb/s。例如一块硬盘的内部数据传输率为 131Mb/s，换算成 MB/s 则等于 16.37MB/s。

（6）硬盘缓存

缓存是硬盘控制器上的一块存储芯片，为硬盘与外部总线交换数据提供场所，其容量通常用 KB 或 MB 表示。硬盘读数据的过程是将磁信号转化为电信号后，通过缓存一次次地填入、清空，再填入、再清空，一步步地通过 PCI 总线传送出去，因此缓存容量的大小与速度快慢可以直接影响到硬盘的传输速率。

硬盘缓存的作用有三个。一是预读取。当硬盘接受 CPU 指令开始读取数据时，总是先把磁头正在读取的内容的下一个或几个内容读到缓存中，当需要读取当前内容的下一个或几个数据内容时，硬盘就直接把已存入缓存的相关内容取出来传送出去即可，而不需要再从盘片上读取。由于缓存速度远快于磁头的速度，所以能明显地改善性能。二是预写入。当硬盘接收到写入数据的指令时，并不是直接把数据写入到盘片上，而是暂时把要写入的数据存入缓存中，然后向系统发出数据已写入的信号，这样可以让系统继续执行下面的操作，而硬盘则利用空闲时间（无写入与读取操作时）再将缓存中的数据写入到盘片上，这样就可以提高写入数据的速率。三是临时存储最近访问过的数据。有时候，某些数据是会经常被访问的，那么硬盘缓存就会将访问比较频繁的一些数据存入缓存，再次读取时就直接从缓存中传输，也可以提高系统的工作速度。

不同品牌、不同型号的硬盘的缓存大小各不相同。早期的硬盘缓存都很小，当前主流硬盘的缓存多为 2MB 或 8MB，而服务器硬盘的缓存甚至达到 16MB、64MB 等。从理论上来看，硬盘缓存越大，越有利于提高硬盘的访问速度。

任务 3.3 认识可移动设备

3.3.1 U 盘

U 盘也称为优盘、闪存盘、拇指盘，它是一种可移动的外存储设备，采用 USB 接口，不需要物理驱动器，只要将其插入计算机上的 USB 接口就可以独立地存储、读写数据了。U 盘体积小，大多数只有大拇指般大小，重量极轻（10～20 g），特别适合随身携带。U 盘内无任何机械装置，抗振性能极佳，且具备防磁、防潮、耐高低温（−40～+70℃）等特性。U 盘的体积虽小，但容量很大，读写速率很快，数据存储安全可靠，而且价格便宜，越来越受到广大用户的青睐。几款常见 U 盘如图 3-27 所示。

U 盘的基本结构包括闪存（Flash Memory）、控制芯片和外壳三部分。它的存储原理是计算机把二进制数字信号转换为加入了分配、时钟、堆栈等指令的复合二进制数字信号，读写到 USB 芯片适配接口，再通过控制芯片处理信号，并分配给闪存存储芯片的相应地址进行数据存储。

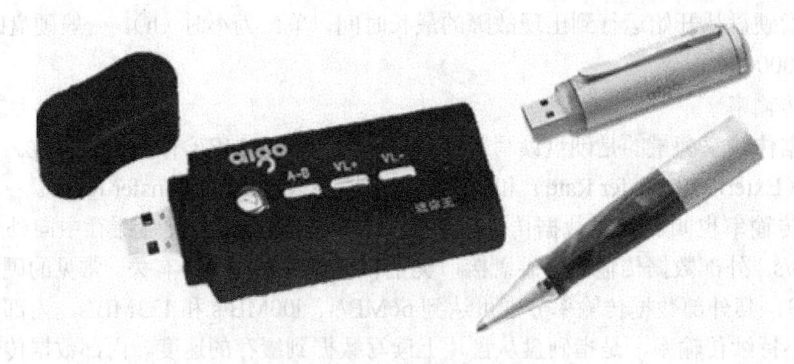

图 3-27 几款常见 U 盘

U 盘的使用越来越普及，在使用 U 盘时，应注意以下几个方面。

① U 盘的写保护开关的打开或上锁应在 U 盘接入计算机前完成，不能在 U 盘工作状态下切换。

② U 盘的存储原理与硬盘不完全一样，不要对 U 盘进行碎片整理工作，否则会缩短它的使用寿命。

③ U 盘均有工作状态指示灯，或为一个，或为两个。一个指示灯的情况：当 U 盘接入计算机该灯就会亮，当 U 盘工作时，该灯就会闪烁。两个指示灯的情况：其中一个灯为电源指示灯，接入

计算机就会亮，另一个是工作状态指示灯，对U盘进行读写操作时亮。严禁在U盘进行数据读写时拔下U盘，一定要等工作状态指示灯熄灭或停止闪烁后才能拔下U盘。虽然U盘支持热插拔，但是建议用户通过“安全删除硬件”的方式卸载U盘，这样更安全。

④ 为保护主板上的USB接口，减少摩擦，建议U盘在接入计算机时使用USB延长线。

3.3.2　移动硬盘

移动硬盘也称为外置硬盘、活动硬盘，它是以硬盘为存储介质，强调便携性的外存储设备。移动硬盘在早期多以标准硬盘为基础，现在大多数采用2.5in超薄笔记本硬盘，也有部分产品使用的是1.8in的微型硬盘。从结构上看，移动硬盘包括两个组成部分，一是硬盘，二是硬盘盒。硬盘用来存储信息，硬盘盒多为铝合金材料，起到散热、防振、防磁和保护内部部件安全的作用。

移动硬盘因采用硬盘作为存储体，故存储原理和普通IDE硬盘的存储原理相同。移动硬盘多采用USB接口和IEEE 1394接口，能提供较高的数据传输速率。移动硬盘容量大、使用方便，而且数据存储可靠性高，是移动存储和数据备份的最佳选择。

移动硬盘和U盘相比，各有优缺点。U盘体积更小，更便于移动交换数据，但它的容量不大（几百兆字节到几吉字节），对于传输、备份大容量的数据或影像信息显得有点力不从心。移动硬盘的体积相对于U盘来说显得稍大了一些，携带起来没有U盘那么方便，而且价格较高，一般用户不易承受，但是它在容量和速度上有着明显的优势，几乎是所有移动存储设备中容量最大、速度最快的移动存储产品，是商务人士和相关部门重要数据备份的首选产品。图3-28为两款移动硬盘。

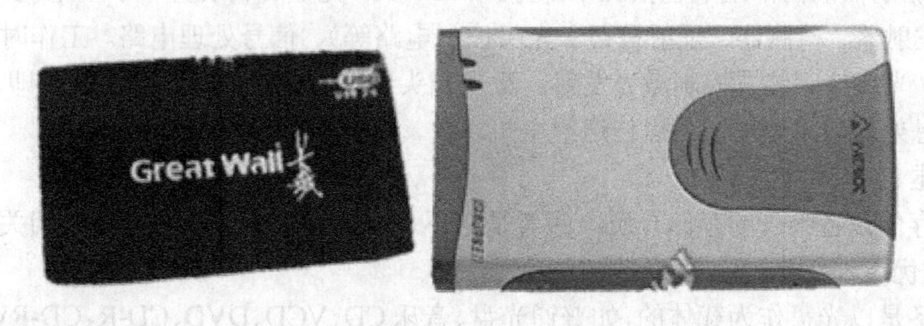

图3-28　移动硬盘

任务3.4　认识光驱和光盘

CD-ROM普通光盘具有容量大（一般为640MB/张）、成本低、可靠性高、易于长期保存等优点。读取CD-ROM光盘必须要有专用设备，这个专用设备就叫做CD-ROM驱动器，简称光驱。自1985年飞利浦和索尼公司公布了在光盘上存储数据信息的黄皮书以来，CD-ROM驱动器在计算机领域得到了广泛的应用。图3-29所示为一款52×的CD-ROM驱动器及光盘。

图3-29　CD-ROM驱动器及光盘

3.4.1　CD-ROM 的结构

CD-ROM 驱动器从外观上看，主要由以下几个部分构成：光盘托盘（用于放置光盘）、耳机插孔（接耳机，听 CD 音乐）、音量旋钮（调节耳机音量大小）、指示灯、紧急弹出孔（紧急情况下停电，通过该孔可以弹出光盘托盘）、播放 / 跳播按钮（播放 CD 音乐光盘时用）、打开 / 关闭 / 停止按钮（打开或关闭托盘），如图 3-30 所示。

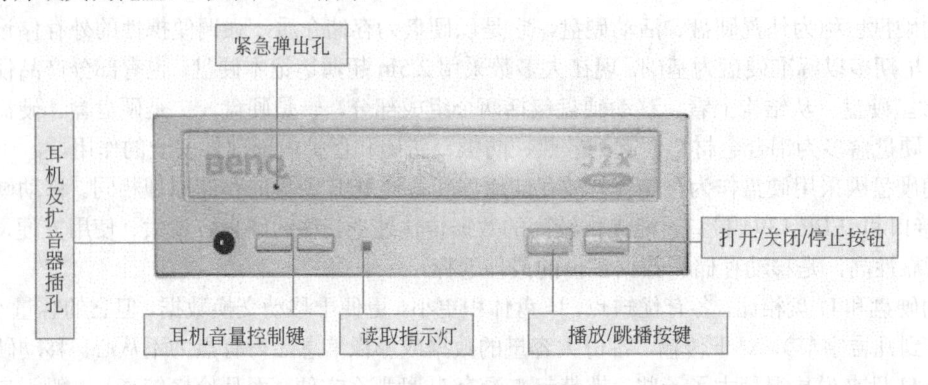

图 3-30　光驱外观图

CD-ROM 驱动器的内部组成包括三个部分：CD-ROM 光盘旋转装置（小型电机）、光头控制系统（包括激光发射器、检测器、反射棱镜、光头控制电路等）、信号处理电路。工作时，旋转电机使盘片不断旋转，光头控制装置控制激光发射。激光光头识别出光盘上的凹凸小坑（即 0，1）并经反射镜传送给信息处理电路处理，最后传送给主机。

3.4.2　光盘概述

光盘是光存储设备唯一的存储介质，两者是密不可分的，下面将介绍光盘的相关知识。

1）光盘的优点

光存储设备是以光盘作为载体的，如普通光盘、音乐 CD、VCD、DVD、CD-R、CD-RW 和 DVD-RW 等。光盘有如下一些优点。

容量大：普通光盘的容量约为 700MB，而目前的 DVD 光盘最多可达到 40GB 的数据存储量，因此操作系统、应用软件等安装盘都采用了光盘作为载体。

稳定性好：光盘采用了光存储的方法存储数据，与软盘的磁存储相比，稳定性增加了许多，同时普通光盘中的数据无法被修改，因此不必担心数据被病毒破坏。

成本低：光盘通过光盘生产线批量地进行压制生产，每张光盘的成本不过一两元钱甚至更低。

使用寿命长：只要合理地使用和保存光盘，光盘的使用寿命一般都会在 100 年左右，完全可以满足一般用户的需要。

便于携带：光盘不大而且很薄，不会占用太多的空间，携带方便。

2）光盘的分类

光盘主要分为 CD-ROM 光盘、DVD-ROM 光盘、刻录光盘和可擦写型光盘 4 种类型。

（1）CD-ROM 光盘

CD-ROM 只读光盘：存放计算机数据和数字化的文、图、声、像等，容量为 650MB。

（2）刻录盘

除了只能读不能写的只读型 ROM（Read-Only Memory，只读存储器）光盘外，还有可写一次 R（Recordable，可记录）与反复擦写 RW（ReWritable，可重写）的光盘。它们除了可以被读取之外，还能够写入数据。

CD-R/DVD±R 与 CD-RW/DVD±RW 之间的差别是：R 只能写一次，不能擦掉后重写；而 RW 则可以反复擦写。

这几种光盘的记录原理与普通光盘是不一样的。它们借助激光的精确定位与局部加热，利用某些特殊材料在激光加热前后的反射率不同来记忆“1”和“0”，若这种材料的变化是不可逆的则为 R，可逆的就是 RW；而普通的只读光盘则是利用在盘上压制凹坑的机械办法，利用凹坑和岸台及它们的交界处（凹坑边缘）对激光的反射率不同来记录和读取“1”和“0”。

（3）DVD 盘片格式分类

DVD-Super Multi 实现了三大 DVD 刻录机规格的统一，不过目前 DVD 盘片规格却有 DVD-R、DVD-RW、DVD-RAM、DVD+R、DVD+RW 五种，还有采用“蓝光技术”的蓝光盘。在购买刻录光盘之前，先要了解刻录机所支持的格式，然后去购买。

① DVD-RAM DVD-RAM 是由先锋、日立、东芝公司联合推出的 DVD 标准，单面容量为 4.7GB，双面容量为 9.4GB。不过早期的 DVD 光存储都不支持这个规格，兼容性较差是该产品的最大缺点，因此在购买之前要看清产品是否支持该格式。

② DVD-RW DVD-RW 是由著名的先锋公司提出来的，该规格能以 DVD 视频格式来保存数据，也就是说刻录的光盘能直接在影碟机上播放。不过它每次刻录都需要花费一个半小时左右来格式化，并且诸如防刻死技术、纠错管理功能等特性都不支持，因此使用起来比较麻烦。

③ DVD+RW DVD+RW 是目前最易用、与现有格式兼容性最好的刻录标准，由理光、飞利浦等公司联合推出，DVD+RW 也是目前唯一与 DVD 光驱、DVD 播放器完全兼容的格式，也就是在电脑应用领域的实时视频刻录，和娱乐应用领域的随机数据存储方面完全兼容的可重写格式。同时随着成本下降，DVD+RW 越来越受到关注，并且成为微软公司唯一支持的 DVD 刻录标准，非常适合目前消费者应用需求。不过缺点就是只能用 DVD+RW/DVD+R 盘片，并且需要专门的刻录软件支持。

④ DVD-R 与 DVD+R DVD-R 是由先峰公司所主导发展的 DVD 规格，兼容性非常不错，具有对于一般 DVD 播放机 100%的互换性。而后以索尼、飞利浦、理光以及惠普等主要公司为首的 DVD Alliance 对 DVD-R 做了改进，推出另外一种新的 DVD+R 架构，可以让使用者在记录一次资料之后，还可以继续使用剩余的光盘片资料记录空间，也就是允许使用者用多次的方式来分批记录资料。

⑤ DVD-Multi 与 DVD-Dual DVD-Multi 技术以 DVD-RAM 为主要架构，兼容 DVD-RAM、DVD-R、DVD-RW，不过并不能支持 CD-R/CD-RW 格式，所以不适合普通用户。DVD-Dual 是索尼公司推行的标准，支持 DVD+R/RW 和 DVD-R/RW 刻录标准，因此更适合大众用户选购。这两种规格主要是整合前面几种格式，并不能算作一种新规格，这里只是提出来供参考。

（4）BD

随着 HDTV 的出现，只有 4.7～8.5GB 容量的 DVD 满足不了存放 MPEG-2 Video 高清节目（1920×1080/1152）的要求，从而促成了 BD（Blue Disc，蓝光盘）和 HD DVD（High Definition DVD，高清晰 DVD）等蓝光技术的问世。

2002 年 2 月 19 日，先锋、飞利浦、索尼等 9 个公司组成的蓝光盘创立者推出蓝光盘。蓝光 DVD 技术采用波长为 450nm 的蓝紫色激光。蓝光 DVD 的盘片结构中采用了 0.1mm 厚的光学透明保护层，以减少盘片在转动过程中由于倾斜而造成的读写失常，这使得盘片数据的读取更加容易，并为极大地提高存储密度提供了可能。

蓝光盘的容量大，添加了硬质塑料或聚合物外壳，盘片的保护性好；但与现有 DVD 不兼容，而且制作成本较高，播放机的销售价格也较贵。

BD 视盘采用的是 MPEG-2、MPEG-4 /AVC（H.264）和 VC-1 视频编码，音频则采用了 Dolby

Digital（AC-3）、DTS 和 LPCM（可达 7.1 声道）编码。

蓝光 DVD 单面单层盘片的存储容量被定义为 23.3GB、25GB 和 27GB，其中最高容量（27GB）是当前红光 DVD 单面单层盘片容量（4.7GB）的近 6 倍。

（5）HD DVD

2002 年初，在蓝光盘创立者组织成立不久，以东芝和 NEC 为首的其他 DVD 论坛成员推出了完全不同的另一个高密度光盘标准，与 DVD 兼容，称为 HD DVD（高清晰 DVD），2006 年 3 月 28 日 HD DVD 的播放器和光盘等产品正式上市。

HD DVD 采用 405nm 紫色激光，兼容现有 DVD，生产成本也较低，但是容量比蓝光盘小，且保护性不太好。

3）光盘的数据存储方式

CD-ROM 光盘是用特殊的透明塑料或有机玻璃制成的，上面附着一层金属薄膜用来记录信息。光盘的数据存储不是杂乱无章的，而是记录在数据轨道中的。数据轨道的形状为阿基米德螺旋线。当高能量激光光束照射到光盘表面时，会使照射处的金属膜熔化而形成一个凹坑（专业称呼为“沟”——Groove），没有照射到的地方相对于凹坑来说就是凸起（专业称呼为“岸”——Land）。光盘表面金属膜的岸沟（Land-Groove）两种状态的交替变化就记录了二进制的“0”和“1”，由沟到岸或由岸到沟的跳变处记录数据“1”，沟内或岸上处记录数据“0”。光盘表面金属面上的这种凹凸不平的小坑是一种不易改变的物理状态，它记录的信息是永久的，不能改变。这就是 CD-ROM 光盘的数据存储方式，称之为 Land-Groove（岸沟）记录方式。

3.4.3 CD-ROM 驱动器的性能指标

光驱的性能指标也就是选购光驱时要考虑的因素，主要有以下几点。

（1）倍速与数据传输率

倍速是指光驱读盘的最大速率，用多少倍的方式来标称。光驱倍速从早期的单倍速发展到了今天的 48 倍速、52 倍速（通常记做 48×、52×），它也是用户选购光驱时要考虑的一个性能指标。其实光驱倍速衡量的是光驱在 1s 时间内所能读取的最大数据量（也叫做数据传输率）以 150KB 为单位。每秒钟读取 150KB 的光驱称为单倍速光驱，它的数据传输率为 150KB/s，以此类推，当今主流光驱的倍速为 52 倍，那么它的数据传输率就为 52×150=7800KB/s。倍速越高，数据传输率就越快，自然光驱的读取速率也就越快，倍速达到 24×以上的光驱为高倍速光驱，52 倍速已经成为了今天 CD-ROM 驱动器的极限读取速度。

（2）缓存大小

光驱内部带有缓存，安装于驱动器的电路板上，用于存储将要发送给计算机的数据。它实际上也是实现“预处理”操作的一种存储器，提前为下一步操作准备好数据，以提高光驱的读取速率。它的工作原理与主板上的 Cache 相类似，光驱缓存可以有效地减少读取盘片的次数，提高数据传输率，所以缓存越大越好。

（3）平均查找时间

又叫做平均访问时间或平均寻道时间，是指光驱的激光头从原来的位置移动到指定将要读取的数据区后，开始读取数据到将数据传输至缓存所用的时间，单位为毫秒（ms）。平均查找时间也是光驱的重要指标。目前，大多数 CD-ROM 的平均查找时间大约在 80～110ms 之间。要注意，该项指标不能高于 250ms，否则读取速率将明显变慢。

（4）接口方式

CD-ROM 驱动器的接口是驱动器与主机的连接口，是从驱动器到计算机的数据传输途径。不同的接口方式也会影响光驱的传输速率。

3.4.4 DVD驱动器

DVD（Digital Versatile Disc，数字通用光盘）是由索尼、日立、松下等公司推出的新一代存储介质，是CD-ROM的替代产品。DVD集计算机技术、光学记录技术和影视技术等为一体，可以满足用户对大存储容量、高性能存储媒体的需求。一张DVD光盘的容量可达5.7GB甚至更高，相当于7张CD-ROM光盘的容量，可以存储133min MPEG-2格式的音视频信号。DVD向下兼容CD、VCD和CD-ROM等格式的光盘。DVD驱动器已成为目前计算机的主流配置。

1）DVD驱动器的分类

按照DVD的格式分类，可以将DVD驱动器分为七种类型：DVD-ROM、DVD-Video、DVD-Audio、DVD-R、DVD-RAM、DVD-RW、DVD+ RW，其中前三类属于只读型的驱动器，后四类属于记录型和重复记录型的驱动器。

2）DVD盘片的物理结构

从表面上看，DVD盘片与CD/VCD盘片很相似，但两者在本质上却有很大的差别。图3-31所示为DVD盘片与CD盘片的对比。

CD盘片的最小凹坑长度为0.83μm，道间距为1.6μm，采用波长为780～790nm的红外激光器读取数据。而DVD盘片的最小凹坑长度为0.4μm，道间距为0.74μm，采用波长为635～650nm的红外激光器读取数据。所以，DVD盘片虽然与CD盘片的外观尺寸大小相同，但DVD盘片的容量要比CD盘的容量大得多，而且DVD盘片采用RS-PC（Read Solomon Product Code，纠错编码方式）和8/16信号调制方式，数据存储、读取的可靠性要高得多。

按照单／双面和单／双层结构的组合，DVD盘片可以分为单面单层、单面双层、双面单层和双面双层四种物理结构。在外形尺寸上，DVD盘片也有两种尺寸，一是直径为12cm的盘片，二是直径为8cm的盘片，其直径为12cm的DVD盘片是主流尺寸。不同尺寸、不同物理结构的DVD盘片的容量也各不相同。

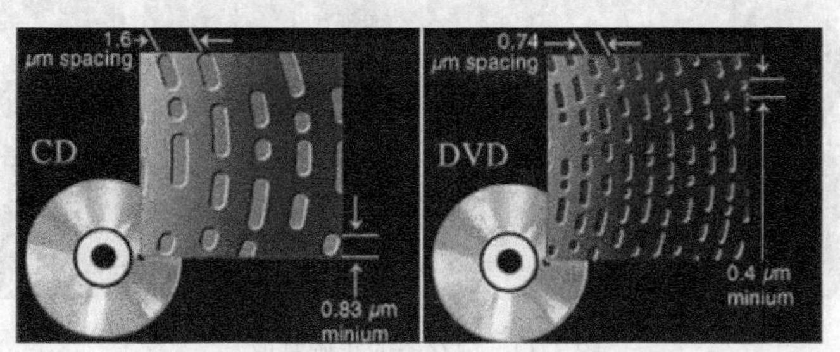

图3-31 DVD盘片与CD盘片比较

3）DVD驱动器的性能指标

（1）速度

速度是指DVD驱动器的倍速，采取与CD-ROM驱动器倍速一样的标注方式，以多少倍来表示。但DVD驱动器的倍速与CD-ROM驱动器倍速的含义不同。对于DVD-ROM驱动器来说，DVD-ROM驱动器的1倍速约等于CD-ROM驱动器的9倍速。目前市场上主流的DVD-ROM驱动器的最大倍速超过了16倍速。

（2）光头

目前市场上DVD-ROM驱动器主要有两种光头，一为单激光头，二为双激光头。单激光头使用同一个光头读取数据。双激光头使用两个激光头读取数据。

（3）平均读取时间

平均读取时间是指DVD驱动器的激光头移动到指定数据区后，开始读取数据到将数据传送到缓存所需的时间，单位为 ms。目前大部分 DVD 光驱的平均读取时间为 90～110 ms。

（4）缓存大小

与 CD-ROM 一样，DVD 光驱内部也有缓存，用于“预处理”操作。缓存大小同样会影响 DVD 光驱的整体性能。缓存越大，DVD 光驱读取数据的命中率就越高，性能就越好。目前 DVD 光驱的缓存大多有三种：128 KB、256 KB 和 512 KB，个别外置式的 DVD 光驱缓存容量会更大一些。

（5）兼容性

兼容性是指 DVD 光驱对其他格式盘片的认可度。能否支持、兼容多种格式的盘片（如 DVD-ROM、DVD-Video、DVD-R、DVD-RW、CD-ROM、CD-R/RW 等格式的盘片）是选购 DVD 光驱时必须要考虑的一个指标。兼容性不好的 DVD 光驱使用起来很不方便。

实训指导

1．内存的安装与拆卸

目前主流内存条有 DDR2 和 DDR3 两种，它们在主板上的接口类型均为 DIMM，金手指为 240pin，安装与拆卸的方法是一样的。

（1）取出内存条

将内存条从包装盒里拿出，用手抓住边缘，不要用手触摸金手指，以免造成表面氧化引起接触不良，更不要用手触摸内存芯片以免损坏。如图 3-32 所示。

图 3-32　内存条的正确拿取

（2）打开内存条插槽两端的卡扣

在主板上找到内存插槽，将其两端白色的卡扣均匀用力向两边掰开，如图 3-33 所示。

图 3-33　掰开内存插槽

（3）放入内存条

将内存条垂直放入内存插槽，注意内存条上的卡口要和主板上的卡口保持一致，否则是安装不上去的，如图3-34所示。

图3-34 放入内存条

（4）装上内存条

双手在内存条两端均匀用力，使得两边的白色卡子自动弹起来，将内存条牢牢卡住，这样就完成了内存条的安装。

在安装RIMM内存条的时候，由于RDRAM内存条是不能够单独使用的，它必须是成对出现。RDRAM要求RIMM内存插槽中必须插满，空余的RIMM内存插槽中必须插上传接板，这样才能够形成回路，正常使用，如图3-35所示。

图3-35 安装好的RDRAM内存条

拆卸内存条的时候，只需要将两边的卡子同时掰开，内存条即可取下。

2．不通电用回形针打开光驱仓门及外壳

找一个光驱，在不通电情况下打开光驱仓门。这一点对于光驱维护很重要。

① 首先将先前准备的回形针拉直，然后小心地插入DVD-ROM光驱前面板的紧急弹出孔，就会强行将托盘弹出仓门，如图3-36（a）所示。

② 然后用尖物按下面板内侧的塑料卡，并用手轻轻地将塑料卡这侧的面板扳出以脱离外壳，

这样就可以将面板拆下来了。如图 3-36（b）所示。

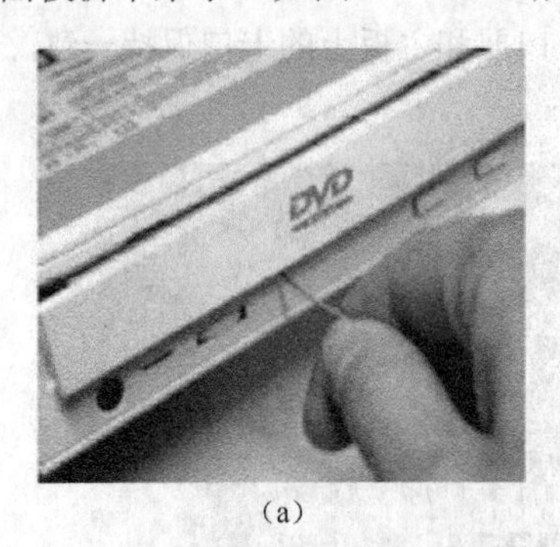

（a）

（b）

图 3-36　回形针打开光驱仓门及外壳

思考与练习

1．内存的分类有哪些？
2．内存的性能指标是什么？
3．硬盘的工作原理是什么？
4．CD-ROM 和 DVD-ROM 区别有哪些？光驱的性能指标有哪些？
5．IDE 硬盘如何设置主盘或从盘？SATA 硬盘用设置主从盘吗？

项目4　输入设备与选购

【项目分析】

计算机中信息的输入是操作基础，选择合适的输入设备才能有效实现人机对话，提高人机交互的舒适度。通过本章学习，选用高质量的输入设备，如键盘、鼠标、扫描仪、DV、DC、摄像头。

【学习目标】

知识目标：

① 了解键盘、鼠标的分类和选购参数；

② 熟悉扫描仪、DV、DC的选购参数。

能力目标：

① 掌握计算机输入设备结构和组成；

② 掌握计算机输入设备的主要技术指标。

任务4.1　认识键盘

键盘是计算机必不可少的标准输入设备。用户通过键盘，可以将英文字母、数字及标点符号等内容输入到计算机中，从而实现向计算机发布命令和输入数据。键盘担负着人机交互的基本任务，本节主要介绍键盘的分类和选购方法。

4.1.1　键盘的分类

键盘的分类方法有很多种，此处主要介绍几种常见的分类方法。

（1）按键盘接口分类

按键盘接口分类，可以将键盘分为AT口键盘、PS/2口键盘、USB口键盘和无线键盘。图4-1所示分别为几种不同接口的键盘。

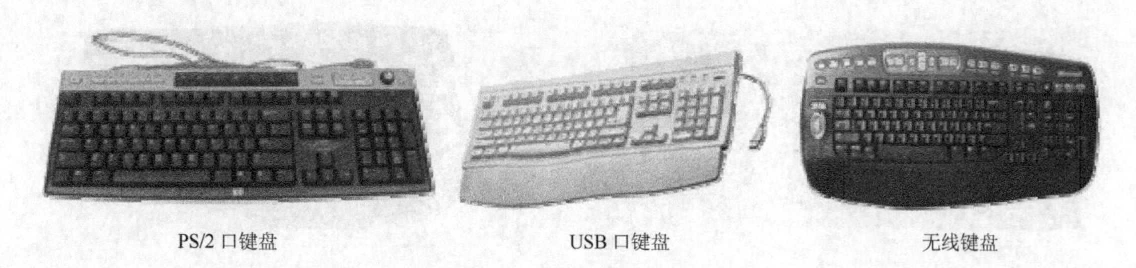

PS/2口键盘　　USB口键盘　　无线键盘

图4-1　几种接口的键盘

AT接口是早期键盘使用的一种接口，从外形上看，它是一个较大的圆形接口，俗称“大口”，现已淘汰。PS/2接口键盘是目前使用最普遍的一种键盘，也称为“小口”键盘。PS/2接口键盘与AT接口键盘相比，仅是接口不同，功能基本一致。随着USB接口的广泛使用，很多厂商也相继推出了USB接口的键盘。从实际应用上来看，USB接口的键盘与PS/2接口的键盘相比，优势并不明显。无线键盘是键盘与主机之间没有直接的物理连线，而是通过红外线或无线电波将键盘所敲的信息接收。无线键盘必须单独供电。

（2）按工作原理和按键方式分类

按键盘的工作原理和按键方式分类，可以把键盘分为四类：机械式、塑料薄膜式、导电橡胶式和电容式。机械式键盘的按键全部为触点式，采用金属片作为开关，每一个按键就是一个按钮式的开关，按下去之后，金属片就会和触点接触而连通电路，松开后就断开。这类键盘具有噪声大、工艺简单、手感差、磨损快、故障率高和易维护的特点，目前已被市场淘汰。塑料薄膜式键盘内有四层塑料薄膜，一层有凸起的导电橡胶，中间层为隔离层，上下两层有触点，通过按键使橡胶凸起按下，此时上下两层的触点接触而连通电路。这类键盘实现了无机械磨损，具有价格低、噪声小和成本低的特点，在市场上占有一定份额。图 4-2 所示为一款塑料薄膜式键盘。

图 4-2　塑料薄膜式键盘

导电橡胶式键盘的触点结构是通过导电橡胶相连的，键盘内部有一层凸起带电的橡胶，每个按键对应一个凸起，当按下键时，会把下面的触点接通，目前此类键盘使用得也较多。电容式键盘使用类似电容式开关的原理，通过按键时改变电极间的距离引起电容容量改变，从而驱动编码器，此类键盘电容无接触，故不存在磨损和接触不良等问题，耐久性、灵敏度和稳定性都比较好。但目前市场很少见到真正的电容式键盘，主要使用的是塑料薄膜式键盘和导电橡胶式键盘。图 4-3 所示为一款导电橡胶式键盘。

（3）按键盘上按键的个数分类

按键盘上按键的个数分类，可以把键盘分为 83 键、93 键、96 键、101 键、102 键、104 键和 107 键等几种。目前的标准键盘主要有 104 键和 107 键两种，其中 104 键盘又称为 Windows 95 键盘，107 键盘又称为 Windows 98 键盘，它比 104 键多了睡眠、唤醒、开机三个电源管理键。

（4）按键盘的外形分类

按键盘的外形分类，可以把键盘分为标准键盘和人体工程学键盘两种。人体工程学键盘是将标准键盘上的右手键区和左手键区分开，并形成一定角度，使用户在操作计算机时更舒适，操作起来特别轻松，减少了因长时间使用键盘对手腕造成的关节损伤。图 4-4 所示为一款人体工程学键盘。

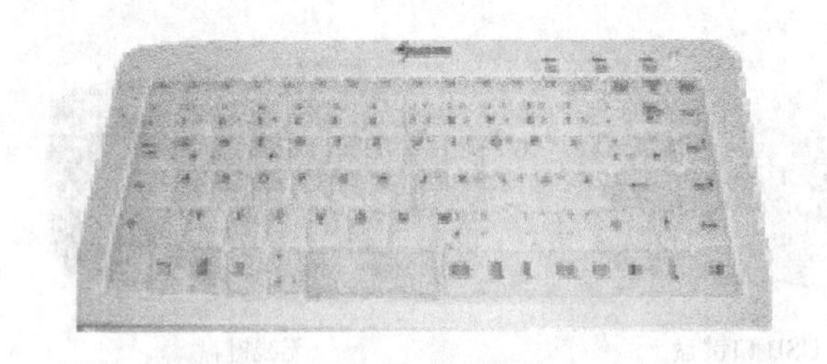

图 4-3　导电橡胶式键盘

图 4-4　人体工程学键盘

（5）其他分类

有些键盘还提供有特殊的功能，据此还可以把键盘分为集成鼠标的键盘、集成 USB 接口的键盘、多媒体键盘、身份识别键盘、带扫描仪的键盘、手写键盘等几种类型。图 4-5 所示为一款多媒体键盘和一款手写键盘。

图 4-5　多媒体键盘与手写键盘

4.1.2　键盘的选购

选购一款好键盘的最重要的标准有四条：结构合理、稳固、手感舒适、按键表面字符印刷技术好。另外还要看价格是否低廉，是否能防水等。具体来说，要从以下几个方面进行考虑。

（1）键位布局

不同的键盘的按键布局会有所不同，这需要用户在购买键盘时根据自己的使用习惯进行选择，例如“＼”键、“Backspace”键、“Enter”键等按键的位置及大小在不同的键盘上有时会各有不同。

（2）键盘做工

键盘做工其实是键盘质量好坏的重要体现，它包括键盘材料的质感、边缘有无毛刺、颜色是否均匀、按键是否整齐合理、印刷是否清晰等几个方面。

（3）操作手感

此项要根据自己的习惯与爱好进行选择。一般电容式键盘的手感要好于机械式键盘。

（4）接口类型

通常键盘使用的是 PS/2 接口，该接口是目前的主流接口，还有部分键盘使用 USB 接口。

任务 4.2　认识鼠标

本节主要介绍鼠标的分类和选购方法。

4.2.1　鼠标的分类

鼠标利用自身的移动把移动距离及方向信息转换成脉冲送给计算机，计算机再把该脉冲转换成坐标数据，从而实现鼠标的移动定位作用。鼠标的分类方法有许多种，此处主要介绍几种常见的分类方法。

（1）按鼠标上提供的按键数分类

按鼠标上的按键数分类，可以把鼠标分为双键鼠标、三键鼠标和多键鼠标。双键鼠标的按键分为左键和右键。三键鼠标比双键鼠标多了一个中间键，而且大多数三键鼠标的这个中间键是用滚轮的形式表现的，操作起来更加方便。多键鼠标的功能更为强大，是未来的发展方向。图 4-6 所示为这三类鼠标。

双键鼠标

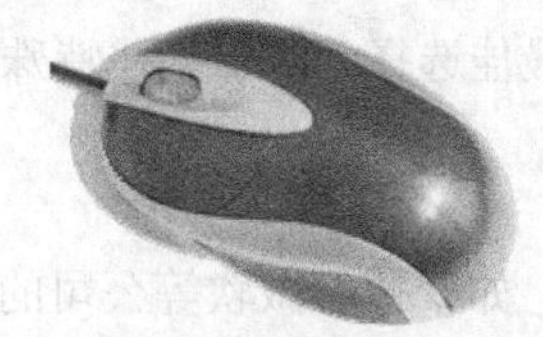

三键鼠标

多键鼠标

图 4-6　三类按键的鼠标

（2）按接口类型分类

按鼠标的接口类型分类，可以把鼠标分为串行接口、PS/2 接口、USB 接口和无线鼠标等几种类型。串行接口（COM 口）鼠标在早期的计算机上广为使用，现已被淘汰。PS/2 接口是当前市场上鼠标的主流接口。PS/2 接口的鼠标与 PS/2 接口的键盘在主板上的接口相似，只是颜色不同。根据颜色规范，PS/2 鼠标是浅绿色的接口，PS/2 键盘是浅紫色的接口。USB 接口的鼠标正在逐渐占领市场，部分用户选择了使用 USB 接口的鼠标。无线鼠标采用红外线、蓝牙或无线电的方式与主机通信，需要额外的电源支持，价格较贵，且信号传输易受到干扰。图 4-7 所示为 PS/2 接口、USB 接口和无线鼠标。

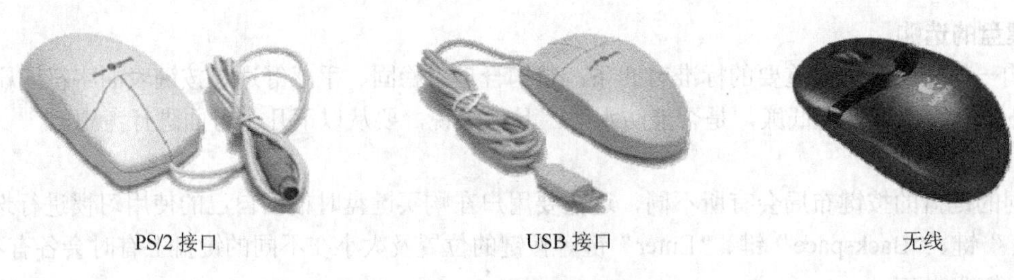

图 4-7　几款不同接口的鼠标

（3）按内部结构和工作原理分类

按鼠标的内部结构和工作原理分类，可以把鼠标分为机械式鼠标、光机式鼠标和光电式鼠标三种。机械式鼠标通过内部橡胶球的滚动来带动两侧的转轮定位，具有原理简单、价格便宜的优点，但容易磨损，寿命短，定位不精确且易脏，被逐渐被淘汰出局。光机式鼠标就是一种光电和机械相结合的鼠标，它在外形上和机械式鼠标没有区别，但精确度比机械鼠标高。光电式鼠标没有机械装置，内部只有两条相互垂直的光电检测器，通过一个发光二极管发出光线，照亮鼠标底部表面，再通过表面反射一部分光线，经过基础光感应器形成脉冲信号来完成光学的定位。光电式鼠标具有定位精确、寿命长且不需清洗维护的优点，深受广大用户的青睐。图 4-8 所示为机械式鼠标、光机式鼠标和光电式鼠标。

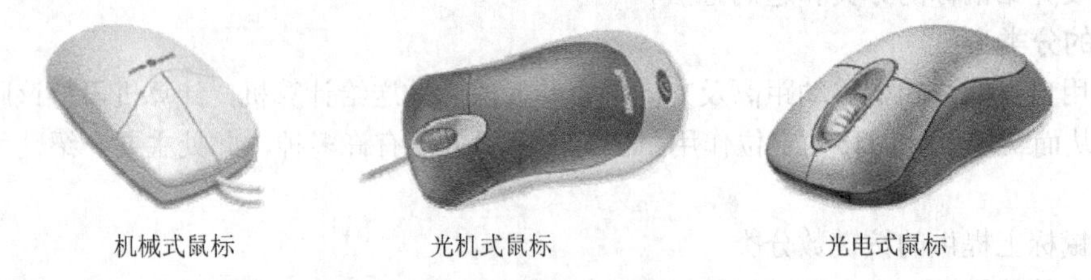

图 4-8　三种不同结构的鼠标

4.2.2　鼠标的选购

选购鼠标时，应从以下几个方面进行考虑。

（1）功能

对于一般用户，光电式鼠标是最佳选择。对于某些特殊领域，如 CAD/CAM、3Dmax 等，应选用功能强大的专业鼠标。

（2）质量

建议选购一些品牌厂家的鼠标，如罗技、微软等公司的鼠标。

（3）价格

鼠标是计算机各个部件中比较便宜的一个配件，价格从十几元到几百元不等，选购时应考虑它的性价比。

（4）手感

手感柔和，外表是流线形或曲线形，按键轻松自如，反应灵敏并富有弹性等应是用户选购鼠标时要注意的几个方面。不同的用户会有不同的手感。

（5）精度

建议选购光电式鼠标，它的定位精度要远远地高于其他几种类型的鼠标。

（6）接口类型

建议考虑即插即用的 USB 接口的鼠标。

任务 4.3　认识扫描仪

扫描仪是计算机系统中除键盘和鼠标以外的另一种常用的输入设备，用户通常用它来进行各种图片资料的输入。扫描仪也是一种光、机、电一体化的外围设备，用户经常用它来扫描照片、图片等，并把扫描的结果输入到计算机中进行处理。早期的扫描仪是一种非常昂贵的设备，随着技术的不断进步和成熟，扫描仪的价格不断下降，逐渐进入普通家庭。目前对于个人计算机用户来说，扫描仪与打印机同等重要。本节将重点介绍扫描仪的分类和性能指标。

4.3.1　扫描仪的分类

扫描仪的种类很多，根据扫描原理的不同，可以将它分为三种类型：以 CCD（Charge-Coupled Device，电荷耦合器件）为核心的平板式扫描仪、手持式扫描仪和以光电倍增管为核心的滚筒式扫描仪。

手持式扫描仪的体积较小，重量轻，携带很方便，但扫描精度较低。图 4-9 所示为一款手持式扫描仪。

滚筒式扫描仪采用光电倍增管作为光电转换元件。在各种感光器中，光电倍增管是最好的一种，无论是在灵敏度、噪声系数上，还是在动态范围上，都要领先于其他感光器件。光电倍增管实际上也是一种电子管，其感光材料由金属铯的氧化物及其他一些活性金属的氧化物共同构成。采用光电倍增管技术的滚筒式扫描仪一般应用在大幅面的扫描领域中，如大幅面工程图纸的输入，它采用的是一种滚筒式的走纸结构。图 4-10 所示为一款滚筒式扫描仪。

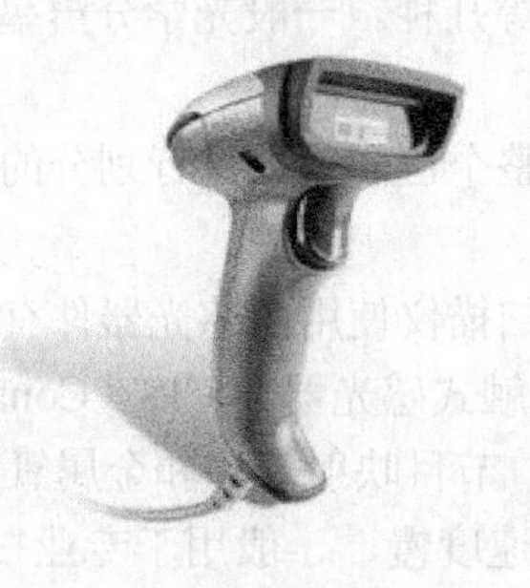

图 4-9　手持式扫描仪

图 4-10　滚筒式扫描仪

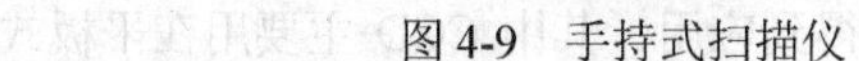

平板式扫描仪又称为平台式扫描仪、台式扫描仪，它诞生于 1984 年，是现在办公领域的主流产品。平板式扫描仪主要应用在 A4 幅面和 A3 幅面的扫描领域中，它是扫描仪家族的代表性产品，也是用途最广的一种扫描仪。使用平板式扫描仪扫描图文资料时，直接将材料放在扫描台上，然后由软件控制它自动完成扫描过程，扫描速度快、精度高。因为平板式扫描仪良好的性价比，促使它广泛地应用于图形图像处理、电子出版、印前处理、广告制作、办公自动化等方面。图 4-11 所示为一款平板式扫描仪。

除了上述三种类型的扫描仪外，还可以按扫描图像幅面的大小把扫描仪分为小幅面、中幅面和大幅面扫描仪；按用途可将扫描仪分为通用型扫描仪和专用于特殊图像输入的专用型扫描仪（如条码读入器、卡片阅读机等）；按接口可以分为USB接口、并行接口、SCSI接口和专用接口的扫描仪；按使用场合可以分为笔式扫描仪、条形码扫描仪和实物扫描仪等。图4-12所示为一款实物扫描仪。

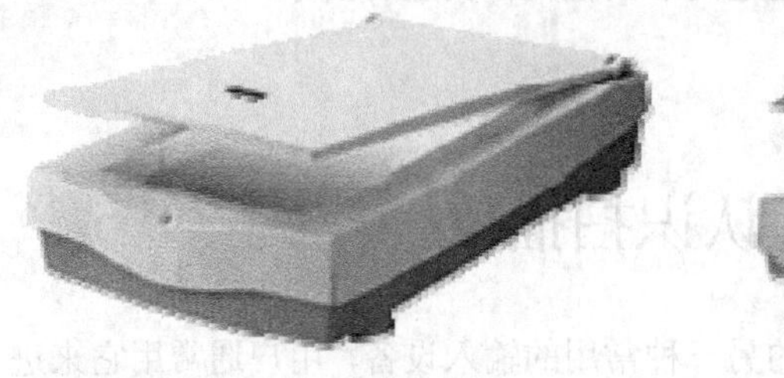

图4-11　平板式扫描仪

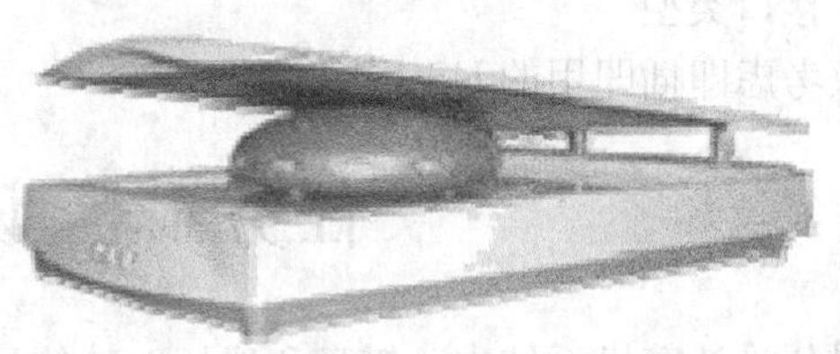

图4-12　实物扫描仪

4.3.2　扫描仪的性能指标

扫描仪的性能指标主要有分辨率、灰度、色深、感光器件、接口方式、扫描速度等几项。

（1）分辨率

扫描仪的分辨率分为光学分辨率和最大分辨率两种，其中最大分辨率相当于插值分辨率，它不代表扫描仪的真实分辨率，故此处不做介绍。光学分辨率是指扫描仪物理器件所具有的真分辨率，它是扫描仪的重要性能指标之一，直接决定了扫描仪扫描图像的清晰程度。一般光学分辨率用两个数字相乘来表示，如600×1200dpi，其中前一个数字（600）代表扫描仪的横向分辨率，它是扫描仪真正意义上的光学分辨率；后一个数字（1200）代表扫描仪的纵向分辨率或机械分辨率，它是扫描仪所用步进电机的分辨率，一般是横向分辨率的2倍甚至是4倍。有的厂家为迷惑消费者，故意把扫描仪的光学分辨率600×1200dpi写成1200×600dpi，以示自己产品精度高。判断扫描仪的光学分辨率时，应以两个相乘数字中的较小的那一个数字为准。

（2）色深与灰度值

色深又叫做色彩位数，是指扫描仪对图像进行采样的数据位数，也是指扫描仪所能解析的颜色数。目前有24位、30位、32位、36位、42位和48位等几种。一般光学分辨率为600×1200dpi的扫描仪的色深为36位。

灰度值是指进行灰度扫描时，对图像由纯黑到纯白整个色彩区域进行划分的级数。

（3）感光器件

扫描仪最重要的部分就是其感光部分。目前市场上扫描仪使用的感光器件有四种：电荷耦元件CCD（包括硅氧化物隔离CCD和半导体隔离CCD）、接触式感光器件CIS（Contact Image Sensor，接触感光器件）、光电倍增管PMT（Program Map Table，节目映射表）和金属氧化物导体CMOS。在这四种感光器件中，光电倍增管的成本最高，且扫描速度慢，一般用于专业扫描仪上。而CCD和CIS的成本较低，扫描速度相对较快，故在许多扫描中得到应用。其中CCD主要用在平板式扫描仪中，CIS主要用在手持式扫描仪中。生产成本低的是CMOS器件，由于其成像质量的限制，容易出现杂点，所以主要用在名片扫描仪中。

（4）扫描速度

扫描速度也是扫描仪的一个重要指标。扫描仪的扫描速度可以分为预扫速度和扫描速度。预扫速度是指扫描仪对所有扫描面积进行一次快速扫描的速度，它直接影响实际的扫描速度，也是用户在选购扫描仪时应主要关注的一个速度指标。相反，因扫描仪受接口（大多为USB接口）带宽的影响，故扫描速度差别并不太大。因此，扫描仪的扫描速度主要是看它的预扫速度。

（5）接口方式

扫描仪常见的接口方式有EPP（并口）方式、USB接口方式、SCSI接口方式和IEEE 1394接口方式等几种。其中 USB 接口的扫描仪是目前最主流的产品。

任务 4.4　认识摄像头

随着宽带网的普及，摄像头作为一种视频输入、监控设备由来已久，它除了提供网络视频通信功能外，还提供有静态照片拍摄和实时监控的功能。本节将重点介绍摄像头的分类和性能指标。

4.4.1　摄像头的分类

按摄像头输出的信号分类，可以把摄像头分为模拟摄像头和数字摄像头两类。模拟摄像头要配合视频捕捉卡一起使用，它主要使用 CCD 作为感光器件，并要有视频捕捉卡或外置捕捉卡才能与计算机配合工作。模拟摄像头比数字摄像头功能强大，但价格偏高，一般用于大型视频会议和实时监控。数字摄像头使用简单，安装简单，价格便宜，它使用 CMOS 作为感光器件。虽然数字摄像头的分辨率不高，却非常适合家庭、网吧等场合使用。图 4-13 所示为一款模拟摄像头，图 4-14 所示为一款数字摄像头。

图 4-13　模拟摄像头

图 4-14　数字摄像头

除此之外，还可以按输出颜色把摄像头分为黑白摄像头、复合彩色摄像头、RGB 摄像头和彩色摄像头；按图像传感器不同可以把摄像头分为 CCD 摄像头、CMOS 摄像头和电子管摄像头等几种类型。

4.4.2　摄像头的性能指标

购买摄像头应了解其性能指标，摄像头主要的性能指标如下。

（1）图像传感器

图像传感器包括物理镜头和视频捕捉单元两部分，是摄像头最为核心的部件。图像传感器的好坏直接决定了最终拍摄出来的照片或视频的质量。摄像头的传感器就相当于传统相机内的胶卷。常用于摄像头图像传感器的部件有两种：一是 CCD（电荷耦合）感光器件；二是 CMOS（互补金属氧化物半导体）感光器件。目前市场上的普通摄像头多为 CMOS 传感器，传感器的像素多在 30 万像素以上（即传感器中一共有大约 30 万个以上的感光单元）。

（2）最高分辨率

摄像头的分辨率是指摄像头解析图像的能力，也就是摄像头的传感器的像素数。最高分辨率就是指摄像头能最高分辨图像能力的大小，即摄像头的最高像素数。现在市面上较多的 30万像素的 CMOS 摄像头的最高分辨率一般为 640×480dpi，50 万像素的 CMOS 摄像头的最高分辨率为 800×600dpi。

（3）色彩位数

色彩位数又称为色深，它反映了摄像头能正确记录的色调有多少。色彩位数的值越高，就越真实地还原图片的真实色彩。常见的摄像头的色深一般为 24 位，色深达到 30 位的摄像头可以表示 10 亿种颜色，属于高档次的产品。

（4）镜头

摄像头的镜头是将被拍对象在传感器上成像的器件，通常由几片透镜组成。镜头分为两类：塑胶透镜镜头和玻璃透镜镜头。真正构造成的镜头有 1P、2P、1G1P、1G2P、2G2P、4G 等，此处的“P”代表塑胶透镜，“G”代表玻璃透镜。1G2P 镜头表示该镜头由三片透镜构成——一片玻璃透镜，两片塑胶透镜。镜头透镜越多，成本就越高，而且玻璃透镜比塑胶透镜贵。

（5）接口方式

现在市场上主流的摄像头都采用 USB 接口。

任务 4.5 认识数码产品

随着科技的发展，带动了一批以数字为记载标识的产品，取代了传统的胶片、录影带、录音带等，通常把这种产品统称为数码产品。例如电视、电脑、通信器材、移动或者便携的电子工具等，在相当程度上都采用了数字化。

4.5.1 数码相机

数码相机也叫数字式相机，简称 DC（Digital Camera，数码相机），是集光学、机械、电子一体化的产品。它集成了影像信息的采集、转换、存储和传输等部件，具有数字化存取模式、与电脑交互处理和实时拍摄等特点。数码相机如图 4-15 所示。

图 4-15 数码相机

数码相机和传统相机的外形和功能相同，它与传统相机最大的不同点就在储存媒介上，数码相机是利用磁盘片或记忆卡来存取图像，拍摄的图像信息可以使用 USB 等标准联机方式传输到计算机中做处理，也可以由具有特殊功能的打印机直接打印出来，其最大的优点在于处理拍摄的图像信息直观、方便、灵活、快捷、功能多样。数码相机分两种类型：普通级和单反级。

（1）数码相机的组成及工作原理

DC 基本上由镜头、快门、成像传感器、模拟/数字信号转换器、微处理器、内置存储器、液晶显示屏组件、闪光灯、电子取景器、存储卡和输出接口等部分组成。DC 组成如图 4-16 所示。

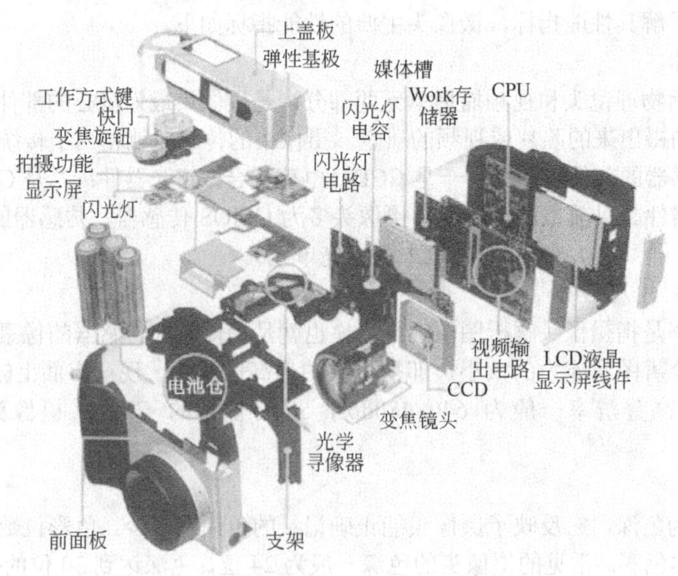

图 4-16 DC 组成

DC 的工作原理：当按下快门时，镜头将光线汇聚到模拟光电转换器上，它的功能是把光信息转变为模拟电信息。得到的对应于拍摄景物的模拟电子图像信号经由数码转换器（ADC）进行 A/D 转换后才能以数字数据方式储存。当数字信息以既定的格式存入缓存内存内，一张数码照片便正式诞生了。其后数码微处理器对图像数据进行压缩并转化成为一特定的图像格式。压缩后，图像档案会存储在非易失性内存存储卡中。

（2）数码相机的性能指标

全面评价一台数码相机的性能优劣，应该从数码相机的常规性能与特色功能两方面来综合衡量，主要有以下几种：CCD/CMOS 尺寸、白平衡与感光度、LED 亮度与像素、总像素与有效像素、最高分辨率、输出接口与信号输出形式、色彩深度等。

（3）主流数码相机

数码相机是近几年才兴起的，但由于数码相机的发展飞快，目前市面上主流的数码相机像素在 500 万～1500 万之间。从经销商的品牌来看，主要是以名牌产品为主，其中最为主流的品牌有富士（Fujitsu）、佳能（Canon）、奥林巴斯（Olympus）、柯达（Kodak）、索尼（Sony）、卡西欧（Casio）、柯尼卡美能达（Konica-Minolta）、尼康（Nikon）、三星（Samsung）等，而国内的数码相机有如联想（Lenovo）、方正（Founder）、中恒（DEC）、紫光（Thunis）等。

4.5.2 数码摄像机简介

数码摄像机也叫 DV，目前市面上数码摄像机依据记录介质的不同可以分为以下几种：Mini DV（采用 Mini DV 带）、Digital 8 DV（采用 D8 带）、超迷你型 DV（采用 SD 或 MMC 等扩展卡存储）、专业摄像机（摄录一体机，采用 DVCAM 带）、DVD 摄像机（采用可刻录 DVD 光盘存储）、硬盘摄像机（采用微硬盘存储）和高清摄像机（HDV）。高清数码摄像机如图 4-17 所示。

图 4-17 高清数码摄像机

1）数码摄像机的组成和分类

（1）数码摄像机的组成

数码摄像机属于较为精密的机、电一体化设备，由镜头、取景器、显示屏、图像传感器、存储介质、电源等部分组成。

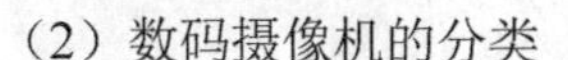

（2）数码摄像机的分类

① 按照使用用途分类　按使用用途分为广播级机型、专业级机型和消费级机型。

② 按照存储介质分类　可分为磁带式、光盘式和硬盘式三种。

③ 按照传感器类型和数目分类　分为 CMOS 摄像机、单 CCD 摄像机和三 CCD 摄像机三种。

从数码摄像机的存储发展技术来看，DVD 数码摄像机、硬盘式数码摄像机和高清数码摄像机代表了未来的发展方向，对于到底选择哪种存储介质的数码摄像机，最主要还是要根据各自的实际情况来进行选择。

2）数码摄像机的特点

和模拟摄像机相比，DV 有如下突出的特点。

① 清晰度高，其水平清晰度已经达到了 500～540 线，可以和专业摄像机相媲美。

② 色彩更加纯正，DV 的色度和亮度信号带宽差不多是模拟摄像机的 6 倍。

③ 无损复制，影像质量丝毫也不会下降。

④ 体积小，重量轻，一般只有 500 g 左右，方便外出使用。

目前市场上绝大多数家用数码摄像机均是 Mini DV 格式。数码摄像机的 LCD 是非常昂贵而脆弱的，所以用户在使用的时候一定要小心，而且平时需要做保养工作。

实训指导

1．键盘和鼠标的连接

键盘和鼠标是用户与计算机进行交互的重要工具，现在市面上的主流键盘和鼠标的接口类型一般有 PS/2 和 USB 两种。一般来说，厂商按照统一标准定做的键盘接口是紫色的，而鼠标的接口是绿色的，只要按照颜色进行搭配连接，一般不会出错，如图 4-18 所示。下面介绍键盘和鼠标的安装。

图 4-18　鼠标和键盘的主板接口

（1）键盘的安装

首先在计算机主机后找到标注键盘标记的 PS/2 接口，注意键盘接口上有一个黑色塑料条，主机上的 PS/2 接口有一个凹槽，连接的时候一定要使这个黑塑料条和凹槽对应才能插入，否则不仅插不进去，还容易造成键盘接口针脚的弯曲。如果是 USB 接口的键盘，则直接在主板上找一个空闲的 USB 接口插入即可。

（2）鼠标的安装

首先在计算机主机后找到标注鼠标标记的 PS/2 接口，注意鼠标接口上边有一个黑色塑料条，主机上的 PS/2 接口有一个凹槽，连接的时候一定要使这个黑塑料条和凹槽对应才能插入，否则不仅插不进去，还容易造成鼠标接口针脚弯曲。如果是 USB 接口的键盘，则直接在主板上找一个空闲的 USB 接口插入即可。

2．摄像头与计算机连接

现在摄像头主流都是免驱动 USB 接口，则直接在主板上找一个空闲的 USB 接口插入即可，如系统不能识别则需要安装随机光盘驱动或从网络下载驱动进行安装。

思考与练习

1．键盘按照接口是如何分类的？
2．现在用的主流鼠标是哪种类型的鼠标？
3．扫描仪的性能参数有哪些？
4．数码相机有哪些技术指标？

项目5 输出设备与选购

【项目分析】

人们可以利用显卡、显示器、打印机等输出设备高效完成工作任务。如何挑选合适的输出设备，需要掌握它们的主要技术参数、性能。

【学习目标】

知识目标：

① 了解显卡、声卡的结构、原理和性能指标；

② 熟悉显示器、音箱、打印机的选购原则。

能力目标：

① 掌握显卡的安装与拆卸；

② 掌握声卡的安装与拆卸。

任务5.1 认识显卡

显卡全称显示接口卡,又称为显示适配器、显示器配置卡，简称为显卡，是个人电脑最基本组成部分之一。

显卡的用途是将计算机系统所需要的显示信息进行转换驱动，并向显示器提供行扫描信号，控制显示器的正确显示。显卡作为电脑主机里的一个重要组成部分，承担输出显示图形的任务，对于喜欢玩游戏和从事专业图形设计的人来说显卡非常重要。民用显卡图形芯片供应商主要包括 AMD（ATI）和NVIDIA两家。

5.1.1 显卡的类型

显卡有许多分类方法，一般按照电路结构、接口类型和使用功能进行分类。

（1）按电路结构分

显卡按电路结构分为独立显卡和集成显卡两类。

集成显卡是将显示芯片、显存及其相关电路都制作在主板上，与主板融为一体。集成显卡的显示芯片有独立的，但现在大部分都集成在主板的北桥芯片中。集成显卡又可分为三种：独立显存集成显卡、内存划分式集成显卡和混合式集成显卡。独立显存集成显卡就是在主板上有独立的显存芯片，不需要系统内存。内存划分式集成显卡是从主机系统内存当中划分出来一部分内存作为显存供集成显卡调用，这也就是为什么集成显卡的主板显示的系统内存与标称的物理内存不符的原因。混合式集成显卡既可独立工作，又可调用系统内存。

独立显卡是指将显示芯片、显存及其相关电路单独制作在一块电路板上，作为一块独立的板卡存在。独立显卡上安装有数量不等的显存芯片，一般不占用系统内存，比集成显卡能够得到更好的显示效果，容易进行显卡的硬件升级。

（2）按接口类型分

显卡按接口类型分为ISA显卡、PCI显卡、AGP显卡、PCI-E显卡等。ISA显卡、PCI显卡已经淘汰，AGP显卡也面临淘汰，目前，PCI-E显卡接口数据传输速率最快，已经是市场的主流。

（3）按使用功能分

显卡从使用功能上分为普通显卡和专业图形显卡两种。

普通显卡就是普通台式机内所采用的显卡产品，又分主板集成显卡和独立显卡两种形式。

专业显卡是指应用于图形工作站上的显卡，它是图形工作站的核心，只有独立显卡一种形式。

普通显卡主要针对 Direct 3D 加速，而专业显示卡则是针对 OpenGL 来加速的。

5.1.2　显卡的信号处理

显卡是主板与显示器之间的接口，主要功能是处理图像信号。首先，由 CPU 送来的数据会通过 AGP 或 PCI-E 总线接口进入显卡的图形处理器 GPU（Graphic Processing Unit，图形处理器）进行处理。当 GPU 处理完后，相关数据会被运送到显存芯片暂时储存。最后数字图像数据会被送入 RAMDAC（Random Access Memory Digital-to-Analog Converter，随机存储数字模拟转换器），转换成计算机显示需要的模拟数据，RAMDAC 再将转换完的数据送到显示器显示图像。在整个数据处理该过程中，GPU 对数据处理的快慢以及显存的数据传输带宽都对显卡性能有较大的影响。

5.1.3　独立显卡的结构

一款独立显卡通常由显示芯片、显存、RAMDAC、显卡 BIOS、总线接口、VGA、S 端子等部分组成。

图 5-1 所示为一款 PCI-E×16 显卡。

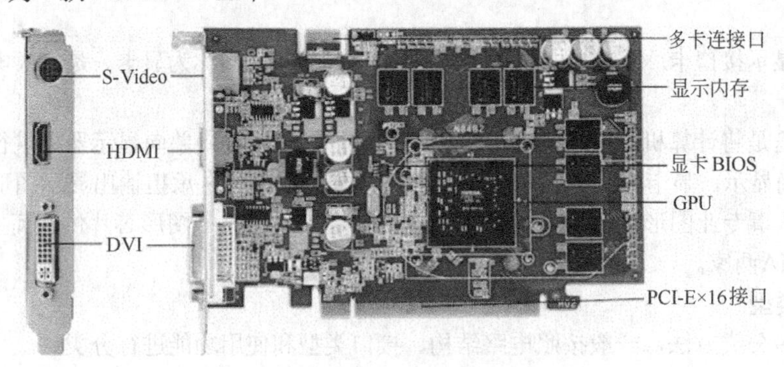

图 5-1　PCI-E×16 显卡

1）显示芯片及散热风扇

显示芯片是显卡的接口部件，是显卡的“CPU”，它直接决定了显卡档次的高低和性能的好坏。显示芯片的主要任务是处理计算机系统传送给显卡的视频信息，并对这些信息进行构建、渲染等工作。不同的显示芯片在内部结构和性能上都有着显著的差异。同时，采用不同制造工艺的显示芯片，它们的核心频率和显卡的集成度也各不相同。显示芯片的制造工艺经历了 0.5mm、0.35mm、0.25mm、0.18mm、0.15mm、0.13mm 和 0.09mm 等几个发展阶段。目前，设计、制造显示芯片的厂家有 NVIDIA、ATI、SIS、3Dlabs 等几家公司。因为显示芯片的处理速度很快，因此在工作过程中会产生大量的热量。为了帮助显卡散热，许多显卡专门为显示芯片安装了散热风扇。

2）显示内存

显示内存简称为显存，也叫做帧缓存。它用来暂时存放显示芯片处理的数据或即将提取的渲染数据。显存也是显卡的核心部件之一，它的优劣和容量大小直接决定显卡的最终性能表现。可以这样理解，显示芯片决定了显卡所能提供的功能及其基本性能，而显卡性能能否更充分地发挥出来则在很大程度上取决于显存。无论显示芯片的性能如何优秀，最终其性能的发挥都要依靠配套的显存。因此，如何有效地提高显存的效能也就成了提高整个显卡效能的关键。衡量显存性能好坏的参数主要有显存位宽（显存在一个时钟周期内所能传送数据的位数，目前有 64 位、128 位、256 位等几种位宽）、显存容量（显存能存储数据的多少，目前主要有 16MB、32MB、64MB、128MB 和 256MB 等几种容量）、显存频率、显存带宽（指显示芯片与显存之间的数据传输速率，以字节数为单位，计算公式：显存带宽=工作频率×显存位宽／8）、显存类型(主要有 RAM 显存、DDR 显存、DDR 2 显存和 DDR 3 显存等几种)、显存封装（主要有 QFP、TSOP-II、BGA 等几种封装形式）等几项。分辨率越高，像素也就越多，故要求的显存容量也就越大。

3）RAMDAC

RAMDAC 即随机存取内存数模转换器，它的主要作用是将暂存于显存中要输出的数字信号转换为显示器能够识别并显示出来的模拟信号，它的转换速率以“MHz”表示。

4）VGA BIOS 芯片

显卡的 BIOS 芯片中存储了显卡的硬件控制程序和相关信息（如产品标识）。前几年生产的显卡的 BIOS 芯片大小与主板 BIOS 一样，现在显卡的 BIOS 很小，大小与内存条上的 SPD 相同。显卡的 BIOS 如图 5-2 所示。

5）显卡输出接口

显卡的输出接口就是电脑与显示器之间的桥梁，它负责向显示器输出显卡处理过的图像信号。显卡的显示接口有 S（Separate Video，分离视频）端子、DVI（Digital Visual Interface，数字视频接口）和 VGA（Video Graphics Adapter，视频图形适配器）。

（1）模拟 VGA 接口

VGA 接口是一种 D 型接口，接口为 15 针母插座，15 个孔平均被分成三排。VGA 接口是显卡上应用最为广泛的接口类型，绝大多数的显卡都带有此种接口。显卡 VGA 接口如图 5-3 所示。

现在的显卡 BIOS

早期的显卡 BIOS

图 5-2 显卡的 BIOS

5 1 10 6 15 11

图 5-3 显卡 VGA 接口

（2）DVI 接口

DVI（Digital Visual Interface，数字视频接口）接口又称为数字接口。目前的 DVI 接口主要是 DVI-D 和 DVI-I 两种，DVI-D 只能传送数字信号，而完整的 DVI-I 可同时兼容数字信号和模拟信号。数字接口与传统的模拟信号接口相比，具有更高的清晰度，是目前比较流行的接口。DVI-D 接口如图 5-4 所示。

DVI-I 接口可同时兼容模拟和数字信号，兼容模拟信号并不意味着模拟 VGA 信号接口可以连接在 DVI-I 接口上，而是必须通过一个转换接头才能使用，一般采用这种接口的显卡都带有相关的转换接头。DVI-I 接口如图 5-5 所示。

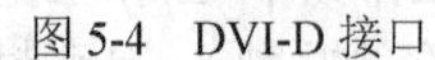
图 5-4　DVI-D 接口

图 5-5　DVI-I 接口

6）总线接口

显卡总线接口是指显卡与主板连接时所采用的接口方式。显卡的接口决定着显卡与系统之间数据传输的最大带宽，不同接口的显卡性能差异较大。目前主要采用的显卡接口方式有 AGP 接口和 PCI Express（PCI-E）接口。AGP 接口的传输速率最高可以达到 2133 MB/s（AGP 3.0 标准）。PCI Express 接口是一种新型显卡接口，它的最大传输速率可以达到 8 GB/s（PCl Express×16 全双工标准），是未来显卡接口的发展趋势。

7）HDMI（High Definition Multimedia InterFace，高清晰多媒体接口）

HDMI 是一种全数字化视频和声音发送接口，可以发送未压缩的音频及视频信号。HDMI 可用于机顶盒、DVD 播放机、个人计算机、电视游乐器、综合扩大机、数字音响与电视机等设备。HDMI 可以同时发送音频和视频信号，由于音频和视频信号采用同一条线材，大大简化系统线路的安装难度。最新的主板和显示卡上已经开始配备 HDMI 接口插座。

5.1.4　主板集成式显卡

集成显卡是指芯片组集成了显示芯片的显卡，使用这种芯片组（整合型芯片）的主板(整合型主板)可以不需要独立显卡实现普通的显示功能，以满足一般的应用，性价比高。

集成的显卡特点为：一般使用主内存作为显存，在运行需要大量占用显存的程序时，对整个系统的影响会比较明显，系统内存的频率通常比独立显卡的显存低很多，因此集成显卡的性能比独立显卡差很多；不能对显卡进行硬件升级；其优点是系统功耗有所减少，不用花费额外的资金购买显卡。

有些集成的显卡的芯片组还可以支持单独的显卡插槽，而有些则不再支持专门的显卡插槽，集成显卡和独立显卡不能同时工作。

5.1.5　显卡的生产厂商

显卡生产厂商很多，但是显卡的核心部件——显示芯片的生产厂家却并不多。显卡的显示芯片的功能类似主机的 CPU，它决定了显卡的档次，著名的显示芯片生产厂家有 Intel、ATI、NVIDIA、VIA（S3）、SIS、Matrox、XGI、3Dlabs 等，其中 Intel、VIA（S3）、SIS 主要生产集成芯片，ATI 和 NVIDIA 以独立芯片为主，目前是市场上的主流；而 Matrox 和 3Dlabs 则主要面向专业图形市场。

5.1.6　显卡的性能指标

衡量显卡性能好坏的指标主要有显存大小、色深、分辨率、刷新频率等几项。

（1）显存大小

显存大小是指显卡显示内存的容量大小，是选择显卡的关键参数之一。显存大小决定着显存临时存储数据的多少。目前，显存大小主要有 16MB、32MB、64MB 和 128MB 等几种。16MB 和 32MB 显存的显卡已经很少见了，也有部分高档显卡使用的显存大小为 256MB，主流的显存大小为 64MB 和 128MB。用户选择多大显存的显卡合适取决于多方面的因素，可以参考计算公式来选择：显存容量=显示分辨率×颜色位数 / 8。

（2）色深

色深指的是每个像素可显示的颜色数，它的单位是 bit（位）。每个像素可显示的颜色数取决于显卡上给它分配的 DAC 位数，位数越高，每个像素可显示出的颜色数目就越多。但是在显示分辨率一定的情况下，一块显卡所能显示的颜色数目还取决于其显示内存的大小，比如一块 2MB 显存的显卡，在 1024×768 的分辨率下，就只能显示 16 位色（即 65536 种颜色），如果要显示 24 位彩色（即 16.8M 色），就必须要 4MB 显存。关于显存的计算方法较为复杂，并且专业性强，这里就不再多讲。通常说一个 8 位显卡，就是说这个显卡的色深是 8 位，它可以将所有的颜色分 2 的 8 次方也就是 256 种表示出来。现在流行的显卡色深大多数达到了 32 位。

（3）分辨率

分辨率是指显卡在显示器上所能描绘的像素点的数量。显示器上显示的画面是由一个个的像素点构成的，而这些像素点的所有数据都是由显卡提供的，最大分辨率就是表示显卡输出给显示器，并能在显示器上描绘像素点的数量。显卡的分辨率一般用所能达到的最大分辨率来衡量。显卡的最大分辨率一定程度上跟显存有着直接关系，因为这些像素点的数据最初都要存储于显存内，因此显存容量会影响到最大分辨率。目前流行的 64MB、128MB 的显存容量足以应付显卡显示的要求，并不会制约最大分辨率。目前的显示芯片都能提供 2048×1536 的最大分辨率，但绝大多数的显示器并不能提供如此高的显示分辨率，还没到这个分辨率时，显示器就已经黑屏，所以显卡能输出的显示分辨率并不代表该计算机系统就一定能达到这个分辨率，它还必须要有相应的显示器配套才可以。

（4）刷新频率

刷新频率是指图像在显示器上的更新速度，也就是图像每秒钟在屏幕上出现的帧数，用 Hz 为单位。刷新频率越高，屏幕上图像的闪烁感就越弱，图像就越稳定，视觉效果就越好。

5.1.7 显卡的选购

用户在购买显卡的时候，在重点关注显卡的性能指标的同时，还要考虑以下选购原则。

① 按需选购：如果只是用于日常办公，只需主板集成显卡就够了，如果是进行专业视频加工、玩大型游戏就要独立显卡，而且对显存也有较高要求。

② 考虑做工和品牌：显卡工作电流大，发热量也大，所以要买知名的、有品质保证的厂商生产的显卡，同时考虑显卡的整体做工。

③ 考虑经济能力：根据自己经济承受能力购买合适的显卡。

任务 5.2 认识显示器

5.2.1 显示器的分类

显示器是计算机的主要输出设备。离开显示器，用户将不能看到计算机处理的信息。显示器的重要性并不仅仅在于能显示，一台显示器的好坏不但影响用户在使用计算机时的显示效果，更重要的是影响用户的身体健康，特别是眼睛。目前市场上流行的显示器的种类有三种，一种是 CRT 显示器，一种是液晶显示器，还有 PDP（Plasma Display Panel，等离子显示器）显示器。其实从不同的角度分类，显示器的种类有很多。

（1）按显示器的显像管分类

按显示器的显像管的不同，可以将显示器分为三种。一是传统显示器，即 CRT(Cathode Ray Tube，阴极射线管)显示器，它主要采用电子枪产生图像。CRT 显示器又可细分为球面显像管和纯平显像管两种显示器。所谓球面是指显像管的断面是一个球面，它在水平和垂直方向上都是弯曲突起的。所谓纯平显像管是指无论在水平方向还是在垂直方向都是完全平面。球面显像管因失真度大，已经被淘汰，CRT 显示器目前主要采用纯平显像管。二是液晶显示器 LCD(Liquid Crystal Display, 液晶显示器)。LCD 是目前最热门的一种显示器，也是显示器发展的趋势所在。液晶显示器的结构很复杂，共有四种物理结构：TN（Twisted Nematic，扭曲向列型）、STN（Super Twisted Nematic,

超扭曲向列型)、DSTN（Double layer STN，双层超扭曲向列型)、TFT（Thin Film Transistor，薄膜晶体管型)。目前 LCD 的主流结构是 TFT 型的液晶显示器。三是等离子显示器 PDP（Plasma Display Panel，等离子显示器)。PDP 是一种视频显示器，也叫做平板显示器。它屏幕上的每一个像素都由少量的等离子或充电气体照亮，有点像微弱的霓虹灯光。PDP 的体积比 CRT 显示器小，色彩比 LCD 鲜艳、明亮，而且视角更大。图 5-6 所示为 CRT、LCD 和 PDP 三种类型的显示器。

CRT 显示器

LCD 显示器

PDP 显示器

图 5-6　三种类型的显示器

（2）按显示色彩分类

按显示色彩分，可把显示器分为单色显示器和彩色显示器。其中单色显示器已经被淘汰，目前主要是彩色显示器。

（3）按屏幕大小分类

按显示屏幕大小[以英寸（in）为单位，1in=2.54cm]分，可把显示器分为 14in、15in、17in、19in、20in 等几种。其中 19in 是目前台式机显示器的主流尺寸。

5.2.2　显示器的原理

不同种类的显示器的工作原理也各不相同。本节按显示器显像管的分类方法，分别对 CRT、LCD 和 PDP 显示器的显示原理进行说明。

（1）CRT 显示器原理

CRT 显示器的显示系统与电视机相同，它的显像管实际就是电子枪，一般有三个电子枪。显示器的显示屏幕上涂有一层荧光粉。电子枪发射出的电子束击打在屏幕上，使被击打位置的荧光粉发光，产生一个个光点（像素），从而形成图像。每一个发光点又由“红、绿、蓝”三个小的发光点组成（三个电子枪）。由于电子束是分为三条的，分别射向屏幕上的这三种不同颜色的发光小点，从而在屏幕上出现绚丽多彩的画面。

（2）LCD 显示器原理

液晶显示器的显像原理是将液晶分子置于两片导电玻璃薄片之间（电极面向内)，靠两个电极间电场的驱动，引起夹于其间的液晶分子扭曲向列的电场效应，以控制光源透射或遮蔽功能，在电源关开之间产生的明暗而将影像显示出来，若加上彩色滤光片，则可以显示彩色影像。当两处玻璃基板上加入电场后，液晶层就会因偏振光的直射而透明，无电场时液晶层处于不透明状态。若对每个像素施加不同的电场，就会出现透明和不透明的状态，也就形成了在屏幕看到的图案或文字。

（3）PDP 等离子显示器原理

PDP 显示器是一种利用气体放电的显示装置，它采用等离子管作为发光元件，大量的等离子管排列在一起构成屏幕。在等离子管电极间加上电压后，封在两层玻璃之间的等离子管之间的氖氙气体就会产生紫外光，从而激活平板上的红绿蓝三原色荧光粉，发出可见光。每个离子管作为一个像素，由这些像素的明暗变化和颜色变化组合，产生各种灰度和色彩的图像，与显像管的发光原理类似。等离子显示器的导电玻璃有三层，第一层里面涂有导电材料的垂直条，中间层是灯泡排列，第三层表面涂有导电材料的水平条。要点亮某个地址的灯泡，开始要在相应行上加较高电压，等该灯泡点亮后，可用低电压维持灯泡亮度。关掉某个灯泡只需将相关的电压降为零。这就是等离子显示器的工作原理。

（4）技术先进的曲面显示器

曲面显示器避免了两端视距过大的缺点，曲面屏幕的弧度可以保证眼睛的距离均等，从而带来比普通显示器更好的感官体验。曲面显示器微微向用户弯曲的边缘能够更贴近用户，与屏幕中央位置实现基本相同的观赏角度，视野更广。曲面显示器如图5-7所示。

图5-7 曲面显示器

5.2.3 LCD显示器的性能指标

（1）可视面积

可视面积是指液晶显示器屏幕对角线的长度，单位为英寸（in）。液晶显示器采用的标称尺寸就是它实际屏幕的尺寸，因此，15in的液晶显示器的可视面积相当于17in CRT显示器的实际尺寸。

（2）点距

LCD显示器的像素间距类似于CRT的点距。点距一般指显示屏相邻两个像素点之间的距离。LCD显示器的点距与可视面积有直接关系，如一台液晶显示器（14in）的可视面积为285.7mm×214.3mm，其最佳分辨率为1024×768，则其点距为285.7/1024或214.3/768，大约等于0.28mm左右。其实液晶显示器的点距与CRT显示器的点距有些不同。液晶显示器的屏幕任何一个地方的点距都是一样的。

（3）分辨率

分辨率是指显示器所能显示的像素有多少，通常用显示器在水平和垂直显示方向能够达到的最大像素点来表示。标清720P为1280×720像素，高清1080P为1920×1080像素，超清1440P为2560×1440像素，超高清4K为4096×2160像素，也就是说，4K的清晰度是1080P的4倍，而1080P的清晰度是720P的4倍。

（4）亮度与对比度

LCD的亮度是指画面的明亮程度，以平方米烛光(cd/m^2)为单位（也可以用nits为单位）。显示器画面过亮会引起人眼不适而诱发视觉疲劳，亮度必须要均匀。LCD的亮度均匀与否与背光源、反光镜的数量及配置方式有关。目前市场上品质较佳的LCD显示器，画面亮度均匀，画面中心亮度和距离边框部分区域的亮度差别不大，没有明显的暗区。

对比度则是指画面上某一点最亮时（白色）与最暗时（黑色）的亮度比值，它直接决定该液晶显示器能否表现出丰富的色阶。对比度越高，还原的画面层次感就越好，即使在观看亮度很高的图片时，黑暗部分的细节也可以清晰体现。高对比度意味着相对较高的亮度和呈现颜色的艳丽。

（5）响应时间

响应时间是液晶显示器的一个重要参数，它包括黑白响应时间和灰阶响应时间两种。人们通常所说的响应时间主要是指黑白响应时间，也就是指液晶显示器各像素点对输入信号的反应速度，即像素点由全黑变为全白或由全白变为全黑所需要的时间，用 ms（毫秒）作为单位。这个指标直接影响到对动态画面的还原，响应时间过长就会导致还原动态画面时有比较明显的尾影拖拽现象。响应时间也是目前液晶显示器尚待进一步改善、提高的技术难关。从另一个方面来讲，响应时间与画面每秒显示的帧数有很大的关系。响应时间为 30ms 时，每秒画面帧数只能达到 33 帧；响应时间为 25ms 时，画面帧数可达每秒 40 帧，基本保证了画面的流畅；响应时间为 16ms 时，每秒可显示 63 帧画面。目前市场上液晶显示器的响应时间大多在 8～16ms 之间。

（6）视角

视角的全称是可视角度，它是指用户从不同的方向清晰地观察屏幕上所有内容的角度。数值越大越好。视角大，表明该显示器从不同角度观看时画面失真的可能性较小。视角值可以以用户所站的位置与屏幕法线（假想的屏幕正中间的一条线）之间的夹角 2 倍大小来计算。例如视角值为 90°，表示用户站在始于屏幕法线 45° 的位置处仍可清晰地看见屏幕上的图像。

（7）最大显示色彩数

最大显示色彩数是衡量 LCD 显示器色彩表现能力的一个参数，也是用户非常关心的一个重要指标。一台 LCD 显示器的像素点一般为 1024×768 个，而每个像素由红（R）、绿（G）、蓝（B）三原色组成。高端 LCD 显示板的每个原色能表现 8 位色，256 种颜色，则可以算出该显示器的最大颜色数为 256×256×256 =16777216 种颜色，即 24 位真彩色。最大显示色彩数越多，所显示的画面色彩就越丰富，层次感也越好。用户在选购 LCD 显示器时一定要咨询清楚所选购的液晶显示器的最大显示色彩数是多少。

任务 5.3　认识声卡

声卡也叫做音效卡，主要负责处理计算机系统中所有与声音有关的工作，如播放音乐及录制音乐等。虽然目前市场上声卡的品牌有 40 种之多，但声卡的结构与工作原理都大体相同。

5.3.1　声卡的结构

声卡主要由声音处理芯片、功率放大器、CODEC 芯片。总线接口、输入输出端口、MIDI / 游戏接口和 CD 音频连接器等几部分组成。图 5-8 所示为一款声卡的结构图。

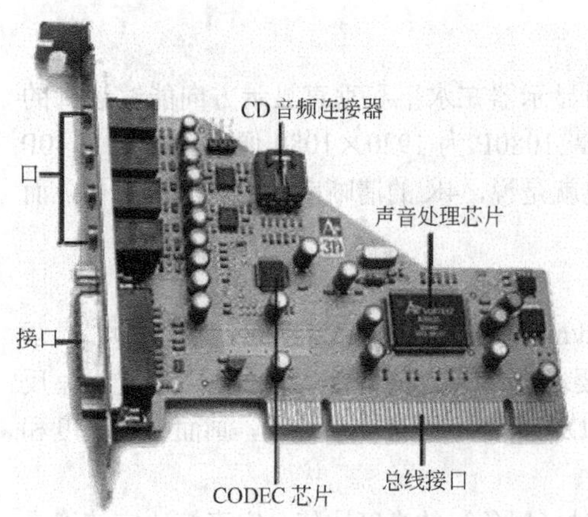

图 5-8　声卡的结构

（1）声音处理芯片

声音处理芯片是声卡的核心部件，它从本质上决定了声卡的性能好坏和档次高低。从外观上看，它也是声卡上各个集成块中面积最大的和四边都有引线的一块集成块。该芯片上一般标有产品商标、型号、生产日期、编号、生产厂商等重要信息。声音处理芯片的基本功能包括对声波采样和回放的控制、处理 MIDI（Musical Instrument Digital Interface，乐器数字接口）指令等，部分厂家还在其中增加了混响、和声、音场调整等本该 DSP（Digital Signal Processor，数字信号处理器）实现的部分功能。声音处理芯片的另一种表现形式不是单独一块集成块，而是由3～6块集成块组成的芯片组。目前，声音处理芯片制造商主要有ALS、ESS、Yamaha、SB、Creative（创新，新加坡的创新公司）。

（2）功率放大器

由于声音处理芯片处理好的声音信号不足以推动音箱发声，因此需要增加功率放大器（简称功放），对声音信号进行放大，再送到扬声器或音箱中。在放大声音的过程中，不仅仅是放大了音乐信号，同时也放大了噪声信号，影响了音质。为解决这个问题，有的声卡便在功放前端放置一个滤波器，用于滤掉高频的噪声信号。这个方法对克服噪声有明显效果，但在滤掉噪声的同时，有一些高频的音乐信号也被过滤掉了，同样会引起音质下降。最有效的办法是绕过功放，直接通过线路输出端口连接音箱，让声音处理芯片和音箱的品质来决定音质的好坏。

（3）CODEC芯片

CODEC(Coder-Decoder)芯片是编码器／解码器的英文缩写，它的标准名称是“多媒体数字信号编解码器”，主要负责数字信号转换为模拟信号(DAC)和模拟信号转换为数字信号(ADC)的工作。从外观上看，它是一片或多片四面都有引脚的正方形芯片，面积大约有0.5～1.0cm^2。声卡的声音处理芯片处理完的数字信号要通过声卡上的Line Out插孔输出到音箱或耳机，或者用户使用录音设备将外部声音输入到声卡的声音处理芯片中，都必须经过CODEC芯片的转换处理才能完成。因此，声卡输入输出模拟音效品质的好坏与CODEC芯片的转换品质的好坏有直接的关系。

（4）总线接口

声卡的总线接口主要有三种，早期的多为ISA接口，因为此种接口功能单一，占用系统资源过多且传输速率低，已被市场淘汰。现在的声卡接口多为PCI接口。相对于ISA接口来说，PCI接口拥有更好的性能和兼容性。第三种接口用于外置式声卡上，采用USB接口，使用起来更为方便。

（5）CD音频连接器

通过CD音频连接器，将光驱与声卡相连接，便于声卡处理来自光驱的数字或模拟信号。

（6）输入输出端口

声卡的输入输出端口是主要用于声卡与音箱、话筒等声音或录音设备相连接的端口。一般有Speaker Out(喇叭输出)端口、Line In(线路输入)端口、Line Out（线路输出）端口、Mic In（话筒输入）端口等几种。Line In端口用于其他声音设备（如收录机）与声卡相连接，Mic In端口用于话筒与声卡相连接，Line Out端口用于外部的功率放大器与声卡相连接，Speaker Out端口用于无源或有源音箱与声卡相连接。当然，声卡所提供的输入输出端口数的多少与它所支持的声道数是有关系的。

（7）游戏/MIDI接口

该接口是游戏手柄（操作杆）或MIDI设备（如MIDI键盘、电子琴等）与声卡相连时所用的接口。

5.3.2 声卡的作用

声卡是多媒体计算机系统中必不可少的、最基本的组成部分，也是实现模拟声波信号／数字信号相互转换的功能部件。声卡的作用主要是把来自外界的原始声音信号（模拟信号），如来自话筒、磁带等设备上的声音信号，加以转换后输出到音箱、耳机等声响设备上播放出来。声卡也可以通过外接音乐设备（如MIDI键盘、电子琴等）使这些设备发出美妙的声音。概括地说，声卡共有七大作用：播放音乐、录音、语音通信、实时效果器、接口卡、音频解码、音乐合成。

5.3.3 声卡的工作原理

声卡的工作原理其实很简单。话筒、喇叭、音箱等设备所能识别和处理的信号均为模拟信号，而计算机所能处理的均为数字信号。要将计算机中的数字信号送给音箱等设备播出，或要将话筒输入的模拟信号送给计算机处理，均需要进行信号转换。声卡就是完成这个转换工作的部件。声卡从话筒或其他输入设备中获取声音模拟信号，通过 CODEC 芯片将之转换为数字信号，然后送给计算机进行处理。当需要播放这些声音信号时，声卡再将计算机中存储的这些数字信号送给 CODEC 芯片转换还原为模拟波形，经过放大电路放大后送给音箱、喇叭等设备进行播放。

5.3.4 声卡的性能指标

要衡量一块声卡性能的好坏和档次的高低，主要看它的采样位数、采样频率、声道数和输出信噪比等几个性能指标。

（1）采样位数

采样位数可以理解为声卡处理声音的解析度（相当于显卡的分辨率），是用来衡量声音波动化的一个参数。这个参数值越大，声音解析度就越高，录制和回放的声音就越真实。声卡的位是指声卡在采集和播放声音时所使用的数字信号的二进制位数。声卡的位数准确地反映了数字信号与模拟信号的对应关系。声卡的采样位数有 8 位、16 位、32 位和 64 位等几种，目前市场主流产品为 32 位声卡，部分高档次声卡采用 64 位的采样位数。

（2）采样频率

采样频率是指录音设备在 1s 内对声音信号的采样次数。采样频率越高，声音的质量就好，声音的还原也就越真实。常见的采样频率有 22.05kHz、44.1kHz、48kHz 三个等级。22.05kHz 的采样频率只能达到 FM 广播的声音品质，44.1kHz 则相当于 CD 音质效果，48kHz 采样频率要更加精确一些。采样频率高于 48kHz 后，人耳已无法分辨出来了，所以在计算机上没有多大价值。早期的采样频率还出现过 8kHz、11.025kHz、16kHz 等几个等级，因频率太低，从 16 位声卡开始便不再采用了。

（3）声道数

声道数就是声卡处理声音的通道的数目。声卡所支持的声道数是衡量声卡档次的重要指标。声卡的声道数经过了单声道到双声道再到四声道、5.1 声道、7.1 声道的发展变迁，目前主产品为 5.1 声道系统。

（4）输出信噪比

输出信噪比是衡量一块声卡好坏的重要指标，它是指声音输出的信号与噪声电压的比值，单位为分贝(dB)。这个值越大，输出信号中所掺杂的噪声就越小，音质也就越纯净。

任务 5.4　认识音箱

声卡处理好的音频信号要播放出来，必须借助于外部设备来实现。音箱就是这些外部设备的一种，是非常重要的音频设备，它主要用于将音频信号还原成声音信号。本节主要介绍音箱的结构、作用及分类。

5.4.1 音箱的分类

音箱的分类方法有很多，此处主要介绍几种常见的分类方法。

（1）按使用场合分类

按音箱的使用场合分类，可以把音箱分为专业音箱和家用音箱两大类。家用音箱一般用于家庭放音，音质细腻柔和，外形较为精致美观；专业音箱一般用于歌舞厅、影剧院、会议室等场所，灵敏度高，放音声压高，力度好，功率大，音质偏硬。计算机所用的音箱多为家用音箱。

（2）按箱体结构分类

按音箱的箱体结构和发声原理分类，可以把音箱分为密封式音箱、倒相式音箱、迷宫式音箱、声波管式音箱和多腔谐振式音箱等几种类型。最主要的形式是密封式音箱和倒相式音箱。密封式音箱就是在封闭的箱体上装上扬声器，效率比较低。倒相式音箱则在前或后面板上装有圆形的倒相孔，灵敏度高，功率较大且动态范围广，效率要高于密封箱。倒相式音箱是目前音箱的主流类型。

（3）按音箱的数量分类

按音箱的数量分类，可以把音箱分为2.0音箱（双声道立体声）、2.1音箱、4.1音箱、5.1音箱、6.1音箱和7.1音箱等几种类型。前面的数字（如2、4、5、6、7）表示环绕音箱的个数，小数点后的数字（如.1）表示一个专门设置的超低音声道（俗称低音炮）。

（4）按音箱的材质分类

按音箱使用的材质分类，可以把音箱分为塑料材质的音箱和木质音箱。塑料材质的音箱是种低档次的音箱，它的箱体单薄，无法克服谐振，音质音效较差。木质音箱降低了箱体谐振，音质普遍好于塑料材质的音箱。

5.4.2 音箱的组成及作用

按音箱是否带放大电路分类，可以把音箱分为无源音箱（没有功率放大器的音箱）和有源音箱（有功率放大器的音箱）两大类。计算机所使用的音箱多为有源音箱。此处以有源音箱为例来介绍音箱的组成及作用。

有源音箱主要由箱体、扬声器、功放电路、分频器等部件组成。

（1）箱体

箱体是构成音箱的基础。目前市场上常见的音箱主要用两种材料作为箱体，一种是塑料，一种是木质。塑料箱体具有加工容易、外形时尚、成本低、音质效果不理想的特点。当然，某些高档塑料音箱的音质也还不错。木质箱体大多采用中密度板作为箱体材质，高档的音箱采用真正的纯木板作为材料。这种箱体木板的厚度、木板之间结合的紧密程度和箱体密封性等都会影响音箱的音色。

（2）扬声器

音箱的扬声器又称为扬声单元，有高音单元和低音单元之分。每个单元都是由振膜、磁铁和线圈等组成的。按照扬声器的结构分类，可以把它分为锥盆扬声器、球顶扬声器和平板扬声器三大类，主要区别在于口径大小和振膜类型的不同。扬声器单元的口径大小一般和振动频率成反比，口径越大，其低音表现力越好，高音则正好相反。锥盆扬声器上常用的振膜种类比较多，有纸盆、羊毛盆、防弹布盆、金属盆、陶瓷盆和PP（聚丙烯复合）盆等。各种振膜不存在绝对的好坏之分，所不同的是各有自己个性的音色。如纸盆和PP盆适应性最好，音色适中，羊毛盆音色温暖而轻柔，陶瓷盆和金属盆反应速度快，材质轻，中高音表现力好，但低音不柔和。

（3）功放电路

内置功放电路是有源音箱区分于无源音箱的一个重要特征。功放电路的主要作用就是将声音信号的功率放大，包括电压和电流，使输出的信号能推动扬声器单元。功放电路主要由线路输入、电源、功放和运放组成。线路输入包括电源线输入和信号线输入，而且在工艺上要实现信号线和电源线的分离式进线，以防止电源线的电磁波对信号线形成强干扰。运放电路也叫做前级放大电路，功放也叫做后级放大电路，运放主要负责对原始音频信号进行电压放大，功放主要负责对声音信号进行功率放大。图5-9所示为音箱的功放电路图。

（4）分频器

分频器的作用是将高、低音信号分开，分别送给高、低音扬声单元输出。分频器的作用至关重要，如果不分频，高、低音信号就会混杂在一起同时由高音单元或低音单元输出，声音就会变得混乱，且因低音信号功率大于高音的功率，故还有烧坏高音单元的可能。即使有的音箱中没有专门的分频器，也会直接在高音单元上串接一个电容来达到分频的效果。图5-10所示为音箱内的分频器。

图 5-9　功放电路

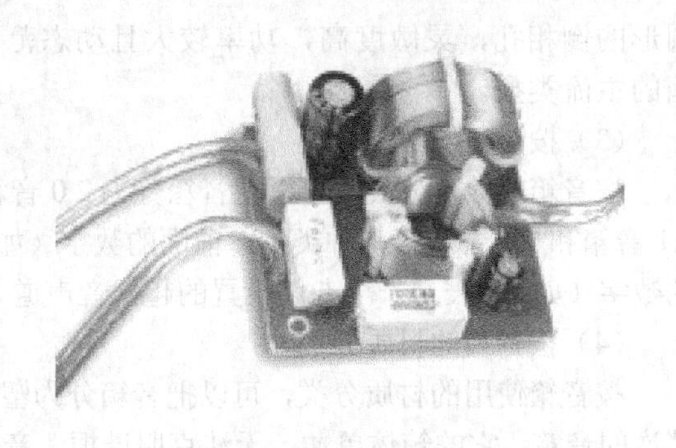

图 5-10　分频器

5.4.3　音箱的性能指标

音箱是将电信号还原为声音信号的一种装置。这种还原效果的好坏有很多参数都可以反映，这也是用户在选购音箱时所应关注的方面。本节将重点介绍音箱的五项重要的性能指标：输出功率、频响范围、信噪比、灵敏度和谐波失真。

（1）输出功率

从严格意义上讲，音箱音质的好坏和功率没有直接的关系。音箱的功率决定的是音箱所能发出的最大声响，即通常所说的震撼力。音箱的功率有两种标注方法：标称输出功率（额定输出功率）和最大瞬间输出功率（瞬间峰值功率）。标称输出功率是指在额定范围内驱动一个 8Ω 扬声器所规定的持续模拟信号波形时，音箱能长时间安全工作时输出功率的最大值，它的谐波失真在标准范围内变化。最大瞬间输出功率是指音箱接收信号输入时，在保证音箱不受损坏的前提下瞬间所能承受的输出功率最大值。通常，商家为迎合用户心理，标出的是瞬间功率，它大约是额定功率的 8 倍。选购音箱时，要以额定功率为准。音箱的功率也不是越大越好，适用即可。$20m^2$ 的房间 60W 功率就足够了。

（2）频响范围

频响范围是指音箱的频率范围和频率响应。频率范围是指最低有效声音频率到最高有效声音频率之间的范围，单位为赫兹（Hz）。就人耳而言，普通人耳的听力范围是 20Hz～20kHz，因此要求音箱的频率范围至少要达到 45Hz～20kHz，只有这样才能保证覆盖人耳的有效听力范目。频率响应是指将一个以恒定电压输出的音频信号与音箱系统相连接时，音箱产生的声压随频率的变化而发生增大或衰减以及相位随频率而发生变化的现象。频率响应的单位是分贝（dB），其值越小，表明音箱的失真越小。

（3）信噪比

信噪比是指音箱回放的正常声音信号与无信号时噪声信号强度的比值，用 dB 表示。例如，某音箱的信噪比为 60dB，表示输出的有效声音信号比噪声信号的功率大 60dB。信噪比越高，表示噪声越小，音箱的音质也就越好。信噪比低时，小信号输入时噪声严重，声音会混浊不清，建议不要购买信噪比低于 80dB 的音箱和信噪比低于 70dB 的低音炮。

（4）灵敏度

灵敏度也是衡量音箱性能的一个重要技术指标。灵敏度越高，音箱的性能就越好。音箱的灵敏度每差 3dB，输出的声压就相差 1 倍。一般以 87dB 为中灵敏度，84dB 以下为低灵敏度，90dB 以上为高灵敏度。普通音箱的灵敏度一般在 70～80dB 之间，高档音箱通常可达到 80～90dB，专业音箱则在 95dB 以上。灵敏度的提高是以增加失真度为代价的，所以，要保证音色的还原程度与再现能力，就必须降低一些对灵敏度的要求。

（5）谐波失真

谐波失真是指在音箱工作过程中，由于会产生谐振现象而导致音箱重放声音时出现失真。音箱工作时不可避免地会出现谐振现象，这样就会在声音信号中夹杂谐波及其倍频成分，这些倍频信号将导致音箱放音时产生失真。谐波失真的数值越小越好。

任务5.5 认识打印机

打印机是计算机常见的外围设备之一，也是计算机系统中除显示器之外的另一种重要的输出设备。利用打印机，用户可以把计算机处理的文字、图片等信息输出到纸张上。打印机已经成为办公自动化不可缺少的工具。

5.5.1 打印机的分类及性能指标

（1）打印机的分类

打印机按工作原理分为：激光打印机 、针式打印机、喷墨打印机、热转印式打印机。按用途可以分为：通用打印机、家用打印机、商用打印机、专用打印机、网络打印机等。

（2）打印机的性能指标

衡量一台打印机性能好坏的指标有以下几个。

① 分辨率（dpi）。打印机的分辨率即每平方英寸多少个点。分辨率越高，图像就越清晰，打印质量也就越好。一般分辨率在360dpi以上的打印效果才能令人满意。

② 打印速度。打印机的打印速度是以每分钟打印多少页纸（PPM）来衡量的。厂商在标称该项指标时，通常用黑白和彩色两种打印速度进行标注。打印速度在打印图像和文字时是有区别的，而且还和打印时的分辨率有关，分辨率越高，打印速度就越慢。所以，衡量打印机的打印速度要进行综合评定。

③ 打印幅面。一般家用和办公用的打印机多选择A4幅面的打印机，它基本上可以满足绝大部分的使用要求。A3、A2幅面的宽幅打印机价格较贵，一般用于CAD、广告制作、艺术设计等领域。

④ 色彩数目，即彩色墨盒数。色彩数目越多，色彩就越丰富。

5.5.2 打印机的基本工作原理

不同类型的打印机不仅物理结构不同，而且工作原理也有本质的区别。此处分别对针式打印机、喷墨打印机和激光打印机的工作原理进行说明。

（1）针式打印机的基本工作原理

针式打印机在打印机的历史上曾经占有重要的地位，甚至到现在还有不少领域仍在使用这种打印机。针式打印机结构简单、技术成熟、性价比高、消耗费用低，但噪声很大、分辨率较低、打印针易损坏，故已从主流位置上退下来了，逐渐向专用化、专业化方向发展。目前市场上主要有9针和24针两种针式打印机。针式打印机是一种击打式打印机，它利用机械和电路驱动原理，使打印针撞击色带和打印介质，进而打印出点阵，再由点阵组成字符或图形来完成打印任务。从结构和原理上看，针式打印机由打印机械装置和控制驱动电路两大部分组成，在打印过程中共有三种机械运动：打印头横向运动、打印纸纵向运动和打印针的击打运动。这些运动都是由软件控制驱动系统通过一些精密机械来执行的。针式打印机外观如图5-11所示。

（2）喷墨打印机的基本工作原理

喷墨打印机是打印机家族中的后起之秀，是一种经济型、非击打式的高品质打印机。喷墨打印机具有打印质量好、无噪声、可以用较低成本实现彩色打印等优点，但它的打印速度较慢，而且配

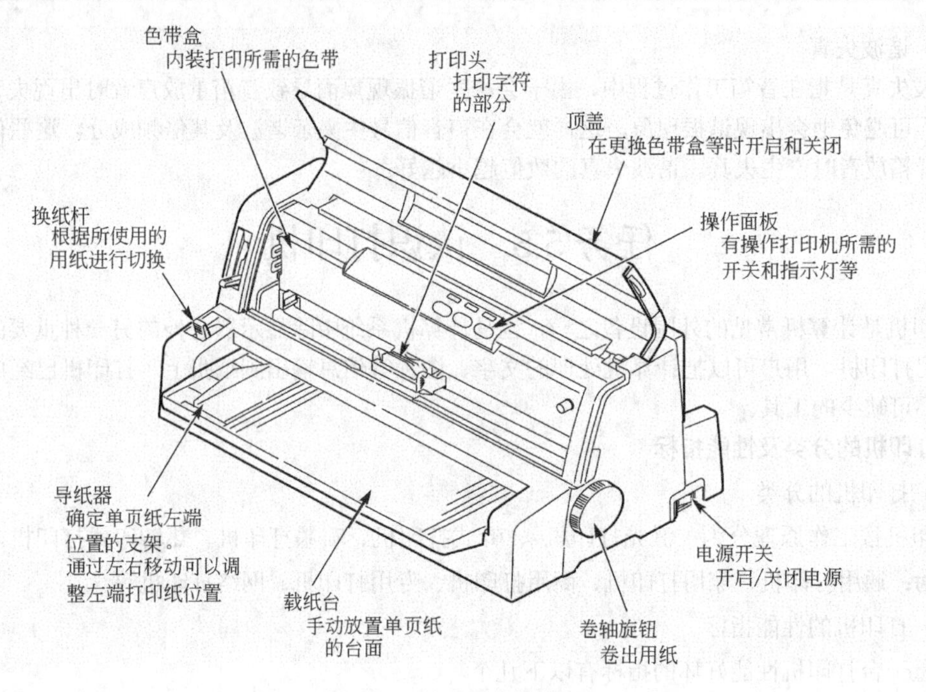

图 5-11　针式打印机外观

套使用的墨水非常贵，故较适合于打印量小、对打印速度没有过高要求的场合使用。目前此类打印机在家庭中较为常见。喷墨打印机按喷墨形式又可分为液态喷墨和固态喷墨两种。液态喷墨打印机是让墨水通过细喷嘴，在强电场作用下高速喷出墨水束，在纸上形成文字和图像。从技术上看，有佳能（Canon）公司专利的气泡式（Bubble Jet）技术，它的工作原理是利用加热产生气泡，气泡受热膨胀形成较大的压力，压迫墨滴喷出喷嘴，喷到纸上形成文字和图像。喷到纸上墨滴的多少可以通过改变加热元件的温度来进行控制。有爱普生（EPSON）公司专利的多层压电式（MACH）技术，该技术在装有墨水的喷头上设置换能器，换能器受打字信号的控制产生变形，挤压喷头中的墨水，从而控制墨水的喷射。有惠普（HP）公司专利的热感式（Thermal）技术，该技术将墨水与打印头设计为一体，受热后将墨水喷出。固态喷墨打印机是由泰克（Tekronix）公司在1991年推出的专利技术，它使用的墨水在室温下是固态的，打印时墨被加热液化，之后喷射到纸上并渗透其中，附着性相当好，色彩也极为鲜亮。喷墨打印机外观如图5-12所示。

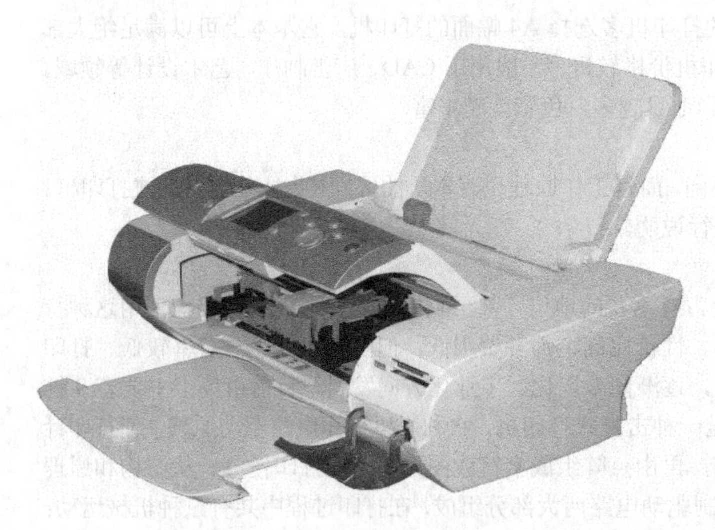

图 5-12　喷墨打印机外观

（3）激光打印机的基本工作原理

激光打印机是近年来打印机家族中的一种新产品，它以打印速度快、打印质量高、打印成本低和无任何噪声等特点逐渐成为人们购买打印机时的首选。它也是最终全面取代喷墨打印机的产品。激光打印机分为黑白和彩色两种，它的打印原理是利用光栅图像处理器产生要打印页面的位图，然后将其转为电信号，发出一系列的脉冲送往激光发射器。在这一系列脉冲的控制下，激光被有规律地放出。与此同时，反射光束被接收的感光鼓所感光。激光发射时就产生一个点，激光不发射时就是空白，这样就在接收器上印出一行点来。然后，接收器转动一小段固定的距离继续重复上面的操作。当纸张经过一对加热辊后，着色剂被加热熔化，固定在纸上，就完成了打印的全过程。整个过程准确而且高效。

5.5.3 激光打印机的维护

1）激光打印机的组成

激光打印机是光、机、电一体化的精密设备，结构比较复杂，主要组成部件及功能如表 5-1 所示。

表 5-1 激光打印机主要组成部件及功能

部 件	功 能
激光器	发射激光，对感光鼓曝光
硒鼓	完成充电、感光、显影，产生墨粉图像
转印单元	将感光鼓表面上的墨粉图像转印到打印介质上
定影单元	将墨粉融化固定在打印介质上
纸张传输机构	取纸、传输纸张、输出纸张
控制电路	处理计算机传来的打印内容，控制各部件的运转

其中最为重要的部件是硒鼓。硒鼓是激光打印机电子成像系统的核心部件，是因为早期的感光鼓材料多是采用硒碲（砷）合金而得名。硒鼓是需要经常更换的耗材，它由感光鼓、充电机构、显影机构、墨粉仓、墨粉、废粉回收机构等组成。激光打印机硒鼓如图 5-13 所示。

2）激光打印机的电路组成

激光打印机电路主要组成：供电系统、直流控制系统、接口系统、激光扫描系统、成像系统、搓纸系统等。

（1）供电系统

高压主要用于激光器的供电；直流主要供给电机、传感器、控制芯片、CPU 等电路。电压一般为 5V、12V 等。

（2）直流控制系统

直流控制系统主要用来协调和控制打印机的各系统之间的工作，如数据接收、扫描单元的控制、传感器的测试，以及各种直流电的监控和分配等。

图 5-13 激光打印机硒鼓

（3）接口系统

负责把计算机传送过来的数据“翻译”成为打印机能够识别的语言。接口系统一般也包括有三个小部分，分别为接口电路、CPU、BIOS 电路。接口电路由能够产生稳压电流的芯片组成，用来保护和驱动其他芯片。

（4）激光扫描系统

激光扫描系统通常也称为激光扫描组件，它主要由多边形旋转电机、发光控制电路以及透镜组三个部件组成。旋转电机主要通过高速旋转的多棱角镜面，把激光束通过透镜折射到感光鼓表面。发光控制电路包括激光控制电路和发光二极管，用来产生调控过的激光束。而透镜组则是通过发散、聚合功能把光线折射到感光鼓表面，从而进行下一步的成像工作。激光扫描系统如图 5-14 所示。

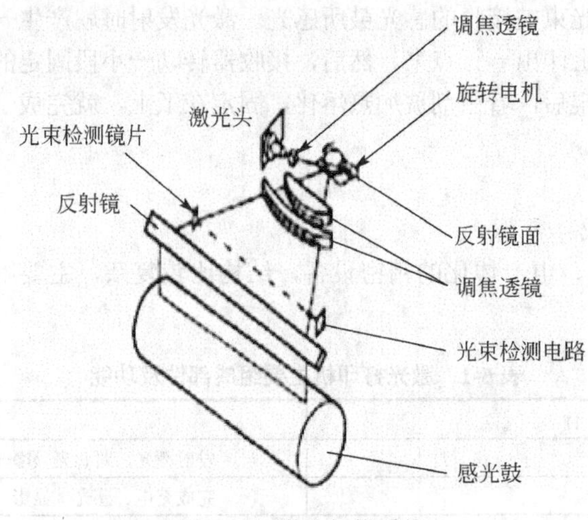

图 5-14　激光扫描系统

（5）成像系统

成像系统是一台激光打印机最重要的工作系统，其工作性能的好坏直接影响着输出文稿的质量。

（6）搓纸系统

搓纸系统分进纸和出纸两个部分，它由输纸导向板、搓纸轮、输出传动轮等传输部件组成，因此也可以说成传输系统。纸张在整个输纸路线的走动都依靠搓纸系统的工作，因为这一传送过程都有着严格的时间限制，超过了这个限制就会造成卡纸现象，因此若想得到顺畅的输出效果，归根结底要从搓纸系统入手。通常在搓纸系统中，都会配置几个光电感应器，用来监控纸张存在与否的情况，这些光电感应器一般由光敏二极管元件构成。

3）激光打印机的工作流程

激光打印机打印需要经过 8 个过程：鼓芯的充电、曝光、显影、转印、定影、清洁、消电、废粉回收。激光打印机的工作流程如图 5-15 所示。

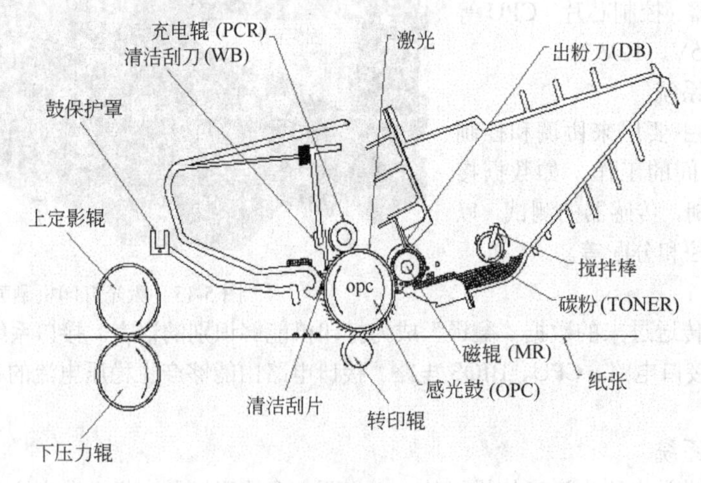

图 5-15　激光打印机的工作流程

下面就通过 8 个过程配合图片讲解。

（1）鼓芯的充电

打印开始时，充电辊给鼓芯均匀充上约–500V电势的负电荷，激光扫描系统产生了激光束后，会把激光束投射到带有正电荷或负电荷的感光鼓上，从而产生由之前“翻译”得来的点阵图样，而使感光鼓带电的这一过程就叫做上电，它由供电系统的高压部件通过充电辊供电。鼓芯的充电示意图如图5-16所示。

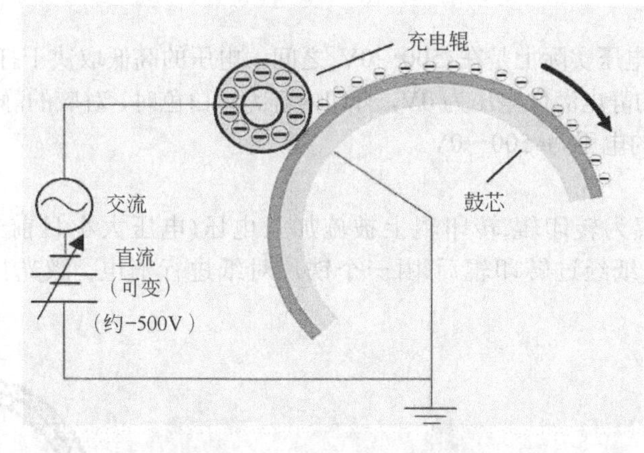

图5-16　鼓芯的充电示意图

激光打印机充电辊实物如图5-17所示。

图5-17　激光打印机的充电辊实物

（2）曝光

鼓芯被激光照射过的地方趋于导体，电荷经铝基质释放,电压上升至–100V乃至0V。鼓芯没有被激光照射的地方由于保持绝缘状态,电压仍然为–500V。至此,鼓芯上形成打印内容的静电潜像。激光打印机的鼓芯（感光鼓）如图5-18所示。

曝光其实就是利用感光鼓表面的光导特性，使感光鼓表面曝光，从而形成一定形状的电荷区，形成用户所需要的图样“雏形”，因为这只是电荷的形成，因此是“隐形”的，此时还看不到真实图像。

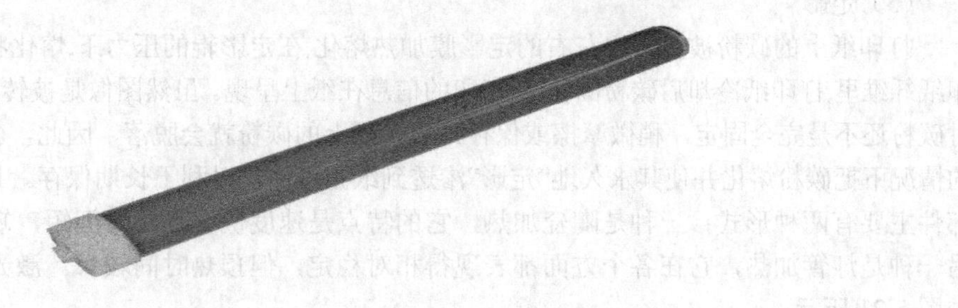

图5-18　激光打印机的鼓芯

（3）显影

磁辊上被施加约–400V 的直流电压和交流电。磁辊上吸附的碳粉被直流电压极化而带上约

–400V 的负电荷,交流电用以帮助碳粉脱离磁辊。由于鼓芯上的静电潜像电压为–100V 左右，与磁辊上碳粉所带的电压–400V 形成巨大的电压差，碳粉被吸引到鼓芯上的静电潜像区，显影工作完成。显影原理示意图如图 5-19 所示。

让碳粉带电之后，通过曝光得来的带有静电潜像的感光鼓，会以快速卷动的方式接近装有碳粉的碳粉夹，这时，带有电气的碳粉便会吸附在感光鼓上，形成看得见的图像，这就是显像过程。

鼓芯上静电潜像区电压实际上是在–500～0V 之间。电压的高低取决于打印内容的灰度。打印内容为纯黑色时，对应的静电潜像电压为 0V，打印内容为纯白色时，对应的静电潜像电压为–500V。中间灰度色调内容对应的电压为–500～0V。

（4）转印

鼓芯正下方的胶辊为转印辊,转印辊上被施加正电压(电压大小目前未知),帮助碳粉从鼓芯上转印到纸上。打印纸经过转印辊后,由一个铁片对纸进行消电。激光打印机转印示意图如图 5-20 所示。

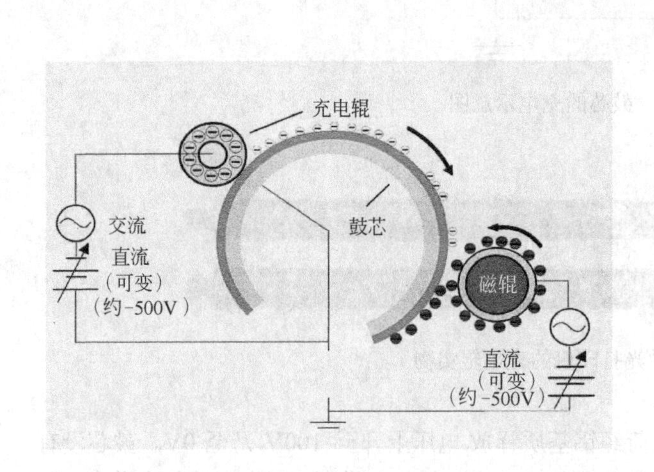

图 5-19　显影原理示意图

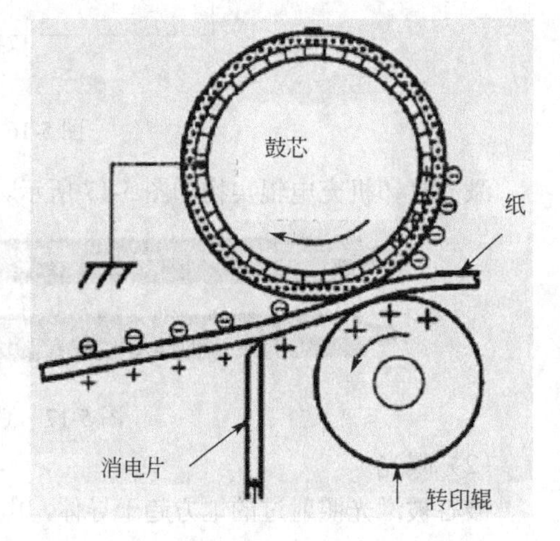

图 5-20　激光打印机转印示意图

碳粉吸附在感光鼓上了，接下来就是将图像印在纸张上。当打印纸经过转印辊时，被带上与碳粉相反的电荷，由于异性相吸，从而使碳粉能够按原来的形状转印到纸张上去，到此，稿件的成形过程基本完成。

（5）定影

打印纸上的碳粉被 200℃左右的定影膜加热熔化,在定影辊的压力下,熔化状态的碳粉渗透进打印纸纤维里,打印纸冷却后碳粉固化,要打印的信息在纸上呈现。虽然图像是被转印到纸张上了，但这时碳粉还不是完全固定，稍微摩擦或保存几天，纸上的碳粉就会脱落，因此，就需要在高温、高压的情况下把碳粉熔化并使其永久地“定影”渗透到纸张里面，以利于长期保存。目前产生高温高压的部件主要有两种形式：一种是陶瓷加热，它的特点是速度快、预热时间短，缺点是易爆、易折；另一种是灯管加热，它在各个方面都表现得相对稳定，但预热时间较长。激光打印机定影示意图如图 5-21 所示。

（6）清洁

由于鼓表面的碳粉并不会 100%地被转移到纸上，残余在 OPC 上的粉要用清洁刮刀清除下来，并收集到粉盒废粉仓内。激光打印机定刮刀清洁示意图如图 5-22 所示。

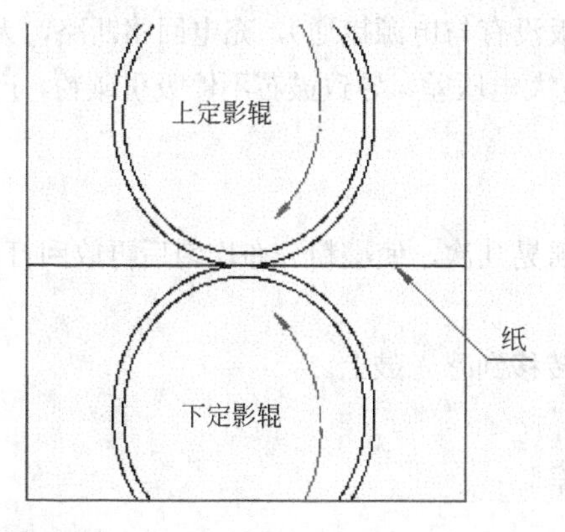

图 5-21 激光打印机定影示意图

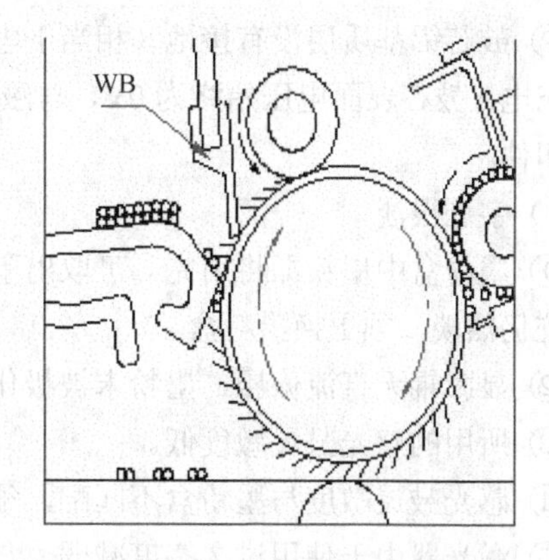

图 5-22 激光打印机定刮刀清洁示意图

（7）消电

经过转印后鼓表面仍带有静电荷，要靠充电辊将其静电消除，以便进行下一周期的显影。激光打印机消除静电示意图如图 5-23 所示。

（8）废粉回收

最后，在成像打印过程中，感光鼓表面上的碳粉一般都不会完全被吸附到纸张上，总有少量的余碳残留，这必定会对下一次的打印造成影响，因此，就要用一个刮刀把感光鼓表面上的余碳清理干净，这一过程也叫做感光鼓的清理。

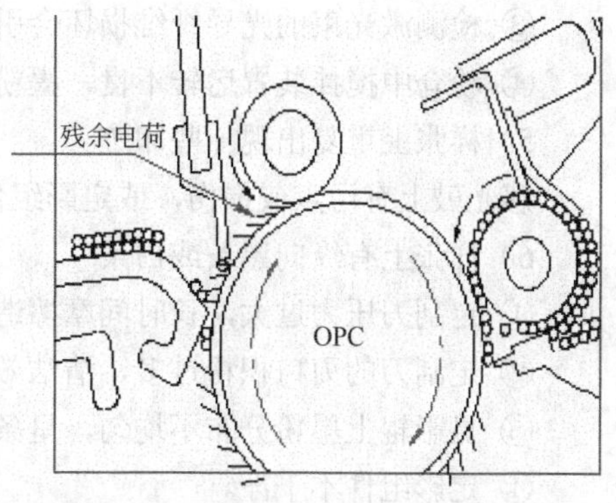

图 5-23 激光打印机消除静电示意图

5.5.4 激光打印机主要故障

现在激光打印机应用最为广泛，下面仅介绍激光打印机常见故障及故障分析。

1）打印出的样张全白

（1）激光扫描系统故障

① 激光器损坏。

② 光学系统有障碍。

③ 反光镜损坏、表面老化、角度变化或太脏等。

④ 感光鼓、多面转镜、反射镜表面有水雾。

（2）电路部分故障

① 激光器控制电路故障。

② 高压发生器无高压输出。

（3）充电部分故障

① 充电电极损坏。

② 转印电极损坏或接触不良。

（4）机械部分故障

① 感光鼓传动部件损坏，致使感光鼓不转动。

② 主传动齿轮损坏或卡销脱落使齿轮不转动。

2）样张全黑

① 是控制电路出故障，使得激光一直接通，充电棒没有接上–500V 电压，不能给鼓芯充电，鼓芯表面电压始终为 0V，与磁辊之间存在巨大电压差，导致鼓芯不停吸引碳粉，产生全黑打印件。

② 鼓芯铝基质层没有接地（相当于电容的一个极板没有与电源接通），充电回路断路，无法为鼓芯充电，鼓芯表面电压始终为0V，与磁辊之间存在巨大电压差，导致鼓芯不停吸引碳粉，产生全黑打印件。

3）字迹很淡

① 墨粉盒中墨粉即将用完，可取出墨粉盒轻轻地摇晃几次，使墨粉分布均匀后再放回打印机。若字迹仍然淡，须更换墨粉盒。

② 显影辊无直流偏压，墨粉末被极化带电而无法转移到感光鼓上。

③ 所用的感光鼓灵敏度低。

④ 感光鼓灵敏度与墨粉盒不匹配，须调节激光功率。

⑤ 激光器由于使用过久亮度减弱。

4）样张上有横向黑条或白条

① 显影辊上的直流偏压不稳定时，即会产生横向黑条。

② 反光镜或镜头沾染污物，引起打印产生黑条。

③ 检测激光束的光导纤维损坏会引起白条。

④ 粉仓中搅拌装置运转不良，墨粉积于一瑞，漏出后洒在纸上，造成黑横条。

5）样张上重复出现一些印迹

感光鼓上有污点或损伤，或定影组件上不干净。

6）样张上有纵向黑条或白条

① 定刮刀压力过大，长时间摩擦造成感光鼓表面划伤会造成黑条。

② 定刮刀的刃口积粉过多，清洁效果不良，刃口有缺陷会造成黑条。

③ 显影辊上墨粉分布不均匀，呈条状分布，定刮刀下有杂物或纸屑等会造成黑条。

④ 定影组件不干净。

⑤ 墨粉少，且不均匀，会产生白条。

⑥ 电源电压下降，造成充电电压不均匀，产生宽窄不一 、边缘不清的白条，可加稳压装置。

⑦ 充电辊上不干净，使感光鼓相应部分不能上电。

7）打印纸左边或右边变黑

① 激光束扫描到正常范围以外，感光鼓上方的反射镜位置改变，墨粉盒失效，盒内墨粉集中在盒内某一边，都可能产生此种故障。

② 感光鼓磨损。

8）样张黑色图像上有白斑

① 感光鼓本身有缺陷，如感光层剥落、划伤等。

② 显影偏压过高，也可出现白点。

③ 墨粉含有杂质，一般出现在灌粉后。

④ 转印效率低产生较小的白点，应调整和清洁充电辊。

⑤ 充电电压过高，放电时打火，击穿或半击穿感光鼓，产生细密的白点。

⑥ 若为大片的白斑，可能是纸局部受潮，转印不良的结果。

9）样张上有黑点

若污点有规律，引起的原因有以下几种。

① 感光鼓表面划伤，或有污染。

② 在显影辊上沾上了固化的墨粉块，使该处附着能力加强，感光鼓的清洁定刮刀损坏。

③ 转印电极丝充电电晕电极左右不均匀，造成左右深浅不一。

④ 定影辊上有划痕，或定影辊表面橡胶老化。

⑤ 定影辊的清扫器缺损。

10）样张上图像易被擦掉

① 定影灯管损坏或接触不良；加热丝断路，造成没有定影温度或定影温度过低。应修复或更换。

② 定影辊磨损，表面出现坑凹，与纸张接触不紧密，局部定影不牢，应更换。

③ 使用了与本机型号不符的墨粉，难以满足其定影时间要求，因为生产厂家是不提倡加墨粉的。

实训指导

1．激光打印机的硒鼓充粉及清洁

激光打印机墨粉是耗材，新的硒鼓使用一段时间后墨粉耗尽了，购买新的硒鼓价格高，充粉很经济实用，下面以HP（5L、6L）为例介绍激光打印机的硒鼓灌粉及清洁步骤。

① 打开机器取出硒鼓，用斜口钳夹住一侧面金属销钉，向外用力拔出，两侧银色金属销钉拔出后可将硒鼓分成两部分，带有鼓芯一方是废粉收集件，带有磁辊一方是供粉件。

② 清理废粉：将废粉收集件中淡蓝色感光鼓两侧的金属定位销拔出，取出感光鼓于阴暗平稳处，拿出放电辊，再将定刮刀上的两个螺钉旋下，移去定刮刀，慢慢将废粉仓内废粉倒出，再把定刮刀、放电辊、感光鼓按原来位置复原（如需更换鼓芯、定刮刀，此时将旧鼓芯、定刮刀换成新的即可）。

③ 灌装墨粉：将供粉件上磁辊无齿轮一侧的螺钉旋下，拿下塑料壳后可看到一个紫色塑料盖，打开此盖，将粉仓内和磁辊上的墨粉全部清理干净（如果不清理磁辊和粉仓，打印样张可能出现底灰或字迹发浅），将磁辊装好，此时应用力按住磁辊，防止磁辊脱离原位。把激光打印机墨粉摇匀后慢慢倒入供粉仓内，盖好塑料盖，上好塑料壳（此时应注意：磁辊中轴末端上的半圆形与塑料壳上的半圆形小孔对好），轻轻转动磁辊侧面的齿轮数圈，使墨粉上匀。

④ 将供粉件和废粉收集件按拆开时位置安装复原，插好两侧金属卡销。硒鼓装好后，应推开感光鼓挡板，向上轻转鼓芯侧面齿轮数圈，鼓面残留墨粉即被清除，装机即可使用。

【特别提示】

① 当纸面上出现有规律的黑点时，证明感光鼓已损坏，应及时更换。

② 所加墨粉应为纯正激光机墨粉，否则会缩短硒鼓使用时间，同时污染机器。

③ 填充时必须把粉仓（包括磁辊）和废粉仓里的墨粉清理干净。

2．认识显卡参数

到市场调查主流显卡的参数：显存规格、显卡核心、散热、接口，填写显卡参数（表5-2）。

表5-2 显卡参数

型号	显卡核心		制程/nm	核心频率	显存			散热方式	显卡接口	
	芯片	厂商			容量	类型	位宽		总线接口	输入输出接口

3．设置网络共享打印机

要实现局域网打印机共享，需要在局域网中一台电脑上连接打印机以组成“打印机服务器”，其余要使用该打印机的电脑便是“打印机客户机”。

首先要设置“打印机服务器”，打印机服务器应与各客户机处于同一工作组，然后服务器的本地连接的属性中确保选了“Microsoft 网络的文件和打印机共享”；之后，在服务器的控制面板中打开“打印机和传真”，将该打印机设置为默认打印机。

要想让网络用户使用该网络打印机，必须设置打印机的共享功能。单击“开始”→“设置”→“打印机和传真”，然后右键单击需要共享的打印机，从弹出的快捷菜单中执行“共享”命令；在打开的对话框中选中“共享这台打印机”，并在“共享名”后输入打印机的共享名称，这样当网上其他用户访问此打印机时将看到设定的名称。完成后单击“确定”。

而网络内其他用户要使用共享打印服务的话，需要先在他的电脑中安装网络打印机的驱动程序，确保打印机服务器开启和打印机开启的状态下，在客户机上打开“打印机”窗口，在其中双击“添加打印机”图标，随后在“添加打印机”向导中点“下一步”，之后选择“网络打印机或连接到其他计算机的打印机”，在下一步中单击“浏览打印机”让系统自动搜索网络上的打印机，找到后单击“下一步”直到安装完成。以后，便可像使用本地打印机一样来使用网络打印机了。

思考与练习

1. 如何挑选显卡与声卡？
2. 液晶显示器的性能指标有哪些？
3. 什么是 RAMDAC？它在显卡中的作用是什么？
4. 试列出组成显卡主要部件名称，并说明各个部件在显卡中的作用。
5. 试叙述激光打印机的工作过程。
6. 在 Windows 7 与 Windows 10 共存的局域网中，如何设置网络打印机并实现共享打印？

项目 6　其他设备与选购

【项目分析】

机箱、电源是计算机的重要组成部分，选择美观的机箱和稳定的电源是保证计算机正常工作的条件。随着网络的发展，计算机接入网络成为一种必然的选择，选择购置合理的网卡、交换机、路由器、调制解调器等设备为接入网络提供了必要的保障。

【学习目标】

知识目标：

① 了解机箱、电源的种类及性能指标；

② 熟悉网卡、交换机、路由器、调制解调器的功能、应用及技术指标。

能力目标：

① 掌握网卡的安装与拆卸；

② 掌握网线的接法；

③ 掌握主机电源好坏的检测。

任务 6.1　认识机箱

计算机机箱是用来放置和固定计算机配件的，如 CPU、主板、内存、硬盘、显卡、声卡等部件，均需放在机箱内。机箱在计算机系统中的作用有两个方面：其一，它为计算机配件提供一个放置空间，固定计算机配件；其二，它对各配件起着保护作用，可以防压、防冲击、防尘和屏蔽电磁辐射。从这个意义上讲，机箱是计算机所穿的“外衣”。

6.1.1　机箱的分类

机箱的分类方法有很多，此处主要介绍几种常见的分类方法。

（1）按外形样式分类

按机箱的外形样式分类，可以把机箱分为立式机箱和卧式机箱两种。图 6-1 所示分别为卧式机箱和立式机箱。

卧式机箱曾在相当长的一段时间内占据着主要的地位，它外形小巧，显示器可以直接放置于上，所占空间也很小，但它的缺点主要在于内部空间较小，不利于扩充和散热通风，故慢慢被立式机箱所取代，现在只有在少数商用机和教学用机上才可以看见这种样式的机箱。立式机箱是主流样式的机箱，它的历史虽然比卧式机箱短，但立式机箱没有高度限制，扩展性能和通风热性能要比卧式机箱强。从奔腾时代开始，人们便大量地选择使用立式机箱。

（2）按外观大小分类

因卧式机箱已经很少见了，故此处主要介绍按立式机箱的外观大小进行分类的方法。立式箱从外观大小上分，可以分为全高机箱、3/4 高机箱、半高机箱和超薄机箱等几种。全高机箱和 3/4 高机箱就是市场上常见的标准立式机箱，它拥有三个及以上的 5.25in 槽和两个 3.5in 槽。半高机箱是一些品牌计算机所采用的 Micro ATX 机箱或 NLX 机箱，它有 2～3 个 5.25in 槽。超薄机箱主要是一些 AT 机箱，只有一个 3.5in 和两个 5.25in 槽。如果没有特殊要求，建议选购全高和 3/4 高机箱，有利于扩充和通风。图 6-2 所示分别为几种外观大小不同的机箱。

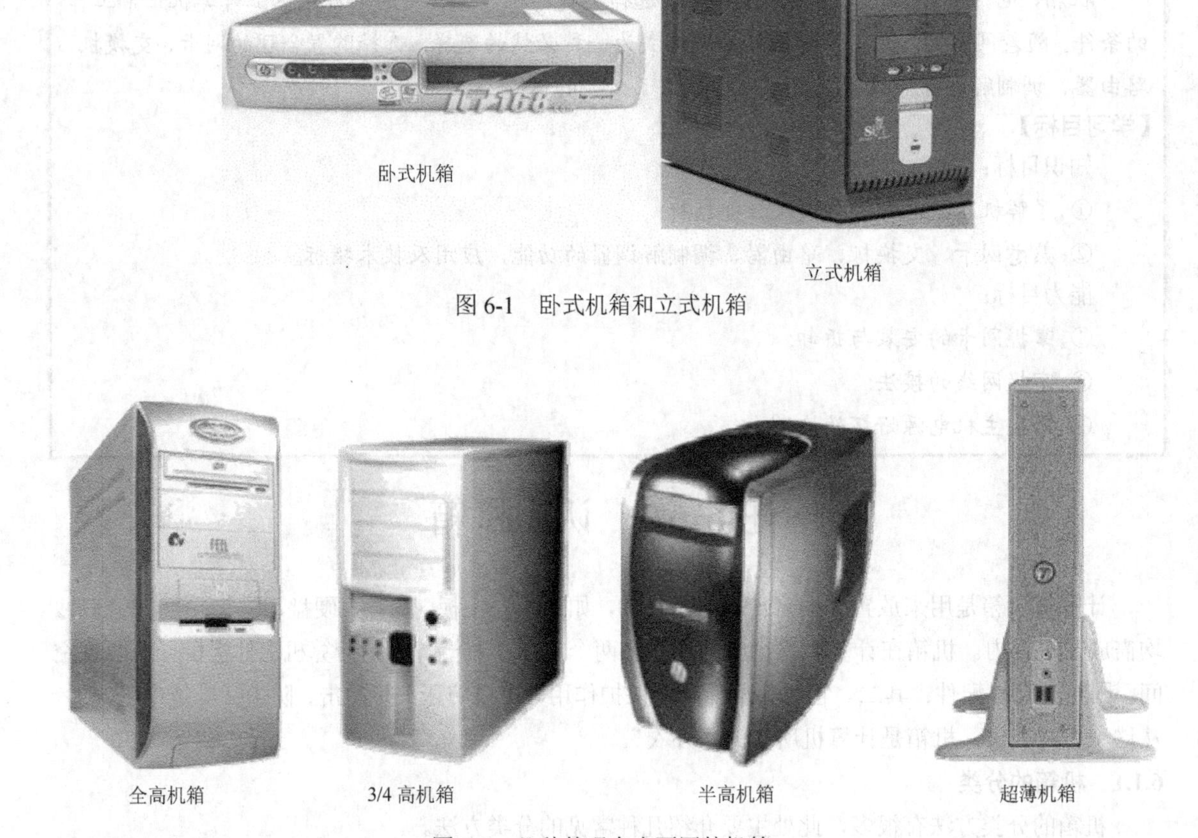

图 6-1　卧式机箱和立式机箱

图 6-2　几种外观大小不同的机箱

（3）按机箱的结构分类

按机箱的结构分类，可以把机箱分为 AT 机箱、ATX 机箱、Micro ATX 机箱和 NLX 机箱等几种类型。AT 机箱的全称应为 Baby AT 机箱，只能支持安装 AT 主板的早期计算机，现已很少见了。ATX 结构的机箱是目前最为常见的机箱，支持现有的绝大部分的主板。ATX 机箱的设计要比 AT 机箱更为合理。Micro ATX 机箱是在 ATX 机箱的基础上设计的，它的体积比 ATX 机箱要小一些，可以节省桌面空间。目前市场上最常见的机箱就是 ATX 机箱和 Micro ATX 机箱，分别安装 ATX 主板和 Micro ATX 主板，其中 ATX 机箱中也可以安装 Micro ATX 主板，反之则不行。NLX 机箱支持 NLX 结构的主板（即系统板和扩充板分开的主板），多见于采用整合主板的品牌计算机中，外形和大小与 Micro ATX 机箱比较接近。AT 机箱与 NLX 机箱现在都比较少见，不在普通用户的选购范围。

6.1.2　机箱的结构

机箱的组成与主要部位如图 6-3 所示。

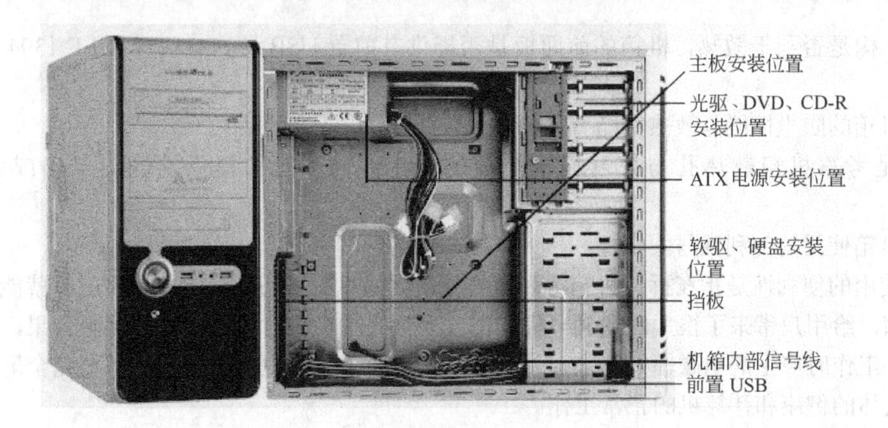

图 6-3 机箱的结构

机箱外壳是用双层冷镀锌钢板制成的，钢板的厚度与材质均直接影响到机箱质量的好坏，尤其是影响机箱的抗冲击力和防电磁波辐射的能力。一款品质优良的机箱，它的外壳钢板厚度应在 1mm 以上，正规厂家生产的机箱，其外壳钢板厚度甚至可以达到 1.3mm 以上。外壳钢板的材质要具备韧性好、不变形和高导电性的特点。用户在选择机箱时的简要鉴别方法：用手指弹弹机箱外壳，若发出的声音清脆，则说明钢板薄而脆；若发出的声音沉闷、厚重，则说明该机箱的选料不错。也可以用手掂一下机箱的重量，一般使用好材料的机箱，重量在 8kg 以上，机箱面板多采用硬塑制成（ABS 工程塑料，硬度较高），比较结实稳定，长期使用不会褪色和开裂。若采用普通塑料制作，时间一长，机箱面板就会发黄，也易断裂。机箱支架所用的材料也是一些硬度较高的优质钢材，折成角钢形状或条形安装于机箱内部。

机箱的前面板上还提供有一些常见的按钮开关、指示灯和设备接口，如电源开关、电源指示灯、复位按钮（Reset）、硬盘工作状态指示灯、前置 USB 接口和前置音频接口等，机箱前面板如图 6-4 所示。

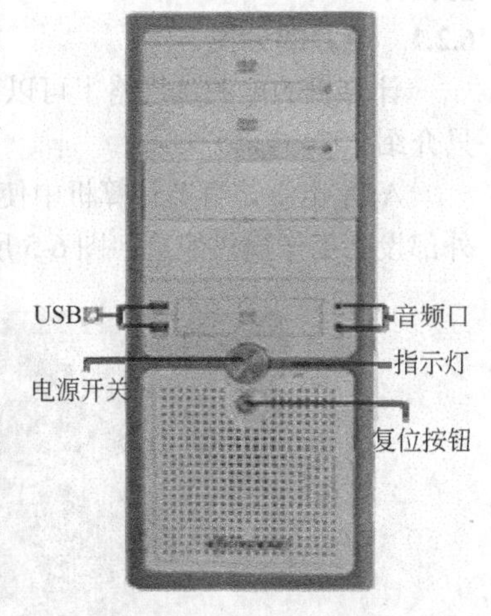

图 6-4 机箱前面板

机箱的后面板上提供有电源槽（用于安装电源）、输入输出孔和扩展槽挡板等几个组成部分。

6.1.3 机箱的选购

要选购一款美观、稳固的机箱，应从以下几个方面进行考虑。

（1）机箱的外观和用料

这是机箱的最基本特性。机箱的外观要美观大方，它是一款机箱吸引用户眼球的第一条件。不同的用户对机箱的外观会有不同的喜好，这也是各机箱制造厂商设计、生产多种多样外观的机箱的主要原因，有时一个很小的亮点往往就会成为用户决定购买此款机箱的主要动力。机箱用料要坚固，要有良好的防电磁辐射的性能，否则会影响各部件的稳定工作。

（2）机箱内的布局

机箱内的布局要科学合理，要有很充分的扩充升级空间。为满足使用的需要，用户在选购机箱时要考察该机箱提供了多少个 5.25in 槽和多少个 3.5in 槽，以及它们的分布设计。一般来说，理想的状况是具备 3～4 个 5.25in 槽和 2～3 个 3.5in 槽。除了要考察所提供的槽数量外，还要考察机箱内部的结构是否利于散热，机箱的前面板是否提供有前置USB接口、前置IEEE 1394接口和音频接口等。

（3）机箱的防尘性能与散热性能

主要是考察机箱散热孔与扩展插槽挡板的防尘能力和机箱提供的散热风扇或散热孔的多少。

（4）机箱使用的便利性与安全性

机箱使用的便利性是指在拆装机箱时都很方便，比如目前市场上有一种无需工具就能进行拆装操作的机箱，给用户带来了很大的便利。机箱的安全性是指机箱对电磁辐射的屏蔽效果，包括机箱内电子配件工作时产生的电磁辐射和来自外部环境的电磁干扰对主机的渗入，都要完全屏蔽掉，否则会影响人体的健康和计算机的正常工作。

任务6.2　认识电源

计算机各部件的工作电压大都在−12～+12V之间，并且是直流电。而日常照明所用的市电却是220V的交流电，因此不能直接把照明电接入到主机内，必须有一个电源来负责将220V的交流电转换为计算机所能使用的直流电。电源一般安装于计算机内部。本节主要介绍电源的分类、结构和性能指标。

6.2.1　电源的分类

计算机的电源从规格上可以分为两大类：AT电源和ATX电源。由于AT电源早已淘汰，所以只介绍ATX电源。

ATX电源是目前计算机中使用的主流电源。ATX电源输出直流电压供给主板、CPU、显卡以及外部设备工作提供能量。图6-5所示为一款ATX电源实物图。

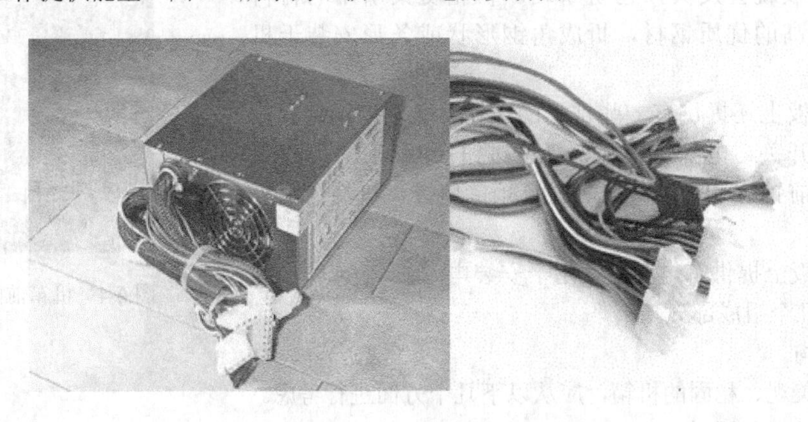

图6-5　ATX电源实物

6.2.2　电源的性能指标

电源的性能指标主要有功率、电源插头的种类与数量、可靠性和安全认证等。

（1）功率

电源功率的大小决定着电源所能负载的设备的多少。普通用户一般选择功率在250～300W的电源就足够了。如果用户希望在计算机中使用双硬盘、双光驱、双CPU和安装多个大功率散热风扇的话，那么最好选择功率在350W以上的高品质电源，以确保各配件有充足的电力支持。原则上，购买电源要选择功率较大的电源。

（2）电源插头的种类与数量

电源插头的种类和数量的多少也是一个非常重要的问题。一般情况下，所选择的电源应具有三种类型的插头（D型插头、软驱电源插头和专用CPU插头），总数量至少在6个或以上。

（3）可靠性

衡量电源的可靠性与衡量其他设备的可靠性一样，一般采用MTBF（Mean Time Between Failure，平均无故障时间）作为衡量标准，单位为小时（h）。电源的MTBF指标应在10000h以上。

（4）安全认证

为确保电源的可靠性和稳定性，每个国家或地区都根据自己区域的电网状况制定了不同的安全标准，目前主要有CCEE（中国电工产品认证委员会质量认证，俗称长城认证）、CE（欧盟国家电气和安全标准认证）、FCC（美国联邦通信委员会认证）、TUV（德国TUV国际质量体系认证）等几种认证标准。电源产品至少应具有这些认证标准中的一种或多种。

（5）品牌

最好选择质量有保障的品牌电源。例如目前市场上销售的长城、金和田、航嘉、世纪之星等。

6.2.3 ATX电源的输出

ATX电源输出电压供给主板、CPU、显卡以及外部设备。

由于AT电源已经淘汰，下面介绍ATX电源输出电压及功能。

（1）主板电源插头

主板电源插头用于将电源与主板相连接。ATX电源的主板电源插头为20针，具有防反插设计。ATX电源接口电压与线色对应关系如图6-6所示。

（2）24针ATX电源接口

20的ATX电源接口如图6-7所示。P4主板还增加了一个4芯CPU供电插头。

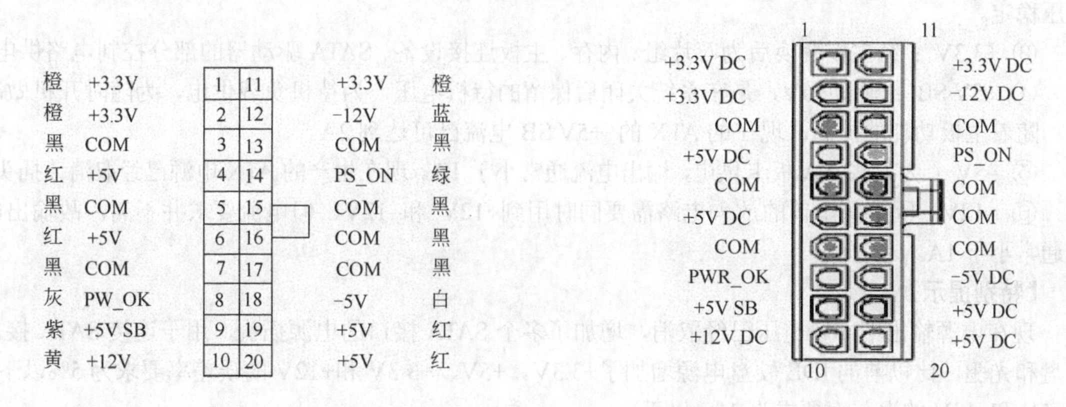

图6-6 主板电源插头　　图6-7 20针的ATX电源接口

（3）其他外设电源插头

主要有三类外设电源插头：第一类是D型插头，用来连接硬盘、光驱等设备，为它们提供电力支持，此类插头一般有4～5个；第二类是专用于连接3.5in槽的电源插头，一般只有1个；第三类是部分电源提供的专为CPU供电的4芯插头。

（4）ATX电源输出排线功能

ATX电源输出多种电压，分别供给计算机不同设备及电路工作。ATX电源输出排线功能定义见表6-1，各路电压的额定输出电流见表6-2。

表 6-1　ATX 电源输出排线功能定义

pin	导 线 颜 色	功　能	pin	导 线 颜 色	功　能
1	橘黄	提供+3.3V 电源	11	橘黄	提供+3.3V 电源
2	橘黄	提供+3.3V 电源	12	蓝色	提供–12V 电源
3	黑色	地线	13	黑色	地线
4	红色	提供+5V 电源	14	绿色	PS_ON 电源启动信号，低电平，电源开启，高电平，电源关闭
5	黑色	地线			
6	红色	提供+5V 电源			
7	黑色	地线	15	黑色	地线
8	灰色	Pw_OK 电源正常工作	16	黑色	地线
9	紫色	+5V SB 提供 +5V Stand by 电源，供电源启动电路用	17	黑色	地线
			18	白色	提供–5V 电源
			19	红色	提供+5V 电源
10	黄色	提供+12V 电源	20	红色	提供+5V 电源

表 6-2　ATX 电源各路电压的额定输出电流

电源各输出端	+5V	+12V	+3.3V	–5V	–12V	+5V SB
额定输出电流	21A	6A	14A	0.3A	0.8A	0.8A

各输出端电压功能如下。

① +5V ：供电给各驱动器的控制电路、主板连接设备、USB 外设等。

② +12V：供电给各种驱动器的电机、散热风扇，部分主板连接设备。增加了 4 芯插头，为 CPU 供电（因 CPU 功耗大增，对供电要求提高），通过提供+12V 给主板，经变换后为 CPU 供电。开机时各驱动器电机同时启动，会出现较大的峰值电流，故要求+12V 能瞬间承受较大的电流而保证输出电压稳定。

③ +3.3V ：经主板变换后为芯片组、内存、主板连接设备、SATA 驱动器的部分控制电路供电。

④ +5V SB ：辅助+5V，是在系统关闭后保留的待机电压，为待机负载供电，为随时开机做准备。随着主板功耗的提高，现在的 ATX 的 +5V SB 电流已可达到 2A。

⑤ –5V ：为某些 ISA 板卡供电，输出电流通常小于 1A。现在生产的 ATX 电源已经取消该插头。

⑥ –12V：因某些串口的放大电路需要同时用到+12V 和–12V，但电流要求并不高，故输出电流通常小于 1A。

【特别提示】

现在电源输出端–5V 电压已经取消，增加了多个 SATA 接口的电源插头，用于连接 SATA 接口硬盘和光驱，比以前的 IDE 硬盘电源增加了+3.3V。+5V、+3.3V 和+12V 的误差率要求为 5%以下；对–5V 和–12V 的误差率要求为 10%以下。

任务 6.3　认识网卡

网卡的英文名称为 Network Interface Card，简写为 NIC，也叫做网络适配器，它是计算机接入网络（局域网、广域网）的接口，也是局域网中最基本的部件之一。

6.3.1　网卡的功能

网卡的功能有两个：一是将计算机的数据封装为帧（数据包），并通过网线将数据发送到网络上去；二是接收网络上传输过来的帧，并将帧重新组合成数据，送给计算机处理。每块网卡都有一个唯一的网络结点地址，它是生产厂家在生产该网卡时直接烧入网卡 ROM 中的，也称为 MAC 地址（Media Access Control，物理地址）。网卡的 MAC 地址全球唯一，绝不会重复，一般用于在网络中标识网卡所插入的计算机的身份。图 6-8 所示为一款常见的普通网卡。

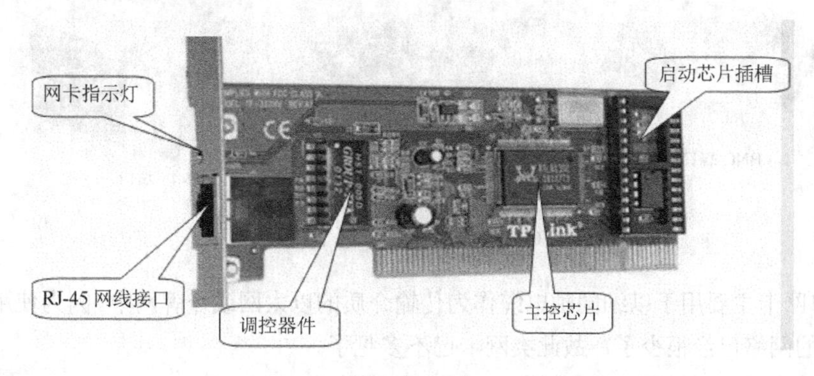

图 6-8　网卡

6.3.2　网卡的分类

网卡的分类方法有很多种，此处主要介绍几种常见的分类方法。

（1）按总线类型分类

按总线类型分类，可以将网卡分为 ISA 网卡、PCI 网卡、PCMCIA 网卡、USB 网卡和无线网卡等几种。ISA 总线的网卡因传输速率缓慢、安装复杂等缺点目前已被市场淘汰。PCI 网卡是目前网卡的主流产品。PCMCIA 网卡是一种专用于笔记本计算机中的网卡，大小与扑克牌差不多，厚度约在 3～4 mm。USB 接口的网卡主要是一种外置式网卡，移动方便，支持插拔。无线网卡使用电磁波进行数据通信。图 6-9 所示分别为这几种类型的网卡。

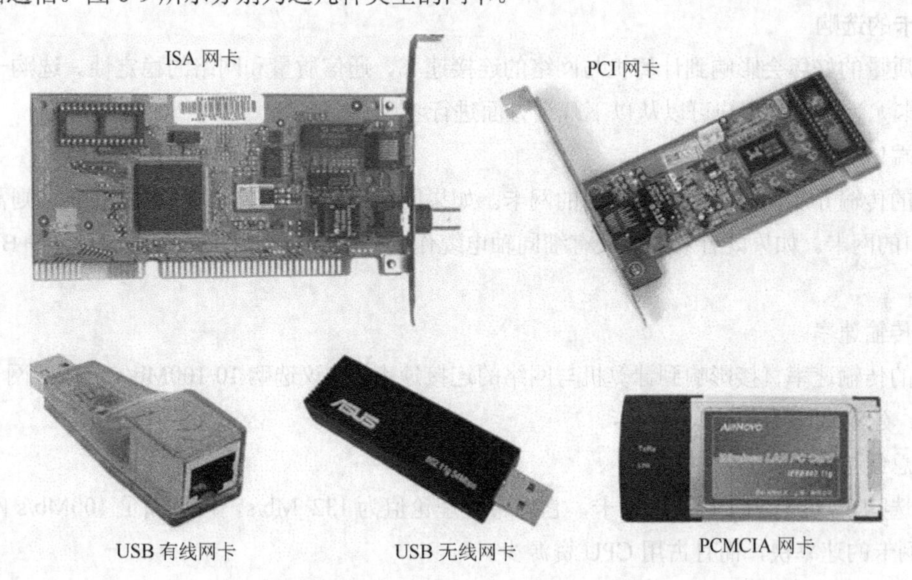

图 6-9　几种不同总线类型的网卡

（2）按端口类型分类

按网卡的端口类型分类，可以将网卡分为 RJ-45 端口网卡（使用双绞线连接）、BNC 端口网卡

（使用细同轴电缆连接）、AUI 端口网卡（使用粗同轴电缆连接）和光纤端口网卡。RJ-45 端口网卡是最为常见的一种网卡，它的接口类似于电话接口 RJ-11，只不过使用的是 8 芯线。图 6-10 所示为三款常见的网卡端口。

图 6-10　三款常见的网卡端口

BNC 端口网卡主要用于以细同轴电缆作为传输介质的以太网或令牌网中。因为使用细同轴电缆作为传输介质的网络已经很少了，故此类网卡已不多见了。

AUI 端口网卡使用粗同轴电缆作为传输介质，目前更为少见。

随着千兆以太网技术的发展，网卡也出现了采用光纤作为端口的产品。

（3）按带宽分类

按带宽的不同分类，可以把网卡分为 10Mb/s 网卡、100Mb/s 网卡、10/100Mb/s 自适应网卡和 1000Mb/s 网卡等几种类型。10Mb/s 网卡也叫做以太网网卡，主要适用于普通文件传输、共享等应用的网络中。如果要处理语音和视频等信息，100Mb/s 网卡更为适用。10/100Mb/s 自适应网卡也叫做快速以太网网卡，它具有一定的智能，可以与远端网络设备（如集线器或交换机）自动协商，根据实际使用的需要而确定当前使用的速率是 10Mb/s 还是 100Mb/s。1000Mb/s 网卡也叫做千兆以太网网卡，它主要适用于大量数据网络。

6.3.3　网卡的选购

网卡质量的好坏会影响到计算机与网络的连接速率、通信质量和网络的稳定性。选购一款性价比高的网卡尤为重要，用户可以从以下几个方面进行考虑。

（1）端口类型

不同的传输介质需要不同类型端口的网卡。如果网络中使用双绞线作为传输介质，则需要购买 RJ-45 端口的网卡。如果既有双绞线又有细同轴电缆作为传输介质，则应考虑选购 RJ-45+BNC 双端口的网卡。

（2）传输速率

网卡的传输速率直接影响到计算机与网络的连接速率，建议选购 10/100Mb/s 自适应网卡。如果资金允许，建议选购千兆以太网网卡。

（3）总线接口

建议选购 32 位的 PCI 接口的网卡，它的带宽理论值为 132 Mb/s，可以满足 100Mb/s 网络的需求。PCI 网卡的速率快，而且占用 CPU 资源少。

（4）是否支持全双工

半双工的意思是指网卡在同一时间内只能发送或接收信息，而全双工网卡在同一时间内却可以既发送信息又接收信息。

任务 6.4　了解调制解调器

与互联网相连的方式有多种，如利用电话线、有线电视缆线、光纤等。其中利用电话线或有线电视缆线连接互联网都需要调制解调器。通过电话线可以拨号上网，也可以以 ADSL 方式上网。

6.4.1　Modem 工作原理

调制解调器的英文名是 Modem（Modulator 调制器，Demodulator 解调器），俗称“猫”，它是不同计算机之间借助电话线实现互相通信（如接入互联网）的必备装置。计算机内的信号是由“0”、“1”字符串组成的数字信号，而电话线中只能传输波形模拟信号。要通过电话线实现计算机间的数据传输，就必须进行信号的转换。调制解调器就是完成这个转换工作的设备。在发送端，调制解调器把计算机内的数字信号转换为相应的模拟信号后送给电话线传输，此过程称之为调制。在接收端，调制解调器把电话线传输过来的模拟信号转换为数字信号后送给计算机处理，此过程称之为解调。正是通过这样一个“调制”与“解调”的数模转换过程，从而实现了两台计算机之间的远程通信。

6.4.2　Modem 的分类

（1）外置式调制解调器

外置式 Modem 放置于机箱外，通过串行通信口与主机连接。这种 Modem 方便灵巧、易于安装，闪烁的指示灯便于监视 Modem 的工作状况。但外置式 Modem 需要使用额外的电源与电缆。外置式调制解调器如图 6-11 所示。

（2）内置式调制解调器

内置式 Modem 在安装时需要拆开机箱，并且要对中断和 COM 口进行设置，安装较为烦琐。这种 Modem 要占用主板上的扩展，无需额外的电源与电缆，且价格便宜一些。

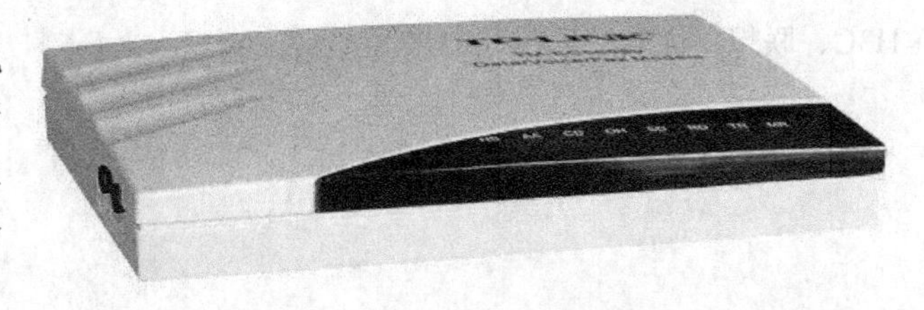

图 6-11　外置式调制解调器

（3）PCMCIA 插卡式

插卡式 Modem 主要用于笔记本电脑，体积纤巧，配合移动电话，可方便地实现移动办公。

任务 6.5　熟悉常用网络设备

6.5.1　交换机

交换机（Switch，开关）是一种用于电信号转发的网络设备。它可以为接入交换机的任意两个网络节点提供独享的电信号通路。最常见的交换机是以太网交换机。其他常见的还有电话语音交换机、光纤交换机等。

交换机工作在数据链路层，拥有一条很高带宽的背部总线和内部交换矩阵。交换机是一种基于 MAC 地址识别，能完成封装转发数据帧功能的网络设备。交换机可以“学习”MAC 地址，并把其存放在内部地址表中，通过在数据帧的始发者和目标接收者之间建立临时的交换路径，使数据帧直接由源地址到达目的地址。交换机外观如图 6-12 所示。

图 6-12　交换机外观

6.5.2　路由器

路由器（Router）是连接因特网中各局域网、广域网的设备，它会根据信道的情况自动选择和设定路由，以最佳路径，按前后顺序发送信号。路由器是互联网的主要结点设备，是互联网络的枢纽,目前路由器已经广泛应用于各行各业，各种不同档次的产品已成为实现各种骨干网内部连接、骨干网间互联和骨干网与互联网互联互通业务的主力军。路由和交换之间的主要区别就是交换发生在OSI 参考模型第二层（数据链路层），而路由发生在第三层，即网络层。这一区别决定了路由和交换在移动信息的过程中需使用不同的控制信息，所以两者实现各自功能的方式是不同的。

路由器分本地路由器和远程路由器，本地路由器是用来连接网络传输介质的，如光纤、同轴电缆、双绞线；远程路由器是用来连接远程传输介质，并要求有相应的设备，如电话线要配调制解调器，无线要通过无线接收机、发射机。路由器如图 6-13 所示。

现在家庭上网广泛使用的是无线路由器，如图 6-14 所示。

路由器的性能主要体现在品质、接口数量、传输速率、频率和功能等方面。 路由器是整个网络与外界的通信出口，也是联系内部子网的桥梁。在网络组建过程中，路由器的选择极为重要。主流的路由器品牌有斐讯、艾泰、腾达、飞鱼星、D-Link、TPLINK、华硕、华为、小米、360、思科、H3C、联想、优酷、乐视、中兴等。

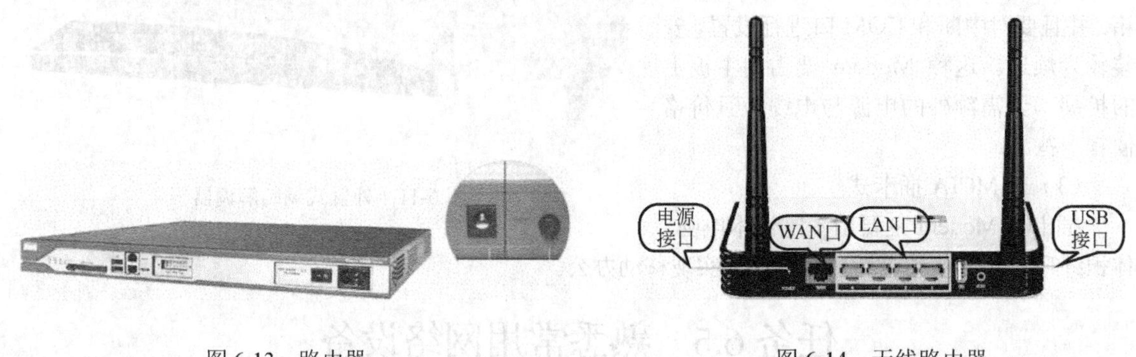

图 6-13　路由器　　　　图 6-14　无线路由器

实训指导

1．家庭无线网络设置

将网线插入家庭无线路由器 LAN1~LAN4 插口中的一个，然后输入 http://192.168.1.1 或 192.168.0.1（根据无线路由器设备不同），出现“我的 e 家”界面，如图 6-15 所示。

根据说明书，然后输入账号“useradmin”，密码“nyum3”。

单击“网络”，进行无线设置：勾选“开启无线网络”，输入网络密钥“v7ksb7tg”（看路由器后面标签），无线配置界面如图 6-16 所示。

图 6-15 “我的 e 家”界面

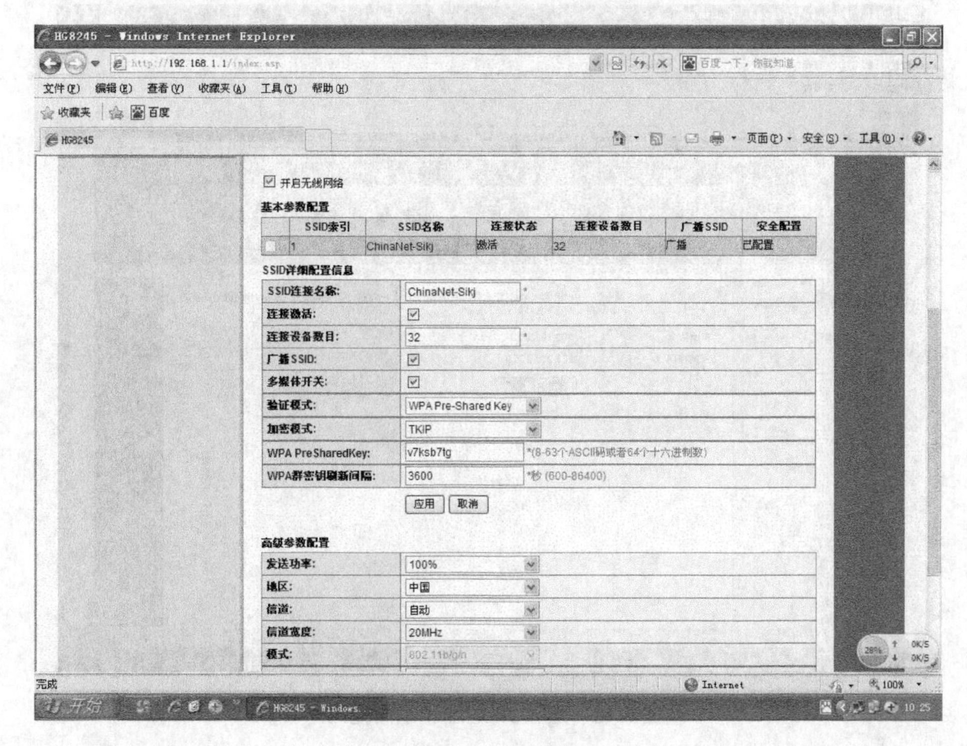

图 6-16　无线配置界面

然后进行 DHCP 配置，DHCP 配置界面如图 6-17 所示。

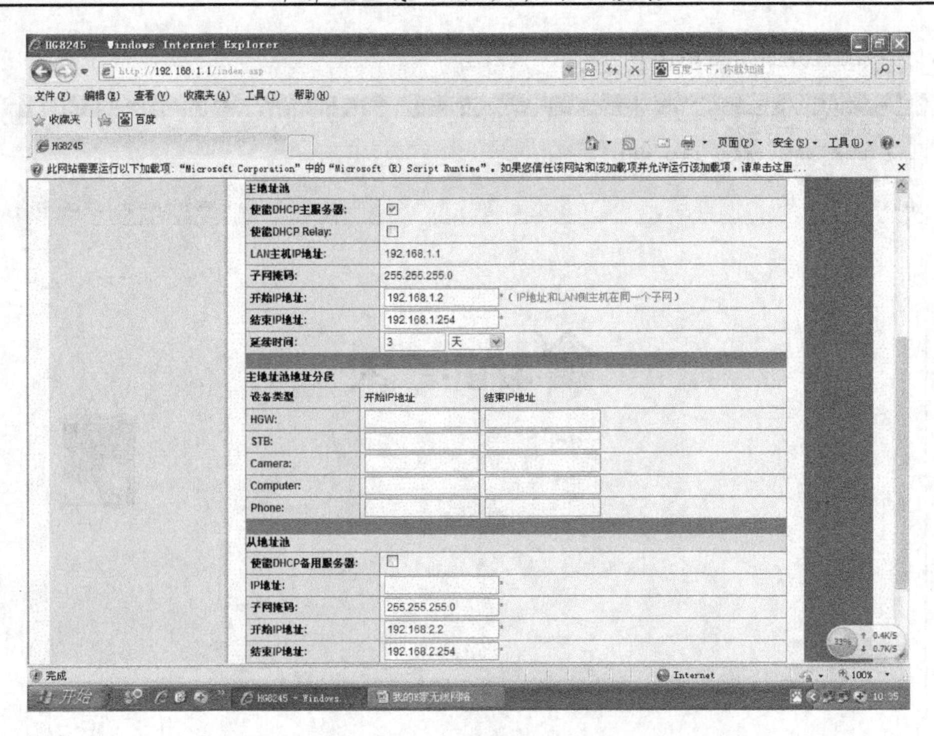

图 6-17　DHCP 配置界面

最后进行 LAN 主机配置：配置 IP 地址和子网掩码，如图 6-18 所示。

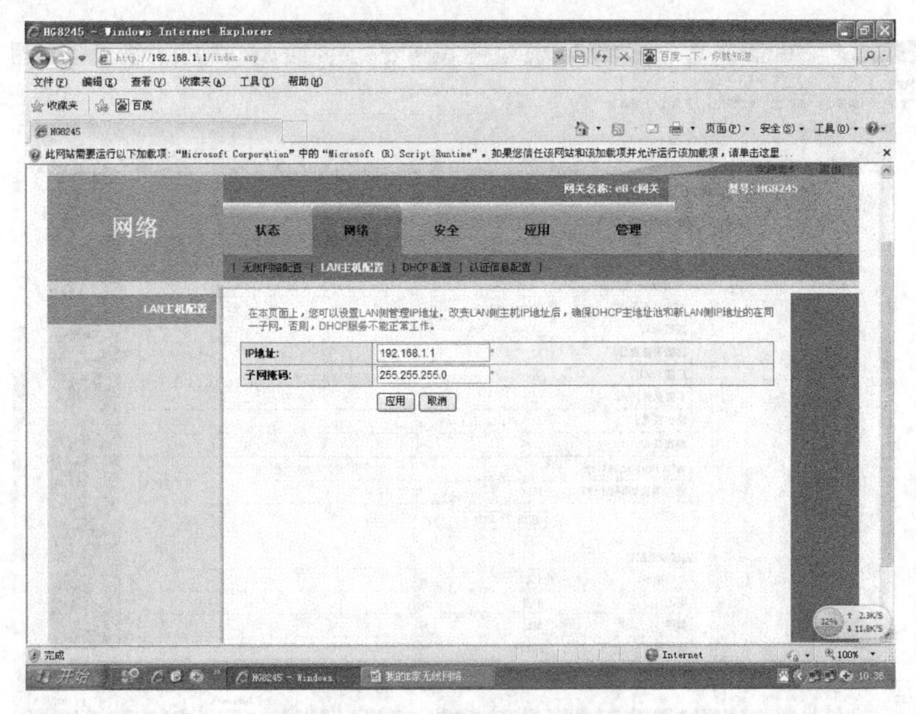

图 6-18　配置 IP 地址和子网掩码

2．网线水晶头的接法

水晶头制作步骤：布放→剪切→剥线→端接→验证→验收认证。

使用双绞线的网线钳的剥皮功能剥掉网线的外皮，会看到彩色与白色互相缠绕的八根金属线。橙、绿、蓝、棕四个色系，与它们相互缠绕的分别是白橙、白绿、白蓝、白棕，有的稍微有点橙色，有的只是白色，如果是纯色，千万要注意，不要将四个白色搞混了。分别将它们的缠绕去掉，注意摆放的顺序是：橙绿蓝棕，白在前，蓝绿互换。也就是说最终的结果是：白橙、橙、白绿、蓝、白蓝、绿、白棕、棕(适合电脑与路由器、拨号“猫”、交换机)。做好后用网线测试仪测试制作是否成功即可。水晶头两端线色排列如图6-19所示。

摆好位置之后将网线摆平捋直，使用切线刀将其切齐，通常的网线钳都有切线刀，一定要确保切得整齐，然后平放入水晶头，使劲往前顶，当从水晶头的前方都看到线整齐地排列之后，使用网线钳子的水晶头压制模块将其挤压。这种网线制作的顺序是通用的B类网线制作方法。

图6-19 水晶头两端线色排列

如果是A类网线制作顺序是橙绿互换，变成：白绿、绿、白橙、蓝、白蓝、橙、白棕、棕。

3．电源启动与检测

（1）ATX电源的正常（带主板）启动原理

ATX电源的启动原理示意图如图6-20所示。

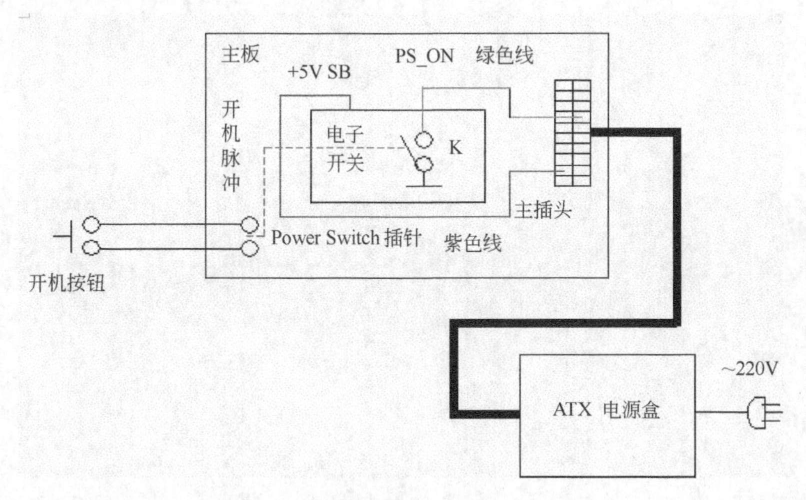

图6-20 ATX电源的启动原理示意图

原理说明如下。

① ATX电源取消了传统的市电交流220V电源开关，代之以机箱面板上的轻触开关，其连线接到主板的Power Switch两插针上（开机按钮）。

② 采用“+5V SB和PS_ON”的组合实现电源的开与关。

③ +5V SB 始终维持对主板的电源监控电路（电子开关）供电。

④ 主板通过电子开关向 ATX 电源送出 PS_ON 低电平信号时电源启动，送出 PS_ON 高电平时电源关闭。

（2）单独检测 ATX 电源的好坏

不带主板启动 ATX 电源，按如下操作步骤。

① 电源输出主插头不接主板，其余的输出插头也不接其他设备。

② 插入电源线并接通电源，使其处于待机状态。

③ 检测 20 芯主插头的第 9 脚（紫色线）+5V SB，检测第 14 脚（绿色线）PS_ON 信号电平（高电平）。

④ 检测+5V SB 正常、PS_ON 正常后，用导线或回形针短路 14 脚（绿色线）与任一接地脚（黑色线），好的 ATX 电源就能正常启动。

思考与练习

1．机箱的选购原则是什么？
2．主机 ATX 电源通电不启动，输出端有电压吗？
3．试述网卡的分类。
4．交换机、路由器在接入网络中起什么作用？
5．水晶头有哪两种制作方法？

项目7　计算机组装与调试

【项目分析】

选购好计算机各部件以后，接下来就要组装电脑了，操作中要讲究一些技巧和方法，然后按照正确的方法安装、连接，组成一台完整的计算机。安装前需要了解安装常用的工具及注意事项，掌握计算机的系统组成、架构，掌握计算机调试技术。

【学习目标】

知识目标：

① 了解计算机的安装过程；

② 了解台式计算机的拆装技巧、注意事项。

能力目标：

① 掌握计算机的安装和维护技巧；

② 掌握计算机的调试与测试方法。

任务7.1　装机准备

DIY（Do it yourself，自己动手做）是一个时尚的话题，既培养了自己的动手能力，又能增加硬件知识。对于初学者来说，只要对配件有足够认识与了解，按照计算机的常规组装方法来操作，一般是不会损坏硬件的。因为各PC接口连接时要依照严格的规范要求进行常规安装与连接，一般不会发生接口方向接反的现象。但是，如果操作员装机时使用蛮力，就可能损坏配件。

7.1.1　组装计算机的准备工作

在组装一台计算机前，首先应该根据计算机的用途来确定各种配件的性能指标，再进行市场调查，依照要求列出一个详细的配置单，然后依照配置单购买各部件。

动手组装前，准备好以下事项。

① 准备好装机所用的部件：CPU、主板、内存、显卡、硬盘、软驱、光驱、机箱电源、键盘、鼠标、显示器、各种数据线和电源线等。

② 电源排型插座：由于计算机系统不只一个设备需要供电，所以一定要准备万用多孔型插座一个，以方便测试机器时使用。

③ 器皿：计算机在安装和拆卸的过程中有许多螺钉及一些小零件需要随时取用，所以应该准备一个小器皿，用来盛装这些东西，以防止丢失。

④ 工作台：为了方便进行安装，应该有一个高度适中的工作台，最好是防静电的。无论是专用的电脑桌还是普通的桌子，只要能够满足使用需求就可以了。

7.1.2　组装计算机的必备知识和注意事项

组装计算机前进行适当的准备十分必要，充分的准备工作可确保组装过程的顺利，并在一定程度上提高组装的效率与质量。首先需要将组装计算机的所有硬件都整齐地摆放在一张桌子上，并准备好所需的各种工具，然后了解组装的步骤和流程，最后再确认相关的注意事项。在动手组装计算机前，应当首先学习组装计算机的相关基础知识，主要包括硬件结构、配件接口类型，并简单了解各种配件在进行搭配时是否会出现硬件冲突等问题。

组装计算机是一项比较细致的工作，任何不当或错误的操作都有可能使组装好的计算机无法正常工作，严重时甚至会损坏计算机硬件。因此，在装机前还需要了解一些组装计算机时的注意事项。

（1）防止静电

由于衣物会相互摩擦，很容易产生静电，而这些静电则可能将集成电路内部击穿造成设备损坏，这是非常危险的。因此，最好在安装前，用手触摸一下接地的导电体或洗手以释放掉身上携带的静电荷。专业的释放静电的方法是使用一个传导纤维腕带，把腕带一端戴在手腕上，另一端牢牢地与地面连接，以使静电从人体内流走。

（2）防止液体进入微机内部

在安装微机元器件时，也要严禁液体进入微机内部的板卡上。因为这些液体可能造成短路而使器件损坏，所以要注意不要将喝的饮料摆放在微机附近，对于爱出汗的人来说，也要避免头上的汗水滴落，还要注意不要让手心的汗沾湿板卡。

（3）掌握正常的安装方法

在安装的过程中一定要注意正确的安装方法，对于不懂不会的地方要仔细查阅说明书，不要强行安装，稍微用力不当就可能使引脚折断或变形。对于安装后位置不到位的设备不要强行使用螺钉固定，因为这样容易使板卡变形，日后易发生断裂或接触不良的情况。

（4）零件摆放有序

把所有零件从盒子里拿出来（部件不要从防静电袋子中拿出来），按照安装顺序排好，仔细看说明书，看有没有特殊的安装需求。准备工作做得越好，接下来的工作就会越轻松。

（5）以主板为中心

以主板为中心，把所有东西摆好。在主板装进机箱前，先装上处理器与内存。此外要确定各插件安装是否牢固，因为很多时候，上螺钉时卡会跟着翘起来，造成运行不正常，甚至损坏。

（6）测试前，只装必要的部件

测试前，建议先只装必要的部件：主板、CPU、CPU 的散热片与风扇、硬盘、光驱以及显卡。其他如视频采集卡、网卡等，可以在确定没问题的时候再装。此外，第一次安装最好不要上机箱盖，这样通电测试时可以观察机箱内部件情况，以便随时断电，以免故障处理不及时而造成无法挽回的损失。

（7）不要带电插拔

带电插拔是指计算机处于加电状态时插拔元器件、插头及接线等。这种操作对元器件的伤害很大。因为元器件处于带电时，突然断电会在器件内部产生瞬时大电流，对元件损伤很大。

（8）仔细查阅计算机部件的说明书

装机前还要仔细阅读各种部件的说明书，特别是主板说明书，根据 CPU 的类型正确设置好跳线。

7.1.3　组装计算机的必备工具

在组装计算机前还必须准备一些必要工具。

① 十字螺钉旋具：用于拆卸和安装螺钉的工具，俗称螺丝刀。计算机上的螺钉全部都是十字形的，所以只要准备一把十字螺钉旋具就可以了。最好准备磁性的螺钉旋具，磁性螺钉旋具可以吸住螺钉，在安装时非常方便。

② 一字螺钉旋具：一般也需要准备一把一字螺钉旋具，不仅可方便安装，而且可用来拆开产品包装盒、包装封条等。

③ 镊子：可以用来夹取螺钉、跳线帽及其他的一些小零碎东西。

④ 尖嘴钳子：一般用于在机箱里安装固定主板的铜柱、剪断导线和拆卸金属挡板。

⑤ 导热硅脂：适量地涂抹导热硅脂，可以让CPU核心与散热器很好地接触，从而达到导热的目的。

⑥ 捆扎带：处理机箱内杂乱的电源线、数据线，将线置于扎带的圈内，然后扎进扎带的一头，拉紧，并用剪刀去掉多余的扎丝头。

⑦ 防静电手套：防静电手套可以防止人体的静电对计算机配件如主板芯片、CPU、显卡芯片和硬盘芯片等造成损害。

此外，还要备全安装用的螺钉、测量用的万用表等。

7.1.4 微型计算机的硬件组装步骤

组装计算机并没有一个固定的步骤，通常由个人习惯和硬件类型决定，这里按照专业装机人员最常用的装机步骤进行操作。

首先是安装机箱内部的各种硬件，如安装电源、CPU和散热风扇，安装内存、主板、显卡，安装其他硬件卡，如声卡、网卡，安装硬盘（固态硬盘或普通硬盘）、光驱（可以不安装）；其次是连接机箱内的各种线缆，如连接主板电源线、硬盘数据线和电源线，连接光驱数据线和电源线（可以不安装），连接内部控制线和信号线；最后是连接主要的外部设备，如连接显示器、键盘和鼠标，连接音箱（可以不安装），连接主机电源等，然后整理并做通电测试准备。顺序安装的主要步骤如下：

① 安装机箱电源；

② 安装CPU和CPU风扇；

③ 安装内存条；

④ 连接主板与机箱面板的连线；

⑤ 将主板放入机箱并固定；

⑥ 连接电源与主板的电源线；

⑦ 安装硬盘、光驱并连接电源线和数据线；

⑧ 安装各类板卡；

⑨ 连接显示器、键盘、鼠标等外设；

⑩ 检查整理后通电测试。

【特别提示】

在装机过程中移动电脑部件时要轻拿轻放，不可粗暴安装。在安装的过程中一定要注意正确的安装方法，对于不懂不会的地方要仔细查阅说明书。安装方法不当就可能使引脚折断或变形。对于安装后位置不到位的设备不要强行使用螺钉固定，因为这样容易使板卡变形，日后易发生断裂或接触不良的情况。

注意通电前检查是否有导电金属物（如螺钉）掉入主板造成短路。

任务7.2 机箱和电源的安装

如今，虽然机箱的外形各种各样，但其实很多机箱的内部结构基本一致，只是前面板外观略有不同而已。如图7-1所示。

一般情况下，在购买机箱的时候可以买已装好电源的。不过，有时机箱自带的电源品质太差，或者不能满足特定要求，则需要更换电源。由于电脑中的各个配件基本上都已模块化，因此更换起来很容易，电源也不例外。

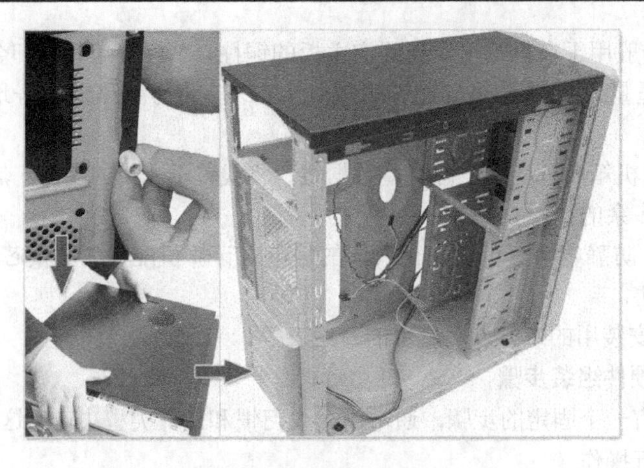

图 7-1　机箱外观

安装电源很简单，先将电源放进机箱上的电源位，并将电源上的螺钉固定孔与机箱上的固定孔对正。然后先拧上一颗螺钉（固定住电源），然后将 3 颗螺钉孔对正位置，再拧上剩下的螺钉即可。如图 7-2 所示。

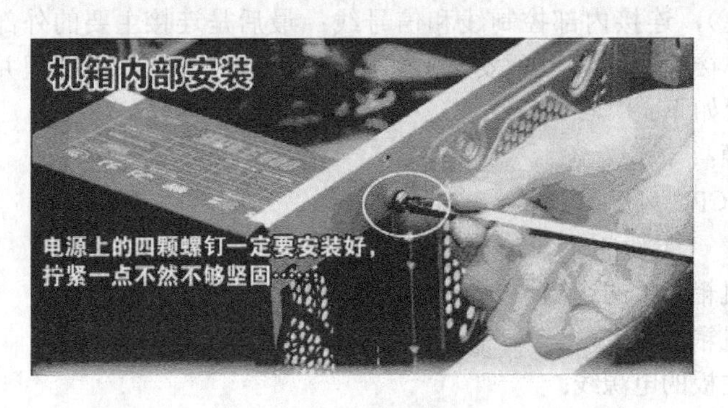

图 7-2　电源的安装

任务 7.3　CPU 和内存的安装

在将主板装进机箱前，最好先将 CPU 和内存安装好，以免将主板安装好后机箱内狭窄的空间影响 CPU 等的顺利安装。

在安装 CPU 和内存时，为了避免损伤主板，需要先将主板放置在主板包装盒上。此时，可以先来观察一下主板上的 CPU 插座与内存插槽。

安装 CPU 前，首先需要了解 CPU 与主板的兼容问题：主板的处理器卡槽型号是与处理器的针脚相配的，也就是说任何处理器都有相应的主板型号搭配，必须严格遵循兼容性。比如，Intel 公司生产的 LGA 775 接口处理器 E6300/E5500 等需搭配 G31/G41 等主板，LGA 1155 接口的处理器酷睿 i3 2100/i5 2300/i7 2600 等需搭配 H61/P67/Z68 主板。以上两种接口的主板不能兼容不同接口的处理器，这个是用户需要注意的。

下面，以两款不同型号的 CPU 为例，分别讲解 AMD CPU 和 Intel CPU 的安装方法。

7.3.1　AMD CPU 的安装

AMD 的 CPU 安装，从以往 AM2 到现在的 AM3+、FM1 平台，安装方法基本相似，关键在于找到 CPU 的金属小三角与主板接口上的小三角，对应即可安装。这里，选取技嘉 A770 主板（AM3

接口）和 AMD 速龙ⅡX4 630 处理器来讲解 AM3 主板如何安装 CPU。

首先是拉起锁紧杆，拉到与主板垂直的位置。如图 7-3 所示。

选好金属三角，对正两个三角形，很容易安装 AMD 处理器。如图 7-4 所示。

金属锁紧杆归位，这步很重要，下压锁紧杆至卡住，这样处理器会被主板插槽固定，使引脚接触良好。如图 7-5 所示。

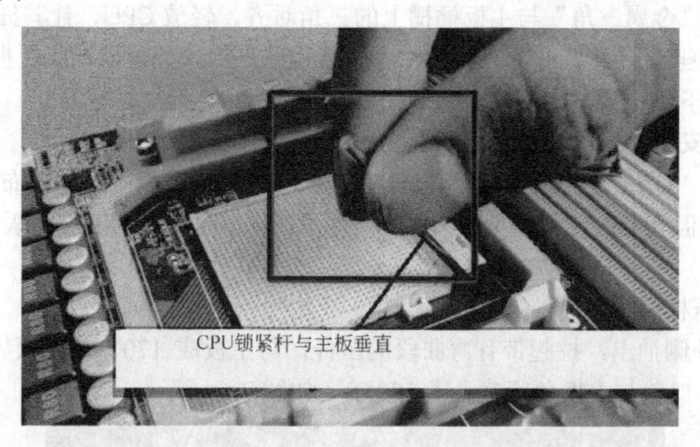

图 7-3　拉起 CPU 锁紧杆与主板垂直

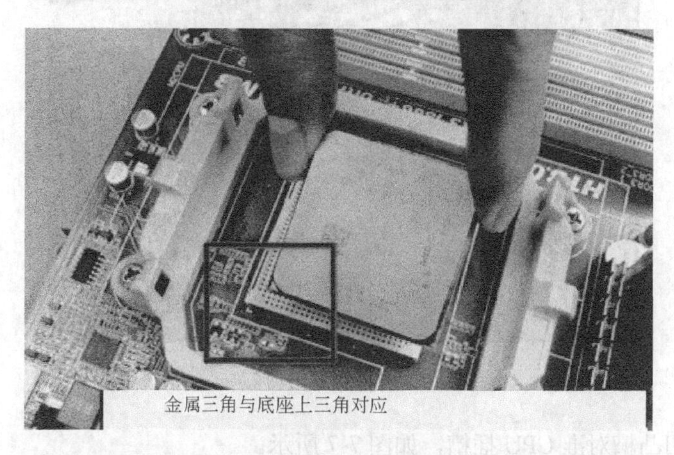

图 7-4　对正金属三角安装 AMD 处理器

图 7-5　压杆归位至卡扣固定 CPU

安装 AMD 处理器的方法需要三步：把压杆拉起，把 CPU 对齐放入主板插槽，锁紧杆下压归位锁紧 CPU。

AM3/AM2+/AM2 接口处理器安装注意如下。

① 用食指将压杆从卡扣处侧移出来。

② 压杆抬起，与主板呈 90° 的角度。

③ 将处理器的“金属三角”与主板插槽上的三角对齐，轻放 CPU，让其插入到插槽内。

④ CPU 插入底座之后不要随便晃动 CPU，防止接触不当或处理器针脚受损。

⑤ 用食指顺势下压压杆，将其恢复到卡扣处。

7.3.2 Intel CPU 的安装

Intel 平台很多：LGA 775、LGA 1155、LGA 1156、LGA 1366 以及即将发布的 LGA 2011，虽然它们针脚数不一样，但安装的过程是十分类似的。这里，就参照华硕 P8P67 主板讲解安装 LGA 1155 接口处理器的步骤。

第一步：拉起压杆。

下压压杆并向外侧抽出，拉起带有弯曲段的压杆，与主板成 170° 角度顺势将口盖翘起，然后保持口盖自然打开（口盖与主板角度略大于 100°），如图 7-6 所示。

图 7-6　拉起 CPU 压杆

第二步：利用凹凸槽对准 CPU 插槽，如图 7-7 所示。

图 7-7　利用凹凸槽对准 CPU 插槽

Intel 二代智能酷睿处理器采用的是双凹槽设计，让用户方便安装。如图 7-8 所示。

第三步：将压杆匀力下扣，在口盖需搭在主板上时，注意微调口盖，使其可以被螺钉固定，利用压杆末端的弯曲处牢固扣入扣点内，如图 7-9 所示。

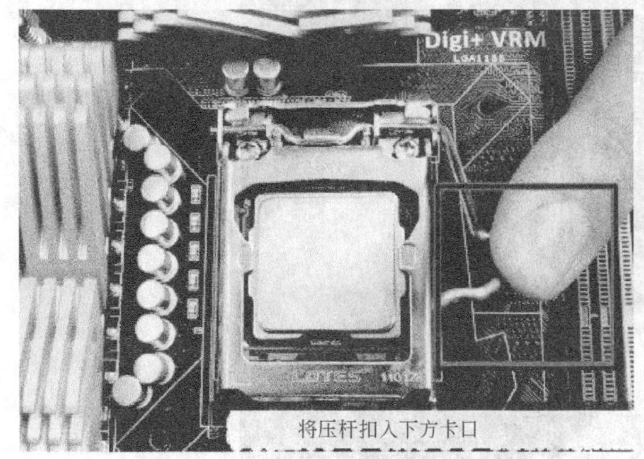

图 7-8 双凹槽设计安装 CPU

图 7-9 压杆下压锁紧 CPU

经过以上三步操作，Intel 处理器可顺利安装到主板上。在轻放处理器的时候一定要一气呵成，不可以在处理器接触到触点后继续微调 CPU 位置。

LGA 1155/1156 接口处理器安装注意如下。

① 用食指将压杆从卡扣处侧移出来，食指可以直接按压压杆弯曲部分。

② 压杆抬起一定角度（与主板夹角约为 170°），此时口盖被翘起。

③ 利用插槽上的两个凸点来确定处理器安放位置。

④ CPU 插入底座之后不要随便晃动 CPU，以免底座接触不良的情况。

⑤ 先将扣盖顶端插入主板螺钉，再顺次将压杆扣入卡扣处。

【特别提示】

Intel 处理器在针脚上和 AMD 不同的是，Intel 把针脚挪到了主板处理器插槽上，使用的是点面接触式。这样设计的好处是可以有效防止 CPU 的损坏，但是弊端是如果主板的处理器插槽针脚有损坏，更换会更加的麻烦。

和安装 AMD 处理器在主板的插槽上会予以三角符号标识防止插错不同，安装 Intel 处理器也有自己的一套“防呆”方法：注意处理器一边，有两个缺口，而在 CPU 插槽上，一边也有两个凸出，对准放下去就可以了。

7.3.3 CPU 散热装置的安装

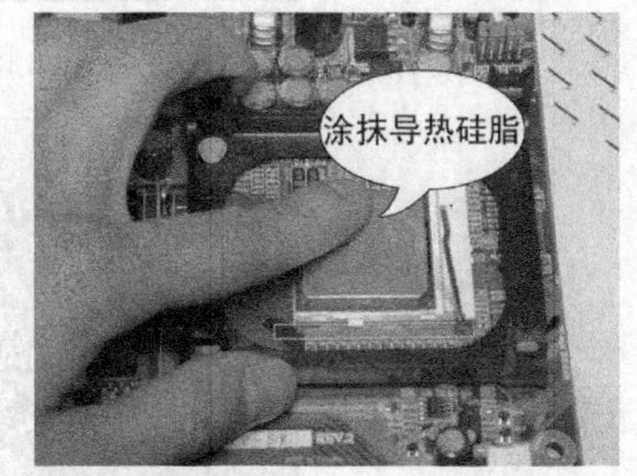

图 7-10 在 CPU 上均匀涂抹导热硅脂

① 在 CPU 的表面上均匀涂上足够的散热膏（硅脂），这有助于将 CPU 发出的热量传导至散热装置上。但要注意不要涂得太多，只要用手均匀地涂上薄薄一层即可，如图 7-10 所示。

② 安装 CPU 散热器。安装 Intel 原装 CPU 散热器。首先，要把四个脚钉位置转动到上面箭头相反的方向，然后对准主板四个空位，用力下压，即可完成一个位置的安装，重复四次即可。如图 7-11 所示。

如果要拆卸散热器，把四个脚钉位置向上面箭头相反的方向转动，然后用力拉，重复四次即可拆卸。如图 7-12 所示。

③ 连接风扇电源：CPU 加装了散热器后，将散热器的电源输入端插入主板上 CPU 附近的“CPU_FAN”上。如图 7-13 所示。

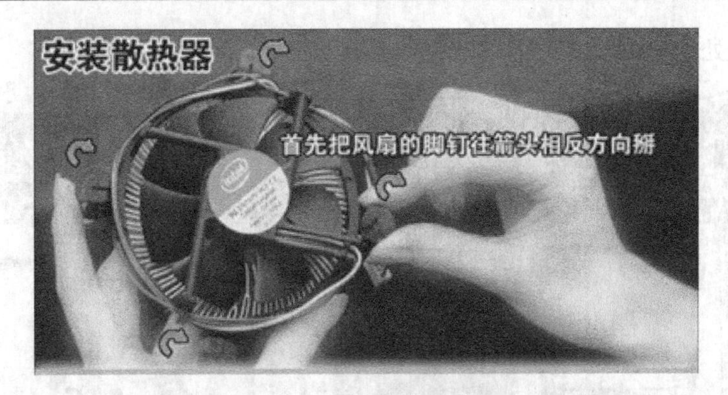

图 7-11　安装 CPU 散热器

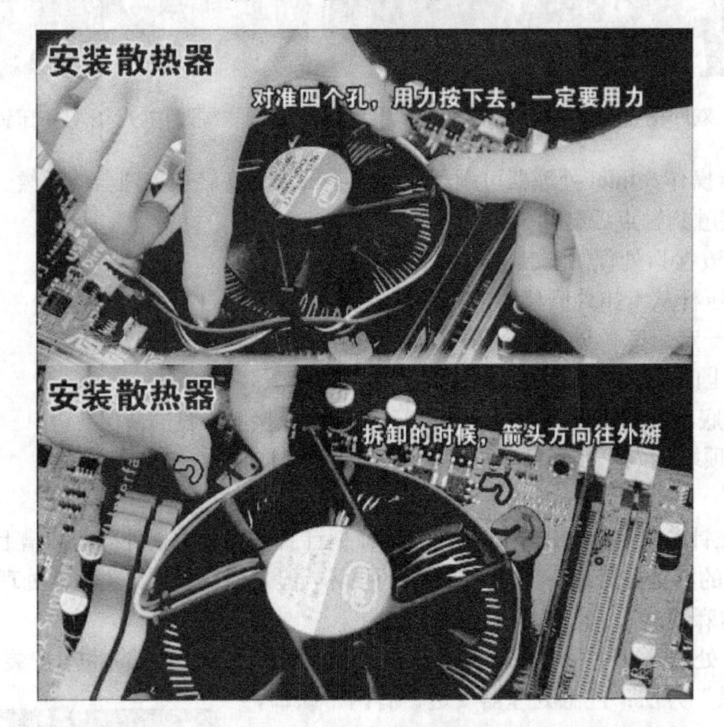

图 7-12　拆卸 CPU 散热器

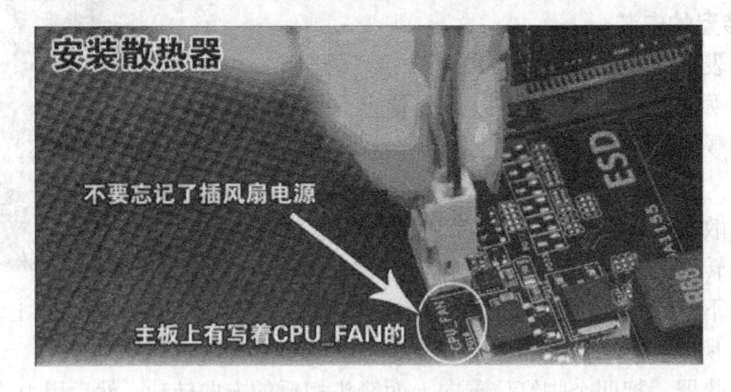

图 7-13　插 CPU 风扇电源

7.3.4　安装内存条

内存的安装与 CPU 安装相比相对简单。先打开内存插槽两端卡扣，对准内存与内存插槽上的凹凸位，左右两手同时用力下压内存条。如图 7-14 所示。

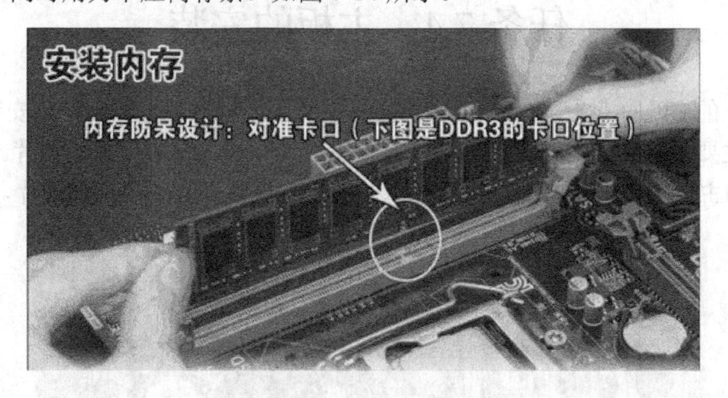

图 7-14 对好内存与内存插槽上的凹凸位

当听到“啪”的一声，主板上的卡扣会自动复位卡住内存条两边缺口，如图 7-15 所示。

图 7-15 安装内存条

【特别提示】

如果内存与内存插槽的凹凸位对不上怎么办？如果换一个方向，内存的凹位于内存插槽的凸位还是对应不上，那么说明主板不支持这种内存，常见情况如 DDR2 内存插入支持 DDR3 内存的主板，或 DDR3 内存插入支持 DDR2 内存的主板，解决方法只能是换内存或主板。

任务 7.4　主板的安装

安装好主板上的 CPU、散热器和内存后，接下来需要把电源、主板和硬盘安装到机箱内。

主板的安装主要是将其固定在机箱内部，并将主板接口插入机箱后部的挡片。安装时，用户需要先将机箱后面的主板接口挡片或密封片拆下，并换上主板盒内的专用接口挡片，如图 7-16 所示。

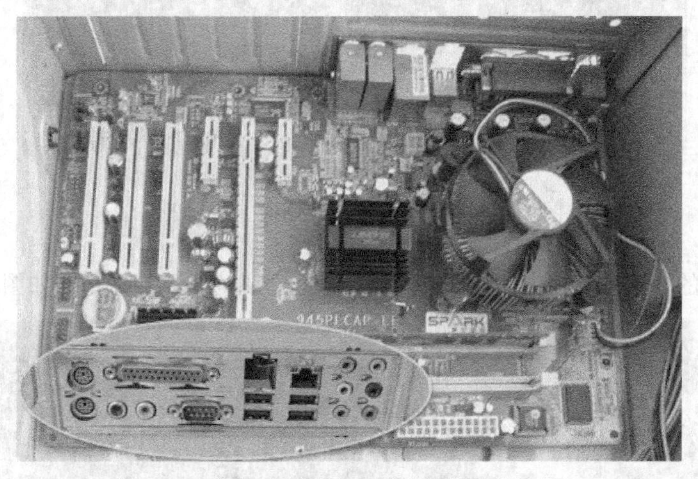

图 7-16　将主板后面接口对准机箱后部的挡片

完成这一工作后，观察主板螺钉孔的位置，并在机箱内相应位置处安装铜柱或脚钉，一般是 6~9 个，主板全部螺钉孔都要装上以便更好地固定主板，并使用尖嘴钳或螺钉旋具将其拧紧，如图 7-17 所示。

图 7-17　用螺钉或铜柱固定主板

任务 7.5　安装显卡

现在主流显卡已经全部采用了 PCI-E 16X 总线接口，其高效的数据传输能力暂时缓解了图形数据的传输瓶颈。与之相对应的是，主板上的显卡插槽也已经全部更新为PCI-E 16X插槽，该插槽大致位于主板中央，较其他插槽要长一些。安装显卡时，需要首先将机箱背面显卡位置处的挡板卸下。此时用户应尽量使用工具进行拆卸，螺丝刀或尖嘴钳都可以，但不应徒手操作，避免挡板划伤皮肤。

接下来，将显卡金手指处的凹槽对准PCI-E×16显卡插槽处的凸起隔断，并向下轻压显卡，使显卡金手指全部插入显卡插槽内，然后用螺钉固定即可，如图7-18所示。

图7-18 显卡的安装

【特别提示】

如果PCI-E插槽有防滑扣的话，必须查看此防滑扣是不是真的防止显卡插入。如果是的话，在安装之前要按下PCI-E插槽末端的防滑扣，如图7-19所示。

如果主板有多条PCI-E×16插槽（靠CPU插座最近的插槽），优先接到靠近CPU端那条，这样保证显卡是全速运行。

图7-19 PCI-E插槽末端有防滑扣

任务7.6 驱动器的安装

光驱与硬盘都是计算机系统中重要的外部存储设备，如果没有它们，计算机就无法长期存储任何资料，也无法获取各种多媒体光盘上丰富多彩的信息。

IDE设备包括光驱、硬盘等。在主板上一般都标有IDE1、IDE2插槽，可以通过主板连接两组

IDE 设备，通常情况下将硬盘连接在 IDE1 接口上，光驱连接在 IED2 接口上。如图 7-20 所示。

该类型设备正常工作都需要两类连线：一为 80 针的数据线（光驱可为 40 针），二为大 4 芯电源线。连接时，先将数据线蓝色插头一端插入主板上的 IDE 接口，再将另一端插入硬盘或光驱接口；然后把电源线接头插在 IDE 设备的电源接口上。由于数据线及电源线都具有防插反设计，插接时不要强行插入，如不能插入就换一个方向试试。如图 7-21 所示。

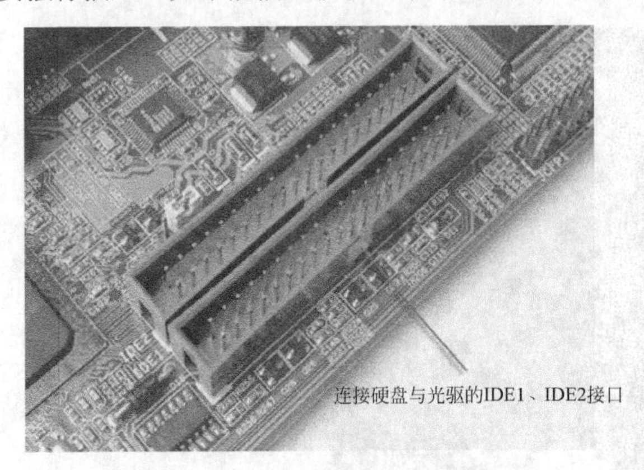

图 7-20　主板上的两个 IDE 接口

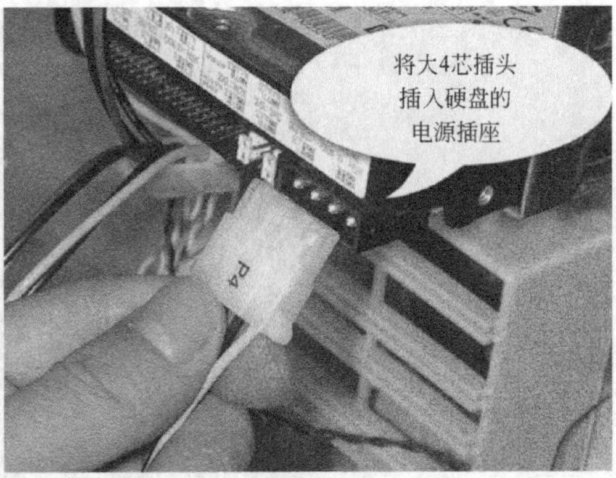

图 7-21　连接 IDE 设备的大 4 芯供电

7.6.1　硬盘的安装步骤

硬盘是计算机最常用的存储设备，它的安装一般包括三个步骤。

第一步：将宽度为 3.5in 的硬盘反向装进机箱当中的 3.5in 的固定架，如图 7-22 所示，并确认硬盘的螺钉孔与固定架上的螺钉孔位置相对应，然后拧上螺钉。

第二步：将主板内附赠的 ATA-66/100/133 数据线的接头的红边一端对应插入主板第一个 IDE 插槽标记有 Pin1 的位置，也可以将 IDE 数据线的接头上的一个凸起对应插入第一个 IDE 插槽的缺口，如图 7-23 所示。

图 7-22　硬盘的安装

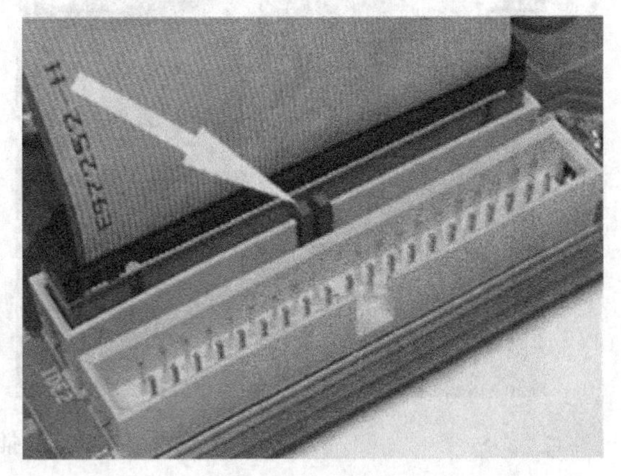

图 7-23　硬盘 IDE 数据线的主板端的连接

【特别提示】

如何区分硬盘数据线和软驱数据线？

一般来说，主板都有附赠硬盘数据线和软驱数据线，如图 7-24 所示。不过要注意 ATA-66/100/133 数据线与普通的 IDE 数据线的宽度是一样的，但是两者的针数不一样。ATA-66/100/133 数据线为 80 针，而普通的 IDE 数据线只有 40 针。软驱数据线只有 34 针，而且可以看到软驱数据线有一端是扭曲的。要根据不同接口类型，为硬盘、光驱和软驱选择不同的数据线。不过，软驱现在早已被淘汰了。

第三步：将 ATA-66/100/133 数据线末端的红边一端对应插入硬盘 IDE 插槽标记有 Pin1 的位置中，如图 7-25 所示。

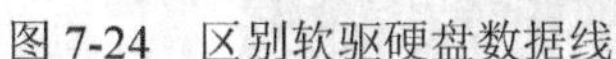

图 7-24　区别软驱硬盘数据线

图 7-25　IDE 数据线硬盘端的连接

7.6.2　光驱安装步骤

第一步：首先取下机箱的前面板用于安装光驱的挡板，然后将光驱反向从机箱前面板装进机箱的 5.25in 槽位，如图 7-26 所示。确认光驱的前面板与机箱对齐平整，在光驱的每一侧用两个螺钉初步固定，先不要拧紧，这样可以对光驱的位置进行细致的调整，然后把螺钉拧紧，这主要是考虑到机箱前面板的美观。

第二步：接下来开始安装数据线，光驱的安装步骤与硬盘相类似，但是数据线只需要用普通的 40 针 IDE 数据线就可以了，建议将数据线插入主板的第二个 IDE 插槽中，这样就不用设置光驱和硬盘的主、从盘跳线了。具体的安装过程这里就不再详细说明了。

第三步：光驱一般还附赠有音频线，将音频线一端按照正确的方向插入光驱后面板的音频线接口中，如图 7-27 所示，另一端插入声卡上标记有 CD-In 的插座上。有些外接声卡或板载声卡还会对应不同品牌的光驱，提供 2 个以上 CD-In 插座，这时就要根据光驱的品牌对应插入适用的插座中。

图 7-26　安装光驱

图 7-27　光驱的音频线接口

音频线是最容易插错的，为了避免这种情况的发生，大家可以仔细观察这根音频线，在音频线接头处都会有一个箭头标示（一般是在白色那根线的位置），将其与光驱和声卡的音频线接口上标示的“L”相对应插入即可。

【特别提示】

IDE 数据线有三个插头，其中一个接主板 IDE 插槽，另两个可以分别连接主、从 IDE 设备。如果只有一个硬盘和一个光驱的话，建议将它们分别接到主板的两个 IDE 插槽上，这样可以提高系统的效率。如果一条数据线上只存在一台 IDE 设备是不需要设置主从盘的，因为厂家在产品出厂时已把跳线设置到了主盘（Master）位置上。但随着对双硬盘和刻录机、DVD的添加，一条数据线上得安装两个 IDE 设备，这就需要重新设置主盘和从盘。一般来说，在硬盘和光存储设备表面都会有相关的跳线设置图，并根据 Master 为主盘（接在数据线最远端）、Slave 为从盘（接在数据线中间）的原理，按照厂家提供的图示去设置。

7.6.3　SATA 接口设备的安装

目前 IDE 硬盘基本进入淘汰期，而 SATA 硬盘成为主流。支持 SATA 硬盘的主板上标有 SATA1、SATA2 等字样。图 7-28 所示为主板上的 SATA 接口，通过扁平的 7 根 SATA 数据线就可与 SATA 硬盘连接。

图 7-28　主板上的 SATA 接口

现在硬盘和光驱基本都是 SATA 接口了，将 SATA 电源转接线的黑色扁长一端，插入到 SATA 硬盘的电源接口，由于 SATA 电源插头和 SATA 硬盘的电源接口上都有防误插设计，所以不用担心会插错。SATA 设备电源线和数据接口如图 7-29 所示。

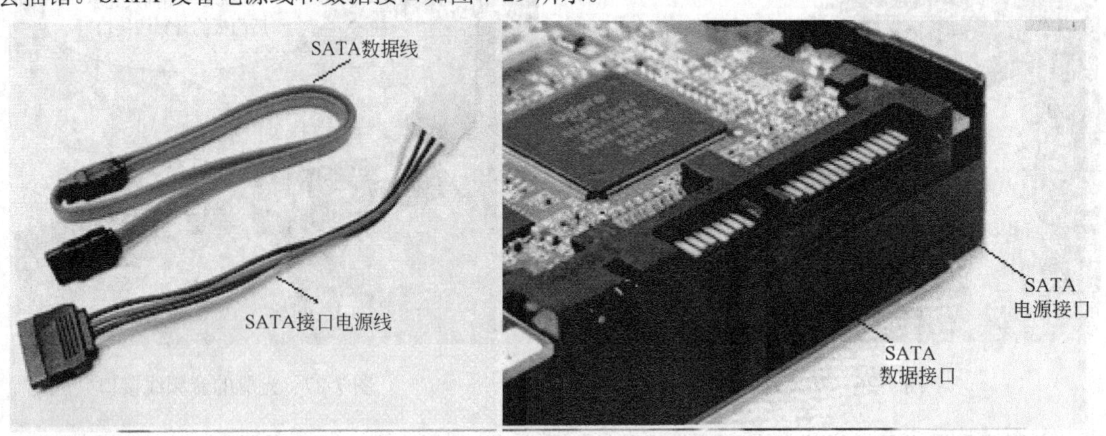

图 7-29　SATA 设备电源线和数据接口

任务 7.7 机箱面板与主板连线

所有的机箱前面板都有电源键、重启键、电源指示灯、硬盘工作指示灯。要想让这四个部分正常工作就必须把机箱内部的连线正确插接在主板上。机箱面板与主板连线是计算机硬件组装的难点，可以根据说明书或连接头与主板上的英文字母相对应来插接。

7.7.1 机箱面板连线

主板上的机箱面板连线插针一般都在主板左下端靠近边缘的位置，一般是双行插针，一共有10组左右。但是，也有部分主板的机箱面板连线插针采用的是单行插针。主板上的前面板插针如图7-30所示。

机箱前面板连线包括硬盘指示灯线、电源指示灯线、开机信号线、重启（复位）信号线和机箱喇叭线这五根机箱连线，如图7-31所示。

图7-30 主板上的前面板插针

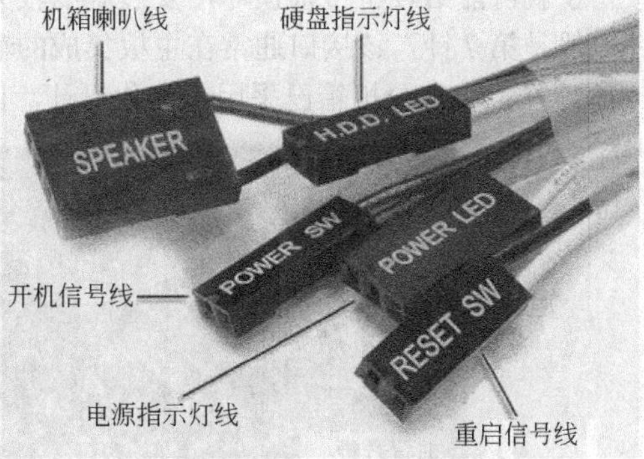

机箱喇叭线
硬盘指示灯线
SPEAKER
H.D.D. LED
开机信号线
POWER SW
POWER LED
RESET SW
电源指示灯线
重启信号线

图7-31 机箱前面板的连线

在主板说明书中，都会详细介绍哪组插针应连接哪个连线，只要对照插入即可。即使没有主板说明书也没关系，因为大多数主板上都会将每组插针的作用印在主板的电路板上。只要细心观察就可以通过这些英文字母来正确地安装各种连线。下面介绍这些英文的含义。

（1）POWER SW

电源开关，英文全称为Power Swicth，开机信号。

可能用名：POWER、POWER SWITCH、ON/OFF、POWER SETUP、PWR SW等。

功能定义：机箱前面的开机按钮。

（2）RESET SW

复位/重启开关，英文全称为Reset Swicth，重启信号。

可能用名：RESET、Reset Swicth、Reset Setup、RST等。

功能定义：机箱前面的复位按钮。

（3）POWER LED

POWER LED，电源指示灯：+/−。

可能用名：PLED、PWR LED、SYS LED等。电源指示灯采用的是发光二极管，它的连接是有方向性的。有些主板上会标示“P LED+”和“P LED−”字样，只要将绿色的一端对应连接在P LED+插针上，白线连接在P LED−插针上即可。

功能定义：在计算机接通电源后，电源灯会发出绿色的光，以表示电源接通。

（4）H.D.D LED

硬盘指示灯，英文全称为Hard Disk Drive Light Emitting Diode。

可能用名：H.D.D LED、H.D LED。

功能定义：在读写硬盘时，硬盘灯会发出红色的光，以表示硬盘正在工作。硬盘灯采用的是发光二极管，插时要注意方向性。一般主板会标有“HDD LED+”、“HDD LED–”，将红色一端对应连接在 HDD LED+插针上，白色插在标有“HDD LED–”的插针上。

（5）SPEAKER

机箱喇叭。

可能用名：SPK。

功能定义：用于计算机故障报警。现在许多主板上有蜂鸣器报警，省去前面板的喇叭线。

7.7.2 前置 USB 与前置音频

现在主流机箱都流行采用前置音频输出端口，只要机箱配备前置音频输出端口，组装计算机时，连接好前置端口线缆，就可以通过前置音频输出端口连接音箱、耳机与麦克风等设备，方便使用。

早期生产的机箱的前置 USB 接口与前置音频接口，没有做到一体化设计，所有线都是散开的，接错了就可能给设备带来损坏，安装难度较大。主板上前置音频接口（J_AUDIO）也是 9 针，但空针一般是第 7 针，该接口通常在主板集成的输入输出端口附近。

现在，大部分机箱已采用一体化设计，而且做了防呆设计，一般不会接错，如图 7-32 所示。

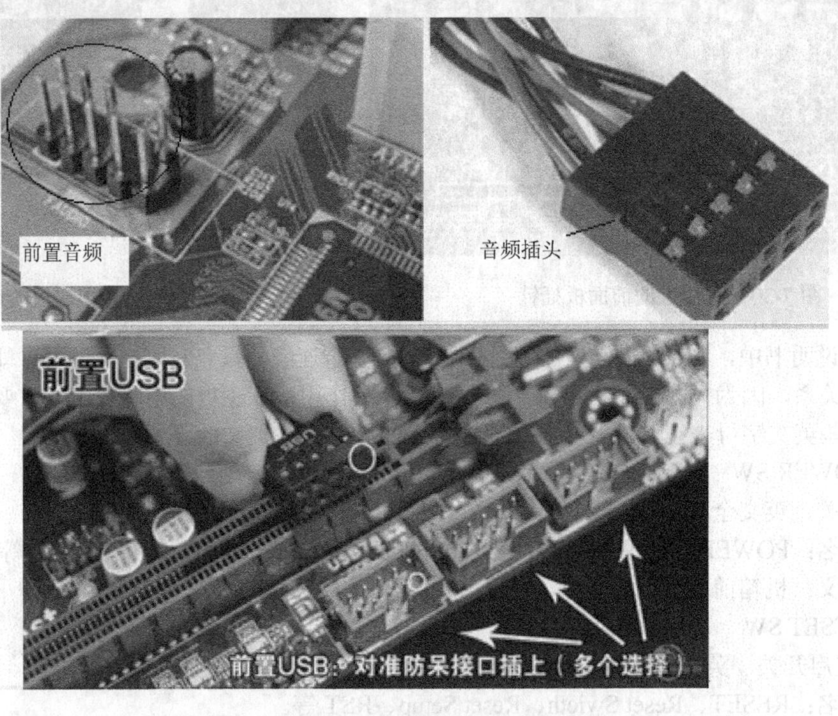

图 7-32　主板上的前置音频和前置 USB 接口

主板上前置 USB 针脚定义如图 7-33 所示（NC 表示空脚）。

一般情况下，机箱说明书中会标明 USB 接线的定义，也可以从接线的颜色来了解其定义，具体如下。

红线：电源正极（接线上的标识为+5V 或 V_{CC}）。白线：负电压数据线（标识为 Data–或 USB Port–）。绿线：正电压数据线（标识为 Data+或 USB Port +）。黑线：接地（标识为 GND）。

【特别提示】

开机信号线、重启信号线和机箱喇叭线在插入时可以不用注意插接的正反问题，怎么插都可以。但电源指示灯线和硬盘指示灯线等是采用发光二极管来显示，所以连接是有方向性的。

记住一个最重要的规律：彩色线连接正极，黑/白线连接负极。

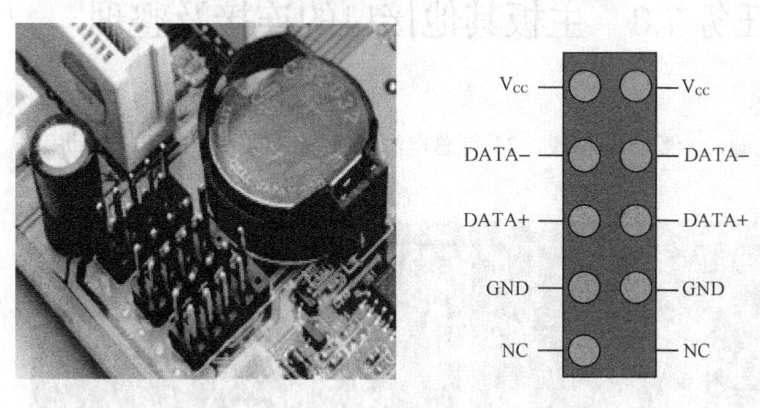

图 7-33　主板上前置 USB 针脚定义

7.7.3　流行的主板面板连线

要学会正确连线，必须先了解连线从哪儿开始数，这个其实很简单。在主板上（任何板卡设备都一样），跳线的两端总是有一端会有较粗的印刷框，而连线就应该从这里数。找到这个较粗的印刷框之后，就本着从左到右、从上至下的原则数。如图 7-34 所示。

图 7-34 主板采用的是 9 个针脚：开关、复位、电源灯、硬盘灯。目前，市场上多数品牌都采用的是这种方式，特别是几大代工厂推出的主板，采用这种方式的比例更高。图 7-35 所示就是这种 9 针面板连接线示意图。

图 7-34　主板前面板采用 9 个针脚

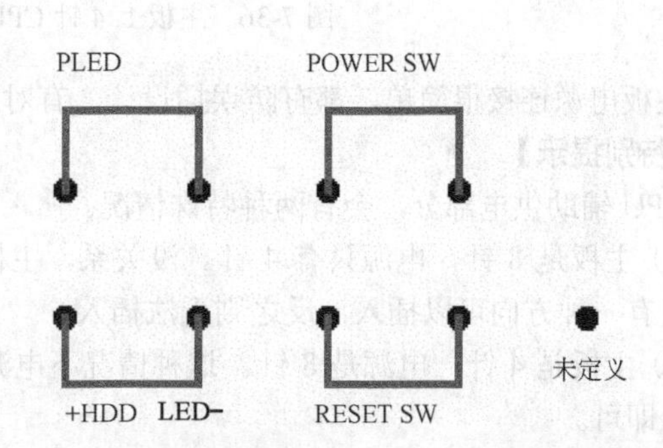

图 7-35　9 针面板连接线示意图

图 7-35 中，第 9 针并没有定义，所以连接线的时候也不需要插这一根。连接的时候只需要按照示意图连接就可以。电源开关（POWER SW）和复位开关都是不分正负极的，而两个指示灯需要区分正负极，正极连在靠近第 1 针的方向（也就是有印刷粗线的方向）。机箱上的线区分正负极也很简单，一般来说彩色的线是正极，而黑色/白色的线是负极（接地，有时候用 GND 表示）。

这里用 4 句话来概括 9 针定义开关、复位、电源灯、硬盘灯位置：

① 缺针旁边插电源；

② 电源对面插复位；

③ 电源旁边插电源灯，负极靠近电源线；

④ 复位旁边插硬盘灯，负极靠近复位线。

任务 7.8　主板其他接口的连接及整理

7.8.1　主板电源连线

接在主板上的电源，一般有两种线，24 针总电源与 4 针或 8 针的 CPU 辅助供电，如图 7-36 所示。

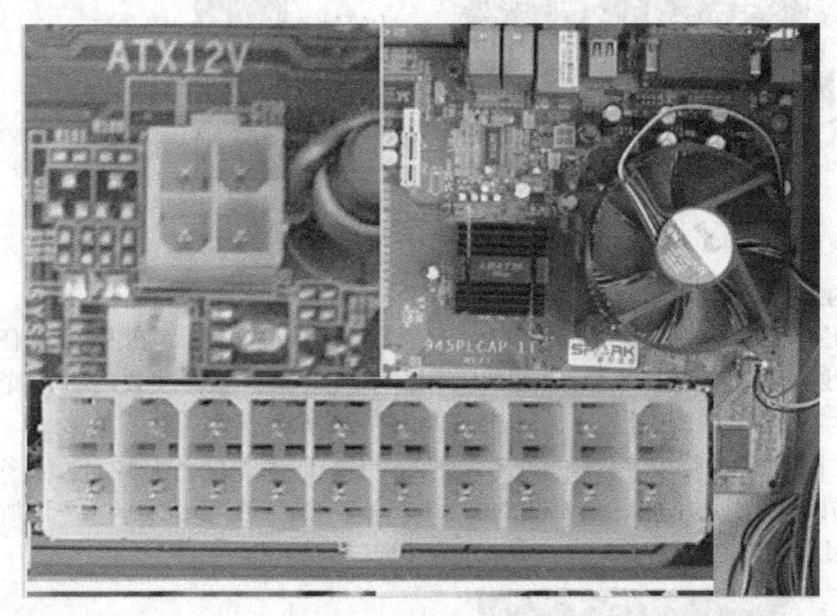

图 7-36　主板上 4 针 CPU 及 24 针主供电插座

主板电源连接很简单，都有防误插设计，有对应的卡扣，对准卡位插上即可。

【特别提示】

CPU 辅助供电部分，会有两种特殊情况。

① 主板是 8 针，电源只有 4 针。没关系，主板只插 4 针也是可以的，只要不大幅度超频。要注意只有一种方向可以插入，反之则无法插入。

② 主板是 4 针，电源是 8 针。这种情况下电源 8 针可以拆分为两个 4 针，其中一个 4 针插在主板上即可。

7.8.2　声卡、网卡的安装

现在，主板上一般都自带声卡、网卡，如果需要安装外置声卡、网卡，步骤如下。

① 先确认机箱电源在关闭的状态下，找到空余的 PCI 插槽，并从机箱后壳上移除对应 PCI 插槽上的扩充挡板及螺钉。

② 将声卡、网卡细心插入 PCI 插槽中，一定要把卡插紧；上好螺钉并拧紧。

③ 将螺钉用解刀锁上，使声卡、网卡确实地固定在机箱壳上。

④ 确认无误后，重新开启电源，即完成声卡、网卡的硬件安装。

7.8.3　整理内部连线

至此，计算机机箱内部硬件安装基本完成，但是机箱内部的连线比较乱，不像品牌电脑的内部连线井然有序。所以，需要将机箱内的各种连线整理好。各种数据线和电源线不要相互搅在一起，减少线与线之间的电磁干扰有利于机器工作。将过长的连线捆扎起来，这样看起来井然有序，而且有利于机箱内部件散热。如图 7-37 所示。

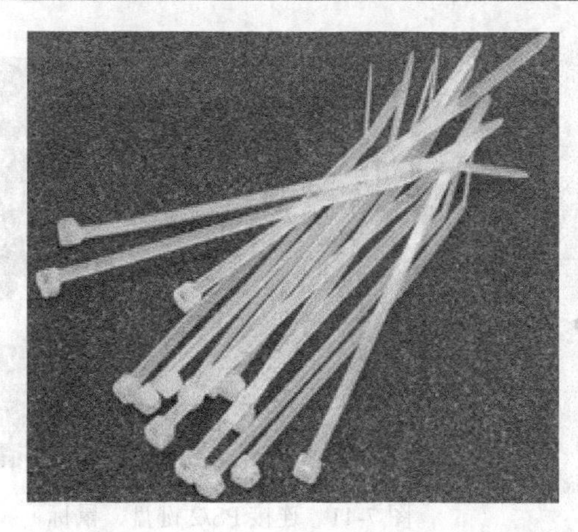

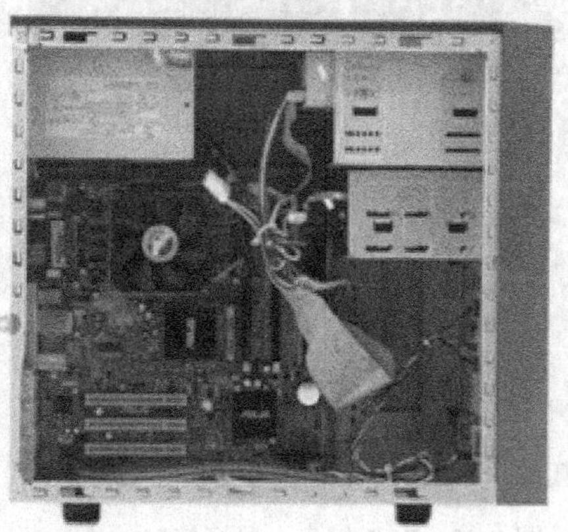

图 7-37　将机箱箱内连线捆扎

任务 7.9　外设的连接

7.9.1　连接显示器

在连接液晶显示器与主机前，需要先将液晶显示器组装在一起。目前，常见液晶显示器大都分为屏幕、底座和连接两部分的颈管组成，每个部件上都有与相邻部件进行连接的锁扣或卡子。安装时，只需将底座与颈管上的锁扣对齐后，将两者挤压在一起，并将颈管上的卡式连接头插入屏幕上的卡槽内即可，如图 7-38 所示。

显示器组装完成后，将 VGA 连接线连接到主机和显示器上的 VGA 接口即可完成显示器的连接。如图 7-39 所示。

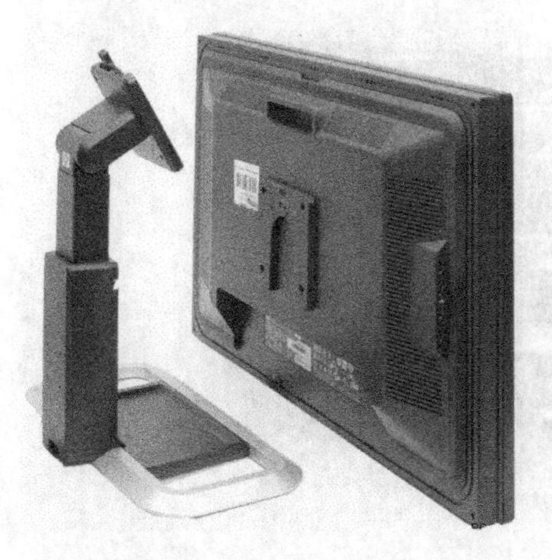

图 7-38　组装液晶显示器

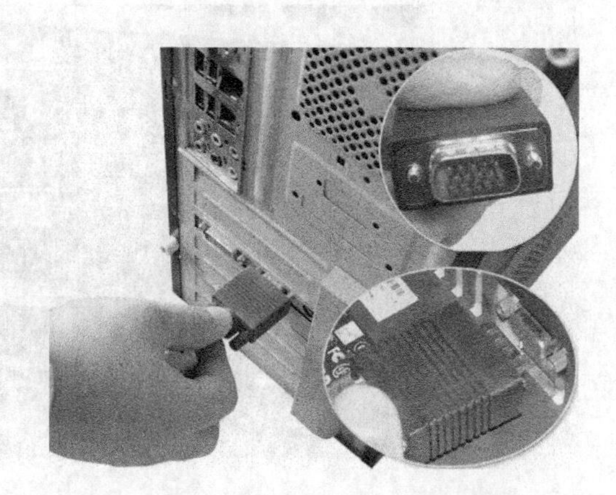

图 7-39　显卡 VGA 接口与显示器相连

7.9.2　连接鼠标、键盘

PS/2 接口有两组，分别为紫色的键盘接口和绿色的鼠标接口，两组接口不能插反，否则对应设备不能使用。在使用中不能进行热拔插，否则会损坏相关芯片或电路。如图 7-40 所示。

连接键盘时，将键盘插头（即 PS/2 插头）内的定位柱对准主机背面 PS/2 接口中的定位孔，并将插头轻轻推入接口内。使用相同方法连接鼠标后即可完成键盘和鼠标与主机的连接。如图 7-41 所示。

图 7-40　PS/2 键盘、鼠标接口

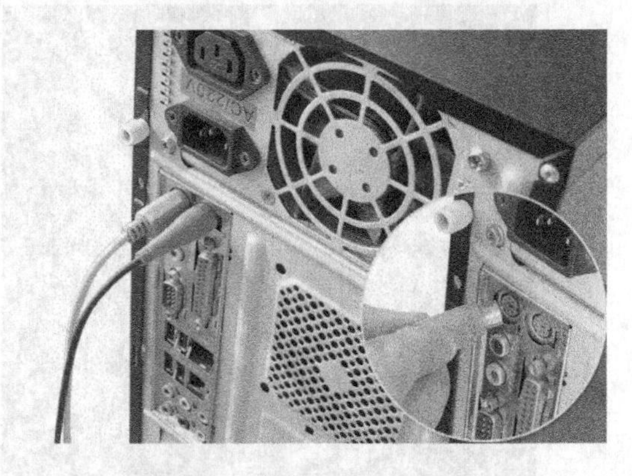

图 7-41　连接 PS/2 键盘、鼠标

不过，现在很多计算机流行使用 USB 接口的鼠标，该种鼠标与 PS/2 不同，可以即插即用，还可以带电插拔。

7.9.3　连接主机电源

电源接口（黑色）负责给整个主机电源供电，有的电源背部还有电源开关，为了安全，建议在不使用电脑的时候关闭这个电源开关，主机电源后部接口如图 7-42 所示。

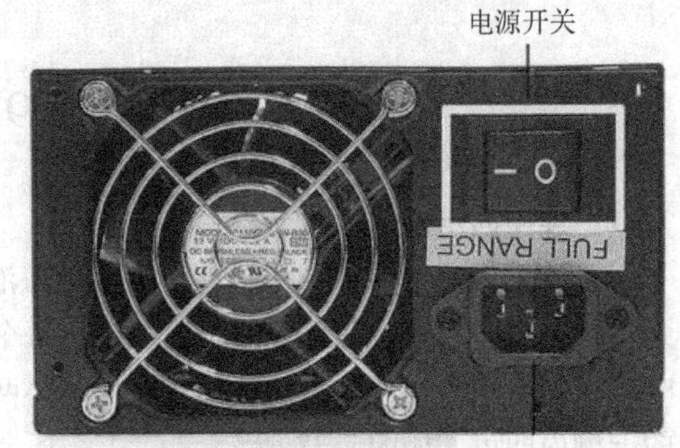

图 7-42　主机电源后部接口

7.9.4　内置声卡/显卡接口

如今的主板大多内置了声卡和显卡，它们的 I/O 接口集成于主板后端，如图 7-43 所示。

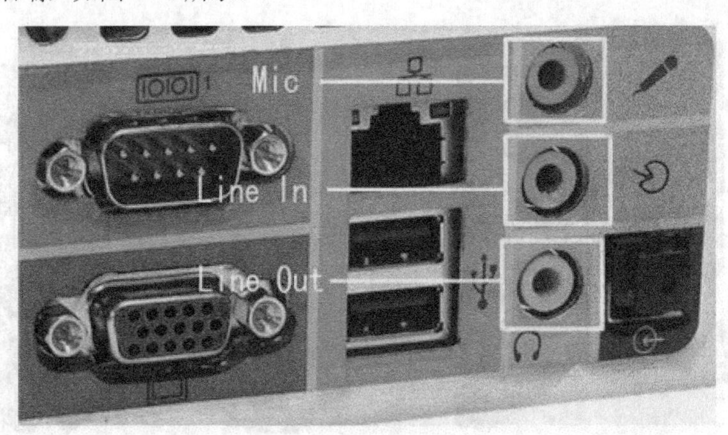

图 7-43　声卡上 3 个接口

① Line Out 接口（淡绿色）：通过音频线来连接音箱的 Line 接口，输出经过电脑处理的各种音频信号。

② Line In 接口（淡蓝色）：位于 Line Out 和 Mic 中间的那个接口，意为音频输入接口，需和其他专业设备相连，家庭用户一般闲置无用。

③ Mic 接口（粉红色）：Mic 接口与麦克风连接，用于聊天或者录音。

④ 内置显卡接口（蓝色，图中左下角接口）：蓝色的 15 针 D-Sub 接口是一种模拟信号输出接

口，用来双向传输视频信号到显示器。该接口用来连接显示器上的15针视频线，需插稳并拧好两端的固定螺钉，以让插针与接口保持良好接触。

7.9.5 其他连线接口

主机外的连线虽然简单，但要弄清楚哪个接口插什么配件、作用是什么。对于这些接口，最简单的连接方法就是对准针脚，向接口方向平直地插进去并固定好。如图7-44所示。

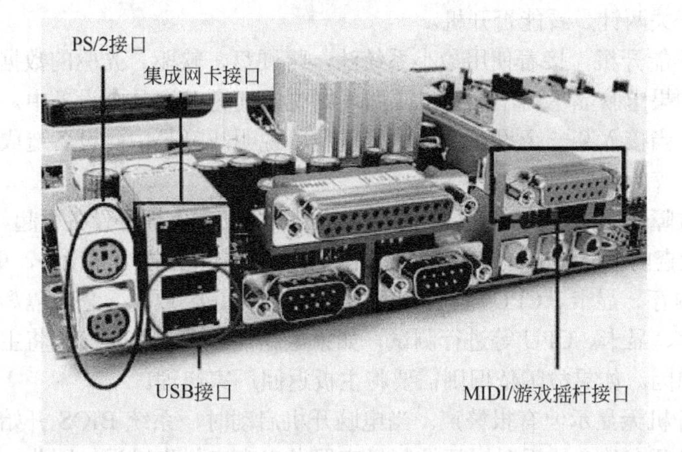

图7-44 其他接口

USB 接口（黑色）：接口外形呈扁平状，是家用电脑外部接口中唯一支持热拔插的接口，可连接所有采用USB接口的外设，具有防呆设计，反向将不能插入。

LPT接口（朱红色，图中部上方最长的接口）：该接口为针脚最多的接口，共25针，可用来连接打印机，在连接好后应扭紧接口两边的旋转螺钉（其他类似配件设备的固定方法相同）。

COM接口（深蓝色，LPT接口下方那两个接口）：平均分布于LPT接口下方，该接口有9个针脚，也称之为串口1和串口2。可连接游戏手柄或手写板等配件。

MIDI/游戏接口（黄色）：该接口和显卡接口一样有15个针脚，可连接游戏摇杆、方向盘、二合一的双人游戏手柄以及专业的MIDI键盘和电子琴。

网卡接口：该接口一般位于网卡的挡板上（目前很多主板都集成了网卡，网卡接口常位于USB接口上端）。将网线的水晶头插入，正常情况下网卡上红色的链路灯会亮起，传输数据时则亮起绿色的数据灯。

任务7.10 裸机的测试及故障检查方法

按下机箱上的POWER电源开关后，当看到电源指示灯亮起、硬盘指示灯闪动时，说明各个配件的电源连接无误；当显示器出现开机画面，并听到“滴”的一声时，说明硬件的连接已经完成。

7.10.1 通电测试

每次计算机启动时，基本输入输出系统都会执行开机测试（POST自检），这是一项检查显卡、CPU、系统内存、IDE/SATA 设备及其他重要部件能否正常工作的系统性测试。如果在检测中发现硬件错误或异常情况，自检程序将强制中断计算机的工作；如果一切正常，自检程序便会按 BIOS设置程序启动计算机。

7.10.2 开机不正常时的检查步骤

刚组装完成的计算机通电后可能会出现问题，检查步骤如下。

第一步：首先检查电脑的外部接线是否接好，把各个连线重新插一遍，看故障是否排除。

第二步：如果故障依旧，接着打开主机箱查看机箱内有无多余金属物或主板变形造成的短路，闻一下机箱内有无烧焦的糊味，主板上有无烧毁的芯片，CPU 周围的电容有无损坏等。

第三步：如果没有，接着清理主板上的灰尘，然后检查电脑是否正常。

第四步：如果故障依旧，接下来拔掉主板上的 Reset 线及其他开关、指示灯连线，然后用镊子短路主板上的电源开关两针，看能否开机。

第五步：如果不能开机，接着使用最小系统法，将硬盘、软驱、光驱的数据线拔掉，然后检查电脑是否能开机，如果电脑显示器出现开机画面，则说明问题在这几个设备中。接着再逐一把以上几个设备接入电脑，当接入某一个设备时，故障重现，说明故障是由此设备造成的，最后重点检查此设备。

第六步：如果故障依旧，则故障可能由内存、显卡、CPU、主板等设备引起。接着使用插拔法、交换法等方法分别检查内存、显卡、CPU 等设备是否正常，如果有损坏的设备，更换损坏的设备。

第七步：如果内存、显卡、CPU 等设备正常，接着将 BIOS 放电，采用隔离法，将主板安置在机箱外面，接上内存、显卡、CPU 等进行测试，如果电脑能显示了，接着再将主板安装到机箱内测试，直到找到故障原因。如果故障依旧则需要将主板返回厂家修理。

第八步：电脑开机无显示但有报警声。当电脑开机启动时，系统 BIOS 开始进行加电自检，当检测到电脑中某一设备有致命错误时，便控制扬声器发出声音报告错误。因此，可能出现开机无显示有报警声的故障。对于电脑开机无显示有报警声的故障，可以根据 BIOS 报警声的含义来检查出现故障的设备，以排除故障。

【特别提示】

故障检查总的思路是：先外后内，先电源后负载，先一般后特殊。

实训指导

1. 硬件系统的整机拆卸

学习整机拆卸的最佳方式是在一台旧的计算机上进行实践。找一台旧的计算机，按照装机步骤小心拆卸，仔细查阅主板说明书或观察主板上的标注说明，之后再重新组合。多找几台不同的计算机进行拆装，了解不同主板、CPU 和厂家计算机的拆装技巧并总结。

2. 硬件系统的最小系统法调试

最小系统是指从维修判断的角度来看，能使电脑开机或运行的最基本的硬件和软件环境。最小系统有两种形式。

① 硬件最小系统：由电源、主板、CPU、内存、显卡和显示器组成。整个系统可以通过主板报警声和开机自检信息来判断这几个核心配件部分是否可以正常工作。

② 运行软件最小系统：由电源、主板、CPU、内存、显卡、显示器、键盘和硬盘组成。这个最小系统主要用来判断系统是否可以完成正常的启动与运行。

最小系统法主要是先判断在最基本的软、硬件环境中，系统是否可以正常工作。如果不能正常工作，即可判定最基本的软、硬件有故障，缩小查找故障配件的范围。

3. 硬件系统的替换法调试

替换法是用好的部件去代替可能有故障的部件，以故障现象是否消失来判断的一种维修方法。好的部件可以是同型号的，也可以是不同型号的。替换的顺序一般为以下几步。

① 根据故障的现象来考虑需要进行替换的部件或设备。

② 按替换部件的易难顺序进行替换。如先内存、CPU，最后是主板。

③ 最先考查与怀疑有故障的部件相连接的连接线、信号线等，之后是替换怀疑有故障的部件，再后是替换供电部件，最后是与之相关的其他部件。

④ 根据经验，从部件的故障率高低来考虑最先替换的部件。故障率高的部件先进行替换。

4. 硬件系统的检测工具

硬件系统的检测是很必要的：现在硬件市场可谓鱼龙混杂，假冒伪劣的配件很多，一不小心可能就买到了不合格的配件，而硬件检测在这个时候就显得很重要了；计算机使用时间长了，操作系统升级，各种应用软件也会升级，只有硬件的性能在慢慢下降，所以就需要及时了解计算机硬件的性能，以便选择最适合安装的操作系统和应用软件。

硬件检测的工具软件有很多，如 EVEREST（全面检测软硬件）、CPU-Z（检测硬件，专攻于处理器、内存和芯片组）、HD Tune（专业检测硬盘）、DisplayX（对显示器进行常规性的全面检测）等。

下面以 CPU-Z 为例，简述软件检测方法。

（1）检测 CPU

运行 CPU-Z 软件，可以看出软件分为“CPU”、“缓存”、“主板”、“内存”、“SPD”和“关于”六个选项卡，选择“CPU”选项卡后，对话框将显示有关 CPU 的全部详细参数。如图 7-45 所示。

（2）检测缓存

一级缓存又可以细分为数据读写缓存和代码指令缓存。运行 CPU-Z 后，选择“缓存”选项卡，此时软件将有关缓存的信息显示在对话框中，如图 7-46 所示。

图 7-45　CPU-Z 软件运行主界面

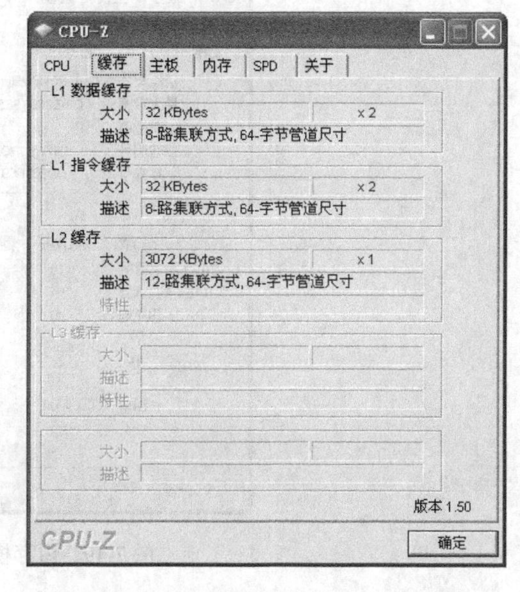

图 7-46　CPU 缓存的信息显示在对话框中

（3）检测主板

启动 CPU-Z 后，选择“主板”选项卡，出现如图 7-47 所示主板信息对话框。

（4）检测内存

启动 CPU-Z 后，选择“内存”选项卡，出现如图 7-48 所示内存信息对话框。

（5）SPD

SPD（Serial Presence Detect）是一组关于内存模组的配置信息，像模块大小、电压、频率以及各种内存的时序等信息都存放在这里，如图 7-49 所示。

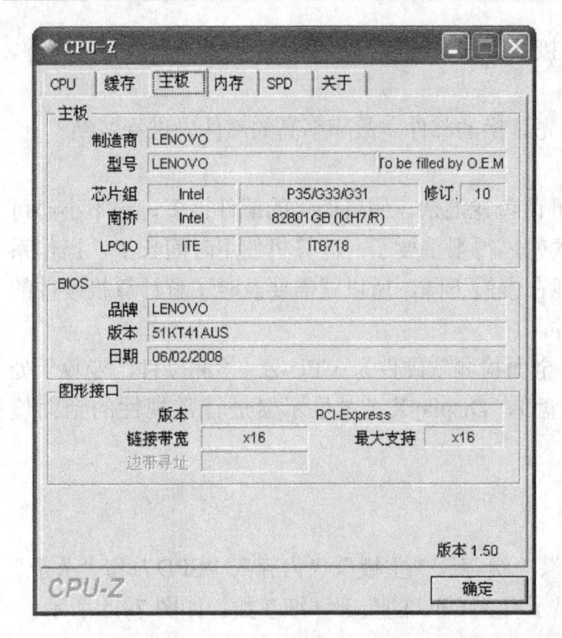

图 7-47　主板信息对话框

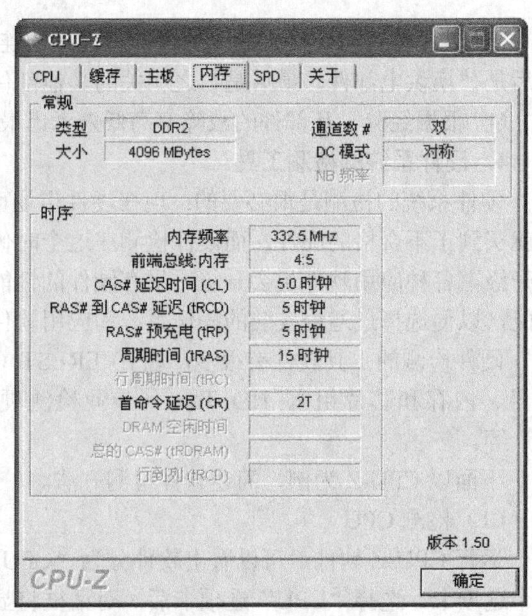

图 7-48　内存信息对话框

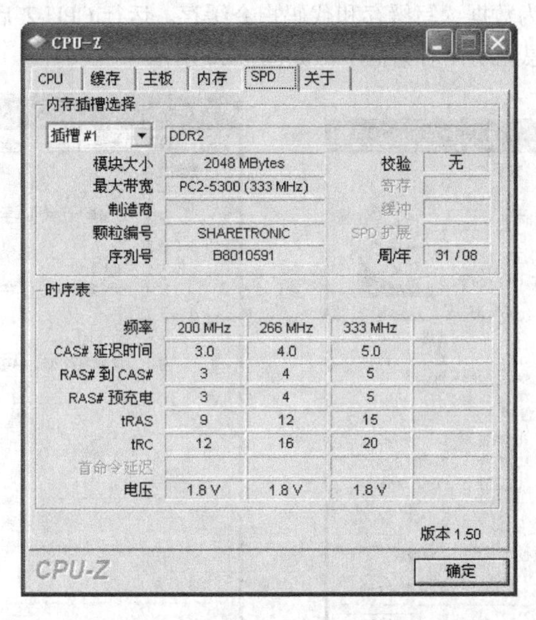

图 7-49　内存模组的配置信息

思考与练习

1. 简述微机硬件组装的合理步骤及注意事项。
2. 如何将机箱中的各种信号线与主板进行连接？
3. 安装硬盘、光驱应该注意哪些问题？
4. 测试计算机的硬件有哪些常用软件？自己下载练习。

项目 8　BIOS 设置与升级

【项目分析】

进行 BIOS 设置有几个问题需要解决：如何进入设置界面；要进行设置的 BIOS 是什么型号的；了解不同 BIOS 设置项目及设置方法；CMOS 与 BIOS 关系；CMOS 放电方法；老主板不能支持新硬件时需要了解升级 BIOS 知识。

【学习目标】

知识目标：

① 了解 BIOS 设置程序各个项目的作用和功能；

② 了解 BIOS 与 UEFI 的异同，认识 UEFI 的优势。

③ 掌握 BIOS 设置、更新、升级的技巧、注意事项。

能力目标：

① 掌握 BIOS 设置程序的基本操作；

② 掌握 CMOS 放电操作；

③ 掌握 BIOS 的更新、升级方法。

任务 8.1　了解 BIOS 的基础知识

8.1.1　BIOS 基础

电脑启动的时候，需要一组专门程序来提供最底层的、最直接的硬件设置和控制，并负责对计算机所有的硬件进行检测，保证电脑在运行其他软件之前处于正常状态，这组程序就是 BIOS（Basic Input Output System,基本输入输出系统）。

BIOS 被固化到计算机主板上的 BIOS 芯片中，现在的 BIOS 芯片一般采用快速闪存（Flash ROM），以方便刷新和升级。常见的 BIOS 芯片外观如图 8-1 所示。

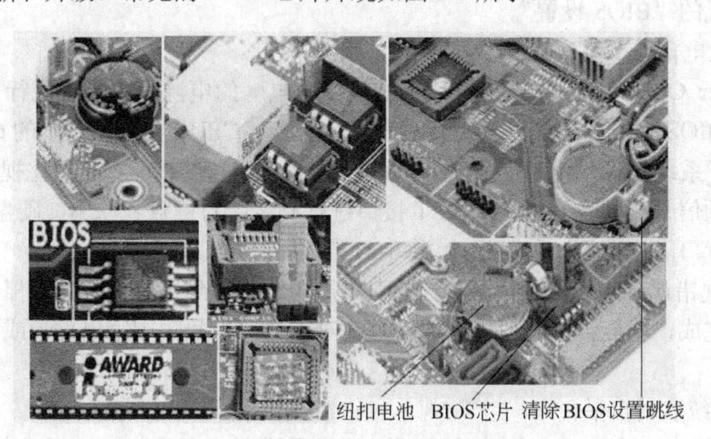

图 8-1　常见的 BIOS 芯片外观

8.1.2　BIOS 的类型

目前在计算机上使用的 BIOS 程序根据制造厂商的不同分为 Award BIOS 程序、AMI BIOS 程序、

Phoenix BIOS 程序以及其他的免跳线 BIOS 程序和品牌机特有的 BIOS 程序，如 IBM 等。

（1）Award BIOS

Award BIOS 是由 Award Software 公司开发的 BIOS 产品，在目前的主板中使用最为广泛。Award BIOS 功能较为齐全，支持许多新硬件，市面上多数主机板都采用了这种 BIOS。

（2）AMI BIOS

AMI BIOS 是 AMI 公司（全称：American Megatrends Incorporated）出品的 BIOS 系统软件，开发于 20 世纪 80 年代中期，早期的 286、386 大多采用 AMI BIOS，它对各种软、硬件的适应性好，能保证系统性能的稳定。到 20 世纪 90 年代后，绿色节能电脑开始普及，AMI 却没能及时推出新版本来适应市场，使得 Award BIOS 占领了大半市场。当然 AMI 也有非常不错的表现，新推出的版本依然功能强劲。

（3）Phoenix BIOS

Phoenix BIOS 是 Phoenix 公司产品。Phoenix 意为凤凰或埃及神话中的长生鸟，有完美之物的含义。

Phoenix 已经合并了 Award，因此在台式机主板方面，虽然标有 Award-Phoenix，其实际还是 Award 的 BIOS 的。

Phoenix BIOS 多用于高档的原装品牌机和笔记本电脑上，其画面简洁，便于操作。

8.1.3　BIOS 的功能和作用

BIOS 芯片是主板上的重要部件，具体作用有以下几点。

（1）处理器 BIOS 中断服务

BIOS 中断服务程序实质上就是计算机系统中硬件与软件之间的一个可编程接口，主要用于程序软件功能与微机硬件之间转接。例如操作系统对软驱、光驱、硬盘等设备的管理，中断的设置等服务。

（2）系统设置

BIOS 芯片中保存着计算机各配件的基本记录，如 CPU、软驱、硬盘、光驱等配件的基本信息都在其中，只有保存功能的 BIOS 芯片是不够的，它还必须提供一个设置程序给用户来配置系统，以便于用户对硬件进行最底层的设置。如今的 BIOS 都具备这样的功能，一般只要在系统启动时按相应的快捷键（如 Award BIOS 是按“Del”键）就能进入 BIOS 设置程序，通过该程序对系统进行设置，也就是常说的“BIOS 设置”。

（3）POST 上电自检

POST（Power OnSelf Test）上电自检也就是接通电脑的电源，让系统执行一个自我检查的例行程序，它也是 BIOS 功能的一部分。完整的 POST 包括对 CPU、主板、基本的 640KB 内存、1MB 以上的扩展内存、系统 ROM BIOS 的测试；CMOS 中系统配置的校验；初始化视频控制器，测试视频内存、检验视频信号和同步信号，对 CRT 接口进行测试；对键盘、软驱、硬盘及 CD-ROM 子系统做检查；对并行口（打印机）和串行口（RS-232）进行检查。

自检中如发现错误，将按两种情况处理：对于严重故障（致命性故障）则停机，此时由于各种初始化操作还没完成，不能给出任何提示或信号；对于非严重故障则给出提示或声音报警信号，等待用户处理。

（4）BIOS 系统启动自举

系统完成 POST 自检后，BIOS 将按照系统设置中保存的启动顺序搜索软、硬盘驱动器及 CD-ROM、网络服务器等有效的启动驱动器，读入操作系统引导记录，然后将系统控制权交给引导记录，并由引导记录来完成系统的顺序启动。

8.1.4　BIOS与CMOS的区别

主板是整个电脑的神经中枢，它要工作的话，就必须对整个电脑的其他部位了如指掌。电脑所要了解的一些重要部位的信息就存放在主板上的一块CMOS芯片中。

CMOS（Complementary Metal Oxside Semiconductor）翻译成中文是“互补金属氧化物半导体”，是一种大规模应用于集成电路芯片制造的原料，是微机主板上的一块可读写的RAM芯片，主要用来保存当前系统的硬件配置和操作人员对某些参数的设定。CMOS RAM芯片由系统通过一块后备电池供电，因此无论是在关机状态中，还是遇到系统掉电情况，CMOS信息都不会丢失。COMS芯片一般放在主板的边角位置。

由于CMOS RAM芯片本身只是一块存储器，只具有保存数据的功能，所以对CMOS中各项参数的设定要通过专门的程序。早期的CMOS设置程序驻留在软盘上（如IBM的PC/AT机型），使用很不方便。现在多数厂家将CMOS设置程序做到了BIOS芯片中，在开机时通过按下某个特定键就可进入CMOS设置程序而非常方便地对系统进行设置，因此这种CMOS设置又通常被叫做BIOS设置。

CMOS与BIOS到底有什么关系呢？

CMOS是存储芯片，当然是属于硬件，它具有数据保存功能，但也只能起到存储的作用，而不能对存储于其中的数据进行设置，要对CMOS中各项参数进行设置，就要通过专门的设置程序。现在多数厂家将CMOS的参数设置程序做到了BIOS芯片中，在计算机打开电源时按特殊的按键进入设置程序就可以方便地对系统进行设置。也就是说BIOS中的系统设置程序是完成CMOS参数设置的手段，而CMOS是存放设置好的数据的场所，它们都与计算机的系统参数设置有很大关系。正因为如此，便有了CMOS设置和BIOS设置两种说法，其实，准确的说法应该是通过BIOS设置程序来对CMOS参数进行设置。BIOS和CMOS既相关联又有区别，CMOS设置和BIOS设置只是大家对设置过程简化的两种叫法，在这种意义上它们指的都是一回事。

8.1.5　CMOS的放电

计算机用户经常听到给电脑“放电”这个说法，“放电”就是将CMOS中存储的电能人为地释放掉，使CMOS中所有的数据丢失。例如，可以达到清除BIOS密码的目的。

在主板上进行CMOS放电的方法如下。

（1）跳线放电

大多数主板都设计有CMOS放电跳线以方便用户进行放电操作，这是最常用的方法。该放电跳线一般为3针，位于主板CMOS电池插座附近，并附有电池放电说明。在主板的默认状态下，会将跳线帽连接在标识为“1”和“2”的针脚上，从放电说明上可以知道为“Normal”，即正常的使用状态。

要使用该跳线来放电，首先用镊子或其他工具将跳线帽从“1”和“2”的针脚上拔出，然后再套在标识为“2”和“3”的针脚上将它们连接起来，由放电说明上可以知道此时状态为“Clear CMOS”，即清除CMOS。经过短暂的接触后，就可清除用户在BIOS内的各种手动设置，恢复到主板出厂时的默认设置。

对CMOS放电后，需要再将跳线帽由“2”和“3”的针脚上取出，然后恢复到原来的“1”和“2”针脚上。注意，如果没有将跳线帽恢复到Normal状态，则无法启动电脑，有的还会有报警声提示。

（2）取出电池放电

取出供电电池来对CMOS放电的方法虽然有一定的成功率，却不是万能的，对于一些主板来说，即使将供电电池取出很久，也不能达到CMOS放电的目的。CMOS电路放电存在许多误区，人们还创造了许多对CMOS放电的方法，如“电池短接法”、“电池插座短接法”等。电池电压一般为3V左右。

8.1.6　何时需要进行 BIOS 设置

BIOS 是计算机启动和操作的基石，一块主板或者说一台计算机性能优越与否，很大程度上取决于板上的 BIOS 管理功能是否先进。大家在使用 Windows 操作系统中常会碰到很多奇怪的问题：诸如安装一半死机或使用中经常死机；Windows XP 只能工作在安全模式；声卡与显示卡发生冲突；CD-ROM 挂不上等。事实上这些问题在很大程度上与 BIOS 设置密切相关，也就是 BIOS 根本无法识别某些新硬件或对现行操作系统的支持不够完善。在这种情况下，就只有重新设置 BIOS 或者对 BIOS 进行升级才能解决问题。

进行 BIOS 或 CMOS 设置是由操作人员根据微机实际情况需要人工完成的一项十分重要的系统初始化工作。在以下情况下，一般需要进行 BIOS 或 CMOS 设置。

（1）新购微机

即使带 PnP（Plug and Play，即插即用）功能的系统也只能识别一部分微机外围设备，而对软硬盘参数、当前日期、时钟等基本资料等必须由操作人员进行设置，因此新购买的微机必须通过 CMOS 参数设置来告诉系统整个微机的基本配置情况。

（2）新增设备

由于系统不一定能认识新增的设备，所以必须通过 CMOS 设置来告诉它。另外，一旦新增设备与原有设备之间发生了 IRQ、DMA 冲突，也往往需要通过 BIOS 设置来进行排除。

（3）CMOS 数据意外丢失

在系统后备电池失效、病毒破坏了 CMOS 数据程序、意外清除了 CMOS 参数等情况下，常常会造成 CMOS 数据意外丢失。此时只能重新进入 BIOS 设置程序完成新的 CMOS 参数设置。

（4）系统优化

对于内存读写等待时间、硬盘数据传输模式、内 / 外 Cache 的使用、节能保护、电源管理、开机启动顺序等参数，BIOS 中预定的设置对系统而言并不一定就是最优的，此时往往需要经过多次试验才能找到系统优化的最佳组合。

8.1.7　BIOS 设置方法和设置内容

BIOS 设置（或者说是 CMOS 设置）程序是储存在 BIOS 芯片中的，一般可以在开机时进行设置。当开机后屏幕英文提示界面如图 8-2 所示，屏幕下部有一行提示“Press Del to enter SETUP”时，按下“Del”键即可进入 BIOS 设置程序主菜单。

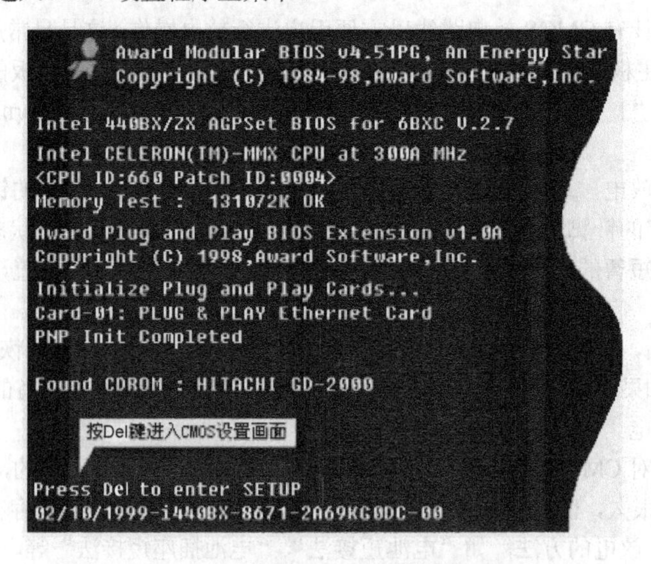

图 8-2　开机屏幕英文提示界面

能否进入 CMOS 设置程序，首先要看是哪家公司的 BIOS 程序，甚至要看是哪家公司的 BIOS 程序的哪一种型号。进入 BIOS 设置程序常见方法如下。

Award BIOS：按“Del”或“Ctrl＋Alt＋Esc”键，一般屏幕有提示。

AMI BIOS：按“Del”或“Esc”键，一般屏幕有提示。

Phoenix BIOS：按“F2”或“Ctrl＋Alt＋S”键，一般无提示。

值得注意的是，一些国外的品牌计算机，如 IBM、HP、DELL 等，通常开机显示的是各公司的英文名称，屏幕上并不会提示进入 BIOS 设置的方法，有时即使同一系列不同型号的计算机进入 BIOS 设置的方法也不一样。品牌机进入 BIOS 设置的方法主要通过按“Esc”、“F2”、“F10”、“Del”等键来完成。

通过对 BIOS 各个选项的了解，不仅可以用最优化的设置来提升系统的速度，而且往往可以使用 BIOS 设置排除系统故障或者诊断系统问题。

任务 8.2　BIOS 设置

Award BIOS 是目前兼容机中应用最为广泛的一种 BIOS，但由于其信息全为英文，且需要用户对相关专业知识有较深入的理解，所以有些用户设置起来感觉困难很大。下面以 Award BIOS 设置为例，详细叙述 BIOS 设置中的各项功能。

当开机时，提示按“Del”键进入 BIOS 设置，出现如图 8-3 所示的 BIOS 设置程序主菜单，BIOS 主菜单中文界面如图 8-4 所示。

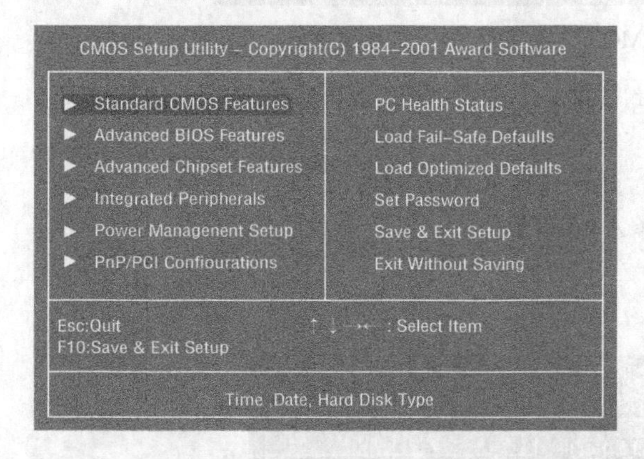

图 8-3　BIOS 设置程序主菜单

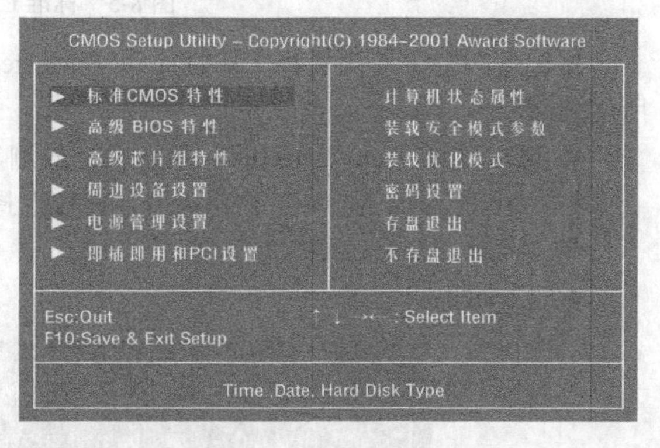

图 8-4　BIOS 主菜单中文界面

图 8-3 和图 8-4 所示两种 BIOS 设置程序的主菜单有区别，但是界面中的大部分设置程序大同小异，在此就以图 8-3 所示主菜单为例，叙述 BIOS 设置程序的各项含义。

在设置之前，先看看主菜单的操作方法。

Esc：Quit（退出）。

↑↓→←：选择。

F10：存盘退出。

F2：改变颜色。

1）标准 CMOS 设置（Standard CMOS Setup）

标准 CMOS 设置界面如图 8-5 所示，主要设置项目如下。

① Date（mm:dd:yy）：设置日期，格式为“星期，月、日、年”，系统会自动换算星期值。

② Time（hh:mm:ss）：以 24 小时制设置时间，格式为“时：分：秒”。

③ IDE 接口的设备的设定：

IDE Primary Master　（第 1 个主盘）；

IDE Primary Slave　（第 1 个从盘）；

IDE Secondary Master（第 2 个主盘）；

IDE Secondary Slave　（第 2 个从盘）。

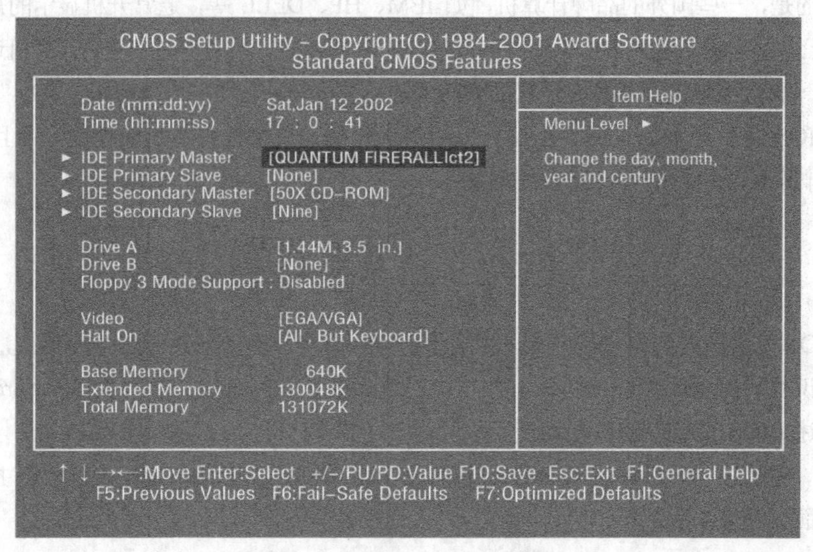

图 8-5　标准 CMOS 设置界面

按键盘的上下箭头选择 IDE Primary Master（第 1 个主盘），然后按回车键，出现如图 8-6 所示画面。

- IDE HDD Auto-Detection：硬盘自动检测，建议选择 Auto 参数值。
- IDE Primary Master：硬盘型号，建议选择 Auto 参数值。
- Access Mode：硬盘工作模式。
- Capacity：容量。

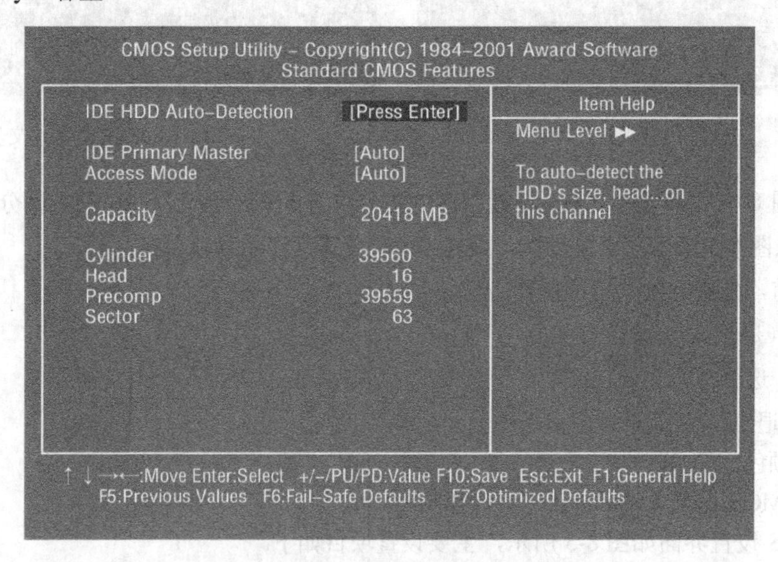

图 8-6　硬盘参数自动检测

- Cylinder：柱面。
- Head：磁头。
- Precomp：写预补偿。
- Sector：扇区。

按回车键后系统自动检测以上参数。其他三项的设置方法同上。

④ Drive A/B：可设置的软驱类型有 360KB、1.2MB、720KB、1.44MB、2.88MB 和 None。

⑤ Floppy 3 Mode Support：设置是否支持第三国软驱模式。第三国常指日本等，一般设为 Disabled。

⑥ Video：显示类型可选 EGA / VGA、CGA40、CGA80、MONO。系统默认为 EGA / VAG。

⑦ Halt On：错误终止。

⑧ Base Memory：基本内存。

⑨ Extended Memory：扩展内存。

⑩ Total Memory：内存总量。

2）BIOS 特性设置

BIOS 特性设置（Advanced Chipset Features）主要用于改善系统的性能，这是 BIOS 设置中最重要的一项。BIOS 特性设置界面如图 8-7 所示。

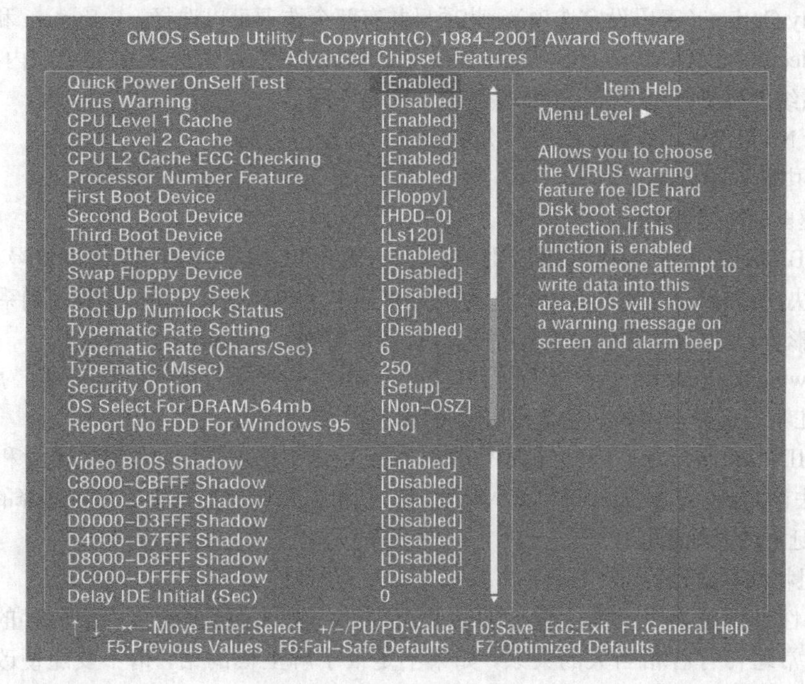

图 8-7　BIOS 特性设置界面

主要设置项目如下。

① Quick Power OnSelf Test（快速开机自检）：当计算机加电开机的时候，主板上的 BIOS 会执行一连串的检查测试，检查的对象是系统和周边设备。

② Virus Warning（病毒警告）：当此项设定为 Enabled 时，如果有软件程序要在引导区（Boot Sector）或者在硬盘分配表（Partition Table）写入信息，BIOS 会警告可能有病毒侵入。

③ CPU Level 1 Cache（中央处理器一级缓存）：设置是否打开 CPU 的一级缓存，当打开时系统速度会比关闭时快，推荐打开（Enabled）。

④ CPU Level 2 Cache（中央处理器二级缓存）：此项与上一项相似，推荐打开。

⑤ Processor Number Feature（显示 CPU 处理器的序列号）：此功能只对 Intel 的 PentiumIII处理器有效，如果设定为 Disabled，则程序将无法读取处理器的序列号。

⑥ First Boot Device（第一优先开机设备）：当计算机开机时，BIOS 将尝试从外部存储设备中载入启动信息。

⑦ Swap Floppy Device（软盘位置互换）：此选项可以让计算机使用者不用打开机箱就可实现 A、B 软驱的互换。建议关闭该选项，以加快启动速度。

⑧ Boot Up Floppy Seek（启动时检查软驱）：当计算机加电开机时，BIOS 会检查软驱是否存在。

⑨ Boot Up Numlock Status（启动时数字小键盘状态）：

On：开机后，键盘右侧的数字键盘设定为数字输入模式。

Off：开机后，键盘右侧的数字键盘设定为方向键盘模式。

⑩ Typematic Rate Setting（键盘输入调整）：选择是否可以调整键盘的输入速率，一般不用修改。

⑪ Typematic Rate（Chars/Sec）（键盘重复输入的速率）：当按住键盘上某一按键时，键盘将按设定的值重复输入（单位：字节 / 秒）。

⑫ Typematic（Msec）（键盘重复输入的时间延迟）：当按住某一按键时，超过在此设定的延迟时间后，键盘会自动以一定的速率重复输入所按住的字符。

⑬ Security Option（密码设定选项）：此项目共有两个选项可以选择——System 和 Setup。

⑭ OS Select For DRAM＞64mb（系统内存大于 64MB 时的系统选择）：当系统内存大于 64MB 时，BIOS 与系统的桥梁作用会因为操作系统的不同而不同。

⑮ Report No FDD For Windows 95（分配软驱中断）：

No：分配中断 6 给软驱。

Yes：软驱自动检测 IRQ6。

⑯ Video BIOS Shadow（视频 BIOS 影子内存）：因为 ROM 芯片的存取速度较慢，而影子内存的存取速度很快，所以当设置为 Enabled 时，则允许将显卡上的视频 ROM 代码复制到系统内存中（即为这些代码的影子），以加快访问速度（缩短 CPU 等待时间），应设置为 Enable。

⑰ Shadowing Address Ranges（扩充接口卡上的 BIOS 快速执行功能地址范围）：用以设定接口卡上的 BIOS 在某一选择范围内的位置是否要使用快速执行功能。

⑱ Delay IDE Initial（Sec）（延迟初始化 IDE 数值）：这个选项是为一些老的硬盘和光驱而设的，当 BIOS 无法去诊测到它们或无法开机载入信息时，就可以使用这个选项。可供选择的值为 0～15，数值越大，则延迟的时间越长。

3）芯片组特性参数设置

芯片组特性设置是为了改变主板上的芯片组内存的特性而设立的。由于内存的参数设置跟系统是否能正常运转有着相当大的关系，如果不是很了解主板的话，请不要随便改变参数的设置。一旦参数设置改乱，有可能导致系统频繁死机或出现开不了机的现象。芯片组设置界面如图 8-8 所示。

① SDRAM RAS-to-CAS Delay：此项允许 SDRAM 写入、读取或者更新资料时，在 CAS 和 RAS 触发信号间插入延迟。

② SDRAM RAS Precharge Time：预充电时间是指在 SDRAM 更新之前，RAS 累计 SDRAM 所需要花费的周期数。

③ SDRAM CAS Latency Time：此选项提供 2 和 3 选项。可以根据系统所使用的 SDRAM 的规格来进行选择。

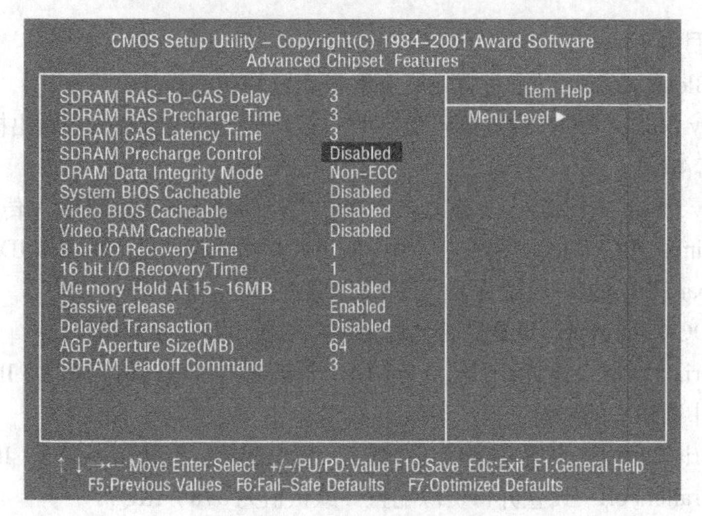

图 8-8　芯片组设置界面

④ SDRAM Precharge Control：此选项决定在 SDRAM 发生分页遗漏时系统采取的动作。

⑤ DRAM Data Integrity Mode：当系统的内存具有 ECC 功能时，请开启该项，供选择项有 ECC 和 Non-ECC。

⑥ System BIOS Cacheable（对系统 BIOS 进行高速缓冲）：当对系统 BIOS 进行 Shadow 后，可以显著提升运行速度。

⑦ Video BIOS Cacheable：对系统 BIOS 进行 Shadow 后，可以显著提升运行速度。

⑧ Video RAM Cacheable：当选择了 Enabled，可以由 L2 缓存来加速 RAM 的执行速度。

⑨ 8 bit I/O Recovery Time：设置两个连续的 8 bit I/O 信号发生时所要延迟的系统周期。

⑩ 16 bit I/O Recovery Time：设置两个连续的 16 bit I/O 信号发生时所要延迟的系统周期。

⑪ Memory Hold At 15～16MB：此项可以让 BIOS 将 15～16MB 这 1MB 内存保留，但是有些特殊的周边设备需要用到这 1MB 内存，建议关闭（Disabled）。

⑫ Delayed Transaction：设置延迟交换时间。

⑬ AGP Aperture Size（MB）：此项可制定 AGP 设备取用内存的容量。

4）周边设备设置

周边设备（Integrated Peripherals）设置界面如图 8-9 所示。

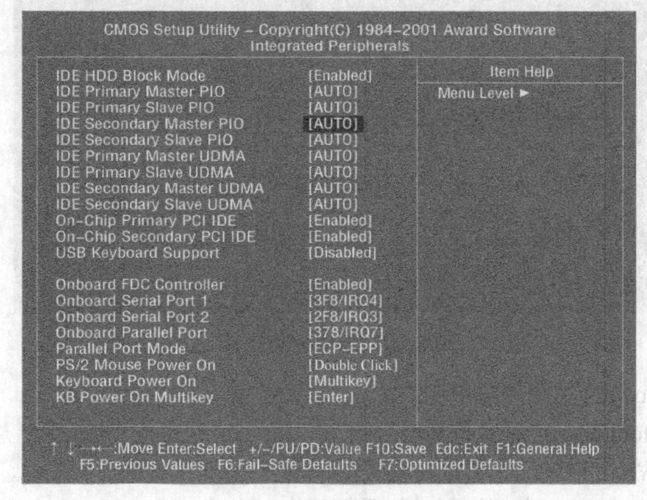

图 8-9　周边设备设置界面

主要的设置项目如下。

① IDE HDD Block Mode：设置是否使用 IDE 硬盘的块传输模式。

② IDE Primary Master PIO：设置第一个 IDE 主接口使用的可编程输入输出模式，可选择的范围是 0、1、2、3 或 4。

③ IDE Primary Master UDMA：设置第一个 IDE 主接口使用的 Ultra DMA 传输模式。

④ On-Chip Primary PCI IDE：设置是否允许使用芯片组内建的第一个 PCI IDE 接口。

⑤ USB Keyboard Support：设置是否支持 USB 键盘。

⑥ Onboard FDC Controller：设置是否允许使用主机板内建的软驱接口。

⑦ Onboard Serial Port 1：设置 COM1（串口 1）资源配置。默认值为 3F8 / IRQ4。通过改变其值，可避免地址和中断请求的冲突。

⑧ Onboard Serial Port 2：设置 COM2（串口 2）资源配置。默认值为 2F8 / IRQ3。

⑨ Onboard Parallel Port：设置并口资源配置。默认值为 378 / IRQ7。

⑩ Parallel Port Mode：设置并口传输模式。一般设置为标准模式，即 Normal 或 SPP 模式。

⑪ PS / 2 Mouse Power On：设置鼠标开机功能。设置为 Double Click，按两次 PS / 2 鼠标左键或右键开机。

⑫ Keyboard Power On：设置键盘开机功能。Disabled：关闭键盘开机功能。Multikey：可设定开机的组合键。

⑬ KB Power On Multikey：设置开机组合键。

5）电源管理模式设置

电源管理模式（Power Management Setup）设置项目如图 8-10 所示。

主要设置项目如下。

① Power Management：电源管理。设置电源的工作模式，以决定是否进入节能状态。

② PM Control by APM：设置由 APM（高级电源管理）控制电源。

③ Video Off Method：设置节能方式时的显示器状态。

④ Suspend Mode：延迟模式。

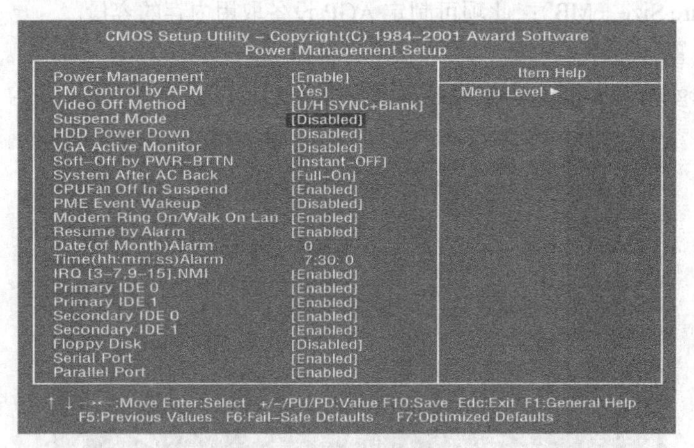

图 8-10　电源管理设置

⑤ HDD Power Down：关闭硬盘电源。

⑥ VGA Active Monitor：监视显示器信号状态。

⑦ Soft-Off by PWR-BTTN：电源开关方式。

⑧ System After AC Back：电源恢复时的系统状态。

⑨ CPUFan Off In Suspend：设置延迟模式时是否停止 CPU 风扇。

⑩ PME Event Wakeup：设置电源管理事件唤醒功能。

⑪ Modem Ring On/Walk On Lan：设置调制解调器 / 网络唤醒功能。

⑫ Resume by Alarm：设置定时开机功能。

⑬ Date（of Month）Alarm 和 Time（hh:mm:ss）Alarm：设置定时开机的日期和时间。

⑭ IRQ[3-7，9-15]，NMI：中断中止。

⑮ Primary IDE 0：IDE 设备存取设置。

⑯ Floppy Disk：软盘设置（设置方法同上）。

⑰ Serial Port：串口设置（设置方法同上）。

⑱ Parallel Port：并口设置（设置方法同上）。

6）PNP / PCI 模块设置

PNP/PCI 模块设置界面如图 8-11 所示。

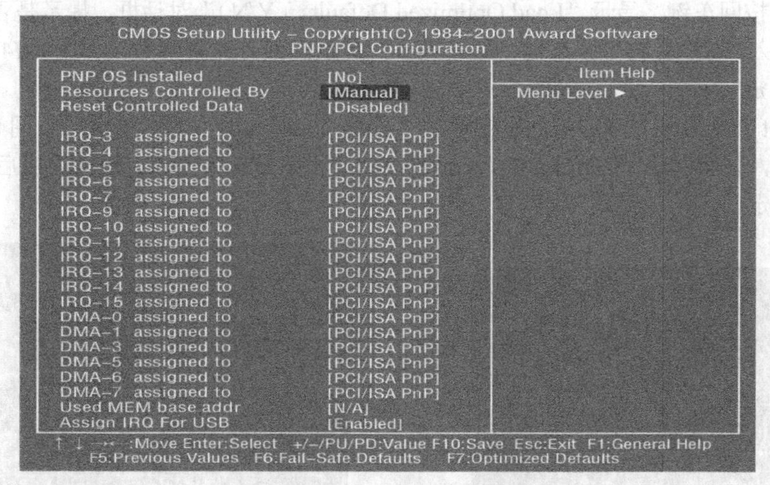

图 8-11　PNP/PCI 模块设置界面

主要设置项目如下。

① PNP OS Installed：是否安装了即插即用操作系统。

② Resources Controlled By：系统资源控制。设置为 Manual 时，窗口中出现 IRQ 和 DMA 菜单以供用户分配 IRQ 和 DMA。

③ Reset Controlled Data：是否允许系统自动重新分配 IRQ、DMA 和 I / O 地址。

④ IRQ-3～15 & DMA-0～7assigned to：设置 IRQ 和 DMA 资源的使用。

⑤ Used MEM base addr：设置是否使用常规内存，建议值为 N / A。

⑥ Assign IRQ For USB：设置是否为 USB 分配 IRQ。

7）计算机健康状态设置

计算机健康状态设置（PC Health Status）界面如图 8-12 所示。本设置主要是对 CPU 的温度、CPU 的风扇转速、电源风扇、电压等的监控数值进行设置。例如，对于 Shutdown Temperature（开机温度）选项，当选择了 75℃，一旦电脑系统开机的温度超过了这个上限，就会自动关机。

8）装载安全模式参数（Load Fail-Safe Defaults）

仅仅将 BIOS 的参数设置成厂商设定的缺省值，这是最保守的设置。如果对软硬件的要求较低，不考虑系统的运行效率，只为确保系统的正常运行，可选择此项。当在主菜单中选择“Load Fail-Safe Defaults”并按回车键后，则进入 BIOS 缺省参数自动设置功能，屏幕显示如图 8-13 所示。

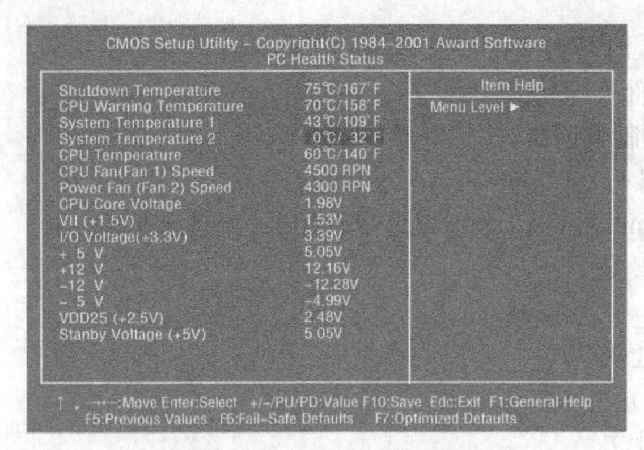

图 8-12　计算机健康状态设置界面

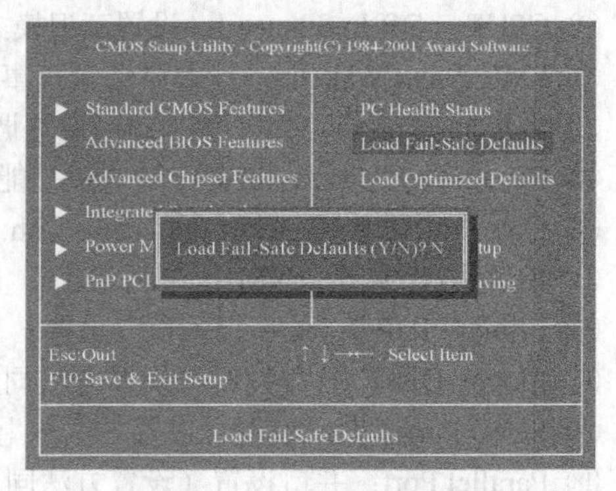

图 8-13　装载安全模式参数

9）装载优化模式参数（Load Optimized Defaults）

选择此项后按回车键，显示“Load Optimized Defaults（Y/N）”对话框，提示是否载入 BIOS 的最佳设置值。键入“Y”并按下回车键，即载入系统提供的最佳设置参数，如图 8-14 所示。

10）密码设定

当选择“Set Password”项并按回车键进入“Enter Password:”对话框时（见图 8-15），请输入密码并按回车键，画面提示“Confirm Password:”，此时再重复输入密码，输入完成后并按回车键即完成了密码的设定。

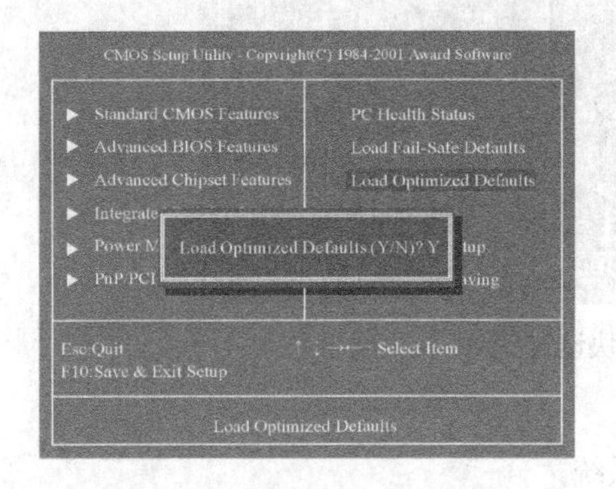

图 8-14　装载优化模式参数

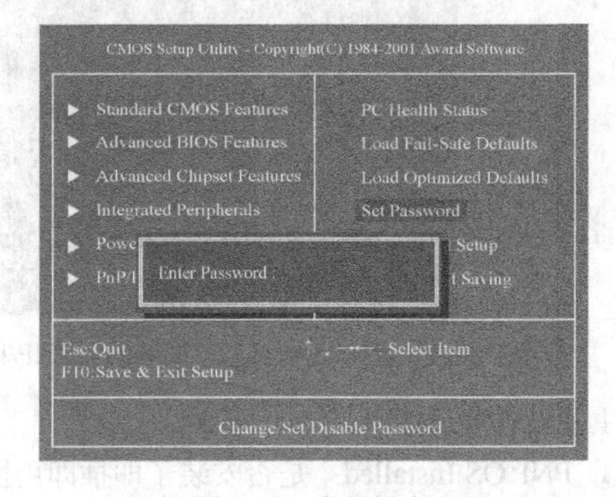

图 8-15　密码设定

完成 BIOS 设置后，选择“Save & Exit Setup（保存并退出）”或者按下“F10”键即可，如图 8-16 所示。如果不想保存，则选择“Exit Without Saving”（不保存退出）。切记，设置的参数只有存盘后才能起作用。

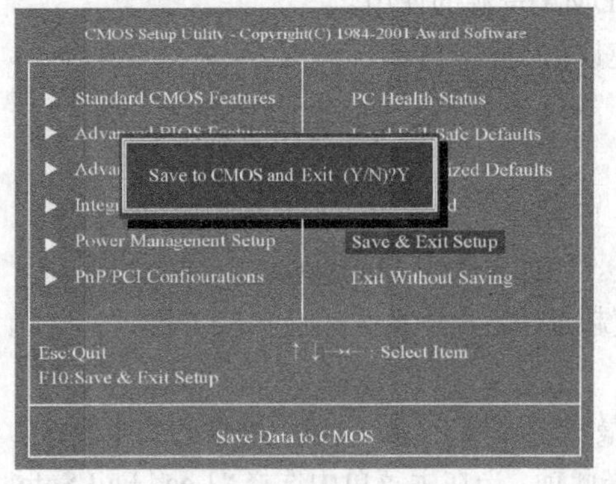

图 8-16　存盘退出

11）常见 BIOS 的出错提示

计算机在启动的时候，主板 BIOS 会对所有硬件设置进行自检，一旦发生错误或故障，BIOS 除了发出响声以外，还会在显示屏幕上提示出错信息，下面归纳一部分常见出错提示。

（1）BIOS ROM Checksum Error-System Halted

翻译：BIOS 信息在进行总和检查（Checksum）时发现错误，因此无法开机。

解析：遇到这种问题是计算机遇到大麻烦了，不能使用了，通常是因为 BIOS 信息刷新不完全所造成的。

（2）CMOS Battery Failed

翻译：CMOS 电池失效。

解析：这表示 CMOS 电池的电力已经不足，请更换电池。

（3）CMOS Checksum Error-Defaults Loaded

翻译：CMOS 执行总和检查时发现错误，因此载入预设的系统设定值。

解析：通常发生这种状况都是电池电力不足所造成，因此建议先换电源看看。如果此情形依然存在，那就有可能是 CMOS RAM 有问题，通常 CMOS RAM 故障个人是无法维修的，所以建议送回原厂处理。

（4）Display Switch is Set Incorrectly

翻译：显示开关配置错误。

解析：较旧型的主机板上有 Jumper 可设定屏幕为单色或彩色，而此信息表示主机板上的设定和 BIOS 里的设定不一致，所以只要判断主机板和 BIOS 谁为正确，然后更新错误的设定即可。

（5）Press Esc to Skip Memory Test

翻译：在内存测试过程中，可按下“Esc”跳过测试。

解析：如果在 BIOS 内并没有设定快速测试的话，那么开机就会执行电脑零件的测试，如果不想等待，可按“Esc”略过或到 BIOS 内开启 Quick Power On Self Test 一劳永逸。

（6）Hard Disk Initializing【Please wait a moment...】

翻译：正在对硬盘做初始化（Initialize）动作。

解析：这种信息在较新的硬盘上根本看不到。但在较旧型的硬盘上，其动作因为较慢，所以就会看到这个信息。

（7）Hard Disk Install Failure

翻译：硬盘安装失败。

解析：遇到这种事，请先检查硬盘的电源线、硬盘线是否安装妥当，或者硬盘 Jumper 是否设错（例如两台都设为 Master 或 Slave）。

（8）Primary Master Hard Disk Fail

翻译：POST 侦测到 Primary master IDE 硬盘有错误。

解析：遇到这种事，请先检查硬盘的电源线、硬盘线是否安装妥当，或者硬盘 Jumper 是否设错（例如两台都设为 Master 或 Slave）。

（9）Hard Disk（s）Diagnosis Fail

翻译：执行硬盘诊断时发生错误。

解析：这种信息通常代表硬盘本身故障。可以先把硬盘接到别的电脑上试试看，如果还是一样的问题，那只好送修了。

（10）Keyboard Error or No Keyboard Present

翻译：此信息表示无法启动键盘。

解析：检查看看键盘连接线有没有插好，把它插好即可。

（11）Memory Test Fail

翻译：内存测试失败。

解析：通常会发生这种情形大概都是因为内存不兼容或故障所导致，所以请先以每次开机一条内存的方式分批测试，找出故障的内存，把它拿掉或送修即可。

（12）Press Tab to Show POST Screen

翻译：按“Tab”可以切换屏幕显示。

解析：有一些 OEM 厂商会以自己设计的显示画面来取代 BIOS 预设的 POST 显示画面，而此信息就是要告诉使用者可以按“Tab”键来把厂商的自定画面和 BIOS 预设的 POST 画面做切换。

任务 8.3　BIOS 的升级

8.3.1　升级 BIOS 的原因

计算机的硬件技术发展很快，为了使原来的计算机具备更高的性能，需要对它进行升级。

目前，主板的 BIOS 绝大多数采用的 Flash EPROM（闪速可擦可编程只读存储器）存储器，可直接用软件改写升级，因而给 BIOS 的升级带来极大的方便。升级的好处总体上可以归纳为以下两点。

首先，提供对新的硬件或技术规范的支持。计算机硬件技术日新月异的发展使得早期生产的主板不能正确识别新硬件或新技术规范，升级 BIOS 以后，可以很好地支持新硬件。比如能支持新频率和新类型的 CP；突破容量限制，能直接使用大容量硬盘；获得新的启动方式；开启以前被屏蔽的功能，例如英特尔的超线程技术，VIA 的内存交错技术等；识别其他新硬件等。

其次，修正老版本 BIOS 中的一些 BUG。这也是升级 BIOS 的一个十分重要的原因。例如有些主板在启动时检测 CD-ROM 的时间过长，但升级 BIOS 后，检测速度有了明显的改观，而且对硬件的支持也更好了。

所以，从某种意义上说，升级主板的 BIOS 就意味着整机性能的提升和功能的完善。

【特别提示】

如果主板 BIOS 使用稳定，没出现任何问题，并且用户不需要增加新的功能的话，那么不建议刷 BIOS。操作不当会导致严重后果，甚至会使主板报废。

8.3.2　升级前的准备工作

升级之前，必须明确自己的主板是否支持 BIOS 的升级，最好的办法是找到主板的说明书，从中查找相关的说明。

新型计算机主板都采用 Flash BIOS，使用相应的升级软件就可进行升级。Flash BIOS 升级需要两个软件：一个是新版本 BIOS 的数据文件（需要到 Internet 网上去下载）；一个是 BIOS 刷新程序（一般在主板的配套光盘上可以找到，也可到 Internet 网上去下载）。

BIOS 刷新程序有以下功能。

① 保存原来的 BIOS 数据。

② 更新 BIOS 数据（将新数据刻进 BIOS 芯片）。

③ 其他功能。

升级之前，必须拥有专用的 BIOS 写入程序（编程器）和新版本的 BIOS 数据文件。BIOS 的写入程序其实就是一个可执行文件，不同的 BIOS 生产商使用的程序是不同的，最好不要混用。即 Award 芯片最好用它自身的写入程序更安全。在升级 BIOS 之前，必须确定主板型号，然后从主板生产商官方网站下载相应的写入程序。目前主板上使用最多的是 Award 和 AMI 芯片，其写入程序分别为 Award Flash 和 AMI Flash。

8.3.3　Windows 下主板 BIOS 的升级

在确定已经具备升级条件后，就可以进行 BIOS 的升级操作了。刷 BIOS 普遍方式有两种，以前只可以在 DOS 下刷写，现在可以在 Windows 下直接刷写，且操作简单。下面介绍操作步骤。

① 准备刷新软件。在 Windows 系统下刷 BIOS 需要下载第三方软件。现在介绍如何使用 WinFlash 软件，这个软件可以在 Windows 系统下直接刷 BIOS。

② 准备与主板对应的数据文件。到主板厂商的主页上去下载与主板对应的 BIOS 刷新文件，预先存入硬盘，不要放到 C 盘。

③ 运行 WinFlash 软件。运行下载的 WinFlash 软件，WinFlash 软件运行界面如图 8-17 所示。

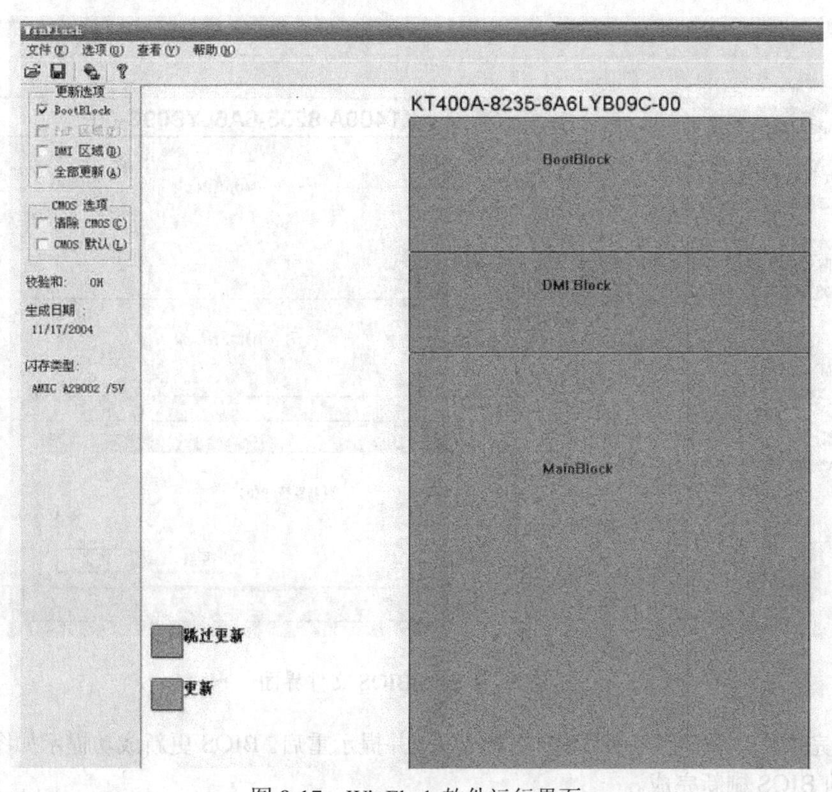

图 8-17　WinFlash 软件运行界面

④ 单击“文件”→“更新 BIOS”，系统会提示选择存入硬盘的 BIOS 数据文件，界面如图 8-18 所示。

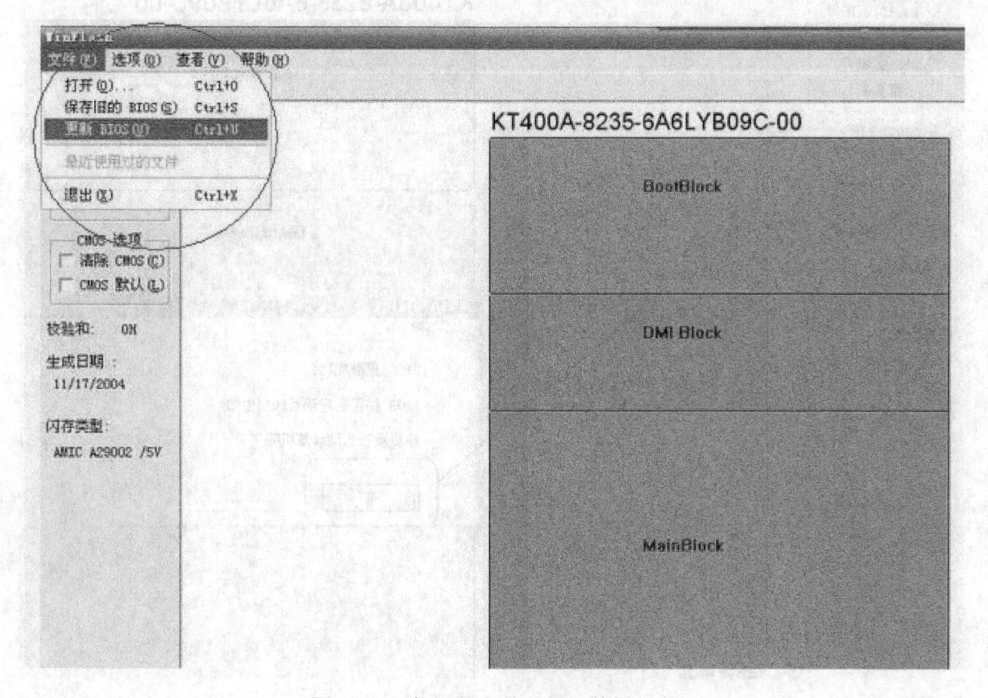

图 8-18　存入硬盘的 BIOS 数据文件

⑤ 然后选择预先下载的 BIOS 数据文件，单击“确定”即出现图 8-19 所示界面。

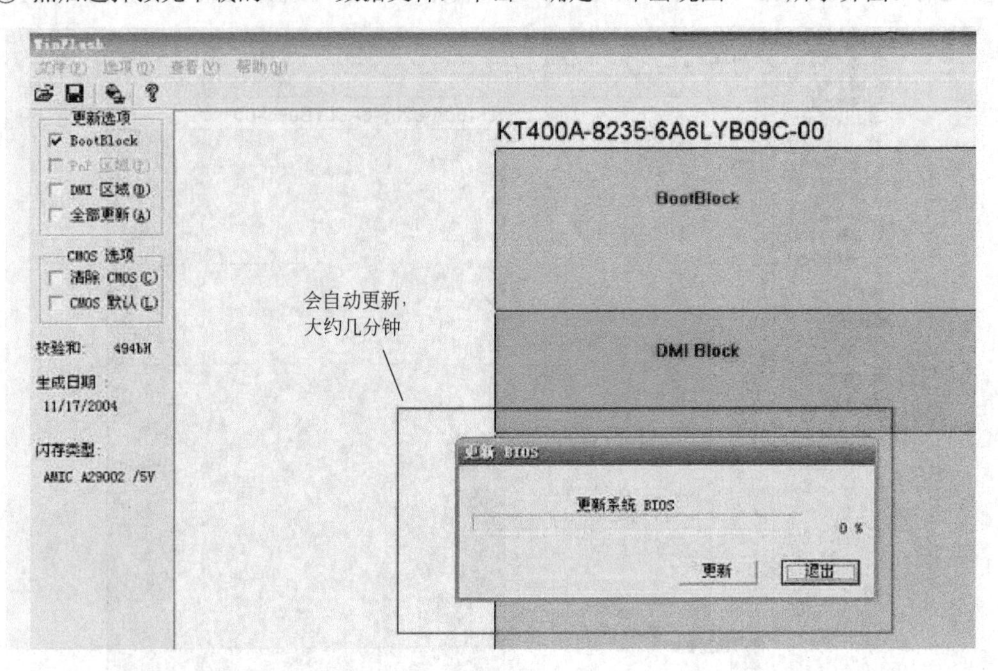

图 8-19　下载的 BIOS 文件界面

⑥ 更新完成后，系统会提示 BIOS 更新成功，并提示重启。BIOS 更新成功提示如图 8-20 所示。至此，主板的 BIOS 刷新完成。

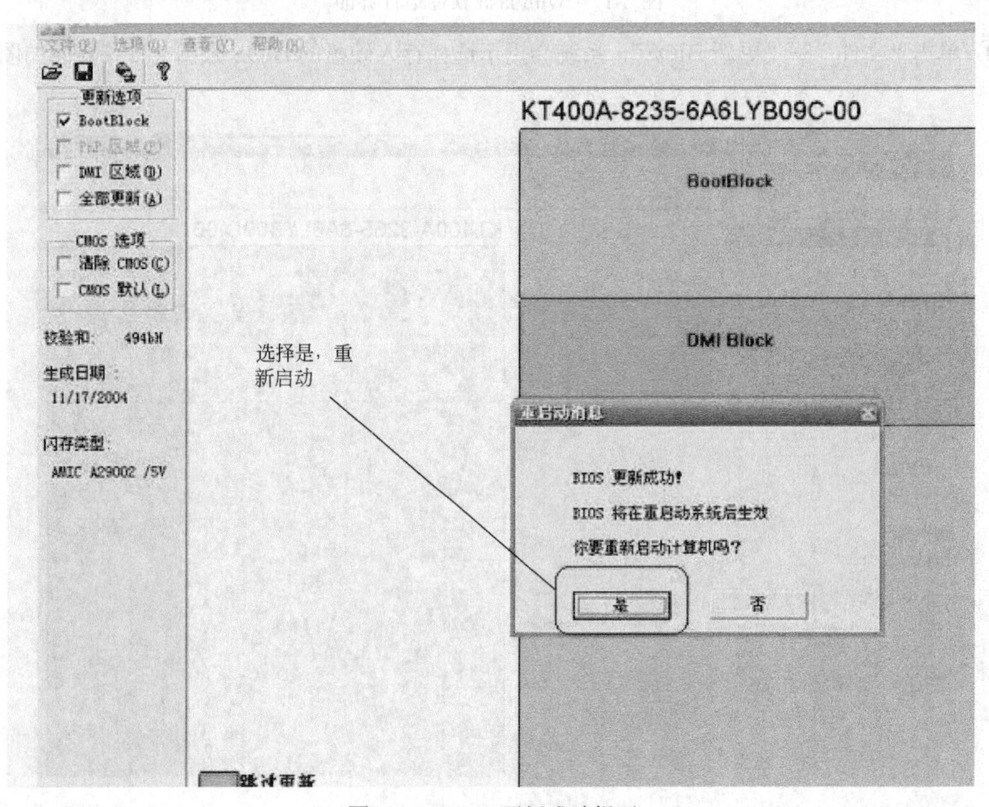

图 8-20　BIOS 更新成功提示

【特别提示】

新版本的Award擦写程序运行时，会检查指定的新版本的BIOS文件是否与主板一致。如果不匹配，该程序将会给出警告信息："您想要升级使用的BIOS文件与您的主板不匹配"。

升级BIOS时，最好使用在线式的UPS对主机供电，以避免在擦写BIOS的过程中主机掉电。无论是使用了错误的主板BIOS版本，还是在BIOS擦写过程中主机掉电，电脑都将有可能从此不再正常启动。

8.3.4 BIOS升级失败后的处理

在升级BIOS时，可能会由于写入的BIOS版本不对、不全或本身存在的错误，在升级过程中出现断电现象等原因导致升级失败，这时可以用如下方法进行挽救工作。

（1）更换一个新的BIOS芯片

这是最直接的方法，但是实施起来有一定的难度，主要原因是：如果用户的主板比较老了，其BIOS芯片在市场上较难寻觅。当然这也不是绝对的，有些主板厂商向用户提供BIOS芯片，有的甚至还是免费的，所以最好与销售商或主板厂商联系，看看是否有用户需要的BIOS芯片。如果用户幸运地得到的话，用它替换旧的芯片即可。

（2）热插拔法

所谓"热插拔法"，是指在开机的情况下通过替换BIOS芯片的方法恢复损坏的BIOS芯片。首先，找一台主板型号与用户的完全一致的机器，将它引导至安全的DOS方式下，然后轻轻地拔下好的BIOS芯片，再将坏的BIOS芯片插到主板上，最后依照上面讲述的步骤将用户原来备份好的BIOS数据文件恢复到BIOS芯片中。这样，用户的BIOS就重获新生了。这里要注意的是，在热拔插的过程中动作一定要轻，千万不能损坏BIOS芯片的引脚。最好的方法是先在关机的情况下将好的BIOS芯片拔出，然后插回去，注意不要插得太紧，再进行热插拔法，以确保安全。如果用户找不到一样的主板，可以找一块其他的可以正常工作的主板，用前面的方法重写BIOS，但要屏蔽掉BIOS版本和主板不一致的检查，方法是带参数执行写入程序，比如重写Award BIOS的方法是在A盘提示符下，从键盘输入"awdflash*.bin/py "（其中*.bin是要写入的BIOS数据文件名）。

（3）用写入设备重写BIOS

市场上有专门的BIOS写入设备，可以对BIOS进行刷新和升级，也可用来修复被CIH病毒破坏的BIOS芯片。

任务8.4 UEFI与BIOS

8.4.1 什么是UEFI

UEFI，全称Unified Extensible Firmware Interface，即"统一的可扩展固件接口"，是一种详细描述全新类型接口的标准，是适用于电脑的标准固件接口，其主要目的是为了提供一组在OS加载之前（启动前）在所有平台上一致的、正确指定的启动服务，是一种更快捷、快速的电脑启动配置，旨在代替BIOS。

每一台普通的电脑都会有一个BIOS，它主要负责开机时检测硬件功能和引导操作系统启动的功能。而UEFI是新一代的BIOS，用于操作系统自动从预启动的操作环境，加载到一种操作系统上，从而达到开机程序化繁为简、节省时间的目的。BIOS与UEFI运行流程如图8-21所示。

与BIOS相比，UEFI最大的几个区别在于：

① 编码99%都是由C语言完成；

② 一改之前的中断、硬件端口操作的方法，而采用了Driver/protocol的新方式；

③ 将不支持X86实模式，而直接采用Flat mode（也就是不能用DOS了，现在有些EFI或UEFI还能用，是因为做了兼容，但实际上这部分不属于UEFI的定义了）；

④ 输出也不再是单纯的二进制code，改为Removable Binary Drivers；

⑤ OS启动不再是调用Int19，而是直接利用protocol/device Path；

⑥ 对于第三方的开发，前者基本上做不到，除非参与BIOS的设计，但是还要受到ROM的大小限制，而后者就便利多了。

⑦ 弥补BIOS对新硬件的支持不足的问题。

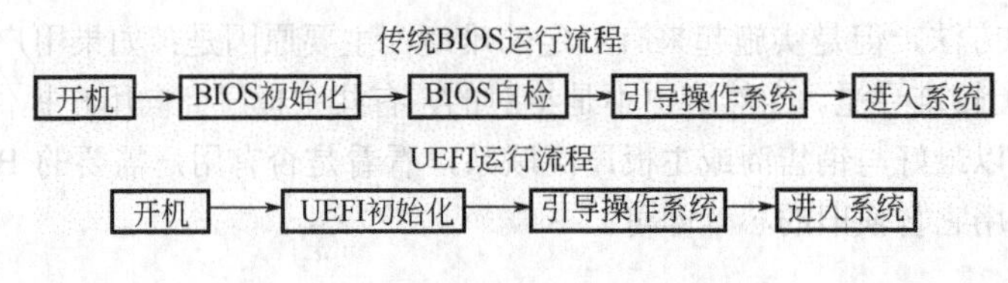

图8-21　BIOS与UEFI运行流程

目前UEFI主要由这几部分构成：UEFI初始化模块、UEFI驱动执行环境、UEFI驱动程序、兼容性支持模块、UEFI高层应用和GPT（GUID）磁盘分区。

值得注意的是，一种突破传统MBR（主引导记录）磁盘分区结构限制的GPT（GUID,全局唯一标志符）磁盘分区系统将在UEFI规范中被引入。MBR结构磁盘只允许存在4个主分区，而这种新结构却不受限制，分区类型也改由GPT来表示。

X86处理器能够取得成功，与它良好的兼容性是分不开的。为了让不具备UEFI引导功能的操作系统提供类似于传统BIOS的系统服务，UEFI还特意提供了一个兼容性支持模块，这就保证了UEFI在技术上的良好过渡。

8.4.2　UEFI的特点和优势

UEFI启动是一种新的主板引导项，它被看做是BIOS的继任者。UEFI最主要的特点是图形界面（也有很多UEFI支持采用传统的BIOS样式菜单界面），很多BIOS里的设置都能在UEFI中找到，但是其功能更加强大，可以让用户更便捷直观地进行操作。UEFI的图形界面如图8-22所示。

很多UEFI同时兼容BIOS模式，可以在设置里看到UEFI和Legacy两个选项。UEFI是新式的BIOS，legacy是传统BIOS。在UEFI模式下安装的系统，只能用UEFI模式引导；同理，如果在Legacy模式下安装的系统，也只能在legacy模式下进入系统。

UEFI只支持64位系统且磁盘分区必须为GPT模式，传统BIOS使用Int13中断读取磁盘，每次只能读64KB，非常低效，而UEFI每次可以读1MB，载入更快。此外，Windows 8（简称WIN 8或Win 8）更是进一步优化了UEFI支持，可以实现瞬时开机。

因为目前主要的系统引导方式是这两种：传统的Legacy BIOS和新型的UEFI。一般来说，有两种引导+磁盘分区表组合方式：Legacy BIOS+MBR和UEFI+GPT。

Legacy BIOS无法识别GPT分区表格式，所以也就没有Legacy BIOS+GPT组合方式。

UEFI可同时识别MBR分区和GPT分区，所以UEFI下，MBR和GPT磁盘都可用于启动操作系统。不过由于微软公司限制，UEFI下使用Windows安装程序安装操作系统是只能将系统安装在

GPT 磁盘中。

图 8-22　UEFI 的图形界面

如果是安装在 UEFI+GPT 模式下的 Windows 8 系统，想重新安装 32 位的 Windows 7（简称 WIN 7 或 Win 7）系统，必须改为 Legacy BIOS 模式，并且将硬盘改为 MBR 模式才可以，这样意味着硬盘上的原有数据都将丢失，所以现在重新安装 Windows 7 是一件比较麻烦的事情。

UEFI 主板对不同操作系统的兼容性也不一样，要合理选择以充分发挥系统的性能。UEFI 板块兼容性如图 8-23 所示。

显卡	主板	系统	Win8快速开机	开机卡机/不显示
UEFI BIOS显卡	UEFI BIOS主板	Windows 8	支持	无
		Windows 7/XP	不支持	无
传统 BIOS显卡	UEFI BIOS主板	Windows 8	不支持	无
		Windows 7/XP	不支持	无
UEFI BIOS显卡	传统 BIOS主板	Windows 8	不支持	有
		Windows 7/XP	不支持	有
传统 BIOS显卡	传统 BIOS主板	Windows 8	不支持	无
		Windows 7/XP	不支持	无

图 8-23　UEFI 板块兼容性

UEFI 启动对比 BIOS 启动的优势如下。

（1）安全性更强

UEFI 启动需要一个独立的分区，它将系统启动文件和操作系统本身隔离，可以更好地保护系统的启动。即使系统启动出错需要重新配置，也只要简单对启动分区重新进行配置即可。而且，对于 Windows 8 系统，它利用 UEFI 安全启动，以及固件中存储的证书与平台固件之间创建一个信任源，可以确保在加载操作系统之前，能够执行已签名并获得认证的“已知安全”代码和启动加载程序，可以防止用户在根路径中执行恶意代码。

（2）启动配置更灵活

UEFI 启动和 GRUB 启动类似，在启动的时候可以调用 EFIShell，在此可以加载指定硬件驱动，选择启动文件。比如默认启动失败，在 EFIShell 加载 U 盘上的启动文件，可以继续启动系统。

（3）支持容量更大

传统的 BIOS 启动由于 MBR 的限制，默认是无法引导超过 2.1TB 以上的硬盘的。随着硬盘价格的不断走低，2.1TB 以上的硬盘会逐渐普及，因此 UEFI 启动也是今后主流的启动方式。

实训指导

（1）笔记本电脑 BIOS 设置

找几款不同品牌的台式机或笔记本电脑，研究进入 BIOS 设置主界面，练习以下内容。

① 修改系统日期与时间。

② 载入默认优化设置。

③ 设置开机启动顺序。

④ 关闭板载声卡。

⑤ 调整 BIOS 设置，加快开机启动速度。

⑥ 设置开机密码和 BIOS 密码。

（2）进行 CMOS 跳线设置

① 找几个旧的台式机主板，用万用表测量 CMOS 电池电压。

② 观察不同主板上的 BIOS 型号、厂家，找到清空 CMOS 的跳线，然后进行 CMOS 电池放电。

思考与练习

1. 开机过程中 BIOS 的作用及作用过程。
2. 如何通过 BIOS 设置禁用 USB 设备？
3. 如何设置系统开机密码？
4. 如何设置系统先从优盘启动？
5. 写出升级 BIOS 的一般步骤和注意事项。
6. 简述 UEFI 的主要特点。

项目 9　硬盘规划和操作系统安装

【项目分析】

必须掌握硬盘的分区和格式化、系统安装、硬件驱动程序安装等技术。为此需要熟练掌握硬盘分区、格式化软件，操作系统安装步骤、方法，驱动程序安装步骤与技巧，系统备份等知识。

【学习目标】

知识目标：

① 了解硬盘分区的基础知识，格式区别；

② 了解安装操作系统的注意事项，方法区别；

③ 了解备份系统的注意事项。

能力目标：

① 掌握硬盘分区、格式化的方法与技巧；

② 掌握 GPT 分区方法；

③ 掌握 Windows 8 等操作系统的安装；

④ 掌握驱动程序的安装方法；

⑤ 掌握 Ghost 软件备份系统的操作方法和使用技巧。

任务 9.1　硬盘分区与格式化

安装操作系统和软件之前，首先需要对硬盘进行分区和格式化，然后才能使用硬盘保存各种信息。

硬盘的分区和格式化可以用装修房子来比拟：盖好的毛坯房入住前需要规划房间功能（哪里是厨房、卫生间、卧室、客厅等）和根据房间功能不同分别采取不同的装修方式，规划房间功能就相当于硬盘规划，而内装修就相当于硬盘格式化。还可以与在白纸上写字相比拟：一块新的硬盘相当于一张“白纸”，为了能够更好地使用它，要在“白纸”上划分出若干小块，然后打上格子，如此一来，用户在“白纸”上写字或作画时，不仅有条理，而且可以充分利用资源。对白纸进行“划分”和“打格子”的操作，就是通常所说的“硬盘分区”和“硬盘格式化”。

9.1.1　分区基础知识

（1）主分区、扩展分区、逻辑分区

创建分区之前首先要确定准备创建的分区类型。有三种分区类型，它们是“主分区”、“扩展分区”和“逻辑分区”。

主分区是指直接建立在硬盘上、一般用于安装及启动操作系统的分区。由于分区表的限制，一个硬盘上最多只能建立四个主分区，或三个主分区和一个扩展分区。

扩展分区是指专门用于包含逻辑分区的一种特殊分区，但它不能直接使用，必须再将它划分为若干个逻辑分区才行。

逻辑分区是指建立于扩展分区内部的分区，也就是平常在操作系统中所看到的 D、E、F 等盘。

（2）分区原则

许多人都会认为既然是分区就一定要把硬盘划分成好几个部分，其实完全可以只创建一个分区。不过，不论划分了多少个分区，都必须把硬盘的主分区设定为活动分区，这样才能够通过硬盘启动系统。

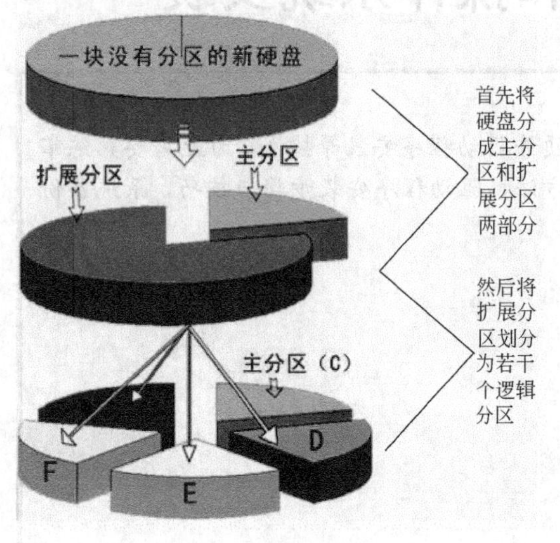

图 9-1　硬盘的分区

在给新硬盘上建立分区时要遵循以下的顺序：建立主分区→建立扩展分区→建立逻辑分区→激活主分区→格式化所有分区，如图 9-1 所示。

图 9-1 中有一个主分区（C），其他为在扩展分区上建立的逻辑分区。

【特别提示】

MBR 分区表不支持容量大于 2.2TB 的分区，随着大容量硬盘的不断涌现，现在越来越多的使用 GUID 分区方案。GUID 分区表简称 GPT，其含义为“全局唯一标识磁盘分区表”，是源自 EFI 标准的一种新的磁盘分区表结构的标准。使用 GUID 分区表的磁盘称为 GPT 磁盘。

与主引导记录（MBR）分区方案相比，GPT 提供了更加灵活的磁盘分区机制。不过，并不是所有的 Windows 系统都支持这种分区方案。采用 GPT 格式分区装系统，所需要的系统必须是 WIN7、X64 位以上的，并且主板支持 UEFI 启动模式。GPT 分区方案这里不详细叙述，后面会有关于 GPT 分区操作方法的介绍。

GPT 具有如下优点：

① 支持 2TB 以上的大硬盘。

② 每个磁盘的分区个数几乎没有限制。为什么说“几乎”呢？是因为 Windows 系统最多只允许划分 128 个分区。不过也完全够用了。

③ 分区大小几乎没有限制。因为它用 64 位的整数表示扇区号。夸张一点说，一个 64 位整数能代表的分区大小已经是个“天文数字”了，若干年内都无法见到这样大小的硬盘，更不用说分区了。

④ 分区表自带备份。在磁盘的首尾部分分别保存了一份相同的分区表。其中一份被破坏后，可以通过另一份恢复。

⑤ 每个分区可以有一个名称（不同于卷标）。

9.1.2　硬盘的分区格式

硬盘格式化就相当于在白纸上打上格子，而分区格式就如同“格子”的样式，不同的操作系统打“格子”的方式是不一样的，根据目前流行的操作系统来看，常用的分区格式有三种，分别是 FAT16、FAT32 和 NTFS 格式。

（1）FAT16

这是 MS-DOS 和早期的 Windows 95 操作系统中使用的硬盘分区格式。它采用 16 位的文件分配表，是目前获得操作系统支持最多的一种硬盘分区格式，几乎所有的操作系统都支持这种分区格式，从 DOS、Windows 95、Windows 98 到现在的 Windows 2000、Windows XP、Windows Vista，甚至新的 Windows 7 都支持 FAT16，但只支持 2GB 的硬盘分区成为了它的一大缺点。FAT16 分区格式的另外一个缺点是硬盘利用效率低（具体的技术细节请参阅相关资料）。为了解决这个问题，微软公司在 Windows 95 OSR2 中推出了一种全新的磁盘分区格式——FAT32。

（2）FAT32

这种格式采用 32 位的文件分配表，增强了硬盘的管理能力，突破了 FAT16 下每一个分区的容量只有 2GB 的限制，达到 2000GB。由于现在的硬盘生产成本下降，其容量越来越大，运用 FAT32 的分区格式后，可以将一个大容量硬盘定义成一个分区而不必分为几个分区使用，从而方便了对磁盘的管理。此外，FAT32 与 FAT16 相比，可以极大地减少硬盘的浪费，提高硬盘利用率。目前，Windows 95 OSR2 以后的操作系统都支持这种分区格式。但是，这种分区格式也有它的缺点。首先是采用 FAT32 格式分区的硬盘由于文件分配表的扩大，运行速度比采用 FAT16 格式分区的硬盘要慢。

（3）NTFS

NTFS 分区格式在安全性和稳定性方面非常出色，在使用中不易产生文件碎片，并且能对用户的操作进行记录，对用户权限进行非常严格的限制，使每个用户只能按照系统赋予的权限进行操作，充分保护了系统与数据的安全。Windows XP、Windows 7、Windows 8 、Windows 10 都支持这种分区格式。

（4）Ext2

这是 Linux 中使用最多的一种文件系统，它是专门为 Linux 设计的，拥有最快的速度和最小的 CPU 占用率。Ext2 既可以用于标准的块设备（如硬盘），也被应用在移动存储设备上。现在已经有新一代的 Linux 文件系统出现，如 SGI 公司的 XFS、Ext3 文件系统。Linux 的硬盘分区格式与其他操作系统完全不同，其 C、D、E 等分区的意义也和 Windows 操作系统下不一样。使用 Linux 操作系统后，死机的情况大大减少。但是，目前支持这一分区格式的操作系统只有 Linux，而 Linux 对于大部分用户来说很少使用，在这里就不做详细介绍了。

9.1.3　硬盘分区与格式化的准备方案

如今几百 GB 容量的硬盘很常见，如何给这么大的硬盘分区呢？对于品牌机来说，往往都只把硬盘分成两个区甚至不分区，某些品牌要分更多的区还要额外付费。而在攒机的时候，技术服务人员一般会征求客户的意见，如果没有什么特殊要求的话，一般将硬盘容量平均分三个或四个区。

要想合理地分配硬盘空间，需要从三个方面来考虑。

① 按要安装的操作系统的类型及数目来分区。

② 按照各分区数据类型的分类进行分区。

③ 为了便于维护和整理。

究竟如何分区更合适？其实这个并没有统一的规定，根据笔者的使用经验，下面谈谈分区时应该注意的要点。

（1）系统、程序、资料分离

Windows 有个很不好的习惯，就是把“我的文档”等一些个人数据资料都默认放到系统分区中。这样一来，一旦要格式化系统盘来彻底杀灭病毒和木马，而又没有备份资料的话，数据安全就很成问题。

正确的做法是将需要在系统文件夹和注册表中拷贝文件和写入数据的程序都安装到系统分区里面；对那些可以绿色安装，仅仅靠安装文件夹的文件就可以运行的程序放置到程序分区之中；各种文本、表格、文档等本身不含有可执行文件，需要其他程序才能打开的资料，都放置到资料分区之中。这样一来，即使系统瘫痪，不得不重装的时候，可用的程序和资料不会丢失，不必为了重新找程序和恢复数据而头疼。

（2）C 盘不宜太大，保留一个大的分区

C 盘是系统盘，硬盘的读写比较多，产生错误和磁盘碎片的概率也较大，扫描硬盘和整理碎片是经常性的工作，而这两项工作的时间与硬盘的容量密切相关。C 盘的容量过大，往往会使这两项工作耗时多，从而影响工作效率。

一般来说，现在硬盘容量都很大，建议 C 盘容量可考虑在 10～20GB（若安装 Windows 7 在 30～50GB），安装软件的分区考虑在 20～40GB，存储影视音乐的分区在 30GB 以上，备份分区在 15GB 以上。

随着硬盘容量的增长，文件和程序的体积也是越来越大，建议保留至少一个大分区。现在一个电影文件动辄数 GB，假如按照平均原则进行分区的话，当想保存两部高清电影时，这些巨型文件的存储就将会遇到麻烦。对于海量硬盘而言，很有必要分出一个容量在 100GB 以上的分区用于大文件的存储。

以上只是一种建议，可以根据个人实际情况来合理规划。

（3）尽量使用 NTFS 分区

NTFS 文件系统是一个基于安全性及可靠性的文件系统，它不但可以支持达 2TB 大小的分区，而且支持对分区、文件夹和文件的压缩，可以更有效地管理硬盘空间。对局域网用户来说，在 NTFS 分区上可以为共享资源、文件夹以及文件设置访问许可权限，安全性要比 FAT32 高得多。

（4）双系统乃至多系统好处多

如今病毒、流氓软件横行，系统发生故障无法启动是很常见的事情。一旦出现这种情况，重装、杀毒要消耗很多时间，耽误工作。如果有一个备份的系统，可以用另外一个系统展开工作，也可以从容修复受损系统，乃至用镜像把原系统恢复。即使不做处理，也不会因为电脑问题耽误事情。

【特别提示】

硬盘的分区和格式化操作会破坏硬盘上原有的数据，进行此类操作前要注意备份硬盘上原有的重要文档和数据。硬盘的低级格式化是由生产厂家完成。

9.1.4 硬盘分区与格式化的准备工作

对一个硬盘进行分区与格式化的工作，必须先从另外一个磁盘介质启动计算机系统，然后选择使用合适的分区软件对目标硬盘进行分区与格式化操作。

首先，要进入 BIOS 设置程序菜单，设置磁盘启动顺序。可以选择从软盘、光盘、U 盘或另外一个硬盘来优先引导、启动系统。

其次，优先引导的磁盘介质上必须存储有操作系统文件，可以引导计算机启动操作系统。即引导盘必须是“系统盘”。市面上有大量的系统安装光盘和系统安装优盘，选购很方便。

当然，启动磁盘上还要有分区格式化软件程序，用来进行硬盘分区工作。

以上条件和准备工作完成以后，放入引导盘，打开计算机电源，选择合适的软件程序，就可以开始硬盘分区格式化的工作了。

任务 9.2 了解常用的硬盘分区管理软件

常用的硬盘分区软件有 Partitiong Magic、Diskgenius、Fdisk、DM 等，由于 Fdisk 与 DM 已经很少用了，下面只介绍前两种分区软件的操作方法与技巧。

9.2.1 用 Partition Magic 分区和格式化硬盘

Partition Magic（俗称分区魔术师，简称 PQ Magic）是由 PowerQuest 公司开发的。该工具可以在不破坏硬盘中已有数据的前提下，任意对硬盘进行划分，以及在一个硬盘中安装多个操作系统。该工具提供了在 Windows 环境和 DOS 环境下运行的两个主程序文件，界面风格和常规操作大致相同。下面以在 Windows 环境下运行 Partition Magic Pro 7.0 为例进行介绍，其他高版本与此操作方法基本相同。

1）Partition Magic Pro 7.0 的功能特点

Partition Magic Pro 7.0 可以随时建立、合并、修改及移动硬盘分区，且不破坏原有分区中的数据。它支持大容量硬盘，并能够在 FAT16、FAT32、NTFS 分区间方便地相互转换，可在主分区与逻辑分区之间进行转换。该软件提供了具有亲和力的向导功能，一切操作都可以利用向导顺利完成。对于不同的文件系统、未使用的空间等，软件会用不同的颜色加以区分。它是业界最专业的硬盘分区管理工具之一。

软件安装好后，会在“开始”菜单的“程序”项下面增加一个“PowerQuest Partition Magic Pro 7.0”菜单项。由于分区操作会使磁盘信息丢失，尽管 PQ Magic 有比较强大的错误恢复功能，但为了确保数据安全，还是应该注意以下事项。

① 运行 PQ Magic 前先查毒，因为部分病毒能对 PQ Magic 的操作造成严重的影响。

② 运行 PQ Magic 前最好运行磁盘扫描程序和磁盘碎片整理程序对磁盘进行扫描和整理，并在系统启动时忽略所有的启动配置（选择“开始”菜单中的“运行”子菜单，运行 MSCONFIG 程序，在所有打开的“系统配置实用程序”窗口中选择“常规”选项卡，选择“启动选项”为“选择性启动”，并取消“处理 Win.ini 文件”复选框，然后重新启动计算机即可）。

③ 运行 PQ Magic 前，必须禁止 BIOS 中的病毒警告功能。

④ 使用 PQ Magic 时，不要对被操作的分区进行写操作。

Partition Magic Pro 7.0 运行后的主界面如图 9-2 所示。

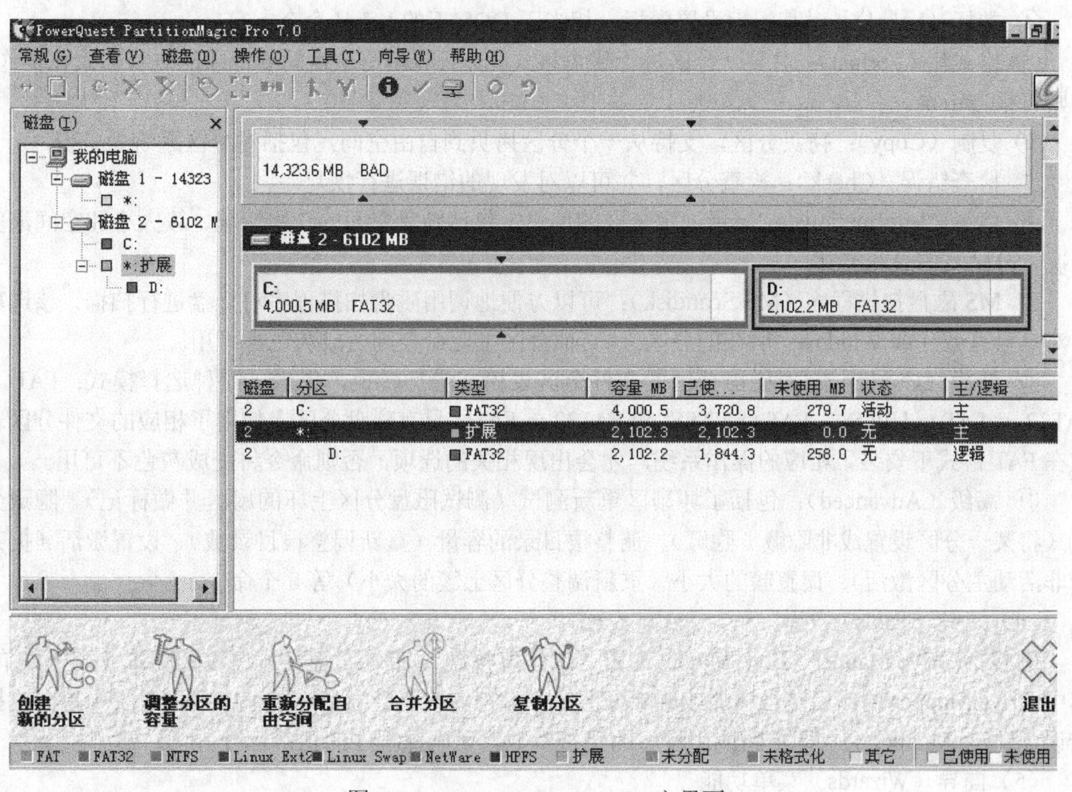

图 9-2　Partition Magic Pro 7.0 主界面

2）PQ Magic 主菜单

PQ Magic 有个菜单项，它们的功能如下。

（1）常规（General）菜单

① 应用改变（Apply Changes）：当对硬盘分区进行一系列的调整后，单击它将使改变生效。

② 撤销上次更改（Discard Changes）：在对硬盘分区操作后，如果不满意，点击它将使所做的调整无效，回到本操作之前的状态。

③ 参数选择（Preferences）：查看当前硬盘的信息，可以设置成供 NT 使用的 64K/簇文件分区表，忽略 OS/2EA 在 FAT 文件分区表上的错误，把硬盘设置成对 Partition Magic 只读，跳过检查坏文件头等。

（2）查看菜单

在此菜单中列出了工具栏、树状查看、向导按钮、图例和比例化磁盘映射等选项，并且列出了每个硬盘上建立的所有分区，而且显示处于当前操作状态的分区。

（3）操作（Operations）菜单

① 调整容量/移动（Resize/Move）：选中一个分区后，单击它可以调整分区的大小，既可以用鼠标左右拖动滑块来改变分区大小，也可以输入数字来改变分区大小。

② 创建（Create）：从自由空间中创建主分区或逻辑分区。可以选择要创建分区的文件分配表的类型，设置卷标，建立逻辑盘或主分区。

③ 删除（Delete）：删除不想要的分区，包括主分区和逻辑分区，在弹出的对话框中输入卷标名，如果某一盘符未设卷标，则输入“No Name”即可，若有卷标，则应输入相应的卷标，对话框中都会给出当前正确的卷标名（Current Volume Label），将其填入就行了。在执行删除操作前，一定要慎重，并且将数据备份。

④ 卷标（Label）：对某一盘设置卷标，相当于 DOS 下的 Label 命令。

⑤ 格式化（Format）：对某一分区进行磁盘格式化，只有填写该盘的卷标才能进行格式化操作，否则将报告错误。

⑥ 复制（Copy）：拷贝分区，支持从一个分区拷贝到自由空间，包括对分区系统做备份。

⑦ 检查错误（Check）：检查分区，并可以对发现的错误进行恢复。

⑧ 信息（Informations）：显示选定分区的信息，包括硬盘空间的使用情况、簇大小和空间浪费情况、分区表信息和 FAT。

⑨ MS 磁盘扫描程序（MS Scandisk）：可以方便地调用磁盘扫描程序对 C 盘进行扫描，该选项只对 C 盘有效（或 Windows 所在的分区），其他分区上此命令则变成灰色不可用。

⑩ 转换（Convert）：对磁盘分区的文件分区表模式进行转换，提供了四种选择模式：FAT to FAT32 、FAT to HPFS 、FAT to NTFS 和 FAT32 to FAT。只有磁盘分区上使用了相应的文件分区表或在 FAT 格式下安装了相应的操作系统，才会出现相关的选项，否则命令将变成灰色不可用。

⑪ 高级（Advanced）：包括了坏扇区重新测试（测试磁盘分区上坏的扇区并做标记）、隐藏分区（将某一分区设置成非隐藏 / 隐藏）、调整根目录的容量（重新调整根目录数）、设置激活（把某一非活动主分区激活）、调整簇的大小（重新调整分区上簇的大小）等 5 个命令。

（4）工具（Tools）菜单

它包括 Drive Mapper、Boot Magic 配置、创建急救盘 、启动盘建立程序以及脚本 5 个子菜单。其中 Drive Mapper 的作用是当增加或删除分区时，盘符的改变会导致应用程序在注册表中指向连接错误，Drive Mapper 会立即更新应用程序的盘符参数，以确保程序的正常运行。

（5）向导（Wizards）菜单功能

它包括创建新的分区、调整分区的容量、重新分配自由空间、合并分区、复制分区 5 个子菜单。

（6）帮助（Help）菜单

帮助菜单提供帮助说明信息。

PQ Magic 采用不同的颜色来区分分区的格式。其中，绿色代表 FAT 格式，蓝色代表 HPFS 格式，墨绿色代表FAT32格式，粉红色代表NTFS格式，紫色代表Linux Ext2格式，红色代表NetWare格式，浅蓝色代表扩展分区格式等。

3）PQ Magic的应用

（1）调整分区大小

调整分区大小可使用两种方法，一种是手工调整，另一种是使用向导调整。下面首先介绍如何利用手工方法调整分区大小。

① 在图9-12所示的目录树中选择所要调整的物理硬盘分区。

② 右击所选择的分区，从弹出的快捷菜单中选择“调整容量/移动”命令。

③ 在弹出的“调整容量/移动”窗口中，在“新建容量”处输入分区具体数据，也可以通过拖动滑动条进行调整，然后单击“确定”按钮。在弹出的窗口指示条中，黑色代表分区中已使用的部分，绿色代表未使用部分，灰色代表新调整出来的部分。在“自由空间后”处显示从原分区中调整出来的空间大小。

④ 在返回的主界面中，单击“应用更改”按钮，打开“应用更改”对话框，单击其中的“确定”按钮确定所做的修改。

使用分区调整向导调整各分区的大小，可单击图Partition Magic Pro 7.0主界面下方的“调整分区容量”按钮，打开“调整分区容量”窗口，执行下述操作。

① 单击“下一步”按钮，弹出调整分区容量的窗口。

② 在调整分区容量窗口中，选择要调整的分区，然后单击“下一步”按钮，若系统中安装多个硬盘，应首先选择硬盘。此时指明要调整分区的当前尺寸及可调整的最小尺寸与最大尺寸。

③ 为分区指定新尺寸，然后单击“下一步”按钮。

④ 单击“完成”按钮，结束调整。

在调整分区大小时，只有当硬盘上存在未分配区域时，才能扩大分区尺寸，否则只能缩小分区尺寸。在扩大分区尺寸时，硬盘中必须有空余空间紧挨着这个分区（原分区情况可在分区显示图中查看），如果分区中间隔着其他分区，则不能将空余空间添加到此分区中。分区调整后，可以通过Partition Magic主窗口下的“应用更改”或“撤销更改”按钮确认或撤销对分区所做的调整。

（2）创建主分区或逻辑分区

要创建新分区，硬盘上必须存在未分配的区域。否则，应参考前面介绍的方法，减小现有分区的来制作一块未分配区域。创建主分区或逻辑分区的步骤如下。

① 在图9-2所示的主界面中，右击未分配区域，从弹出的快捷菜单中选择“Create”命令，弹出创建主分区或逻辑分区窗口。

② 在下拉列表中选择分区格式（FAT、FAT32、NTFS等）。

③ 在下拉列表中选择分区类型（逻辑分区或主分区）。

④ 指定新分区存放的位置。

⑤ 在编辑框中输入标签。

⑥ 单击“完成”按钮，结束分区创建。

在一个单一物理硬盘上，用户可以创建4个主分区或者3个主分区与一个扩展分区。在扩展分区中，用户可创建多个逻辑分区（或称为逻辑盘）。因此，如果用户在前面创建了逻辑分区的话，该逻辑分区将被放入扩展分区中。但是，由于硬盘上同时只能有一个主分区被访问，因此，用户创建的其他主分区都被称为“隐藏分区”。在Partition Magic中，选择某个隐藏分区后，选择“Operations Advanced”菜单中的“Set Active”子菜单，可将隐藏分区设置为活动分区，此时另外的主分区将被设置为隐藏。利用此特性随时决定使用哪个主分区引导系统，也就使在一个物理硬盘中安装多个操作系统成为可能。

（3）合并分区

合并分区也是经常要用到的操作，想合并分区，首先要备份相应分区上的数据。如要把 D 盘、E 盘合并为 E 盘，则要备份 D 盘中的数据，合并完成后不会影响 E 盘中的数据。

（4）复制分区与分区格式转换

软件提供了复制分区和分区格式转换的功能。不过，要使用此功能，应首先在硬盘中创建一块未分配区域，然后执行下面的操作。

① 用鼠标右键单击需备份的分区，然后在弹出的快捷菜单中选择“Copy”命令。

② 单击“OK”按钮即可完成分区的复制。

要转换分区格式，可首先右键单击分区，然后从弹出的快捷菜单中选择“Convert”命令，接下来在打开的分区转换对话框中选择所要转换为的分区，再选择好分区格式或分区类型，然后单击“OK”按钮即可。

（5）重新分配空余空间

重新分配空余空间功能，可以将同一个硬盘上的空余空间按照一定的比例重新分配到分区中，这些空余空间包括分区中未利用的空间和硬盘上未分区的空间。重新分配空余空间的操作如下。

① 单击 Partition Magic 主界面下方的“Redistribute Free Space”按钮。

② 单击“Next”按钮。

③ 选择将空余空间分配到其中的分区，然后单击“Next”按钮，空余空间已按一定比例分配到了分区中。

④ 单击“Finish”按钮，完成操作。

（6）其他功能

除了上面所介绍的功能外，Partition Magic 还具有以下功能。

① 删除分区　利用 Partition Magic，用户可将分区删除。只需选定相应分区后选择“Operations”→“Delete”菜单即可。

② 格式化分区　若要格式化分区，可在选定相应分区后选择“Operations”→“Format”菜单，打开“Format Partition”对话框，从中设置分区类型后，单击“OK”按钮即可。

③ 分割分区　利用分割功能，用户可将一个分区分割为两个相邻的分区：父分区和新的子分区，这两个分区共同占用原始分区的空间。对分区进行分割的操作方法是：首先选择要进行分割的分区然后右击该分区，并在快捷菜单中选择“Split”命令，再从原始分区中选择要移到新分区的文件或文件夹将其移到新分区中，切换到“Size”选项卡，设置新分区的大小，然后单击“OK”按钮。

④ 隐藏分区　为防止他人随意浏览硬盘中的内容，用户可以利用 Partition Magic 的隐藏分区功能对分区进行隐藏，但这样会使盘符发生变化。要隐藏某分区，只需在选定该分区后选择“Operations Advanced”菜单中“Hide Partition”子菜单即可。

（7）操作的确认与撤销

再次提醒，由于硬盘上通常存放了大量的有用数据，因此，为了保险起见，在执行任何分区调整之前最好先备份重要数据，以免因为操作失误导致不可挽回的损失。在 Partition Magic 主界面下方单击“Undo Last”按钮可随时撤销全部分区调整操作，而单击“Apply Changes”按钮表示应用当前分区调整。要退出 Partition Magic，可单击“Exit”按钮。

分区调整结束后，必须重新启动系统，才能使新设置生效。此外，如果分区调整比较复杂的话，系统在重新启动时将花费比较长的时间，此时需耐心等待。

【特别提示】

PQ Magic 8.0 以上版本可以对硬盘上有数据的部分实现重新无损分区，类似的软件还有 Acronis Disk Director Suite。这类软件非常实用。

9.2.2 用 Disk Genius 分区和格式化硬盘

Disk Genius 是一款磁盘管理及数据恢复软件，该软件应用非常广泛。软件除具备基本的建立分区、删除分区、格式化分区等磁盘管理功能外，还提供了强大的分区恢复功能（快速找回丢失的分区）、误删除文件恢复功能、分区被格式化及分区被破坏后的文件恢复功能、分区备份与分区还原功能、复制分区功能、复制硬盘功能、快速分区功能、整数分区功能、检查分区表错误与修复分区表错误功能、检测坏道与修复坏道的功能。它支持 VMWare 虚拟硬盘文件格式；支持 IDE、SCSI、SATA 等各种类型的硬盘，各种 U 盘，USB 移动硬盘，存储卡（闪存卡）；支持 FAT12、FAT16、FAT32、NTFS、Ext3 文件系统。Disk Genius 软件运行主界面如图 9-3 所示。

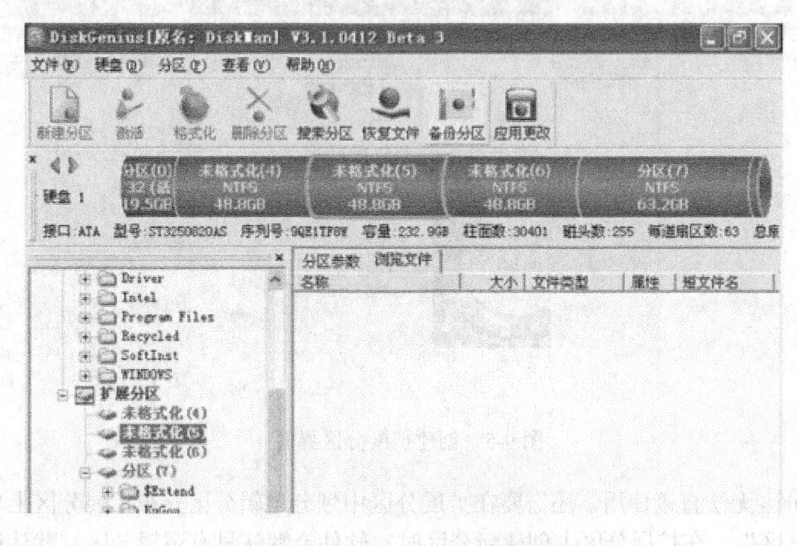

图 9-3 Disk Genius 软件运行主界面

1）创建新分区

让磁盘再回到初始状态，首先在空白磁盘上需要创建主分区，依次单击菜单“分区”→“建立新分区”。建立新分区界面如图 9-4 所示。

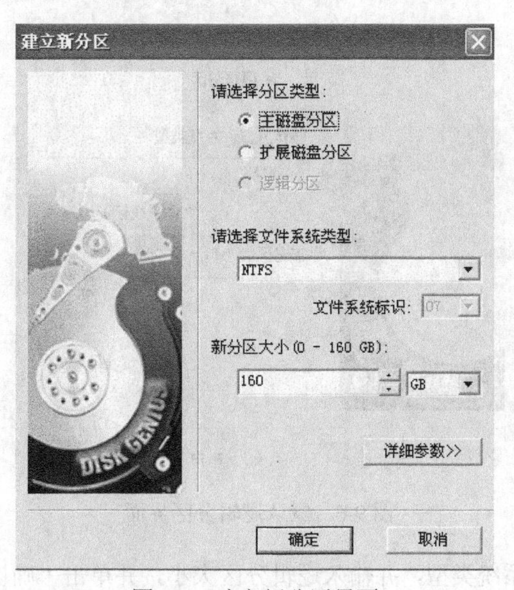

图 9-4 建立新分区界面

在图 9-4 中首先需要选择创建主磁盘分区，选择文件系统类型，并输入主分区大小（注意后面的单位），然后单击“确定”即可完成主分区创建。

2）创建扩展分区和逻辑分区

主分区创建完成后，接下来要创建扩展分区和逻辑分区。单击图右侧的空闲区域，然后在空闲区域单击鼠标右键（或使用菜单里的“分区”→“建立新分区”）。创建扩展分区界面如图 9-5 所示。选择创建“扩展磁盘分区”选项，并把剩余的空间都分配给扩展分区，并单击“确定”即可。

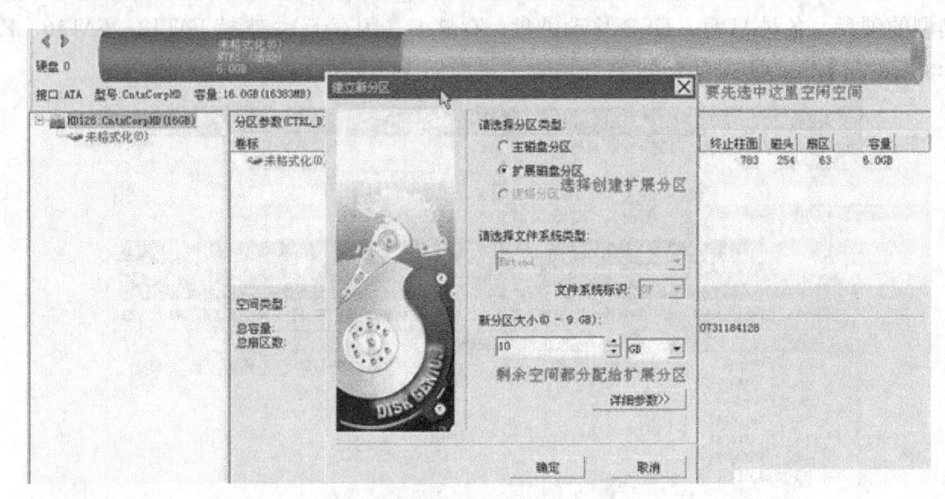

图 9-5　创建扩展分区界面

由于扩展分区无法直接使用，还需要在扩展分区中划分逻辑分区。在扩展分区上单击鼠标右键选择“建立新分区”， 在扩展分区上创建新分区时，软件会默认只有逻辑分区。默认逻辑分区界面如图 9-6 所示。

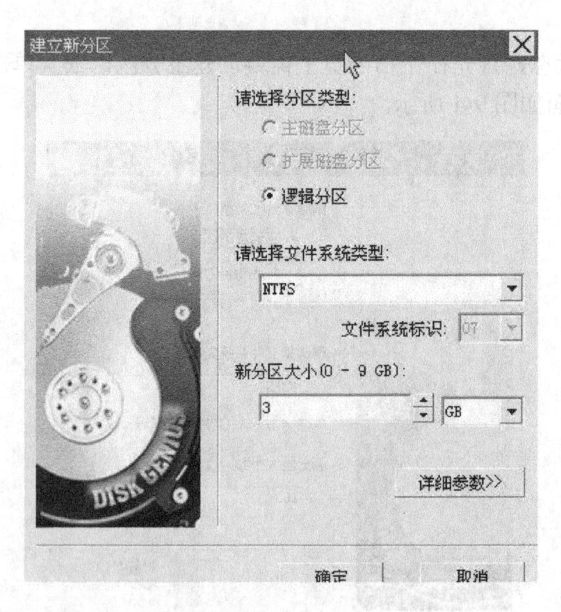

图 9-6　默认逻辑分区界面

选择逻辑分区的文件系统类型，并输入逻辑分区大小，并单击“确认”即可。如果为了保证分区美观，可以把图中的新分区大小的单位改成 MB，然后输入以 MB 为单位的分区大小。最后单击

“确定”即可。采用同样方法，所有分区创建完成后界面如图9-7所示。图9-7中有一个活动的主分区，另有三个逻辑分区，都未格式化。

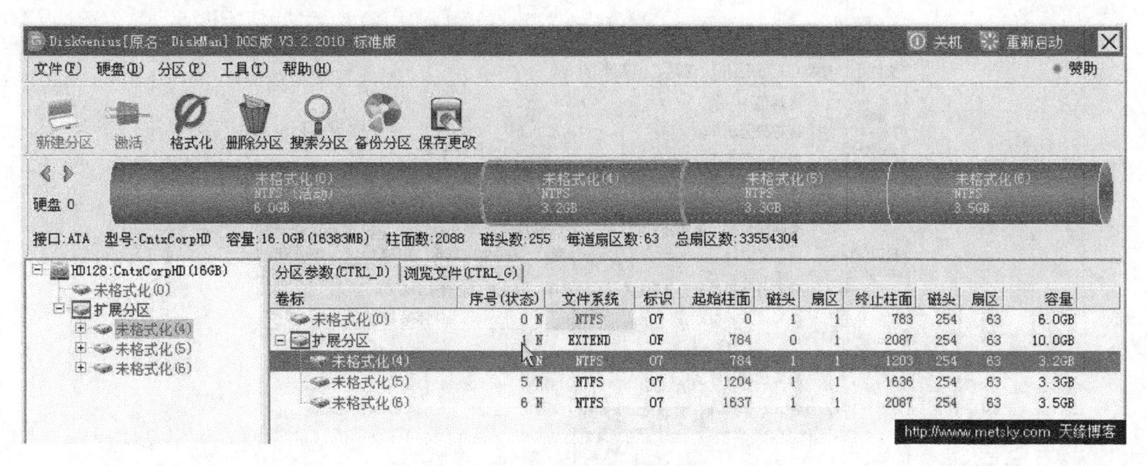

图9-7　分区创建完成后界面

3）保存更改并格式化分区

以上分区操作都是在内存里操作的，没有应用到实际硬盘上，可以随时取消或修改，要让这些修改生效，还需要单击图9-8中的“保存更改”。点击“保存更改”按钮后，弹出警告，如图9-8所示。

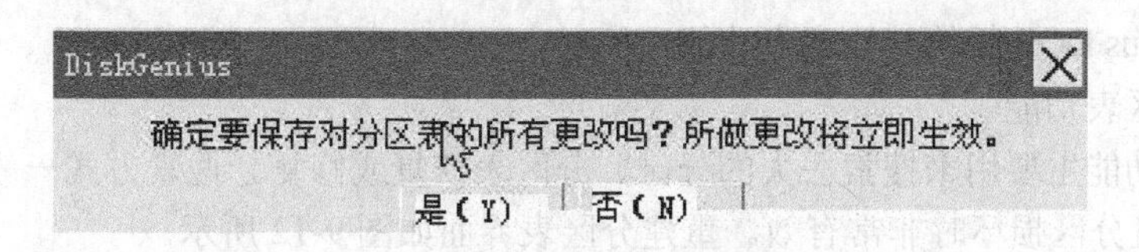

图9-8　保存更改界面

单击“是（Y）”按钮继续，会弹出图9-9格式化分区对话框。

单击“是（Y）”按钮将会格式化所选定的分区。格式化分区界面如图9-10所示。

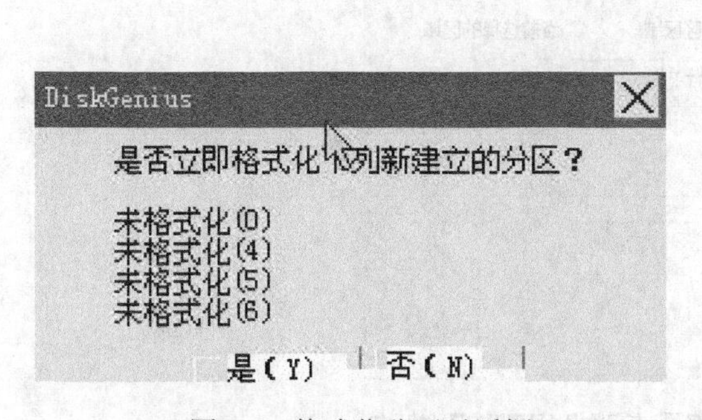

图9-9　格式化分区对话框

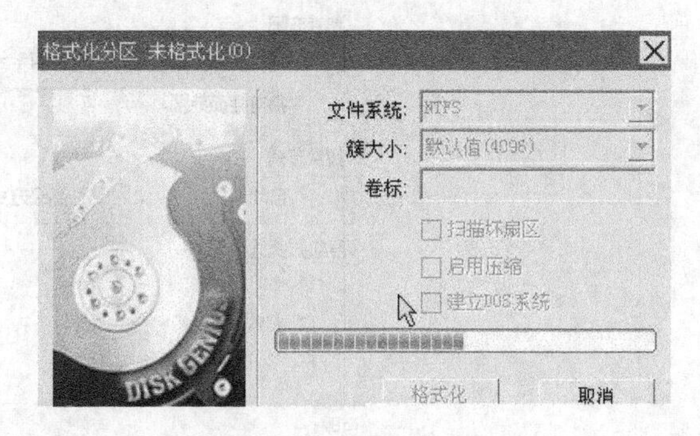

图9-10　格式化分区界面

格式化完成后，可以看到整个硬盘已经划分为一个主分区和三个逻辑分区，至此，硬盘分区格式化操作完成。

4）Disk Genius DOS版快速分区

Disk Genius的快速分区功能可以一次把需要的分区分好。依次单击菜单“硬盘”→“快速分区”，如果没有鼠标，可以使用“Alt+D”组合键打开快速分区菜单。Disk Genius 的快速分区功能如图 9-11 所示。

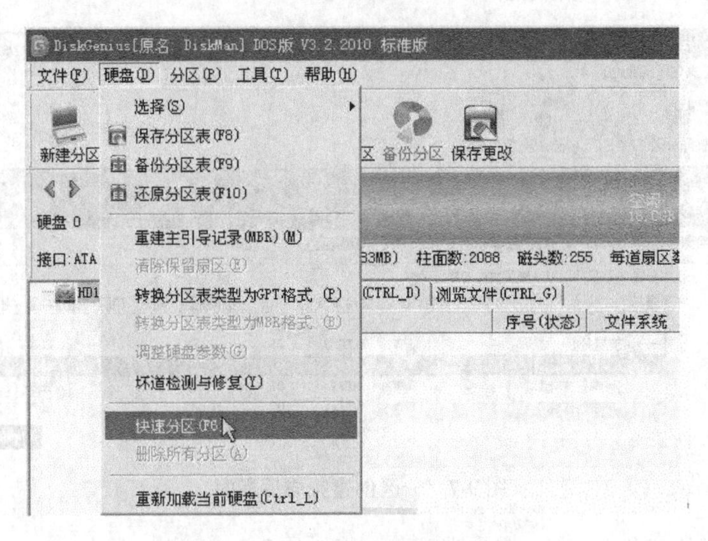

图 9-11　Disk Genius 的快速分区功能

按照图中的标注提示，先选择分区数量，对于快速分区，一般都选择“重建主引导记录（MBR）”，然后在右侧选择各分区的文件系统类型（Disk Genius 也支持 Unix 等分区创建），输入主分区大小，其余逻辑分区一般都是均分大小，最后单击确定，并等待格式化完成。

5）Disk Genius DOS 版的其他亮点功能

（1）重建分区表功能

重建分区表功能主要用来搜索丢失的分区、分区表恢复或修复。搜索方式一般采用自动搜索。该功能在修复硬盘分区损坏时非常有效。重建分区表界面如图 9-12 所示。

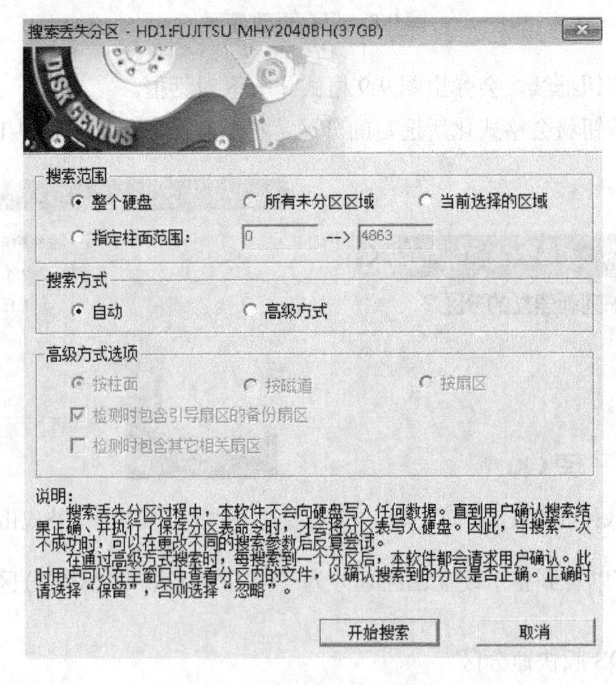

图 9-12　重建分区表界面

采用自动方式搜索分区，将自动保留搜索到的分区；采用高级方式，每搜索到一个分区，都提示并询问用户是否保留分区，直至完成。

（2）DOS 下的文件导出转移或强制删除转移方法

只需要在分区的文件浏览窗口中，按鼠标右键选择转移到其他分区即可，也可以对一些顽固文件进行强制删除。

（3）坏道检测与修复

坏道的检测与修复，首先应该建立在数据安全的前提下进行，切勿在硬盘未做任何备份时直接进行坏道修复。

【特别提示】

① 硬盘分区完成后别忘了激活主分区，否则硬盘不能引导系统；完成硬盘分区和格式化以后，就可以安装操作系统及各种应用程序了。另外，分区和格式化会毁掉硬盘数据，需要提前备份硬盘数据。

② 硬盘的格式化分为低级格式化和高级格式化。

低级格式化的作用是划分磁盘的磁道和扇区，建立主引导记录 MBR，为每个扇区标注地址和扇区头标志，并以系统能够识别的方式进行数据编码。高级格式化的作用是在逻辑盘上建立 DOS 引导记录 DBR、文件分配表 FAT 和根目录表，同时还可以装入系统启动文件。

现在的硬盘在出厂时已经做过低级格式化，因此只要对硬盘做高级格式化就行了。

任务 9.3　操作系统安装

9.3.1　操作系统安装的一般步骤和方法

在电脑硬件组装完成后，接下来最重要的工作就是安装操作系统了。安装操作系统之前，需要先进入 BIOS 设置程序，选择先从光盘（或者 U 盘）启动，然后放入启动光盘（或者是可启动的 U 盘），开启电源，接下来就可以开始安装操作系统了。

（1）安装操作系统的一般步骤

① 先进行硬盘的分区和格式化（也可在安装过程中进行此操作）。

② 然后安装操作系统，如 Windows XP 或者 Windows 7 系统。

③ 接着根据硬件配置情况安装驱动程序，如主板、显卡、声卡、网卡、打印机等。

④ 最后根据用户需要安装各种应用程序，如 Office、杀毒程序等。

（2）操作系统的安装方法

安装操作系统的方法有很多，主要有以下几种。

① 使用 Windows 操作系统安装源光盘安装：选择分区→格式化硬盘→复制系统文件→重新启动→安装系统文件→输入系统安装密钥→建立系统管理员密码→登录系统→安装电脑硬件驱动→安装打印机等硬件驱动→安装 Office 办公软件和其他常用软件。

② 使用市面上流行的工具光盘进行安装（也就是通过 Ghost 软件），这种方法比较“傻瓜”，操作简单。

③ 在 U 盘上有 WinPE 工具软件，用它来安装操作系统（同样也是把已经做好的系统镜像文件恢复到电脑的 C 盘上）。

9.3.2　纯净安装 Windows 7 系统

Windows 7 是由微软公司于 2009 年 10 月 22 日正式发布的新一代操作系统。Windows 7 根据用户需求与使用场景不同，有 Windows 7 简易版（纯净版）、Windows 7 家庭普通版、Windows 7 家庭高级版、Windows 7 专业版、Windows 7 企业版、Windows 7 旗舰版等几个版本。

实际上，Windows 7 的安装与 Windows XP、8/10 等都很类似，学会了 Windows 7 的安装，其他版本操作系统的安装也就自然掌握了。一般过程就是：从光盘或 U 盘启动计算机，然后选择操作系统安装包程序，根据提示进行必要的设置来完成安装。

Windows 7 纯净版怎么安装：就是下载微软官方的 Windows 7 系统 ISO 映像文件，然后原汁原味地安装纯净版的系统。安装后需要自己安装其他软件和硬件驱动。以下是一个常用的 Windows 7 安装过程实例。

绝对 PE 工具箱 1.5，微软 Windows 7 旗舰版 sp1 _x64.iso。

① 先为电脑系统安装绝对 PE 工具箱 1.5（或者可以从 U 盘启动 PE 系统），如图 9-13 所示，安装的时候选择安装到硬盘，如图 9-14 所示。

图 9-13　安装绝对 PE 工具箱

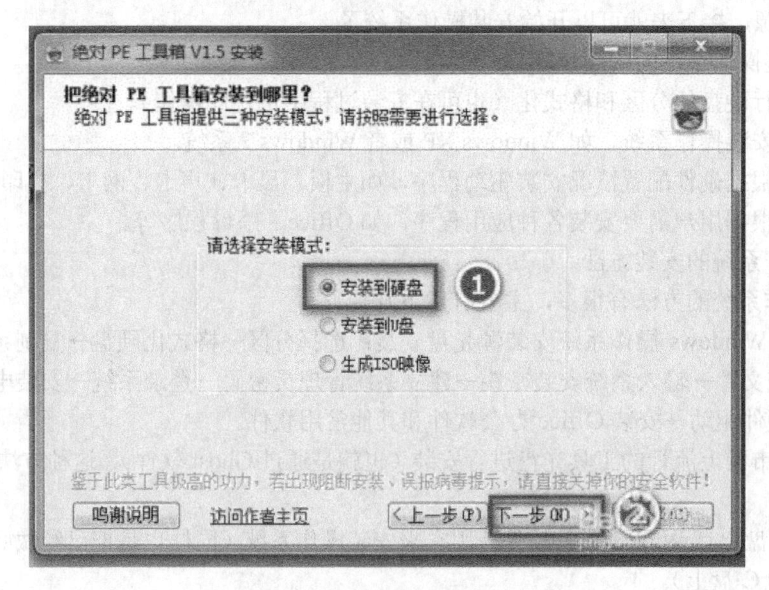

图 9-14　选择安装到硬盘

② 然后重启电脑，选择 PE 启动进入绝对 PE 系统 1.5，如图 9-15 所示。

③ 单击 DiskGenius 硬盘分区（图 9-16）；选中 C 盘进行格式化（图 9-17）。

图 9-15　选择 PE 启动

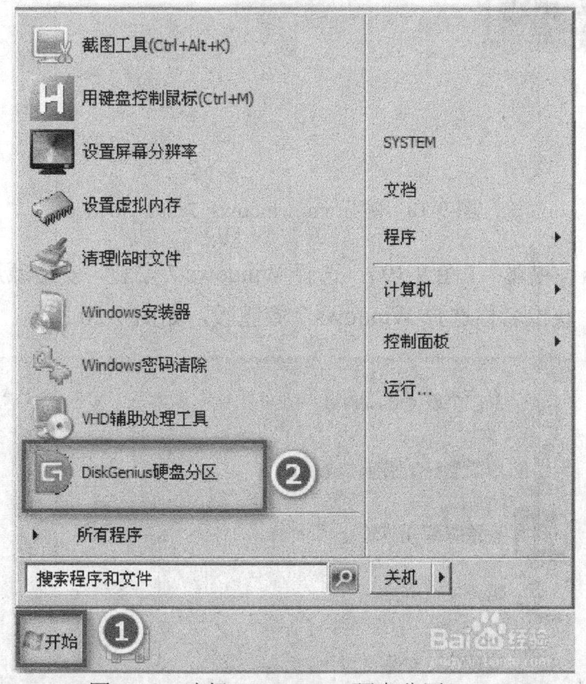

图 9-16　选择 DiskGenius 硬盘分区

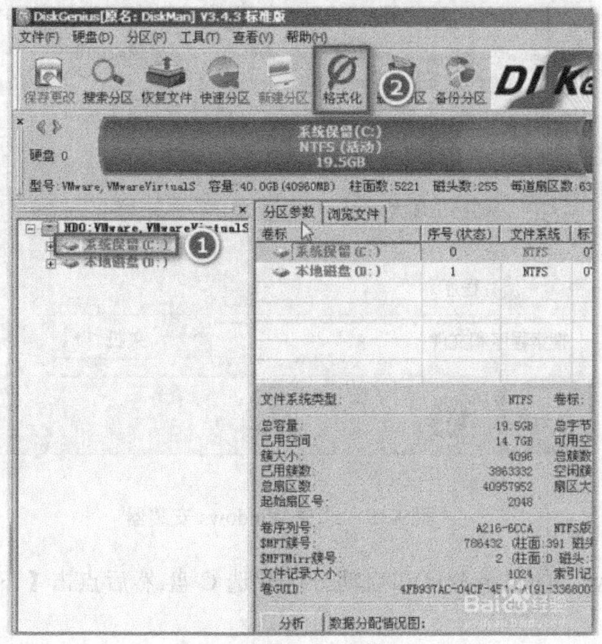

图 9-17　格式化 C 盘

④ 把下载的 cn_windows_7_sp1_x64.iso 解压后备用，如图 9-18 所示。

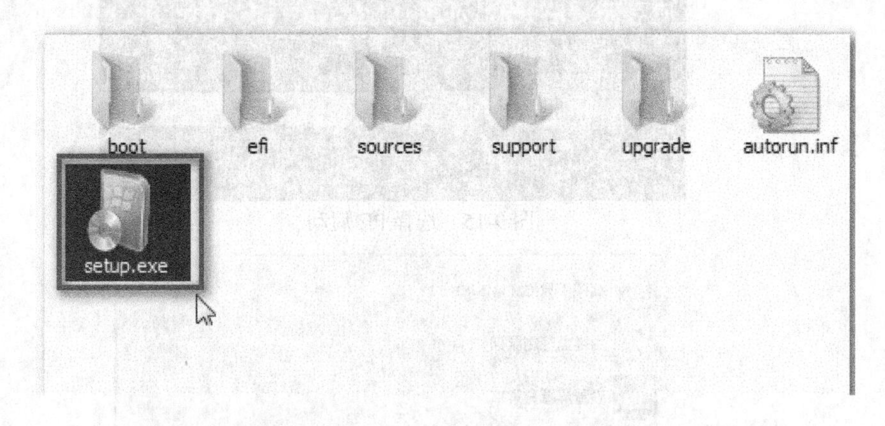

图 9-18　解压 cn_windows_7_sp1_x64.iso

⑤ 单击 Windows 安装器，（图 9-19）；选择 Windows 7 安装，安装源选择解压后 ISO 的 sources 文件夹的 Install.wim，映像名称选择 Windows 7 旗舰版，如图 9-20 所示。

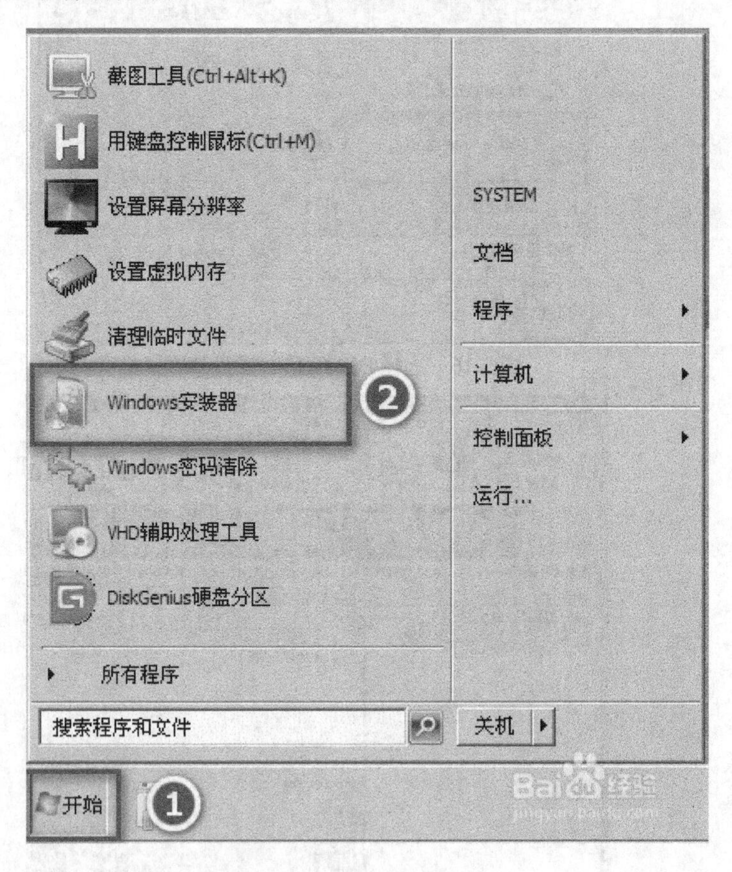

图 9-19　选择 Windows 安装器

⑥ 安装 Windows 7 的目录分区和启动分区都选 C 盘,然后点击【下一步】继续，如图 9-21 所示。

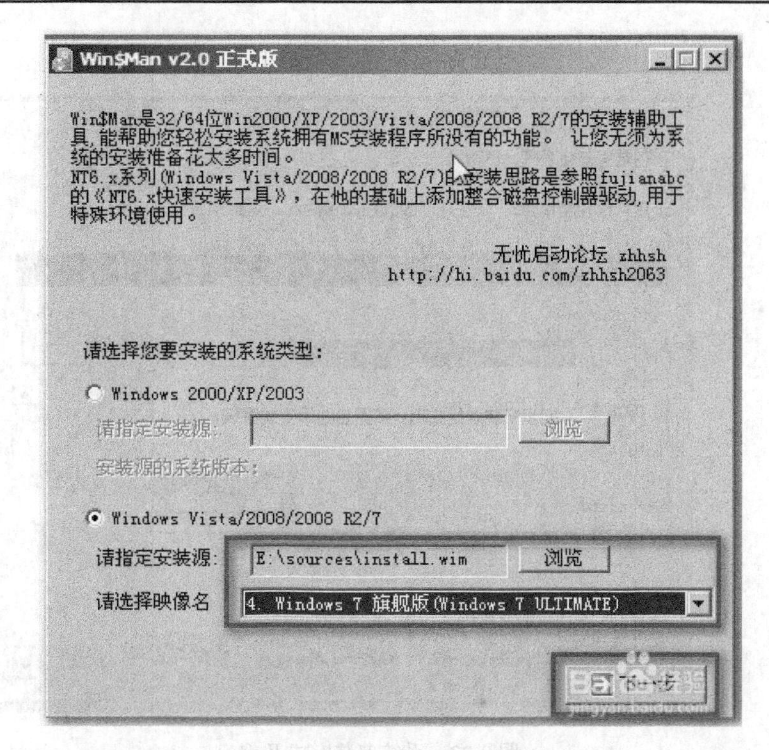

图9-20　指定安装镜像文件的来源设置

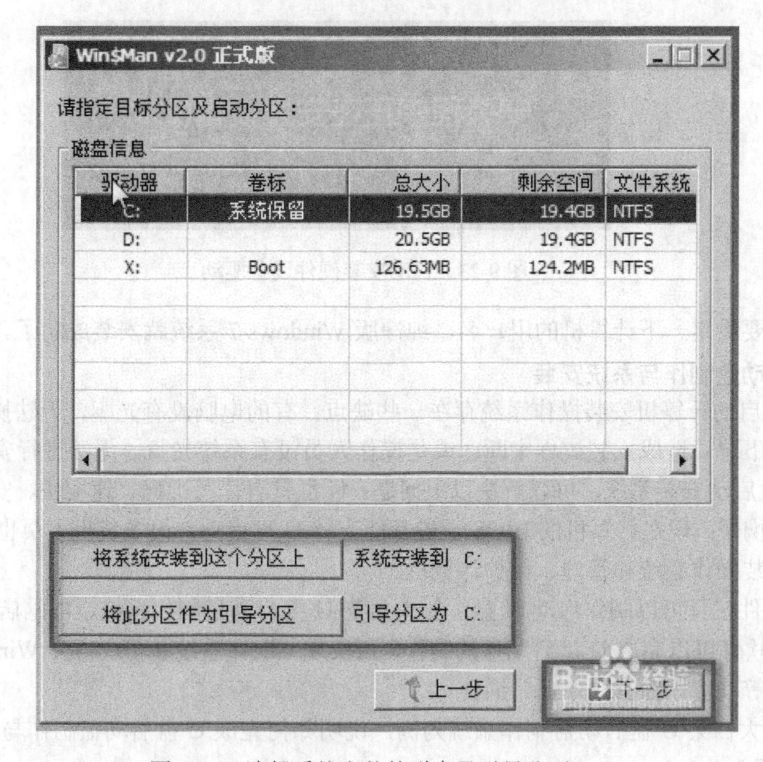

图9-21　选择系统安装的磁盘及引导分区

⑦ 几分钟后部署完毕。提示初步安装系统成功，单击“确定”重启电脑，如图9-22所示。

⑧ 重启电脑后，会自动安装硬件设备，如图9-23所示。

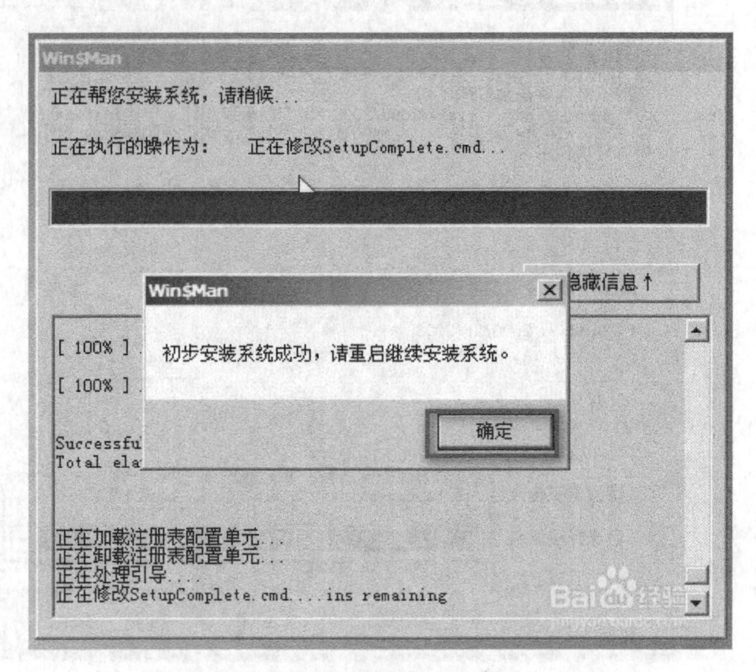

图 9-22　系统安装完成及重启

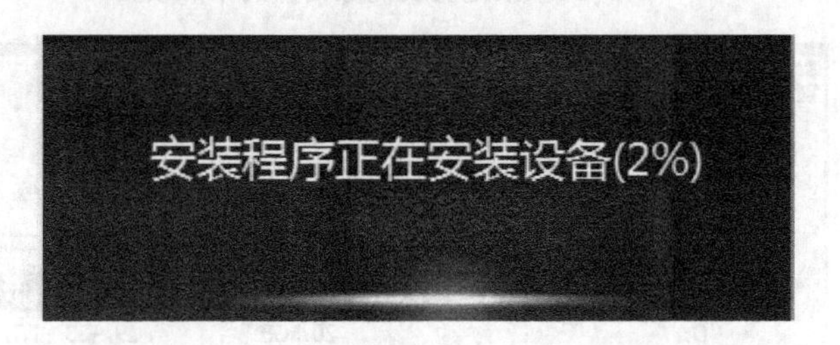

图 9-23　自动安装硬件设备驱动

最后只需要设定一下计算机的用户名，纯净版 Windows 7 系统就安装成功了。

9.3.3　U 盘启动盘制作与系统安装

利用光盘启动计算机安装操作系统存在一些缺点：有的电脑没有光驱，无法操作；或者光驱老化，读盘能力下降，造成安装过程中断；或是操作人员没有系统光盘，无法进行安装。

利用 U 盘启动安装系统，可以解决以上问题。U 盘具有读写准确、速度快、安全稳固等多种优点，而且方便携带。现在计算机的 BIOS 一般都能支持 U 盘启动，很多装机人员也习惯了使用 U 盘作为工具来安装操作系统和管理、维护计算机。

有很多软件工具可以制作启动 U 盘，如大白菜 U 盘启动盘制作系统、电脑店 U 盘装系统工具软件等。这些软件可以完成 U 盘启动盘的制作，可实现 Ghost 系统备份/恢复、WinPE 安装、磁盘分区、内存测试等功能，而且操作非常简便。

下面就以大白菜 U 盘启动盘制作系统为例，说明如何完成 U 盘启动盘制作与系统安装。

【特别提示】

系统文件一般有两种格式：ISO 格式和 GHO 格式。ISO 格式又分为原版系统和 Ghost 封装系统两种。一般来说，使用 Ghost 封装系统的较多，大白菜智能装机软件可以直接支持还原安装。下面的操作过程主要针对 Ghost 封装版的系统。

（1）系统安装的主要步骤

第一步:制作前的软件、硬件准备。

第二步:用大白菜U盘装系统制作启动U盘。

第三步:下载需要的GHO系统文件并复制到U盘中。

第四步:进入BIOS设置U盘启动顺序。

第五步:用U盘启动快速安装系统。

（2）详细步骤

第一步:制作前的软件、硬件准备。

① U盘一个（建议使用1GB以上U盘）。

② 下载大白菜U盘启动盘制作系统。

③ 下载需要安装的GHO系统文件。

第二步:用大白菜U盘启动盘制作系统制作U盘启动盘。

① 运行程序之前尽量关闭杀毒软件和安全类软件，下载完成之后直接双击运行。单击进入大白菜U盘启动盘制作系统菜单，选择“程序下载和运行”，出现图9-24所示界面。

② 插入U盘之后单击“一键制作USB启动盘”按钮，程序会提示是否继续，确认所选U盘无重要数据后开始制作。如图9-25所示为确认继续制作启动盘界面。

图9-24 大白菜U盘启动盘制作软件运行界面

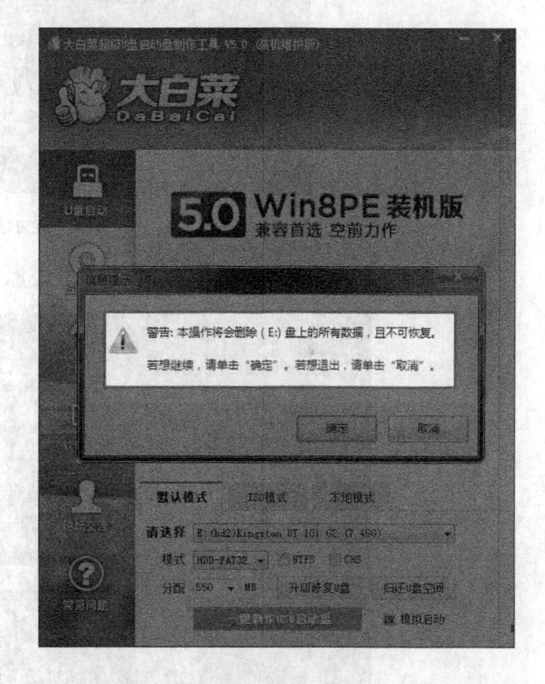

图9-25 确认继续制作启动盘界面

制作过程中不要进行其他操作以免造成制作失败，制作过程中可能会出现短时间的停顿，请耐心等待几秒钟，完成后会提示启动U盘制作完成，如图9-26所示。

第三步:下载需要的GHO系统文件并复制到可启动U盘中。

将下载的GHO文件或Ghost的ISO系统文件复制到U盘中，如果只是重装系统盘而不需要格式化电脑上的其他分区，也可以把GHO或者ISO放在硬盘系统盘之外的分区中。

第四步:进入BIOS，设置启动顺序。

电脑启动时进入BIOS设置，设置为先从U盘启动。

第五步:用U盘启动快速安装系统。

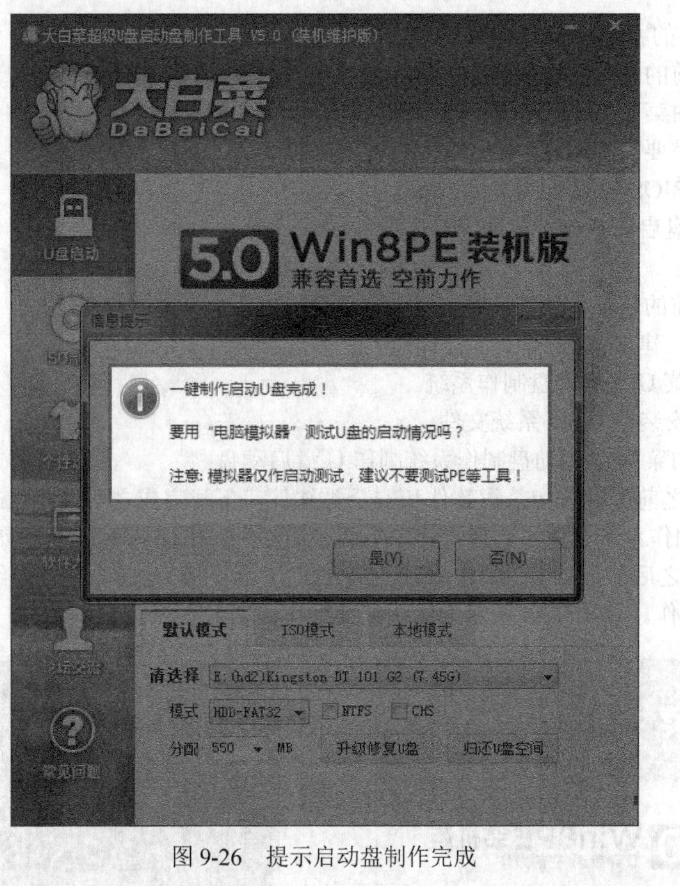

图 9-26　提示启动盘制作完成

从 U 盘启动后，选择“进入 Ghost 备份还原系统多合一菜单”，如图 9-27 所示。

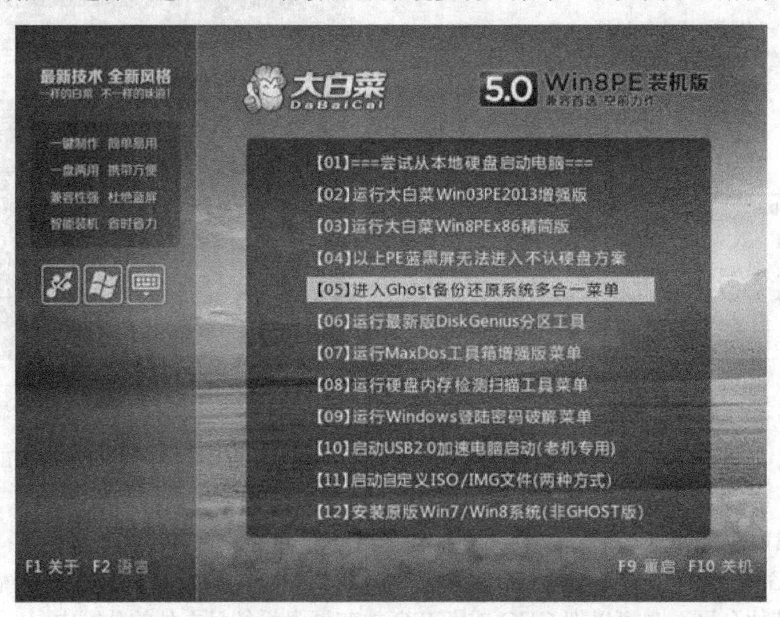

图 9-27　选择“进入 Ghost 备份还原系统多合一菜单”

单击“不进 PE 安装系统 GHO 到硬盘第一分区”，如图 9-28 所示，即可进入安装系统状态。

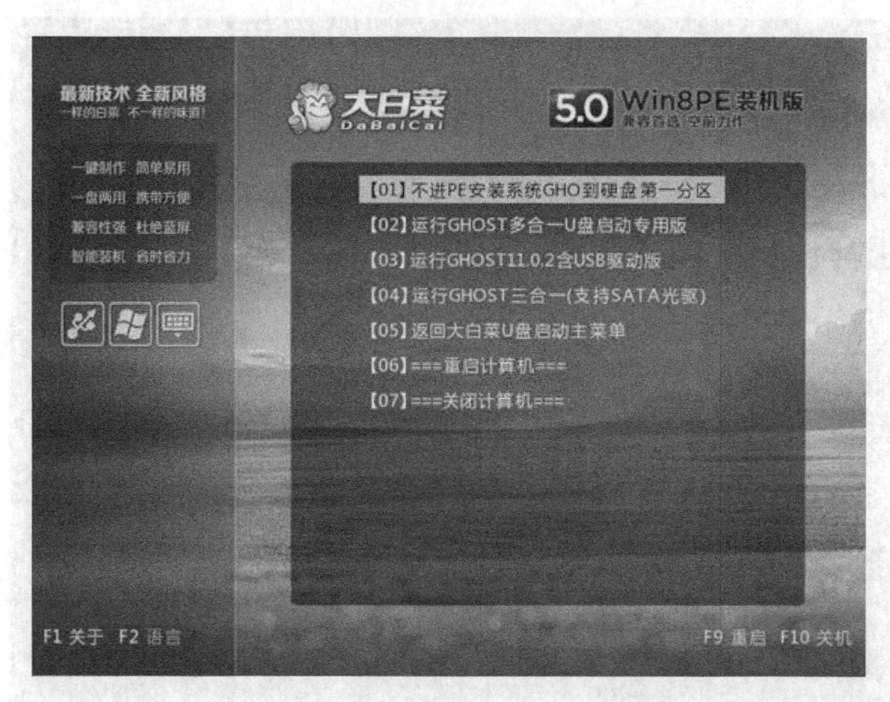

图9-28　选择“不进PE安装系统GHO到硬盘第一分区”

进入安装系统状态后，出现如图9-29所示界面，选择1，将自动完成DBC.GHO文件的还原安装（选择2，将手动选择GHO文件进行系统安装）

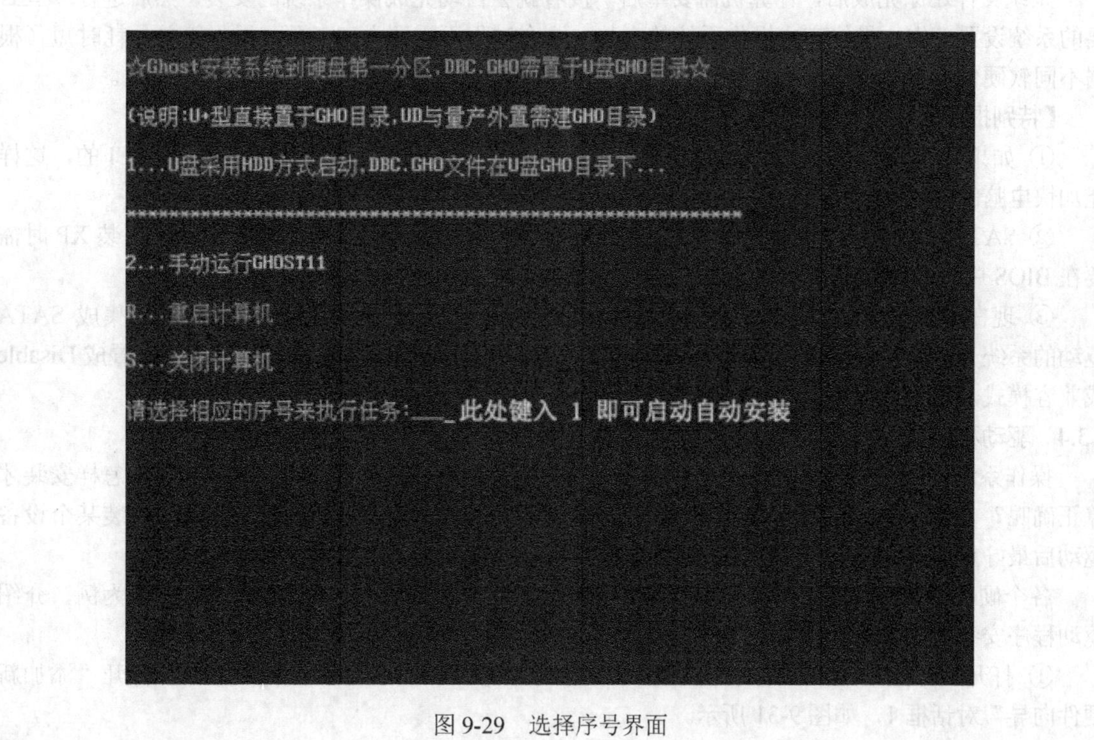

图9-29　选择序号界面

GHO文件的还原过程界面如图9-30所示。

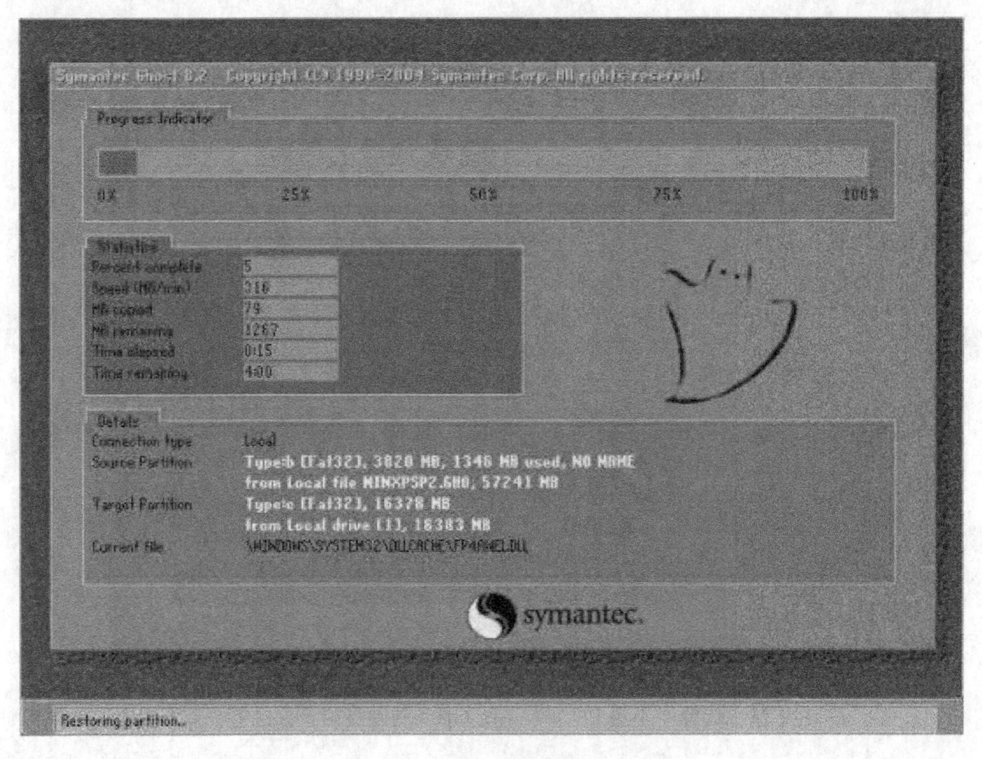

图 9-30　GHO 文件的还原过程界面

系统文件还原完成后，计算机需要重启，接着就会自动完成操作系统的安装，然后进行一些必要的系统设置工作，最终完成操作系统的安装。这个过程不需要人工干预，操作简单，耗时短（根据不同软硬件配置情况，大约需要 2～10min），具体过程就不再说明了，可以自己实践。

【特别提示】

① 如果购买的电脑自带的系统是 Win7 的，需要在 BIOS 中将硬盘模式设置为 AHCI 的，这样能加快电脑的运行速度。

② SATA 的模式默认是 AHCI 的，但因为 XP 没有集成这个驱动的，所以会蓝屏，装 XP 时需要在 BIOS 中将 SATA 硬盘的模式改为 IDE 或者是兼容。

③ 现在的笔记本电脑基本都采用了 SATA 硬盘，当重新安装系统时，如果使用未集成 SATA 驱动的系统光盘直接安装，电脑会提示找不到硬盘。可进入 BIOS 将硬盘的 SATA 模式设置成 Disable 或兼容模式，这样设置完以后建议重新安装系统。

9.3.4　驱动程序安装

操作系统安装完成后，还需要正确安装驱动程序，计算机才能正常运行。驱动程序怎样安装才算正确呢？安装顺序一般是主板驱动（芯片组驱动）→显卡→声卡→其他硬件驱动。安装某个设备驱动后最好重启再安装下一个驱动。其次，驱动程序安装后全部可用，没有资源冲突。

各个硬件设备驱动程序的安装步骤很类似，下面以 Windows XP 安装声卡驱动程序为例，介绍驱动程序安装的操作步骤。

① 打开“开始”菜单，选择“设置”→“控制面板”→“添加新硬件”命令，打开“添加新硬件向导”对话框 1，如图 9-31 所示。

② 单击“下一步”按钮，打开“添加新硬件向导”对话框，然后单击“下一步”按钮，Windows 开始搜索系统中所有新的即插即用型设备，如图 9-32 所示。

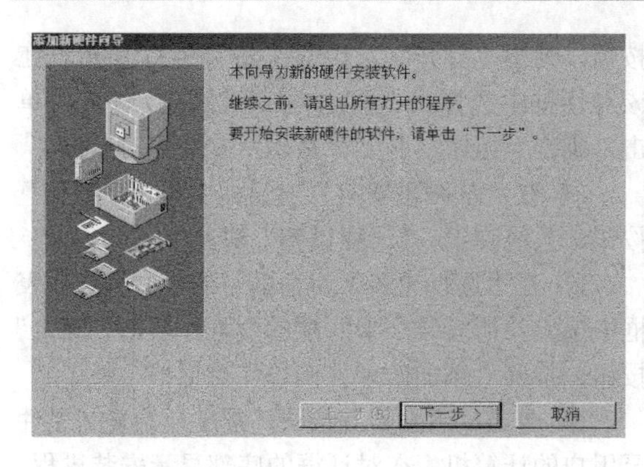

图 9-31 添加新硬件向导对话框 1

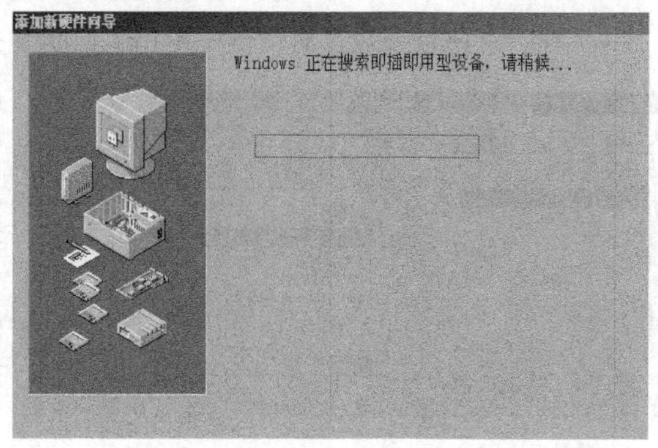

图 9-32 Windows 搜索即插即用型设备

③ Windows 搜索完毕后，弹出如图 9-33 所示的“添加新硬件向导”对话框 2，在该对话框中选中“否，希望从列表中选择硬件”单选按钮，然后单击“下一步”按钮。

④ 在打开的“添加新硬件向导”对话框 3 中，选择“硬件类型”列表框中的“声音、视频和游戏控制器”选项，如图 9-34 所示。

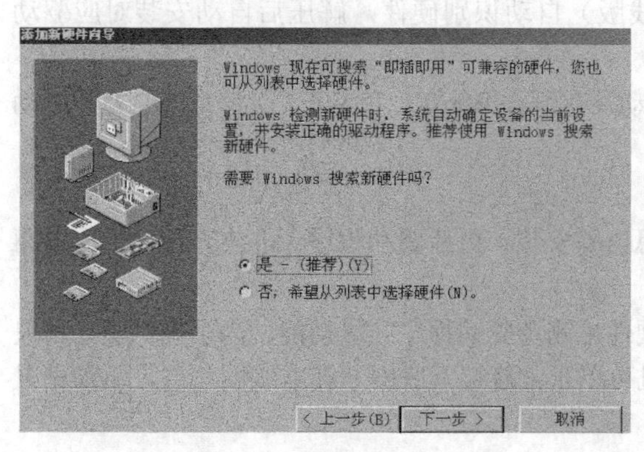

图 9-33 添加新硬件向导对话框 2

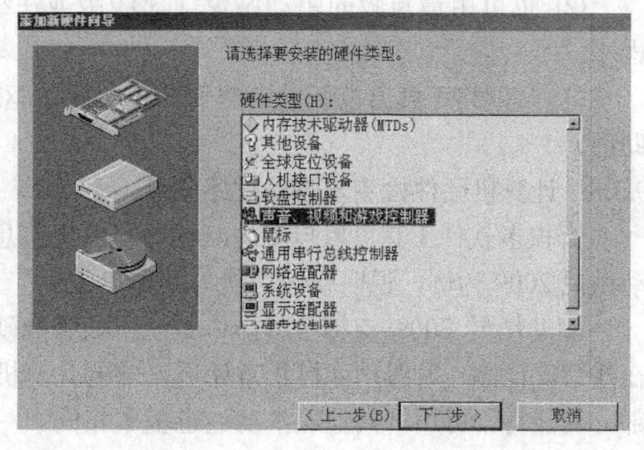

图 9-34 添加新硬件向导对话框 3

⑤ 单击“下一步”按钮，打开“添加新硬件向导”对话框 4，在“制造商”列表框中选择所安装声卡的制造商（品牌），则在“型号”列表框中自动显示了该声卡的型号，如图 9-35 所示。

⑥ 在此对话框中单击“从磁盘安装”按钮，打开“从磁盘安装”对话框进行磁盘安装，如图 9-36 所示。

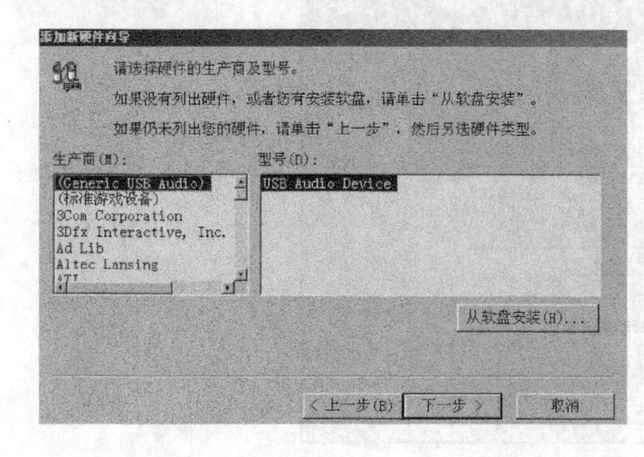

图 9-35 添加新硬件向导对话框 4

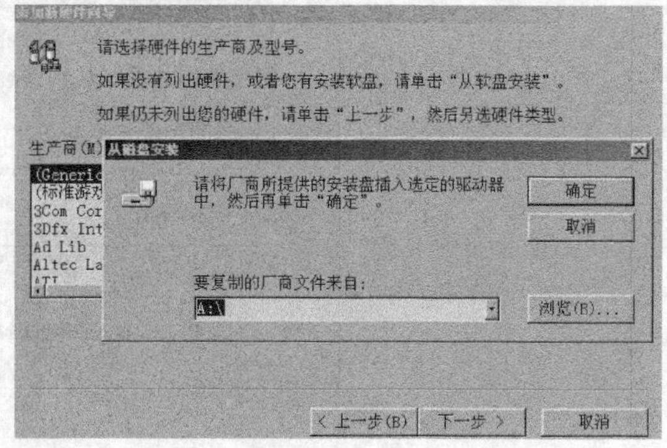

图 9-36 从磁盘安装对话框

⑦ 在“从磁盘安装”对话框中单击“浏览”按钮，弹出“打开”对话框，如图 9-37 所示。在该对话框中选择声卡驱动程序所在的文件夹，单击“确定”按钮，回到“从磁盘安装”对话框。

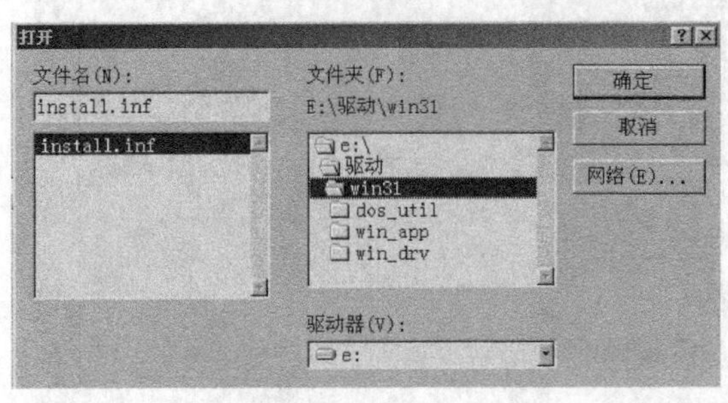

图 9-37 “打开”对话框

⑧ 在“从磁盘安装”对话框中单击“确定”按钮，系统弹出 “选择设备”对话框。

⑨ 在“选择设备”对话框中的“型号”列表框中选定与所安装声卡匹配的型号，单击“确定”按钮，打开“添加新硬件向导”对话框。

⑩ 单击“下一步”按钮，系统开始复制文件至用户的计算机，在对话框的底部显示安装进程。

⑪ 文件复制完毕后，系统弹出 “添加新硬件向导”对话框，单击“完成”按钮，关闭对话框，完成声卡驱动程序的安装。

【特别提示】

① 使用源光盘安装操作系统，需要分别给各个硬件设备安装驱动程序；使用 Ghost 工具光盘安装操作系统后，一般会自动识别并安装驱动程序文件，无需人工干预，非常方便。

② 也可用最新版的驱动精灵（离线版或在线版）自动识别硬件，解压后自动安装对应驱动程序。

③ 从网络下载万能驱动助理安装各种硬件驱动（有适合 Win XP 和 Win7 两种系统的万能驱动助理）。

9.3.5 计算机硬件检测与驱动程序安装

有很多软件工具可以自动检测计算机硬件信息，并安装、更新驱动程序，非常方便。下面以驱动精灵 2009 为例，说明软件功能与操作步骤。

驱动精灵 2009 支持各种操作系统下的智能硬件检测及驱动程序升级功能。为了确保驱动精灵在线智能检测、升级功能可正常使用，需要计算机可以正常连接互联网。在非联网状态，驱动精灵部分功能将不可用。其他版本功能也基本相同。

（1）软件安装

通过驱动精灵下载页面，下载并安装驱动精灵 2009。安装时可以自由选择驱动精灵的安装路径，也可以对驱动精灵的驱动备份、下载目录进行配置。建议把备份和下载目录设置在非操作系统分区，这样在重新安装操作系统时可以保证驱动文件不会丢失，驱动精灵 2009 安装界面如图 9-38 所示。

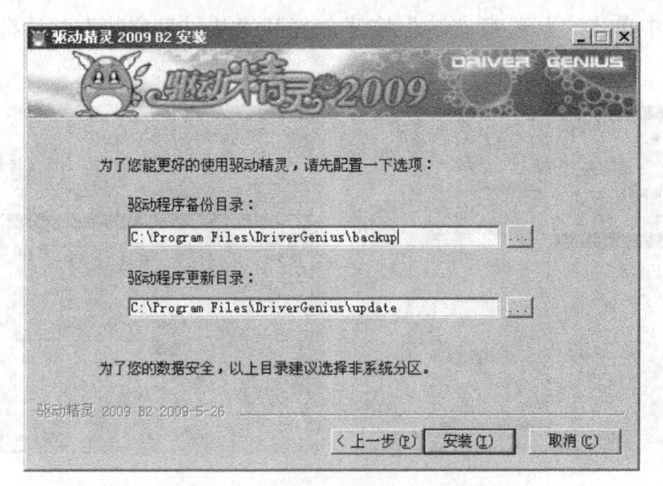

图 9-38　驱动精灵 2009 安装界面

（2）主程序界面

驱动精灵 2009 版本新加入了包括完整驱动安装、硬件信息检测、常用工具下载功能，均可以在驱动精灵的主界面中找到这些功能的快捷按钮。驱动精灵 2009 程序运行主界面如图 9-39 所示。

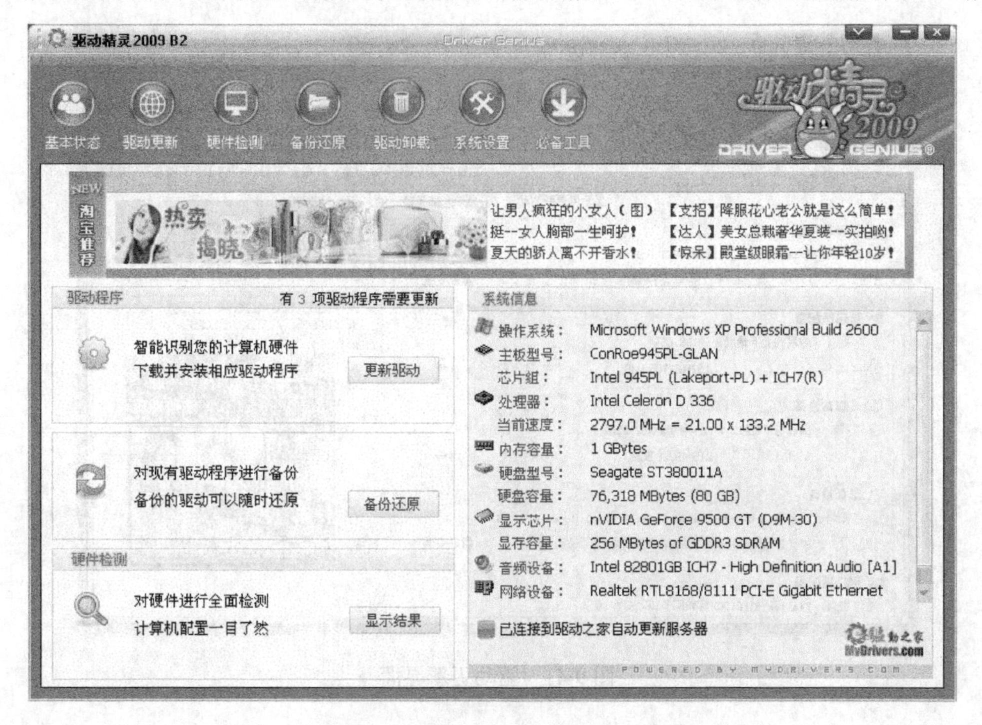

图 9-39　驱动精灵 2009 程序运行主界面

驱动程序区域的功能有“更新驱动”按钮。这个按钮的功能是驱动精灵原有“快速更新”、“完全更新”功能的升级，它包括了两种安装方式，真正实现快速驱动更新功能。完全更新自动下载驱动至设定好的目录，驱动文件包括厂商提供的标准安装包和搜集的可用安装包。

备份和还原功能，可对本机现有的驱动进行备份，在适当的时候进行还原。

主界面右侧区域是驱动精灵的新功能：硬件检测。 它可告知计算机具体配置状况，包括处理器、内存、主板、显卡、声卡、网卡等硬件信息一目了然。驱动精灵的硬件检测功能如图 9-40 所示。

图 9-40　驱动精灵的硬件检测功能

（3）驱动更新

“完全更新”部分：完整更新提供的驱动为最新官方可执行文件包，驱动存放的位置为在安装时设定的路径，驱动更新界面如图 9-41 所示。

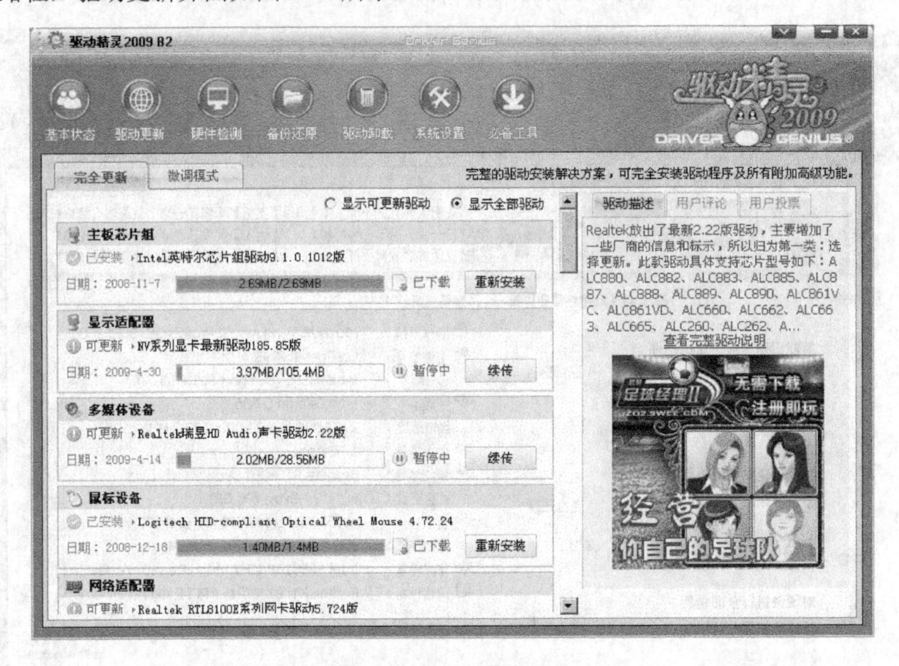

图 9-41　驱动更新界面

“快速更新”部分：快速更新部分所有需要安装驱动程序的硬件设备均会被列出。可以通过点击硬件名称来确认是否需要更新驱动程序。默认情况下，需要安装驱动的硬件会被勾选。另外，提供了 3 项驱动供用户选择，如果最新的驱动不适合，可以选择较早版本的驱动。快速更新界面如图 9-42 所示。

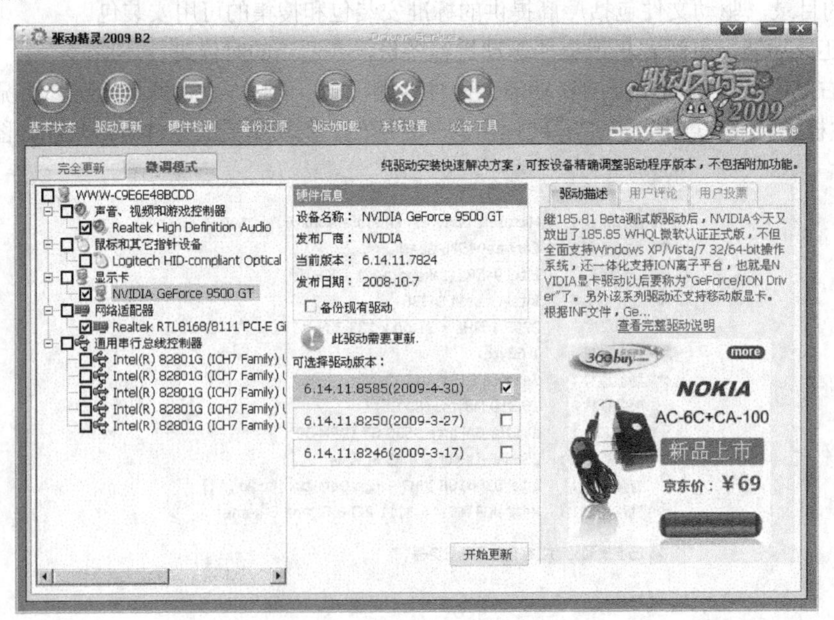

图 9-42　快速更新界面

（4）驱动备份与还原

通过驱动精灵的驱动备份功能，仅需 2 步即可完成驱动程序的备份工作。首先，勾选所需要备份驱动程序的硬件名称，然后选择需要备份的硬盘路径。点击“开始备份”按钮，即可完成驱动程序的备份工作。驱动备份界面如图 9-43 所示。

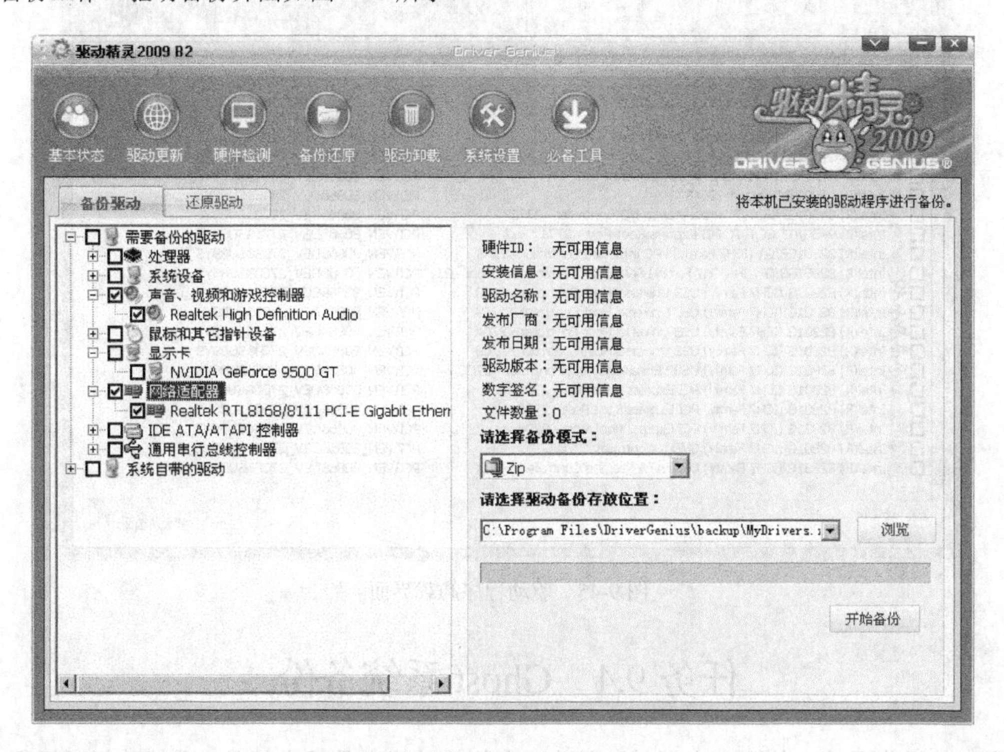

图 9-43　驱动备份界面

还原驱动程序与备份驱动一样简单，点击“浏览”按钮，找到备份驱动程序的路径。点击“开始还原”即可还原驱动程序。还原驱动程序界面如图 9-44 所示。

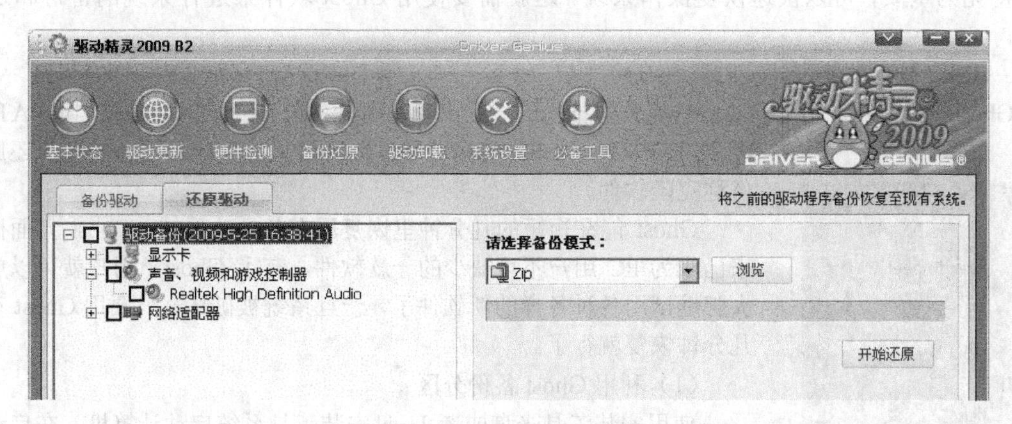

图 9-44　还原驱动程序界面

（5）驱动程序卸载

对于因错误安装或其他原因导致的驱动程序残留，可以使用驱动程序卸载功能卸载驱动程序，卸载驱动程序仅需勾选硬件名称，然后点击卸载所选驱动按钮即可完成卸载工作。不建议一次删除多个硬件的驱动程序。驱动程序卸载界面如图 9-45 所示。

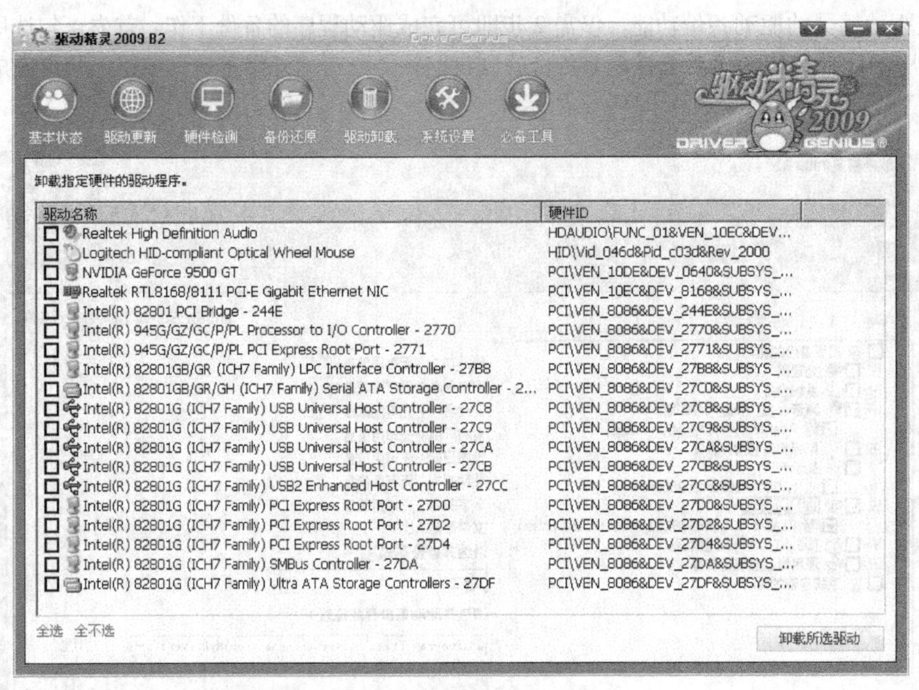

图 9-45　驱动程序卸载界面

任务 9.4　Ghost 系统备份

现在的操作系统占的硬盘空间越来越大，安装的时间也是越来越长，系统装好后还得小心翼翼地防着病毒，防止误操作。即便如此，还是经常会因为各种原因导致系统无法正常运行，这又需要重新安装操作系统，既浪费时间又影响工作。因此系统安装完成后对操作系统进行备份显得尤为重要，可以快速恢复操作系统。这就需要使用 Ghost 软件来进行系统的备份和还原工作。

9.4.1　Ghost 软件的使用

Ghost（幽灵）软件是美国赛门铁克公司推出的一款出色的硬盘备份、还原工具，可以实现 FAT16、

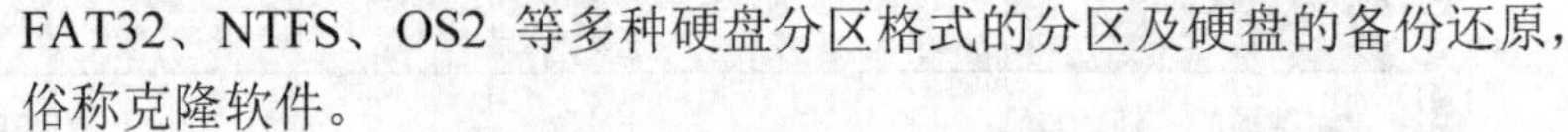

FAT32、NTFS、OS2 等多种硬盘分区格式的分区及硬盘的备份还原，俗称克隆软件。

Local
Peer to peer
GhostCast
Options
Help
Quit
Symantec

图 9-46　Ghost 程序的主菜单

Ghost 能在短短的几分钟里恢复原有备份的系统。Ghost 自面世以来已成为 PC 用户不可缺少的一款软件，有了 Ghost，用户就可以放心大胆地试用各种各样的新软件了，一旦系统被破坏，只要用 Ghost 花上几分钟恢复就行了。

（1）利用 Ghost 备份分区

使用安装工具光盘或者 U 盘安装工具系统启动计算机，在启动工具界面选择 Ghost 工具就可以进入 Ghost 程序，也可以在 Windows 环境下执行 Ghost 硬盘版程序（Ghost.exe），Ghost 程序的主菜单如图 9-46 所示。

使用 Ghost 进行系统备份，有备份整个硬盘（Disk）和备份硬盘分区（Partition）两种方式，通过用上下方向键将光标定位到“Local”（本地）项，然后按方向键中的左右移动键，便弹出了下一

级菜单，共有3个子菜单项，其中“Disk”表示备份整个硬盘，“Partition”表示备份硬盘的单个分区，“Check”表示检查硬盘或备份的文件，查看是否可能因分区、硬盘被破坏等造成备份或还原失败，Ghost 硬盘备份子菜单如图9-47所示。

既然是备份系统，自然是备份操作系统所在的硬盘分区（一般为C盘），通过键盘上的方向键进行如下操作：“Local”→“Partition”→“To Image“，备份分区镜像如图9-48所示。

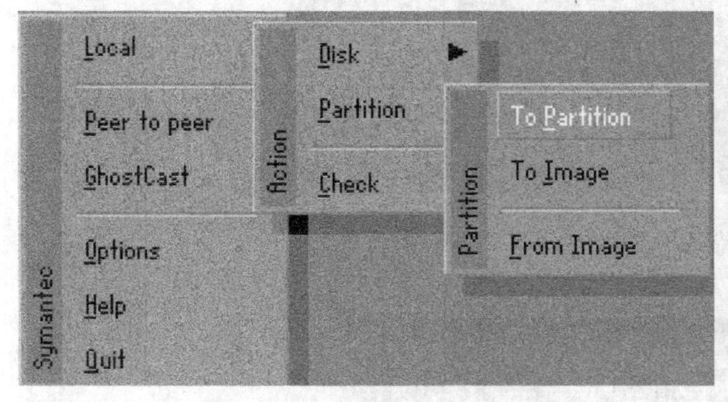

图9-47　Ghost 硬盘备份子菜单

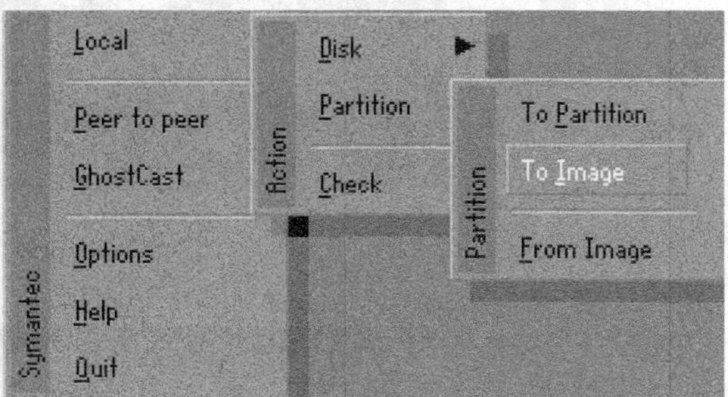

图9-48　备份分区镜像

从图9-48中可以看出“Partition”下也有三个子菜单项，分别是“To Partition”、“To Image”、“From Image”，其中“To Partition”项是将某个硬盘分区“克隆”到另外一个硬盘分区中，比如说将D盘中的内容完整的复制到E盘，就可以使用此功能；而“To Image”项是将某个硬盘“克隆”成了一个特殊的“镜像”文件压缩保存在硬盘上，准备实现的“备份系统”就是使用这项功能；至于最下面的“From Image”项的功能是如果某个分区需要还原，则可以通过该功能找到原来做的“镜像”文件，然后通过Ghost将镜像中的文件还原到硬盘分区中，从而达到还原系统的目的。

如果想备份操作系统，就要将光标定位到“To Image”上，按回车键便进入下一步，选择待备份的分区，首先需要选择硬盘，如果电脑中安装了多个硬盘，首先要选择待备份的分区在哪个物理硬盘上，大部分用户只有一个硬盘，所以可以直接按回车键继续。选择要备份的原硬盘界面如图9-49所示。

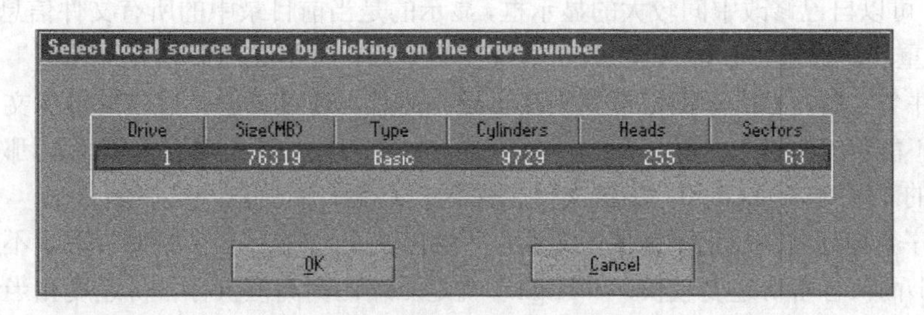

图9-49　选择要备份的原硬盘界面

从图9-49中可以看出当前硬盘的驱动器编号、容量、柱面、磁头等信息。如果有多个硬盘，则可以通过上下光标键来选择目标硬盘，然后单击“OK“进入。

接下来界面如图9-50所示。图中列出当前要备份硬盘的分区编号、分区类型、卷标、总容量、已用空间等信息。

选择分区编号后，然后单击“OK”，再将光标定位到“OK”键上，便确定了待备份的分区，开始进行下一步关键操作：准备将制作好的“镜像”文件保存的路径，镜像文件保存路径的选择如图9-51所示。

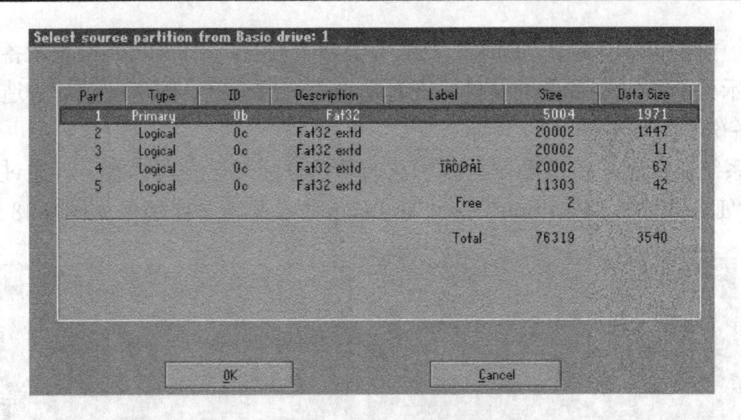

图 9-50　选择待备份硬盘的分区

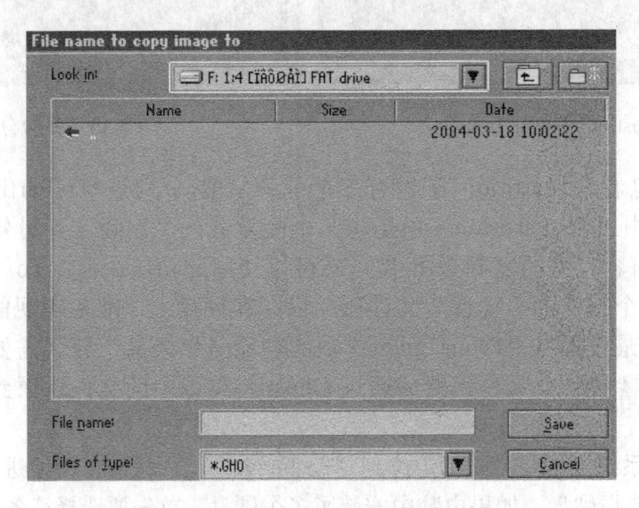

图 9-51　镜像文件保存路径的选择

窗口的最上方是“Look in”栏，它显示的是“镜像”所保存的路径，如果用户对系统默认的保存路径不满意，可以自己修改中间较大的显示框，显示的是当前目录中的所有文件信息；下面的“File Name”栏非常重要，通过“Tab”键将其激活（变亮）后，便能在这里输入“镜像”文件的文件名了，输入完文件名之后，按回车键便可完成该步骤。注意，通过 Ghost 建立的镜像文件的后缀名是 GHO。另外，不能将“镜像”文件保存到待备份的分区上，比如说准备备份 C 盘，那么就不能将克隆 C 盘所产生的“××××.GHO”镜像文件也保存在 C 盘，否则程序会报错。

接下来程序会询问是否压缩“镜像”文件，并给出三个选择。其中“NO”表示不压缩；“Fast”表示压缩比例小而执行备份速度较快；“High”就是压缩比例高但执行备份速度相当慢。可以根据自己的需要来选择压缩方式，一般情况下都建议选择“Fast”。选择压缩模式后，程序要求确认，将光标定位到“Yes”上，然后按回车键之后程序便开始备份分区了。当备份工作完成后，程序会提示已经完成，此时可按回车键确认，然后程序会退回到主界面。

（2）利用 Ghost 备份整个硬盘

备份硬盘有一个前提条件：源硬盘的容量应该少于或等于目标硬盘的容量，否则源硬盘上的数据就不能全部备份到目标硬盘上了。如果要对某个物理硬盘中的所有分区都进行备份，此时还需要按照前面讲述的方法来逐个地去备份分区吗？Ghost 提供了两种备份硬盘的方法，一种是“Disk To Disk”，另一种是“Disk To Image”。

其中“Disk To Disk”项，Ghost 能将目标硬盘复制得与源硬盘一模一样，并实现分区、格式化、复制系统和文件一步完成，该功能对于计算机的机房维护非常有用，如果需要给几十甚至几百台配置相同的电脑安装系统，且每台电脑的硬盘分区、数据都是一样的，那Ghost可就帮上大忙。

"Disk To Disk"可能一般人用不上，可"Disk To Image"项的应用就非常广泛。如果电脑中安装了多系统，大家都知道这多系统损坏后恢复比较难，重新安装需要很多时间，因此可以在设置好多系统之后将整个硬盘保存为一个镜像文件，以后如果多系统出了毛病，就可以通过这镜像文件来快速恢复了。

（3）利用Ghost恢复分区

Ghost 最大的特点是能快速恢复系统，只要将系统备份成一个镜像文件，以后如果碰上系统崩溃时，就没有必要重新安装操作系统了。

进入Ghost的主界面之后，通过方向键执行如下操作："Local"→"Partition"→"From Image"，按"Enter"键进入后，程序首先要求找到已经制作好的镜像文件 ，接下来程序要求选择目标盘所在的硬盘。如果此时有多个硬盘的话一定要小心谨慎，以免出错，确认无误后，按"Enter"键继续，接下来的关键步骤就是选择目标盘。

在选择目标盘这一步时一定要小心，一旦选错了目标盘，Ghost 首先将那个盘格式化，然后将镜像中的文件全部复制到这个盘中。所以在选择之前一定要看清楚是不是那个需要恢复的分区，如果确认了，则可以按"Enter"键，此时程序会提示"你确认了吗？"。此时如果反悔还来得及，一旦选择了"Yes"那可就晚了！等Ghost将分区上的所有文件复制完之后，它将提示需要重新启动电脑，当然也可以选择"暂不重启"。

（4）使用Ghost时的注意事项

使用Ghost是有很大风险性的，因此在使用时一定要注意。首先，在备份分区之前，最好将分区中的一切垃圾文件删除以减少镜像文件的体积；其次，在备份前一定要对源盘及目标盘进行磁盘整理，否则很容易出现问题。

在恢复分区时，最好先检查一下要恢复的分区中是否还有重要的文件还没有转移，否则一旦Ghost被执行，那时后悔就晚了。

【特别提示】

Ghost 备份的硬盘分区应该有足够的空间能够容纳原来分区的镜像，必要时可以采用高压缩模式，空间不够将使备份不成功。

9.4.2 使用Ghost安装操作系统

相对标准安装，Ghost 安装就方便多了，也是现在比较流行的安装方式，也比较方便，快捷。首先使用安装工具光盘或者U盘安装工具系统启动计算机，启动后就会出现图9-52的工具菜单选择界面。由于是重新安装系统，出现该界面后按"F1"键，即可将系统镜像文件恢复到C盘。

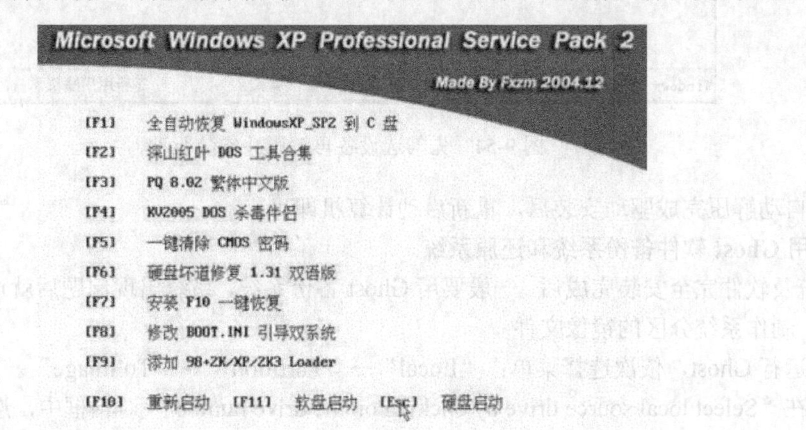

图9-52 工具菜单选择界面

之后，系统就会进入 Ghost 安装模式。不需要人工干预便可完成 Win XP 系统安装，进行必要设置即可。

实训指导

1．万能驱动助理（WanDrv）安装系统硬件驱动

① 网络下载万能驱动助理:根据安装的系统类型，下载对应的驱动，32 位版支持 Windows 8/7/XP、Server 2003；64 位版支持 Windows 8/7、Server 2008 R2。

② 安装驱动：以下载的 32 位 Win XP 万能驱动助理为例，双击 EasyDrv 图标，运行安装程序，如图 9-53 所示。

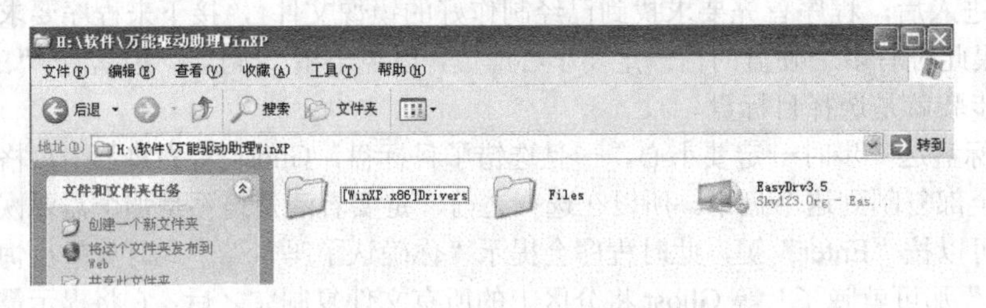

图 9-53　双击 EasyDrv 图标

③ 勾选对应设备前面方框，然后依次单击：“开始”→“解压并安装驱动”，如图 9-54 所示。

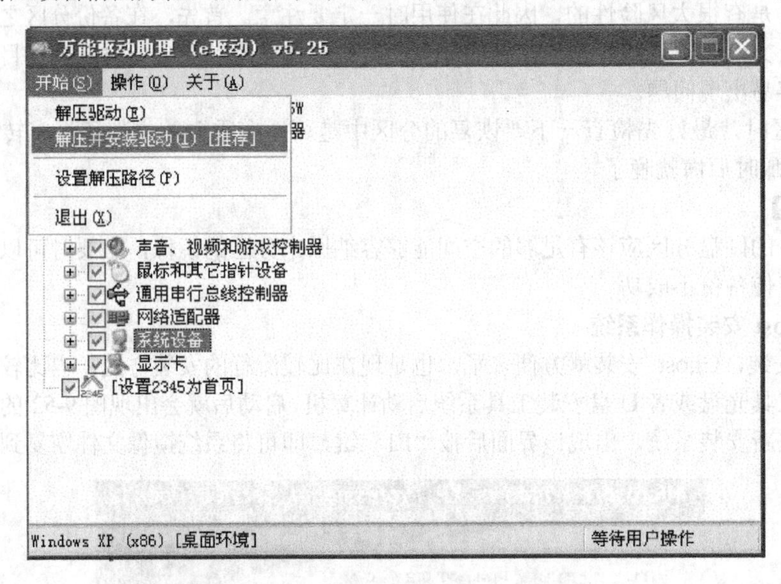

图 9-54　先勾选设备再解压并安装驱动

④ 自动解压完成驱动安装后，重新启动计算机即可。

2．用 Ghost 软件备份系统和还原系统

系统及软件完全安装完成后，一般要用 Ghost 备份系统，系统出现问题后就可以很快还原系统。

（1）制作系统分区的镜像文件

① 运行 Ghost，依次选择菜单：“Local”→“Partition”→“To Image”。

② 在“Select local source drive by clicking on the drive number”对话框中，选择源磁盘驱动器，选择“OK”。

③ 在“Selcet source partion（s）from Basice drive”对话框中，选择源分区，选择“OK”。

④ 在“File name to copy image to”对话框中，指定将要产生的镜像文件夹的路径和文件名，选择“Save”。

⑤ 在“Compress Image File?”对话框中，选择压缩类型：“No：不压缩（快速）”，“Fast：低度压缩（中速）”，“High：高度压缩（低速）”。一般选择“Fast”。

⑥ 在“Question”对话框中，选择“YES”，开始创建镜像文件，选择“NO”，返回主菜单。

（2）从镜像文件恢复分区

① 运行 Ghost，依次选择菜单：“Local”→“Partition”→“From Image”。

② 在“file name to load image from”对话框中，选择用于恢复的镜像文件的文件名。

③ 在“Select source partion from image file”对话框中，选择镜像文件所在的源分区。

④ 在“Select local destination drive by clicking on the drive number”对话框中，选择要恢复的目标磁盘驱动器，选择“OK”。

⑤ 在“Selcet destination partion（s）from Basice drive”对话框中，选择目标分区，选择“OK”。

⑥ 在“Question”对话框中， 选择“YES”，开始创建镜像文件，选择“NO”，返回主菜单。

思考与练习

1. 文件系统格式有哪些种类？并了解它们之间的区别。
2. 用克隆方法安装系统应注意哪些问题？
3. 尝试安装 Windows XP 与 Windows 7 双系统。
4. 应用 Partition Magic 工具对硬盘分区重新划分。
5. 查看自己计算机硬件的驱动情况，看是否有“？”或黄色“!”，分析原因。
6. 试着用驱动精灵安装系统硬件驱动程序，了解安装过程。

项目 10　计算机系统维护和优化

【项目分析】

提高计算机运行效率，掌握计算机的软硬件的维护基本知识、维护方法、步骤很有必要；应掌握利用计算机操作系统自带的注册表、组策略维护进行基本维护；还应掌握系统优化与维护常用软件如优化大师、超级兔子、鲁大师的使用技巧；特别注意计算机病毒防治方法。

【学习目标】

知识目标：

① 了解计算机系统维护常识；

② 了解注册表、组策略基本知识；

③ 掌握 Windows 系统维护与优化软件应用；

④ 掌握杀毒软件的安装与使用。

能力目标：

① 掌握系统维护技巧；

② 掌握计算机系统的安全防范技术。

任务 10.1　计算机系统基本维护

所谓的维护，就是通过不同方法，加强对系统使用过程的管理，以保护系统的正常运行。

所谓的优化，就是通过调整系统设置，合理进行软硬件配置，使得操作系统能正常高效地运行。系统维护应该掌握一些经验和技巧。

10.1.1　系统维护的经验

计算机系统维护应掌握如下基本维护常识：

① 熟悉自己机器的硬件配置；

② 用好 Windows 系统自带的维护工具；

③ 学会正确设置控制面板中的各个项目；

④ 定期备份系统注册表；

⑤ 做好常用文件备份工作；

⑥ 定期扫描磁盘，清理磁盘中无用的文件并优化磁盘。

10.1.2　Windows XP 系统维护技巧

目前，Windows XP（简称 Win XP）操作系统是微型计算机的主流操作系统之一，Windows XP 的大部分故障都与不当的操作或没及时对系统进行维护有关，所以，做好 Windows XP 的系统基本维护是十分必要的。

1）减少系统启动时加载的项目，加快开机的速度

单击“开始”→“运行”，在运行对话框中键入“msconfig”，按“Enter”键即可进入“系统配置实用程序”，如图 10-1 所示，在“启动”栏将方框中的勾取消，关掉不必要的程序，加载的启动项目越少，系统启动的速度就越快，完成后单击“确定”，重开机即可。单击“服务”菜单项也可去

掉不必要的服务。

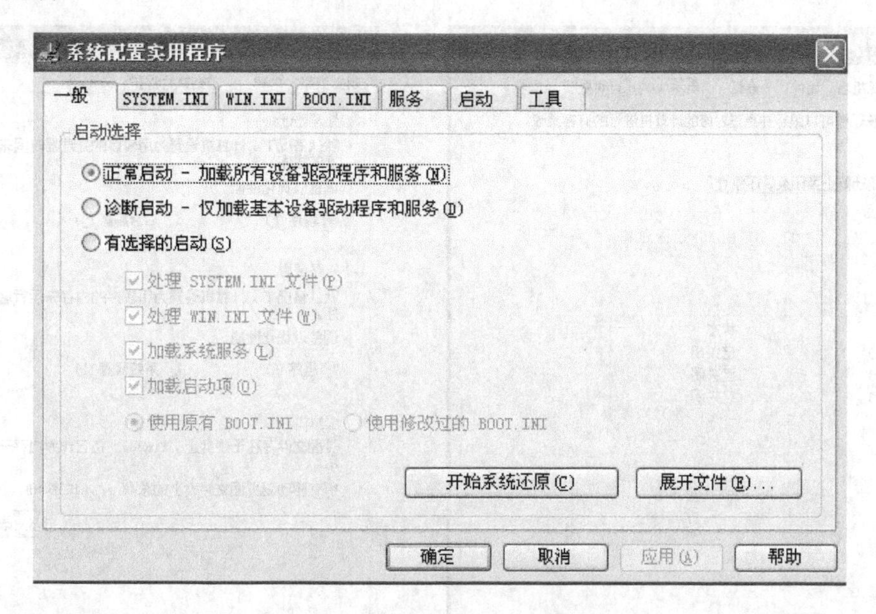

图 10-1　系统配置实用程序设置界面

2）关闭系统还原

默认情况下，系统还原功能处于启用状态时，就会占用较多的系统资源，减慢系统速度。

关闭系统还原方法：在桌面上右单击“我的电脑”，单击“属性”，在显示的“系统属性”窗口选择“系统还原”标签，然后取消选择“在所在驱动器上关闭系统还原”，单击“确定”。系统还原窗口如图 10-2 所示。

注意：克隆安装的 Windows XP 系统集成时经过优化，系统菜单栏大部分没有“系统还原”选项。

3）增加虚拟内存

虚拟内存是 Windows XP 将一部分硬盘空间作为内存使用。即便物理内存很大，虚拟内存也是必不可少的。虚拟内存在硬盘上其实就是一个大的文件，文件名是 Page File.Sys（页面文件），通常状态下是看不到的，必须关闭资源管理器对系统文件的保护功能才能看到这个文件。在 Windows 环境下使用的应用程序其容量往往几百 MB，如 Window XP 操作系统、Office 2010 等，如有几个应用程序同时运行，则会由于系统不能提供足够的内存空间，导致应用程序无法运行。为解决这类问题，在操作系统中采用虚拟存储技术，即把辅存（如硬盘）中的部分存储空间当作主存使用。虚拟内存的作用是弥补实际内存空间不足的问题。

优化虚拟内存，为什么要进行硬盘设置？这是因为虚拟内存文件（也就是常说的页面文件）是存放在硬盘上，提高硬盘性能也可以在一定程度上提高内存的性能。

方法：用鼠标右键点击“我的电脑”，依次选择“属性”→“高级”→“性能设置”→“高级”→“更改”，如图 10-3 所示。这样可进入虚拟内存设置窗口。

调整时需要注意，不要将最大、最小页面文件设为等值。因为通常内存不会真正“塞满”，它会在内存储量到达一定程度时，自动将一部分暂时不用的数据放到硬盘中。最小页面文件越大，所占比例就越小，执行的速度也就越慢。最大页面文件是极限值，有时打开很多程序，内存和最小页

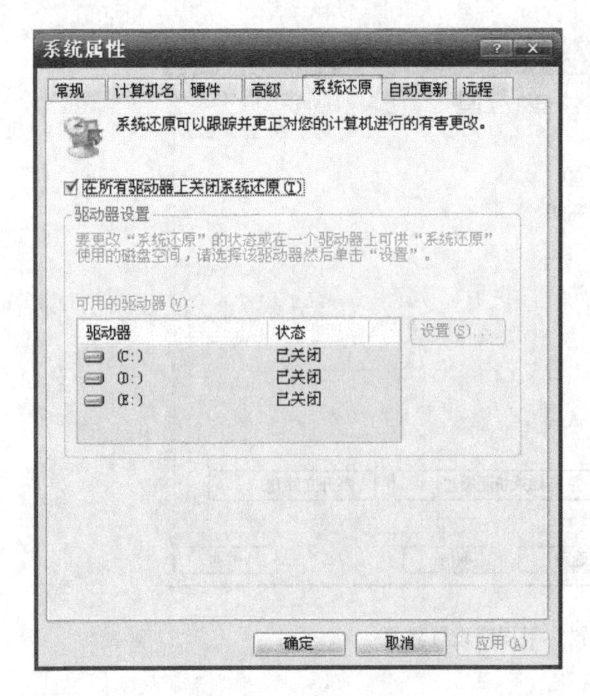

图 10-2　系统还原窗口

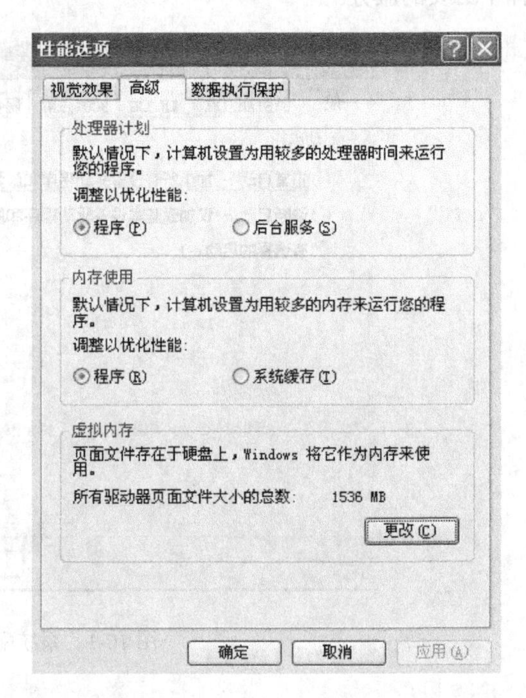

图 10-3　虚拟内存设置窗口

面文件都已“塞满”，就会自动溢出到最大页面文件。所以将两者设为等值是不合理的。一般情况下，最小值设置为物理内存的 1.5 倍，最大值设置为物理内存的 3 倍。最小页面文件设得小些，这样能在内存中尽可能存储更多数据，效率就高。最大页面文件设得大些，以免出现“满员”的情况。虚拟内存设置界面如图 10-4 所示。

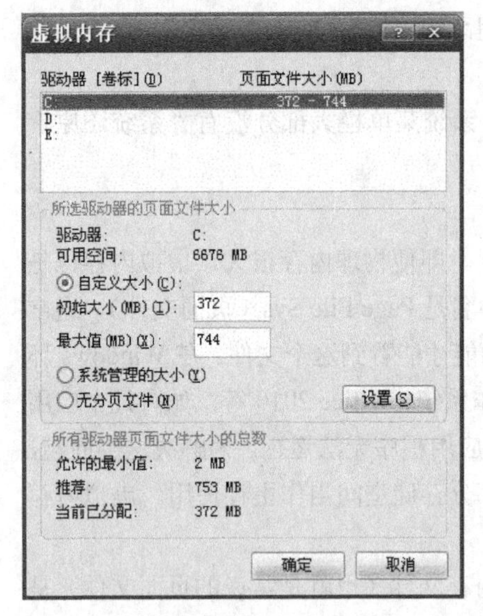

图 10-4　虚拟内存设置界面

【特别提示】

允许设置的虚拟内存最小值为 2MB，最大值不能超过当前硬盘分区的剩余空间值，同时也不能超过32 位操作系统 4GB 的内存寻址范围。如有条件，可单独建立一个空闲的独立分区，在该分区设置虚拟内存更好。

4）定期地进行磁盘整理

硬盘在长期使用过程中，会删除或增加文件，这样会造成在扇区中出现不连续的文件碎片，这样硬盘在读取文件时，会浪费很多时间。因此，定期做好磁盘整理工作是非常必要的。双击“我的电脑”，在要整理的磁盘分区中单击鼠标右键，依次单击“属性”→“工具”→“开始整理”→“碎片整理”即可。也可以利用工具软件如 O&O Defrag Pro 加快整理速度。磁盘碎片整理程序运行界面如图 10-5 所示。

磁盘碎片整理是一个非常漫长的过程，因此在执行磁盘碎片整理操作前，最好分析磁盘，看是否有必要对磁盘进行整理。单击“分析”按钮，如果碎片不多，如 0%碎片就没有必要进行整理了。

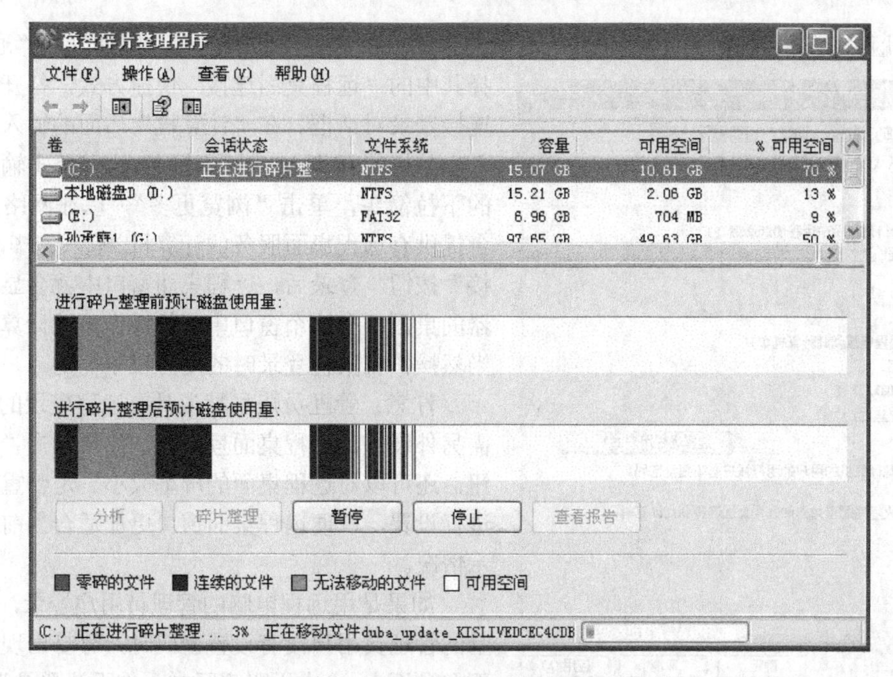

图 10-5　磁盘碎片整理程序运行界面

如果分析磁盘后，显示碎片很多，就单击“整理碎片”开始整理。碎片整理过程非常耗时，一般 2GB 左右的分区需要 1 小时以上。

碎片整理时要注意以下几个问题。

① 整理磁盘碎片的频率要控制合适，过于频繁的整理会缩短磁盘的寿命。一般磁盘碎片整理的间隔时间不要低于一个月。

② 整理磁盘碎片的时候，别打开应用程序，否则轻则影响整理速度，重则影响硬盘寿命。应关闭其他所有的应用程序，包括屏幕保护程序，最好将虚拟内存的大小设置为固定值。

③ 整理磁盘碎片的时候，不要对磁盘进行读写操作，一旦整理程序发现磁盘的文件有改变，它将重新开始整理。安全模式下整理速度快。

【特别提示】

Win 7 和 Win XP 系统都自带磁盘碎片整理程序。在磁盘碎片整理前一般都要先对磁盘清理垃圾信息，检查有无错误，最后才能进行碎片的整理和优化。因此，在整理硬盘前，应该首先做好以下工作。

① 应该把硬盘中的垃圾文件和垃圾信息清理干净。建议使用微软的“磁盘清理程序”代劳，当然也可以使用一些功能更强的软件或手工清理。

② 检查并修复硬盘中的错误。

5）启用“远程桌面”

如果两台计算机均安装 Windows XP 系统，且已经完成网络连接，则可以通过启用远程桌面来进行查看、管理。

启用“远程桌面”的方法是，右键单击“我的电脑”→“属性”，在工作站打开系统属性对话框，选择“远程”选项卡，选中“允许用户远程连接到此计算机”。接着选择允许远程连接的用户，单击“选择远程用户”按钮，根据提示选择被允许远程登录的账号（“添加”→“高级”→“立即查找”）。远程桌面界面如图 10-6 所示。

之后就可以在服务器上远程登录了。依次单击“开始”→“程序”→“附件”→“通讯”，选择其中的“远程桌面连接”快捷方式，打开远程桌面连接登录对话框。在“计算机”后面的输入框中，输入当前机的IP地址或计算机名，也可单击输入框右侧的下拉箭头，单击“浏览更多”，以在网络中选择一台提供有远程桌面服务的计算机。输入完毕，单击“连接”按钮。登录后，远程桌面窗口中就会显示远程机器的桌面，在这个窗口中就像操作本地计算机一样，当然操作权限视登录时的用户权限而定。

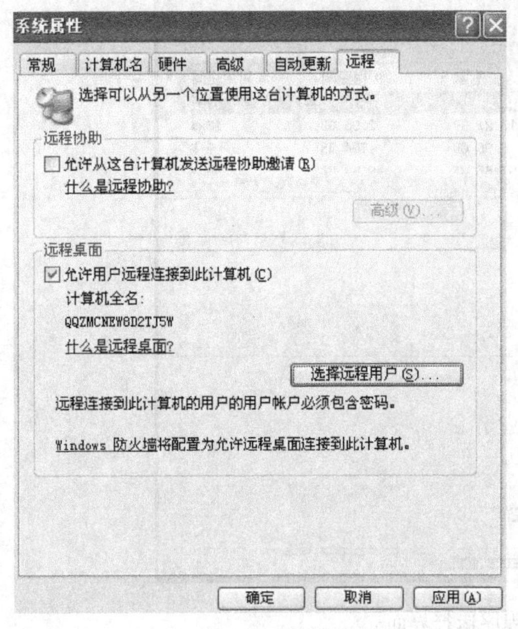

图 10-6 远程桌面界面

注意：管理员账号默认具有远程登录的权限，不需另外设置。远程桌面登录时，如果单击“选项”按钮，还可以对远程桌面的屏幕大小、是否重新登录等进行设置，以便远程桌面窗口更加适合当前系统的显示情况。

如果是用远程电脑的管理员用户登录，当远程电脑的管理员用户没有设置密码时，容易出现以下错误而登录不上：“由于账户限制，你无法登录”。这主要是没有设置密码导致的。解决办法是：“控制面板”→“管理工具”→“本地安全策略”，选择本地安全策略中的“安全选项卡”，找到“账户：使用空白密码的本地账户只允许进行控制台登录”，默认是“已禁用”，右键单击“属性”改成“已启用”即可。本地安全策略修改项目界面如图 10-7 所示。

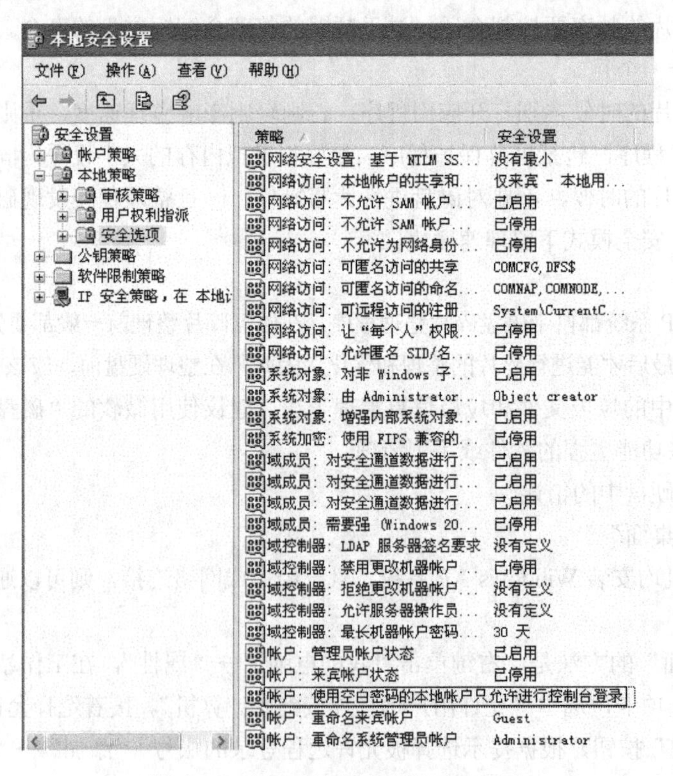

图 10-7 本地安全策略修改项目界面

6）组策略设置

组策略是系统自带的强大的设置管理工具之一，通过它，能让用户更容易管理计算机甚至网络上的资源。在Windows 2000/XP/2003等系统中，已默认安装了组策略管理程序，单击“开始”→“运行”，在运行对话框中输入“gpedit.msc”并按“Enter”键即可进入组策略设置界面。

（1）禁用指定软件程序

在组策略中，可以将注册表、光驱禁用，对磁盘分区进行隐藏等。在XP系统中还增加了对软件的限制策略。下面以常用软件QQ为例进行实例说明。

在组策略设置界面中，依次单击“计算机配置”→“Windows设置”→“安全设置”→“软件限制策略”→“其他规则”→“新路径规则”，单击“浏览”选项找到QQ安装目录中的“QQ.exe”文件，在“安全级别”下选择“不允许”。重启计算机后，别人就无法用QQ了。若要重新使用QQ，把安全级别选为“不受限的”即可。

（2）锁定注册表编辑器

单击“开始”→“运行”，在运行对话框中键入“gpedit.msc”打开组策略，在左边窗口中展开“用户配置”→“管理模板”→“系统”，在右边找到并双击“阻止访问注册表编辑工具”选项，选中“已启用”，在下面“是否禁用无提示运行regedit?”中选择“是”，然后退出。

（3）禁止自动播放功能

如果不想使用Windows XP的自动播放功能，可用“组策略”非常方便地禁止它：单击“开始”→“运行”，在运行对话框中键入“gpedit.msc”打开组策略，展开“管理模板”→“系统”，在右侧双击“关闭自动播放”，然后设置为“已启用”，并在“关闭自动播放”下拉列表框中选择“所有驱动器”，最后单击“确定”即可。

要注意的是，该设置在“计算机配置”和“用户配置”两个分支中都有。如果希望在所有账户下都不使用自动播放功能，则应在“计算机配置”下设置，否则只在“用户配置”下设置。

更多的组策略的设置与应用技巧可以参考相关书籍或网络资源。

10.1.3 Windows 7系统维护技巧

作为微软新一代操作系统，Windows 7不仅有炫酷的桌面效果、更为优越的性能，在功能设计上又有不少创新性的功能，在安全防护功能方面也有不少改进，如Windows防火墙功能增强、驱动器加密、备份和还原功能等。目前Windows 7系统是计算机安装的主流操作系统，掌握该系统的维护技巧非常必要。

（1）解决Windows自动更新问题

正版Windows 7不仅系统安全可靠，而且支持系统更新，用户可以第一时间获得并下载系统更新，及时安装系统补丁，免费使用微软安全软件，加强系统安全防护。

在日常使用Windows更新中，偶尔可能会因为某些原因或错误而不能正常使用。在Windows 7中这类问题变得简单，可以在“疑难解答”页面单击“使用Windows Update解决问题”进行更新。Windows 7更新界面如图10-8所示。

可以在“高级”页面启用“自动应用修复程序”功能，监测并解决Windows Update方面存在的问题。

（2）运行维护任务

在Windows 7中，碰到磁盘卷错误、快捷方式损坏等问题，用户在“疑难解答”页面可以单击“运行维护任务”启动系统维护界面，清理未使用的文件、快捷方式或其他维护任务。Windows 7的系统维护界面如图10-9所示。

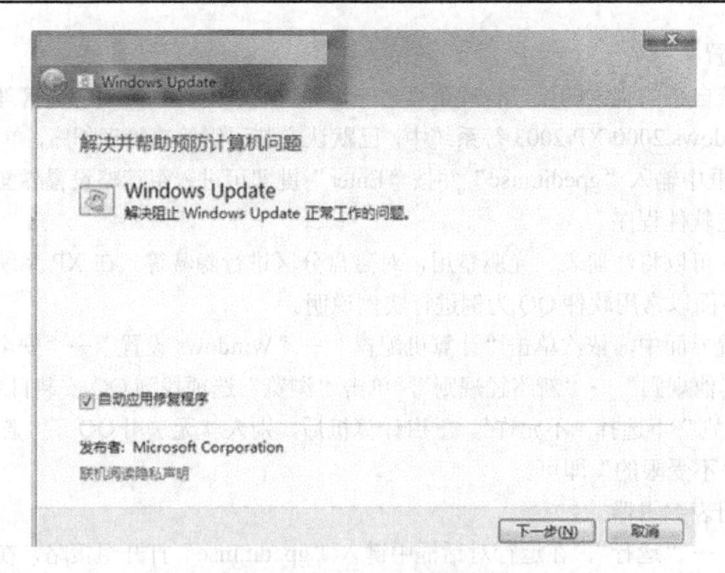

图 10-8　Windows 7 更新界面

进行系统维护时，Windows 7 可以检测快捷方式、磁盘空间、系统时间设置、桌面图标、磁盘卷等方面的潜在问题，并可生成系统维护报告，以方便用户查看。

（3）自动检测系统性能

在 Windows 7 中，用户可以检查系统性能方面的问题，调整设置，提高计算机总体速度和性能。Windows 7 检测系统性能方面的问题如系统启动时运行多个程序、运行多个防病毒程序、高级视觉效果等。Windows 7 自动检测系统性能界面如图 10-10 所示。

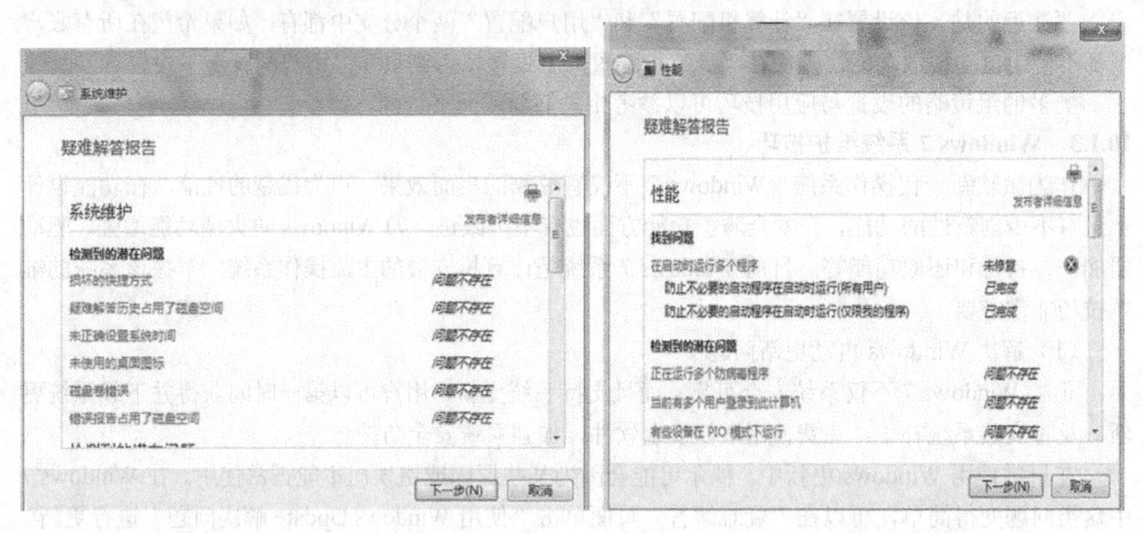

图 10-9　Windows 7 的系统维护界面　　　　图 10-10　Windows 7 的自动检测系统性能界面

Windows 7 还支持自动修复系统性能问题并生成相关报告，非常便于用户了解电脑运行状态，快速解决电脑系统运行问题。

（4）应用程序锁

Windows 7 中的新功能 AppLocker（应用程序锁）可以帮助那些厌倦了孩子在自己的电脑上安装可疑软件的家长解决烦心事。AppLocker 可以确保用户只可以在计算机上运行指定的程序。具体的操作步骤：启动 gpedit.msc 组策略，依次单击“计算机配置”→“Windows 设置”→“安全设置”→“应用程序控制策略”→“AppLocker”即可完成应用程序锁定。

（5）可靠性监视程序

Windows 7 系统有一个可靠性监视程序。这个程序通过指数曲线来反映系统安装后的运行状况，比起 Windows XP 的系统日志记录的方式要直观得多。

在开始菜单搜索框里输入“可靠性”后按“Enter”键即可打开监视程序。系统健康状况由窗口上方的曲线轨迹来表示，如果整条曲线很平稳保持在顶端，并且没有大幅度的升降变化，那么说明系统最近都很稳定。相反，假如曲线有较大波动并且下方出现多个带“×”的红色标记，说明系统出现问题。单击每个红色标记所在位置，可以看到问题是出在某个具体软件还是系统本身，或是其他地方。

（6）改进电源使用

电源是保障电脑正常运行的动力，正确使用电源，可延长电池寿命减少电源使用，有利于电脑系统的正常使用等。在 Windows 7 中，用户可以在疑难解答页面单击“改进电源使用”进行相应功能操作。在操作时，可以检测硬盘进入睡眠之前的时间过长、屏幕保护程序启用、电源计划设为高性能、最小处理器状态设置过高、显示器亮度设置过高等方面的问题，并可自动应用修复程序进行修复。Windows 7 的电源解答报告如图 10-11 所示。

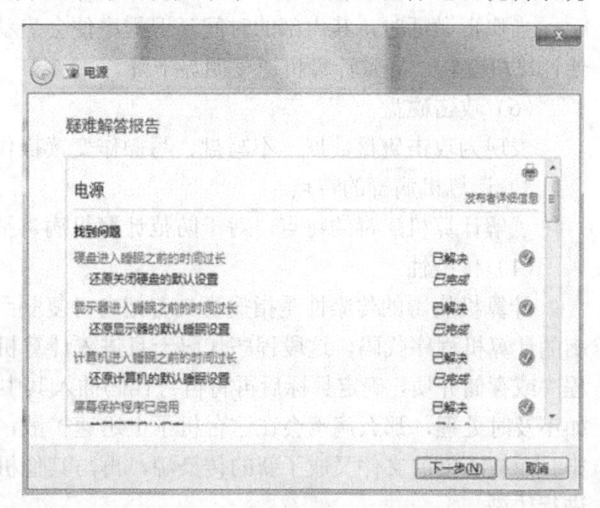

图 10-11 Windows 7 的电源解答报告

任务 10.2 计算机病毒知识与防范

随着计算机科学的发展，病毒与计算机安全成为越来越不可忽视的部分，必须了解计算机病毒与安全方面基础知识，找到防范计算机病毒的方法，从而保护计算机系统的安全。

10.2.1 计算机病毒的基础知识

1）计算机病毒的概念

计算机病毒是指一种人为设计的、危害计算机系统和网络计算机的程序；或是编制或者在计算机程序中插入的破坏计算机功能或者毁坏数据，影响计算机使用，并能自我复制的一组计算机指令或者程序代码。

常见的计算机病毒有引导型病毒、文件型病毒、混合型病毒、宏病毒和电子邮件病毒。

2）计算机病毒的危害

根据现有的病毒资料可以把病毒的破坏目标和攻击部位归纳为以下几个方面。

（1）攻击内存

内存是计算机病毒最主要的攻击目标。计算机病毒在发作时额外地占用和消耗系统的内存资源，导致系统资源匮乏，进而引起死机。病毒攻击内存的方式主要有占用大量内存、改变内存总量、禁止分配内存和消耗内存。

（2）攻击文件

文件也是病毒主要攻击的目标。当一些文件被病毒感染后，如果不采取特殊的修复方法，文件很难恢复原样。病毒对文件的攻击方式主要有删除、改名、替换内容、丢失部分程序代码、内容颠倒、写入时间空白、变碎片、假冒文件、丢失文件簇或丢失数据文件等。

（3）攻击系统数据区

对系统数据区进行攻击通常会导致灾难性后果，攻击部位主要包括硬盘主引导扇区、FAT表和文件目录等，当这些地方被攻击后，普通用户很难恢复其中的数据。

（4）干扰系统正常运行

病毒会干扰系统的正常运行，其行为也是花样繁多的，主要表现方式有不执行命令、干扰内部命令的执行、虚假报警、打不开文件、重启动、死机等。

（5）影响计算机运行速度

当病毒激活时，其内部的时间延迟程序便会启动。该程序在时钟中纳入了时间的循环计数，迫使计算机空转，导致计算机速度明显下降。

（6）攻击磁盘

表现为攻击磁盘数据、不写盘、写操作变读操作、写盘时丢字节等。

3）计算机病毒的特点

了解计算机病毒的特点，对于防范计算机病毒很重要。计算机病毒具有如下特点。

（1）传染性

计算机病毒的传染性是指病毒具有把自身复制到其他程序中的特性。计算机病毒是一段人为编制的计算机程序代码，这段程序代码一旦进入计算机并得以执行，它会搜寻其他符合其传染条件的程序或存储介质，确定目标后再将自身代码插入其中，达到自我繁殖的目的。只要一台计算机染毒，如不及时处理，那么病毒会在这台机子上迅速扩散，其中的大量文件（一般是可执行文件）会被感染。而被感染的文件又成了新的传染源，再与其他机器进行数据交换或通过网络接触，病毒会继续进行传染。

（2）隐蔽性

病毒一般是具有很高编程技巧、短小精悍的程序，通常附在正常程序中或磁盘较隐蔽的地方，也有个别的以隐含文件形式出现，目的是不让用户发现它的存在。如果不经过代码分析，病毒程序与正常程序是不容易区别开来的。一般在没有防护措施的情况下，计算机病毒程序取得系统控制权后，可以在很短的时间里传染大量程序。而且受到传染后，计算机系统通常仍能正常运行，使用户不会感到任何异常。

（3）潜伏性

大部分的病毒感染系统之后一般不会马上发作，它可长期隐藏在系统中，只有在满足特定条件时才启动其表现（破坏）模块，进行广泛的传播。

（4）破坏性

任何病毒只要侵入系统，都会对系统及应用程序产生不同程度的影响。轻者会降低计算机工作效率，占用系统资源，重者可导致系统崩溃。由此特性可将病毒分为良性病毒与恶性病毒。良性病毒可能只显示些画面或出点音乐和无聊的语句，或者根本没有任何破坏动作，但会占用系统资源。这类病毒较多，如GENP、小球、W-BOOT等。

（5）不可预见性

从对病毒的检测方面来看，病毒还有不可预见性。不同种类的病毒，它们的代码千差万别，但有些操作是共有的（如常驻内存，改中断）。有些人利用病毒的这种共性，制作了声称可查所有病毒的程序。这种程序的确可查出一些新病毒，但由于目前的软件种类极其丰富，且某些正常程序也使用了类似病毒的操作甚至借鉴了某些病毒的技术，使用这种方法对病毒进行检测势必会造成较多的误报情况。而且病毒的制作技术也在不断地提高，病毒对反病毒软件永远是超前的。

4）计算机病毒的分类

计算机病毒主要有以下几种类型。

（1）开机型病毒

开机型病毒藏匿在磁盘片或硬盘的第一个扇区。因为 DOS 的架构设计，使得病毒可以在每次开机时，在操作系统还没被加载之前就被加载到内存中，这个特性使得病毒可以完全地控制 DOS 的各类中断，并且拥有更大的能力进行传染与破坏。

（2）文件型病毒

文件型病毒通常寄生在可执行文件（如 *.COM, *.EXE 等）中。当这些文件被执行时，病毒的程序就跟着被执行。文件型病毒根据传染方式的不同，又分成非常驻型以及常驻型两种：非常驻型病毒将自己寄生在 *.COM、*.EXE 或是 *.SYS 文件中，当这些中毒的程序被执行时，就会尝试去传染给另一个或多个文件；常驻型病毒躲在内存中，其行为就好像是寄生在各类的低阶功能一般，由于这个原因，常驻型病毒往往对磁盘造成更大的伤害。一旦常驻型病毒进入了内存中，只要执行文件被执行，它就对其进行感染，其效果非常显著，将它赶出内存的唯一方式就是冷开机（完全关掉电源之后再开机）。

（3）复合型病毒（Multi-Partite Virus）

复合型病毒兼具开机型病毒以及文件型病毒的特性。它们不但可以传染 *.COM、*.EXE 文件，也可以传染磁盘的引导扇区。由于这个特性，使得这种病毒具有相当程度的传染力。一旦感染，其破坏的程度将会非常严重！

（4）宏病毒

宏病毒主要是利用软件本身所提供的宏能力来设计病毒。所以凡是具有写宏能力的软件都有宏病毒存在的可能，如 Word、Excel 等。

10.2.2 计算机病毒发作的常见症状

如何确定自己的计算机感染了病毒呢？可以从以下症状来确定计算机是否感染病毒。

① 电脑运行比平常迟钝或程序载入时间比平常久甚至无法正常启动。

② 经常性无缘无故地突然死机或有非法错误。

③ 对一个简单的工作，磁盘似乎花了比预期长的时间。

④ 不寻常的错误信息出现或自动连接到一个陌生的网站。

⑤ 硬盘的指示灯无缘无故地亮了或打印或通信异常。

⑥ 系统内存容量忽然大量减少或出现内存不足的提示。

⑦ 磁盘可利用的空间突然减少。

⑧ 可执行程序的容量改变了。

⑨ 程序同时存取多部磁盘。

⑩ 内存中增加来路不明的常驻程序。

⑪ 文件奇怪地消失或文档只能保存为模板方式。

⑫ 文件名称、大小、日期、属性被更改过。

10.2.3 木马的防范措施

随着网络的普及，硬件和软件的高速发展，网络安全显得日益重要。网络中比较流行的木马程序，传播比较快，影响比较严重，因此对于木马的防范就更不能疏忽。在检测清除木马的同时，还要注意对木马的预防，做到防患于未然。

（1）不要随意打开来历不明的邮件

现在许多木马都是通过邮件来传播的，当收到来历不明的邮件时，请不要打开，应尽快删除，并加强邮件监控系统，拒收垃圾邮件。

（2）不要随意下载来历不明的软件

最好是在一些知名的网站下载软件，不要下载和运行那些来历不明的软件。在安装软件的同时最好用杀毒软件查看有没有病毒，之后才进行安装。

（3）及时修补漏洞和关闭可疑的端口

一般木马都是通过漏洞在系统上打开端口留下后门，以便上传木马文件和执行代码。在把漏洞修补上的同时，需要对端口进行检查，把可疑的端口关闭。

（4）尽量少用共享文件夹

如果必须使用共享文件夹，则最好设置账号和密码保护。注意千万不要将系统目录设置成共享，最好将系统下默认共享的目录关闭。Windows 系统默认情况下将目录设置成共享状态，这是非常危险的。

（5）运行实时监控程序

在上网时最好运行反木马实时监控程序和个人防火墙，并定期对系统进行病毒检查。

（6）经常升级系统和更新病毒库

经常关注厂商网站的安全公告，这些网站通常都会及时地将漏洞、木马和更新公布出来，并第一时间发布补丁和新的病毒库等。

10.2.4 黑客的攻击方式

黑客（Hacker）或称骇客，是指具有较高计算机水平的计算机爱好者，以研究探索操作系统、软件编程、网络技术为兴趣，并时常对操作系统或其他网络发动攻击。其攻击方式多种多样，下面为几种常见的攻击方式。

（1）Web 页欺骗

有的黑客会制作与正常网页相似的假网页，如果用户访问时没有注意，就会被其欺骗。特别是网上交易网站，如果在黑客制作的网页中输入了自己的账号、密码等信息，在提交后就会发送给黑客，这将会给用户造成很大的损失。

（2）木马攻击

木马攻击是指通过一段特定的程序（木马程序）来控制另一台计算机。木马通常有两个可执行程序：一个是客户端，即被控制端；另一个是服务端，即控制端。木马的设计者为了防止木马被发现，而采用多种手段隐藏木马。木马的服务一旦运行并被控制端连接，其控制端将享有服务端的大部分操作权限，例如给计算机增加口令，浏览、移动、复制、删除文件，修改注册表，更改计算机配置等。

（3）拒绝服务攻击

拒绝服务攻击是指使网络中正在使用的计算机或服务器停止响应。这种攻击行为通过发送一定数量和序列的报文，使网络服务器中充斥了大量要求回复的信息，消耗网络带宽或系统资源，导致网络或系统不堪重负以至于瘫痪，从而停止正常的网络服务。

（4）后门攻击

后门程序是程序员为了便于测试、更改模块的功能而留下的程序入口。一般在软件开发完成时，程序员应该关掉这些后门，但有时由于程序员的疏忽或其他原因，软件中的后门并未关闭。如果这些后门被黑客利用，就可轻易地对系统进行攻击。

（5）恶意脚本

恶意脚本是指一切以制造危害或者损害系统功能为目的，从软件系统中增加、改变或删除文件内容的任何脚本。传统的恶意脚本包括病毒、蠕虫、特洛伊木马和攻击性脚本。更新的例子包括：Java 攻击小程序（Java attack applets）和危险的 ActiveX 控件。

防治恶意脚本应该采取以下措施。

① 上网时开启杀毒软件的监控。

② 不要轻易浏览不良网站。

③ 如果怀疑感染了恶意脚本，可以用最新升级的杀毒软件对自己的电脑进行全面扫描。

10.2.5 计算机病毒的防范

很多人在计算机病毒的防范上存在一些误区，造成防范不严，必须掌握病毒防范基本措施，才能保证计算机系统的安全运行。

1）病毒防范的误区

病毒防范存在很多误区：只用单一杀毒软件保护系统；只反“毒”不防“黑”；杀毒软件不经常升级；认为不用U盘、光驱等就不会感染病毒；重“杀”不重“防”。

2）计算机病毒防范的基本措施

（1）修补系统漏洞

Windows操作系统的漏洞层出不穷，特别是如今使用比较多的Windows XP操作系统，其漏洞是怎么也补不完，哪怕是最新的Windows XP SP3也存在相当多的漏洞。因此及时安装操作系统的漏洞补丁是非常必要的。浏览网页需要Web浏览器，有些恶意网页利用浏览器的漏洞编写恶意代码，访问该网站会不知不觉地中毒。因此不仅要修补系统漏洞，还要修补IE浏览器的漏洞，这样才能减少病毒入侵的威胁。

（2）安装杀毒软件

使用杀毒软件可最大限度地保证计算机不受病毒感染，保障计算机的安全运行。目前多数杀毒软件都带有实时病毒防火墙，可监控来自计算机外部的病毒，保护计算机免受病毒感染，如瑞星杀毒软件、金山毒霸等。

（3）安装网络防火墙

防火墙是一种网络安全防护措施，它采用隔离控制技术，是设置在内部网络和外部网络之间的一道屏障，用来分隔内部网络和外部网络的地址，使外部网络无从查探内部网络的IP地址，从而不会与内部系统发生直接的数据交流。

（4）提高安全防范意识

在使用计算机的过程中，需要增强如下安全防护意识。

① 不访问非法网站，对网上传播的文件要多加注意。

② 不要直接运行网上下载的软件。

③ 密码设置最好采用数字和字母的混合，最好不少于8位。

④ 及时更新操作系统的安全补丁。

⑤ 备份硬盘的主引导扇区、分区表、注册表等。

⑥ 重要的数据文件要及时备份。

⑦ 安装杀毒软件并经常升级病毒库以及开启杀毒软件的实时监测功能等。

⑧ 使用外置移动存储设备时应及时进行杀毒。

⑨ 对重点保护的计算机系统应做到专机、专人、专盘、专用。

10.2.6 计算机病毒的处理

一旦遇到计算机病毒破坏了系统也不必惊慌失措，采取一些简单的办法可以杀除大多数的计算机病毒，恢复被计算机病毒破坏的系统。计算机感染病毒后的一般处理方法如下。

① 必须对系统破坏后的程度有一个全面的了解，并根据破坏的程度来决定采用何种有效的计算机病毒清除方法和对策。

② 进行修复操作前，尽可能再次备份重要的数据文件。

③ 启动杀毒软件，并对整个硬盘进行扫描。

④ 发现计算机病毒后，一般应利用杀毒软件清除文件中的病毒，如果可执行文件中的计算机病毒不能被清除，一般应删除，然后安装相应的应用程序。

⑤ 杀完毒后，重启计算机，再次用杀毒软件检查系统中是否还存在病毒，并确定被破坏的数据文件确实被恢复。

⑥ 对于杀毒软件无法清除的病毒，应将病毒样本送交杀毒软件生产商，以供详细分析。

任务 10.3　Windows 注册表的应用与维护

注册表是 Windows 内部一个巨大的树状分层数据库，其中存放着各种参数，直接控制 Windows 的启动、硬件驱动程序的装载，以及一些 Windows 应用程序的运行，从而在整个系统中起着核心作用。

10.3.1　注册表简介

注册表是 Windows 的一个内部数据库，其中的所有信息是由 Windows 操作系统自主管理的。

（1）注册表的功能

通过注册表，用户可以解决由注册表引起的各种故障，还可以通过优化注册表来提高系统的性能。很多优化系统的软件就是通过修改注册表来提高系统性能的。如果注册表受到破坏，轻则影响操作系统的正常使用，重则导致整个操作系统的瘫痪，因此，正确认识使用、及时备份注册表对 Windows 用户来说就显得非常重要。

（2）注册表包含的内容

注册表是一个庞大的数据库，在 Windows 中运行一个应用程序时，系统会从注册表取得相关信息，如数据文件的类型、保存文件的位置、菜单的样式、工具栏的内容、相应软件的安装日期、用户名、版本号、序列号等。用户可以定制应用软件的菜单、工具栏和外观，相关信息即存储在注册表中，注册表会记录应用的设置，并把这些设置反映给系统。注册表会自动记录用户操作的结果。包含以下内容。

① 软、硬件的有关配置和状态信息。注册表中保存有应用程序和资源管理器外壳的初始条件、首选项和卸载数据，直接控制着 Windows 的启动、硬件驱动程序的装载以及一些 Windows 应用程序的运行，从而在整个 Windows 系统中起着核心作用。

② 联网计算机的整个系统的设置和各种许可、文件扩展名与应用程序的关联关系，硬件部件的描述、状态和属性。

③ 性能记录和其他底层的系统状态信息，以及其他一些数据。

10.3.2　注册表编辑器

Windows XP 自带两个注册表编辑器，一个是 Regedit.exe,安装在系统目录文件夹中，启动 Regedit 则打开注册表；另一个是 Regedt32.exe，安装在 Windows\system32 文件夹中，它们都是用来查看和更改系统注册表的高级工具，可以用来编辑注册表，改变系统设定。

1）启动注册表编辑器

注册表编辑器有两种启动方法。

① 依次单击“开始”→“运行”，在运行对话框中直接输入“Regedit”并按“Enter”键即可。

② 在 Windowws\System32 文件夹下找到 Regedt32.exe，双击该程序即可。

注册表编辑器界面如图 10-12 所示。

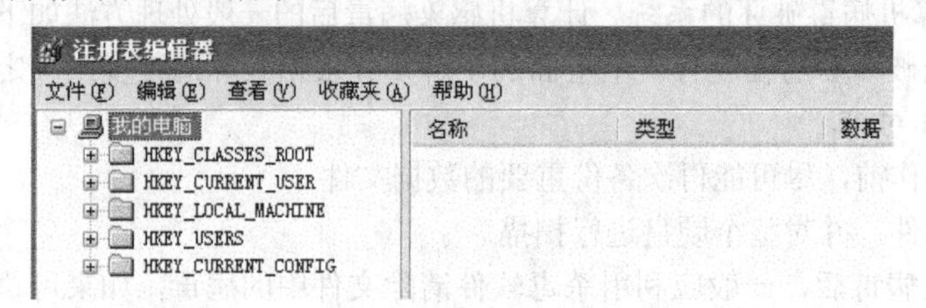

图 10-12　注册表编辑器界面

2）注册表的结构及根键的功能

注册表采用二进制格式保存信息，其组织结构也采用了和硬盘上的文件系统一样的树形结构。注册表的结构由配置单元（根键）、项（主键）、子项（子健）和值（项值）组成。注册表被组织成子目录树及其项、子项和值项的分层结构，具体内容取决于安装在每台计算机上的设备、服务和程序。注册表项可以有子项，同样，子项也可以有子项。注册表的配置单元（根键）的作用如下。

（1）HKEY_CLASSES_ROOT

定义了系统中所有的文件类型标识和基本操作标识。

（2）HKEY_CURRENT_USER

包含当前用户的配置文件，包括环境变量、桌面设置、网络连接、打印机和程序首选项等信息。

（3）HKEY_LOCAL_MACHINE

包含与本地计算机系统有关的信息，包括硬件和操作系统数据，如总线类型、系统内存、设备驱动程序和启动控制数据信息等。

（4）HKEY_USERS

定义了所有用户的信息，这些信息包括动态加载的用户配置文件和默认的配置文件。

（5）HKEY_CURRENT_CONFIG

包含计算机在启动时由本地计算机系统使用的硬件配置文件的相关信息。该信息用于配置某些设置，如要加载的应用程序和显示时要使用的背景颜色等。

10.3.3　备份和还原注册表

注册表包括多个文件，其中包括用户配置文件和系统配置文件。平时应注意对注册表的维护。

运行 Regedit.exe，进入注册表编辑界面，单击“文件”→“导出”，在出现的“导出注册表文件”对话框中，键入欲备份注册表的文件名及其保存位置，再按“保存”按钮即可。需恢复注册表时，用同样的方法打开注册表编辑器，单击“文件”→“导入”，找到原先备份的注册表，再单击“打开”按钮即可将该注表备份恢复回 Windows 系统了。

10.3.4　系统维护和优化工具

Windows 操作系统用长了就会感觉越来越慢，启动一个程序需要很长时间。其实这主要是因为电脑使用时间长了，磁盘上有了很多碎片，安装的软件多了没有进行优化。国内外有许多优秀的系统维护和优化工具，针对不同的操作系统有不同的优化软件，日常的维护和优化对于计算机系统的运行效率非常关键。

1）国外常用的优化工具

① Tune up utilities：一款德国的系统优化软件，是世界上公认的最好的系统优化程序，它可以让系统跑得非常顺畅，功能全面。

② advanced system care：一款能分析系统性能瓶颈的优化软件。它通过对系统全方位的诊断，找到系统性能的瓶颈所在，然后有针对性地进行修改、优化。此外它还具有间谍软件和恶意软件扫描清除功能，也能将用户的隐私信息从电脑中抹除。

2）国内的优化工具

国内有超级兔子、360 安全卫士、优化大师、鲁大师等知名的优化工具。

（1）超级兔子

超级兔子是一款完整的系统维护工具，可清理计算机中无用的文件、注册表里面的垃圾，同时还有强力的软件卸载功能，可以清理一个软件在电脑内的所有记录。共有 9 大组件，可以优化、设置系统大多数的选项，打造一个属于用户自己的 Windows。超级兔子上网精灵具有 IE 修复、IE 保护、恶意程序检测、端口过滤及清除等功能。超级兔子检测系统可以诊断一台电脑系统的 CPU、显卡、硬盘的速度，由此检测电脑的稳定性及速度，还有磁盘修复及键盘检测功能。超级兔子进程管理器具有网络、进程窗口查看方式，同时超级兔子网站提供大多数进程的详细信息，是国内最大的进程库。超级兔子运行界面如图 10-13 所示。

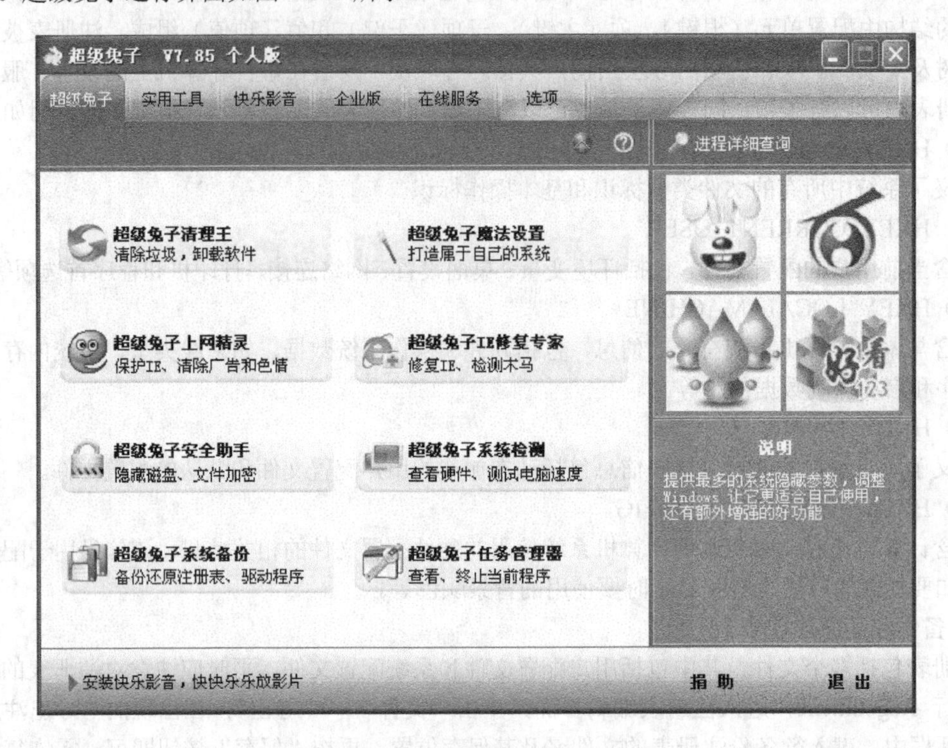

图 10-13　超级兔子运行界面

（2）Windows 优化大师的使用简介

Windows 优化大师是获得了英特尔测试认证的全球软件合作伙伴之一，得到了英特尔在技术开发与资源平台上的支持，并针对英特尔多核处理器进行了全面的性能优化及兼容性改进，是一款功能强大的系统工具软件。它提供了全面有效且简便安全的系统检测、系统优化、系统清理、系统维护四大功能模块及数个附加的工具软件。使用 Windows 优化大师，能够有效地帮助用户了解自己的计算机软硬件信息；简化操作系统设置步骤；提升计算机运行效率；清理系统运行时产生的垃圾；修复系统故障及安全漏洞等。Windows 优化大师运行界面如图 10-14 所示。

Windows 优化大师的功能与超级兔子基本相似，常用功能包括系统性能优化和系统清理维护、系统信息检测。系统性能优化包括磁盘缓存优化、开机速度优化、系统安全优化；系统清理维护功能包括注册表信息清理、垃圾文件清理、系统个性设置等。

① 磁盘缓存优化　首先设置一下磁盘缓存的大小，拖动滑块调整其大小，会发现它根据不同的内存大小提供了一个推荐使用值。

② 开机速度优化　单击“开机速度”按钮，首先调整“启动信息停留时间”。如果安装的是多操作系统，还可以在“默认启动顺序选择”中选中经常使用的那一个操作系统，最后在“开机时不自动运行的程序”项中选择那些用得比较少的程序，选择好了单击“优化”按钮即可。

③ 系统安全优化　选中“扫描动作”中的所有选项；为了安全，建议选中“禁止 Windows 自动登录功能”等项。如果需要进行更详细的安全设置，可以单击“更多设置”，在这里可以根据需要隐藏驱动器、禁用注册表等。除此之外，在系统安全优化中还提供了一些附加工具，包括了本地端口分析、“黑客”端口编辑等工具，通过这些工具的使用可以有效地防范“黑客”的侵入。

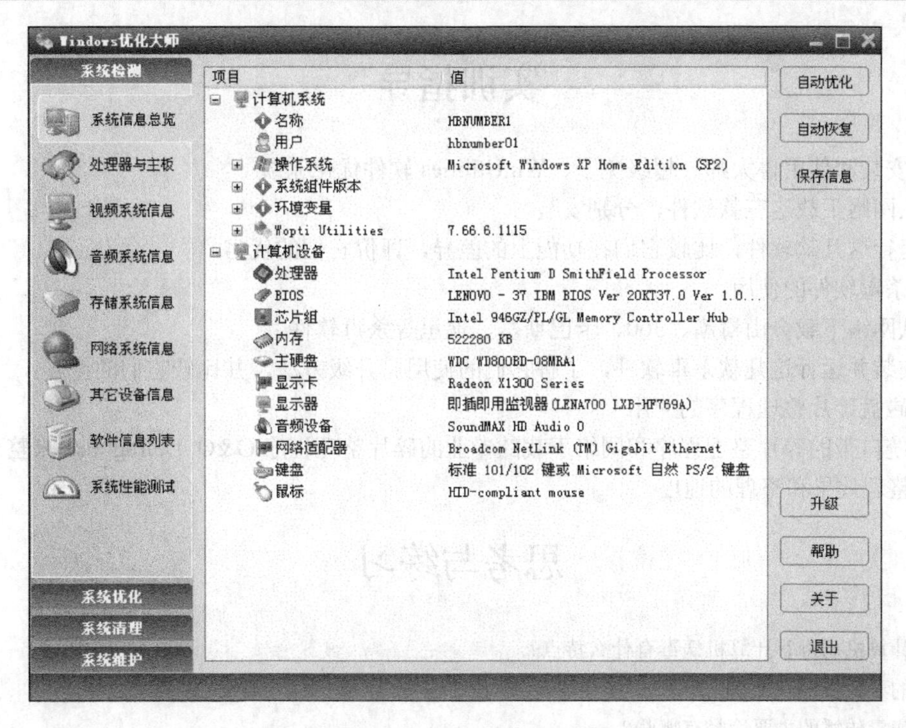

图 10-14　Windows 优化大师运行界面

④ 注册表信息清理　单击“垃圾文件清理”按钮，在“垃圾文件清理”对话框的上方选中要扫描的磁盘分区，然后在下方设置一下“扫描选项”以及“删除选项”，然后单击“扫描”按钮，这样符合扫描选项的内容就会在扫描结果中显示出来，选中相应的垃圾文件信息，单击“删除”按钮就可以完成文件的删除了。

【特别提示】

优化大师的“一键优化”和“一键清除”功能是为了方便用户设计的，可使用一键优化和清除。但优化不能体现个性，最好是先一键优化，之后按项目手动优化，这样优化效果要好得多。

（3）360 安全卫士介绍

360 安全卫士是当前功能最强、效果最好、最受用户欢迎的上网必备安全软件，拥有查杀木马、清理恶评插件、保护隐私、免费杀毒、修复系统漏洞和管理应用软件等功能。运用云安全技术，有杀木马、防盗号、保护隐私、保护网银和游戏的账号等多种功能。360 安全卫士运行界面如图 10-15 所示。

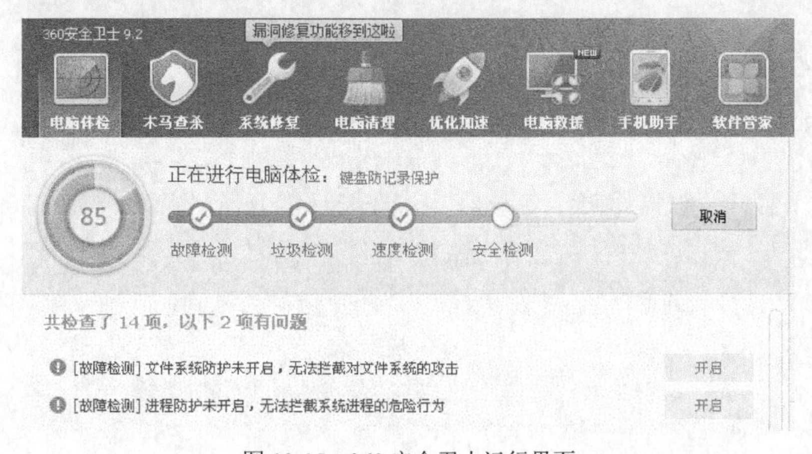

图 10-15　360 安全卫士运行界面

实训指导

（1）安装和使用鲁大师、超级兔子、WinUtilities 软件优化系统

① 从网络下载这三款软件，分别安装。

② 运行这几款软件，比较它们在功能上的差异，评价它们的优劣。

（2）杀毒软件的使用

① 从网络下载金山毒霸、360、卡巴斯基、瑞星等杀毒软件。

② 安装并运行这几款杀毒软件，了解它们的使用、升级方法，并比较它们的差异。

（3）磁盘碎片整理程序的应用

用系统自带的碎片整理程序和网络下载的专业的碎片整理程序 O&O Defrag Pro 来整理硬盘碎片，比较整理效果和整理的速度。

思考与练习

1．什么是计算机病毒？计算机病毒有什么特点？

2．注册表的五大根键有什么作用？

3．计算机病毒传播的主要途径有哪些？

4．如何实现计算机病毒的查杀与清除？

5．如何判断计算机感染病毒？如何处理病毒？

项目 11　磁盘维护与虚拟 PC 技术

【项目分析】

电脑经过长时间的使用，会出现磁盘故障和文件故障，因此要学会日常基本的维护与保养；学会使用虚拟 PC 技术完成各种计算机软硬件的安装、调试工作。

【学习目标】

知识目标：

① 了解磁盘维护技术；

② 了解虚拟机软件在计算机维护中的作用。

能力目标：

① 掌握虚拟 PC 软件的使用；

② 掌握 MHDD 检测硬盘的方法。

任务 11.1　磁盘维护技术

磁盘用久了，总会产生这样或那样的问题，要想让磁盘高效地工作，就要注意平时对磁盘的管理。通过检查一个或多个驱动器是否存在错误可以解决一些计算机问题。例如，用户可以通过检查计算机的硬盘来解决性能下降问题，或者当外部硬盘驱动器不能正常工作时，可以检查该外部硬盘驱动器。

Windows 7 操作系统提供了检查硬盘错误信息的功能，具体操作步骤如下。

① 双击“我的电脑”，选择某一磁盘分区，单击鼠标右键弹出“属性”对话框，选择“工具”选项卡，在“查错”列表中显示“该选项将检查卷中的错误”。Windows 7 硬盘查错功能界面如图 11-1 所示。

② 在“查错”列表中单击“开始检查”按钮，弹出“检查磁盘”对话框，选择“自动修复文件系统错误”复选框，单击“开始”按钮。Windows 7 的磁盘检查功能如图 11-2 所示。

③ 系统开始自动检查硬盘并修复发现的错误，完成后弹出对话框，显示检查情况，Windows 7 的磁盘检查报告如图 11-3 所示。

其实，这个“检查硬盘错误信息”的功能，就是由系统自带的命令行工具“Chkdsk”（Chkdsk.exe）提供的。其主要功能是发现并尝试修复磁盘卷中所有的问题。例如，可修复坏扇区，找回丢失的簇，修复交叉链接文件和目录错误等相关问题。

要使用 Chkdsk，必须作为管理员或管理员组的一名成员进行登录。使用过程中有以下几点建议。

① 勾选“自动修复文件系统错误”和“扫描并试图修复坏扇区”。坏扇区是指计算机硬盘中无法写入数据的部位。为避免由于坏扇区而造成各类运行异常，应该进行定期例行检查和修复。

② 检查系统盘和软件盘需要重启计算机，检查其他盘则不必。无论重启或不重启，都需要一定时间。而时间的长短，取决于磁盘文件多少，以及有无需要修复的错误。

③ 一般定期（如每个月）应当检查一次。

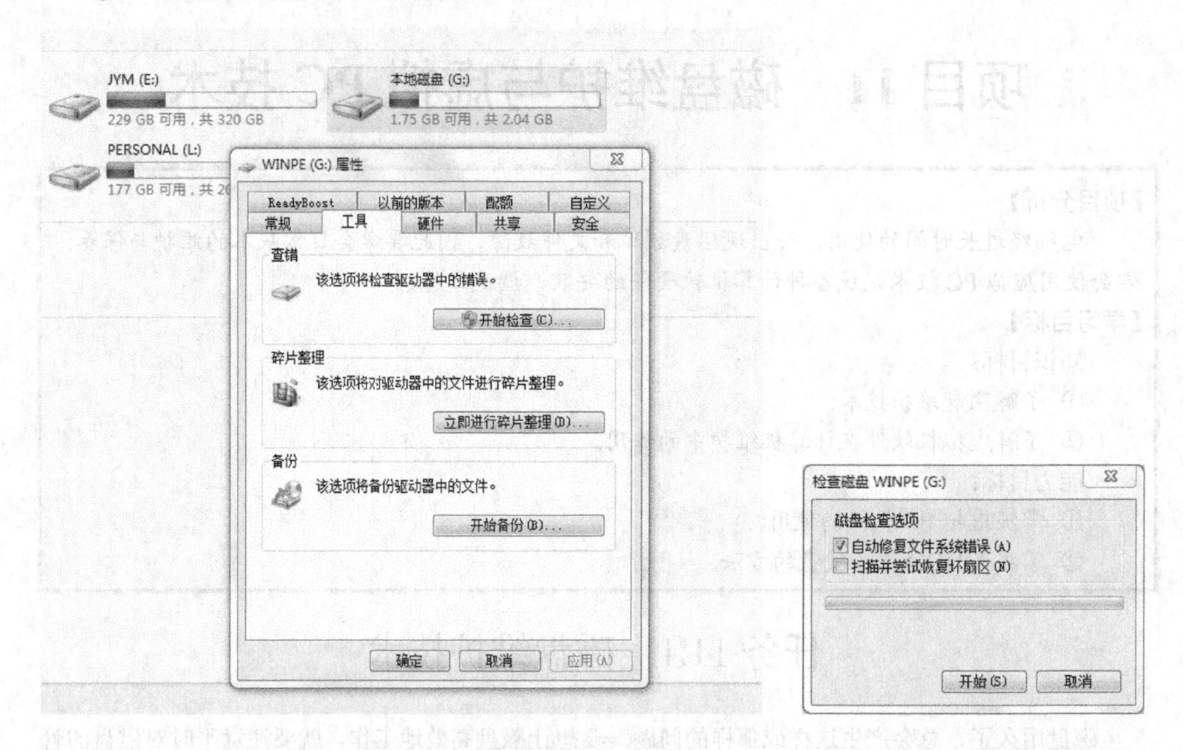

图 11-1　Windows 7 硬盘查错功能界面　　图 11-2　Windows 7 的磁盘检查功能

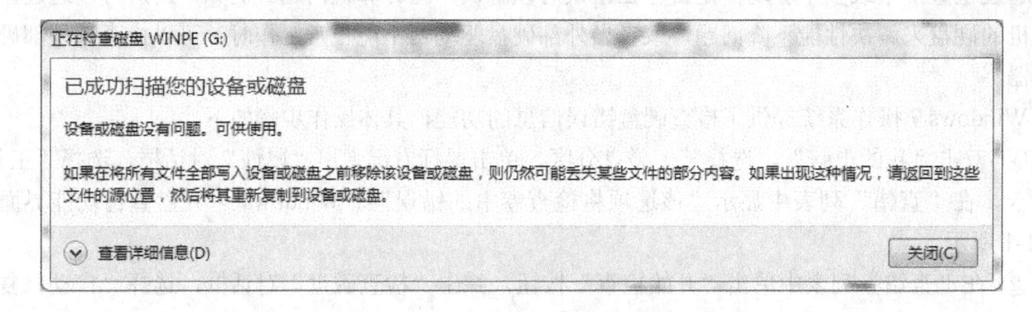

图 11-3　Windows 7 的磁盘检查报告

【特别提示】

用户既可以利用操作系统自带的工具检查硬盘，也可以使用第三方软件检查硬盘。常见的检查硬盘的软件有 Windows 优化大师和 HD Tune 等，可以自行学习使用。

任务 11.2　虚拟 PC 技术

如今，病毒、木马和流氓软件横行，喜欢试用新软件的用户往往会担心安装的新软件会破坏系统。家里只有一台电脑，却希望能构建一个局域网环境。学习网络知识的用户也不知道该采用什么解决方案。使用虚拟 PC 技术，会让所有困惑迎刃而解！

虚拟 PC 技术类型很多，一般用户最常见的就是虚拟机软件。随着硬件技术的发展，曾经只能运行于高端服务器的虚拟机软件已经可以流畅地运行在普通用户的桌面了。使用虚拟机软件可以在电脑上同时模拟多台电脑，虚拟的电脑使用起来与一台真实的电脑一样，可以进行 BIOS 设置，可以给它的虚拟硬盘进行分区、格式化，也可以安装操作系统。虚拟机软件较多，这里选择其中主流的两款（Virtual PC 和 VMware Workstation）进行对比评测，以便选用。

11.2.1　Virtual PC 2007

Microsoft Virtual PC 可以在 Mac OS 和 Microsoft Windows 操作系统上模拟 x86 电脑，并在其中安装运行操作系统。它原来由 Connectix 公司开发，并由原来只在 Mac OS 运行改为跨平台运行。现在，该软件已被微软公司收购，并改名为 Microsoft Virtual PC，并运用于微软公司的训练课程。微软于 2006 年 7 月 12 日宣布 Virtual PC 成为免费软件，目前最新版本为 Microsoft Virtual PC 2007。

下面，就以安装虚拟操作系统为例，简要介绍 Virtual PC 的基本操作。

① 运行软件 Microsoft Virtual PC 2007，点击“新建”按钮弹出“新建虚拟机向导”对话框。如图 11-4 所示。

② 选择“新建一台虚拟机”，然后单击“下一步”，如图 11-5 所示。

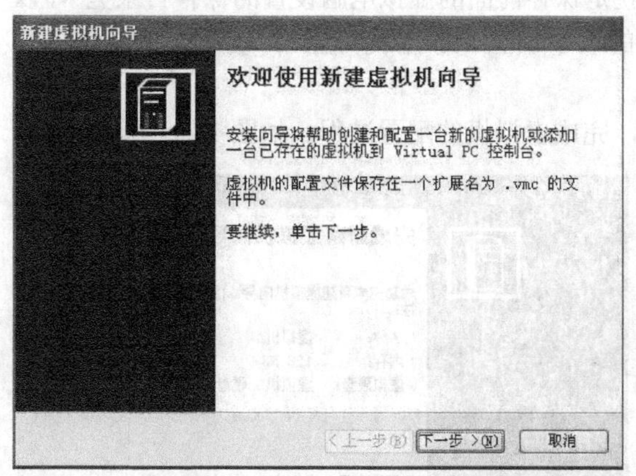

图 11-4　新建虚拟机向导对话框

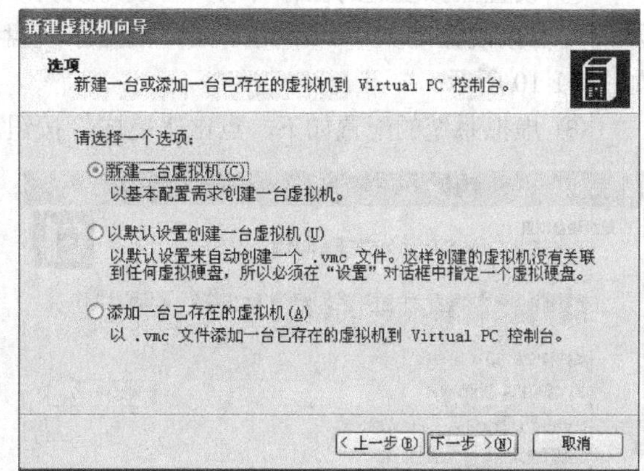

图 11-5　新建一台虚拟机

③ 如图 11-6 所示，为该虚拟机设置保存名称和位置，单击“下一步”。

④ 接着会出现如图 11-7 所示选择安装的操作系统界面。选择完成后单击“下一步”。

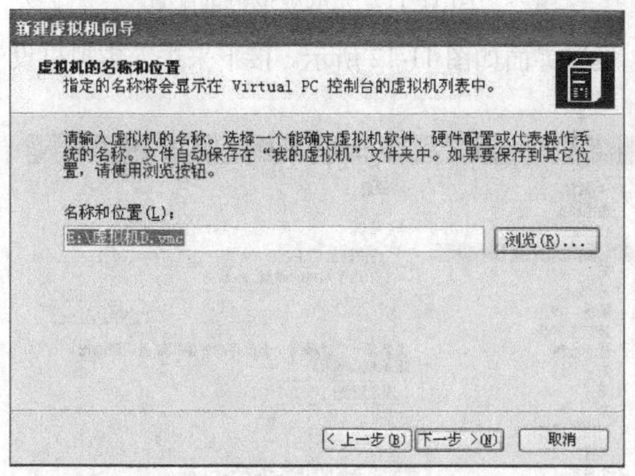

图 11-6　虚拟机设置保存名称和位置

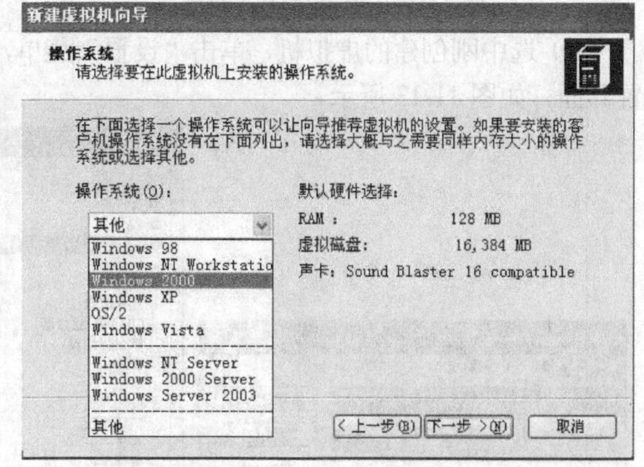

图 11-7　选择安装的操作系统

⑤ 接下来是选择内存大小，建议选择推荐内存大小，即选择第一项，也可以重新更改分配内存，完成后单击“下一步”，如图 11-8 所示。

⑥ 如果还没有虚拟硬盘，就选择“新建虚拟硬盘”，如图 11-9 所示。

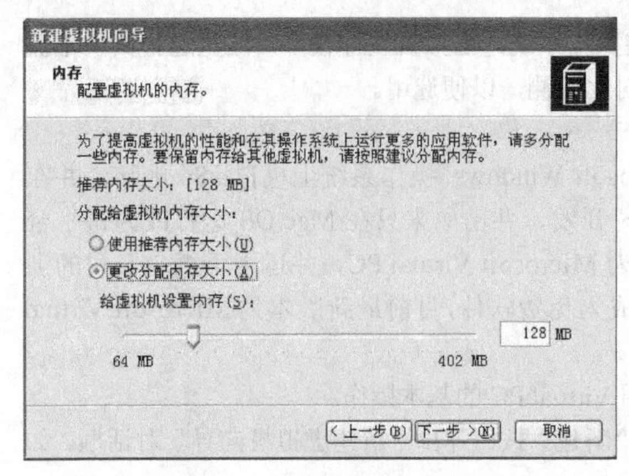

图 11-8　配置虚拟机内存

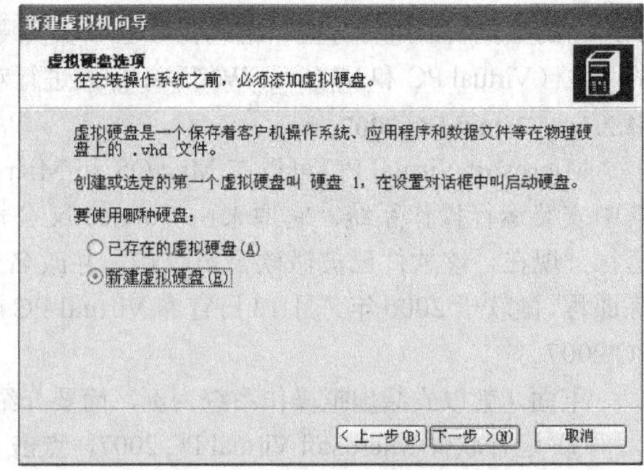

图 11-9　新建虚拟硬盘选项

⑦ 设置虚拟硬盘的保存目录（一般为默认，就是保存前面的虚拟电脑设置的保存目录里），以及设置虚拟硬盘的大小（不用太大，根据系统盘的大小调整，够用就可以）。设置虚拟硬盘界面如图 11-10 所示。

⑧ 虚拟系统的配置如下，点击“完成”按钮，完成虚拟机的配置过程，如图 11-11 所示。

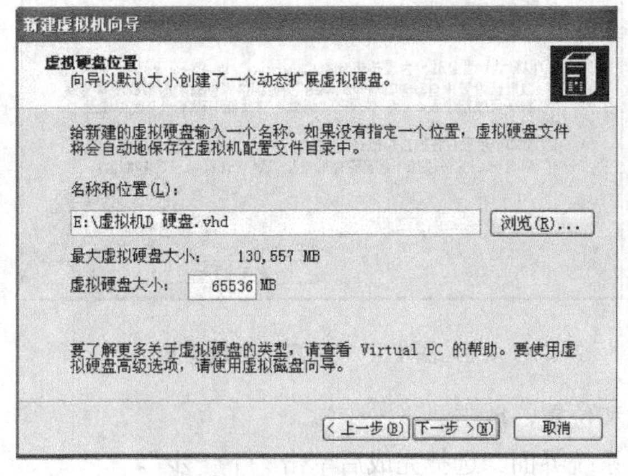

图 11-10　设置虚拟硬盘

图 11-11　完成虚拟机的配置

⑨ 选中刚创建的虚拟机，单击“设置”菜单，设置界面如图 11-12 所示。接下来进入虚拟机设置界面，如图 11-13 所示。

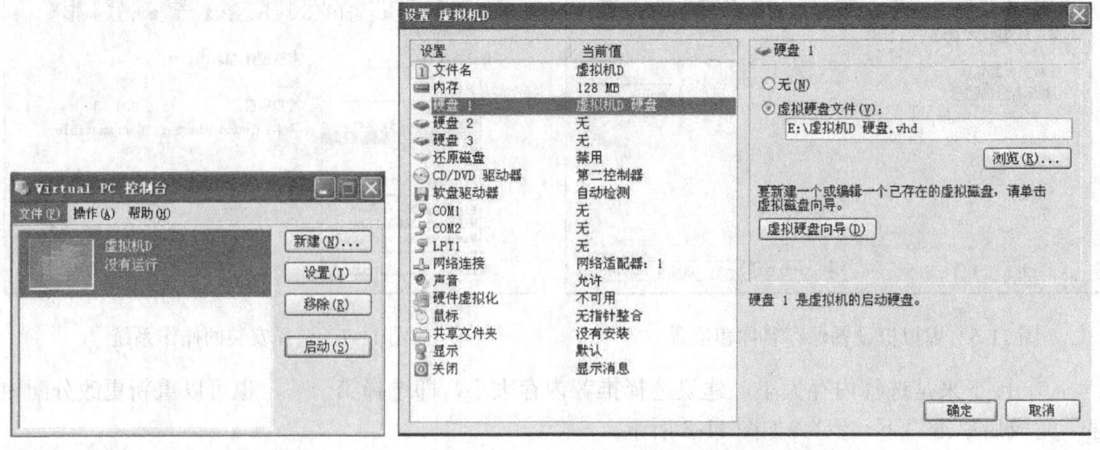

图 11-12　设置界面　　　　图 11-13　虚拟机设置界面

⑩ 根据实际需要进行设置，基本上按默认的设置即可，再单击“启动”就可以给虚拟机安装操作系统了，如图 11-14 所示。

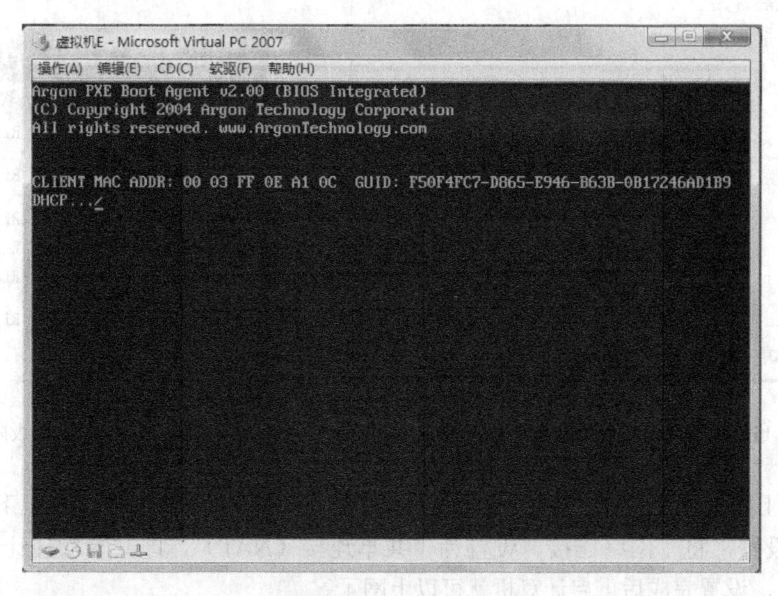

图 11-14　启动虚拟机

⑪ 出现图 11-14 界面时，立刻单击菜单“CD”，如图 11-15 所示。

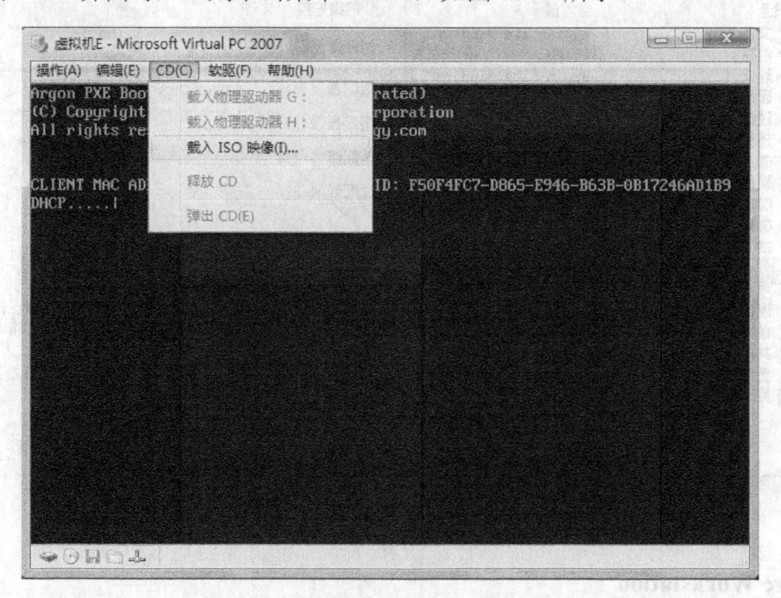

图 11-15　迅速单击上面菜单“CD”

⑫ 单击“载入 ISO 映像”，选中下载的 xp sp3 镜像文件（扩展名为 ISO），如图 11-16 所示。

⑬ 选中 xp sp3 后，单击“打开”，就开始安装系统了。安装步骤和本书项目 9 介绍相同，这里就不介绍了。此时鼠标必须在虚拟机里，同时按住键盘右边的“Alt”键就可以把鼠标从虚拟机里移出来，在虚拟机里单击鼠标就又进入虚拟机里。

⑭ 安装完操作系统后，单击虚拟机的“操作”菜单，再单击“安装或升级附加模块”，安装好后鼠标就可以自由出入虚拟机了，如图 11-17 所示。

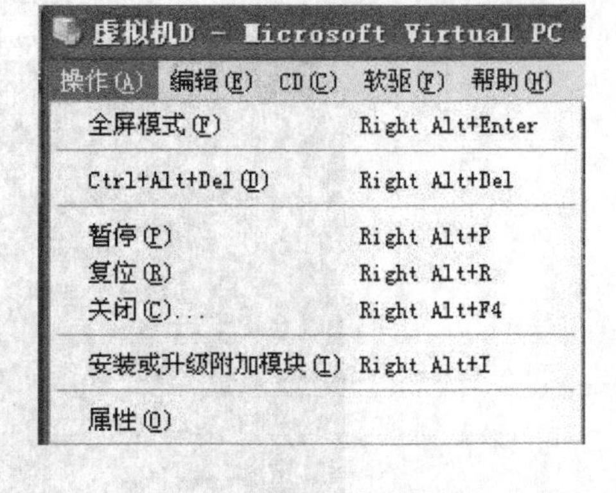

图 11-16　载入系统镜像文件　　　　图 11-17　安装或升级附加模块

⑮ 虚拟机上网设置（这里以共享本机的上网方式为例）：在关闭虚拟机的情况下，打开该虚拟机操作系统的设置，将“网络连接”设置为“共享连接（NAT）”，即共享物理计算机的网络。如图 11-18 所示，设置完成后重启计算机就可以上网了。

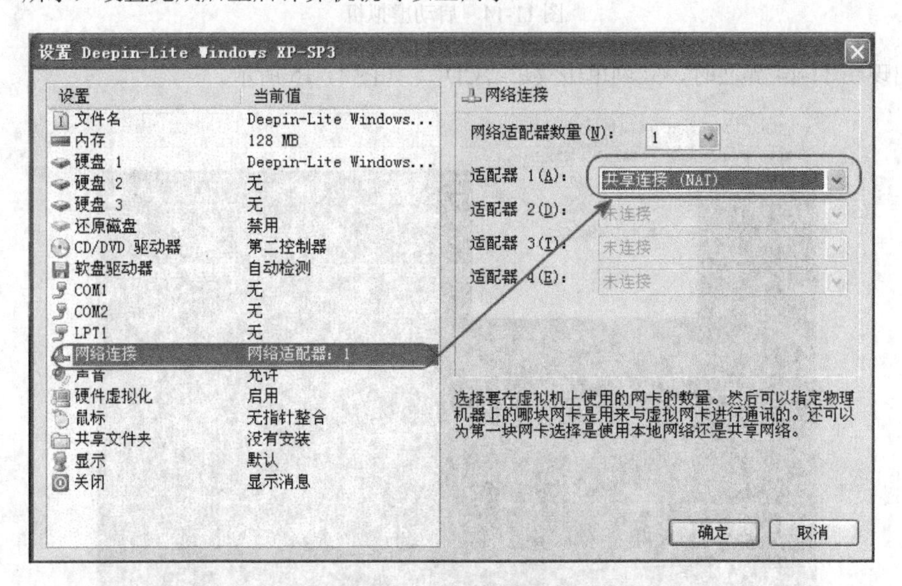

图 11-18　虚拟机上网设置

11.2.2　VMware Workstation

VMware Workstation 的开发商为 VMware，总部设在美国加利福尼亚州，是全球桌面到数据中心虚拟化解决方案的领导厂商，全球虚拟化和云基础架构领导厂商，全球第一大虚拟机软件厂商。多年来，VMware 开发的 VMware Workstation 产品一直受到全球广大用户的认可。VMware Workstation 软件运行界面如图 11-19 所示。

下面，就以安装虚拟操作系统为例，简要介绍 VMware Workstation 的基本操作。

① 运行虚拟机软件，选择“创建新的虚拟机”，进入新建虚拟机向导，在“虚拟机配置”中选择“典型”，如图 11-20 所示。

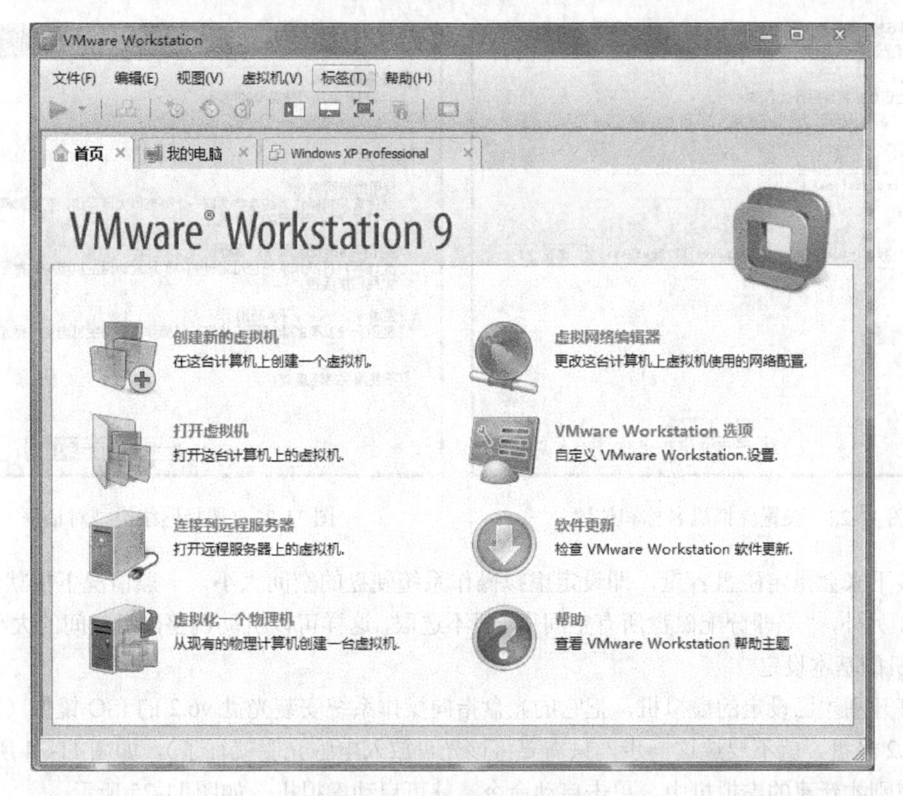

图 11-19 VMware 软件运行界面

② 选择"客户机操作系统"，在这里选择"Windows XP Professional"，如图 11-21 所示。

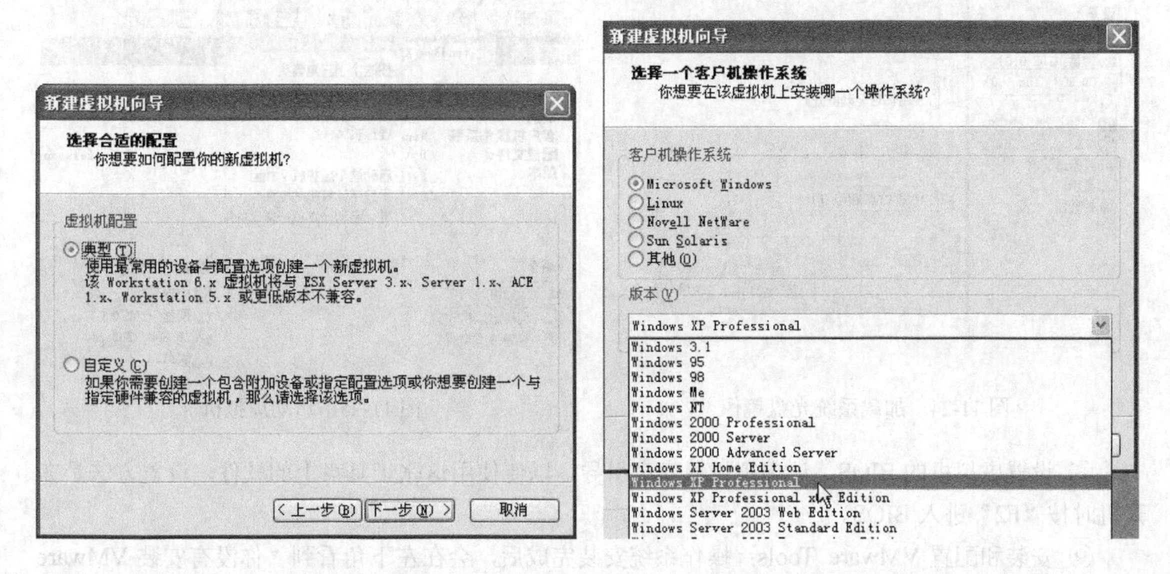

图 11-20 选择虚拟机配置　　　　图 11-21 选择一个客户机操作系统

③ 给新建的虚拟机命名，并选择某个文件夹作为它的存储目录，即虚拟机的操作系统自身所在位置，如图 11-22 所示。完成后单击"下一步"。

④ 接下来是选择网络连接类型，如图 11-23 所示。建议选择第 2 项，这样可以让客户机与真实主机互相访问，以便于共享和传递文件。完成后单击"下一步"。

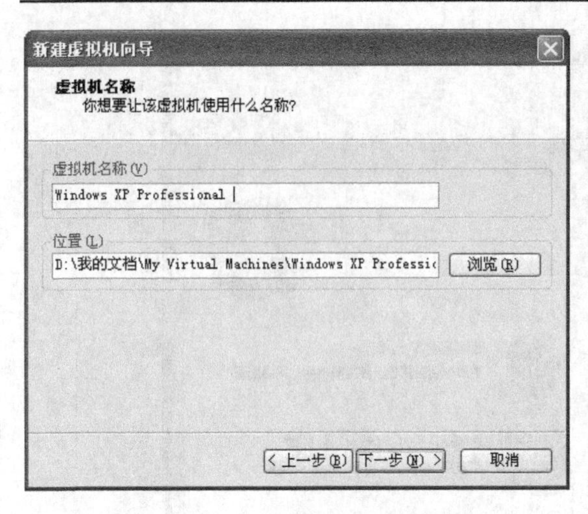

图 11-22　设置虚拟机名称和位置

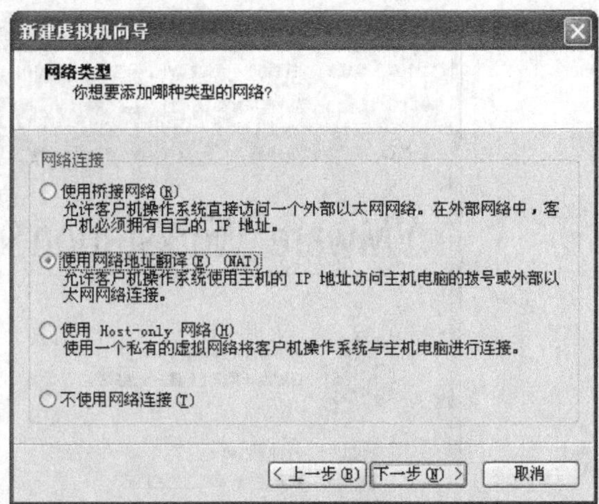

图 11-23　选择网络类型对话框

⑤ 接下来会指定磁盘容量，即设定虚拟操作系统硬盘的空间大小，一般情况下按默认设置，不做调整。另外，“立即分配磁盘所有空间”一般不选取，这样可以机动调整磁盘空间的大小。至此，完成虚拟机的基本设定。

⑥ 打开刚才已设定的虚拟机，把它的光盘指向操作系统安装光盘 v6.2 的 ISO 镜像（如果使用真实的 v6.2 光盘，就不要选这一步，只需要将该光盘放入电脑光驱就行了），如图 11-24 所示。

⑦ 在刚才新建的虚拟机中，单击启动命令，就可启动虚拟机，如图 11-25 所示。

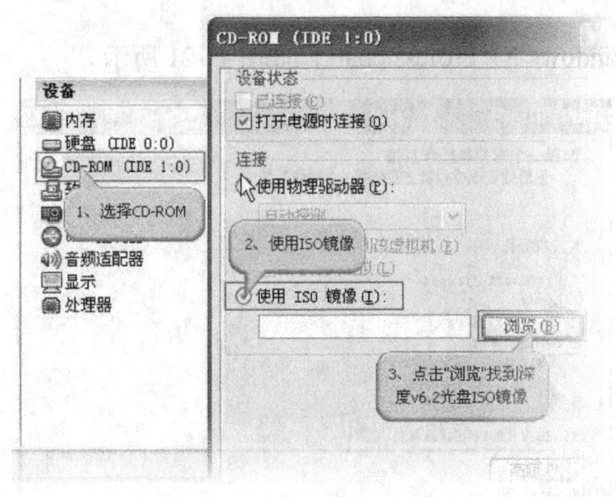

图 11-24　加载系统光盘镜像

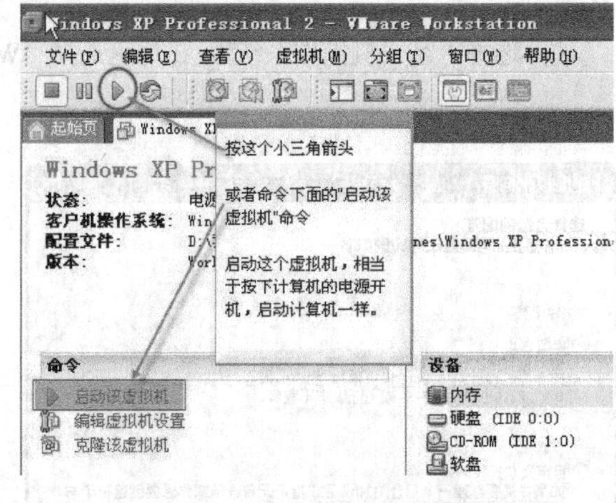

图 11-25　启动虚拟机

⑧ 设置虚拟机的 BIOS，让虚拟机从光盘引导，以便使用这张工具盘上的软件，设置方法是在开机时按“F2”进入 BIOS。

⑨ 安装和配置 VMware Tools：操作系统安装完成后，会在左下角看到“你没有安装 VMware Tools”的警告，按下列步骤安装 VMware Tools。

载入 WMware Tools 的光盘镜像，然后会看到 WMware Tools 被加载到光驱中，如图 11-26 所示。

打开光盘目录，找到 setup.exe 即可安装 WMware Tools；或者双击光盘图标，也会弹出安装提示。安装过程中，直接点“Next”或“下一步”一路完成安装。安装完成时，会弹出提示，要求重启计算机，选择“Yes”。

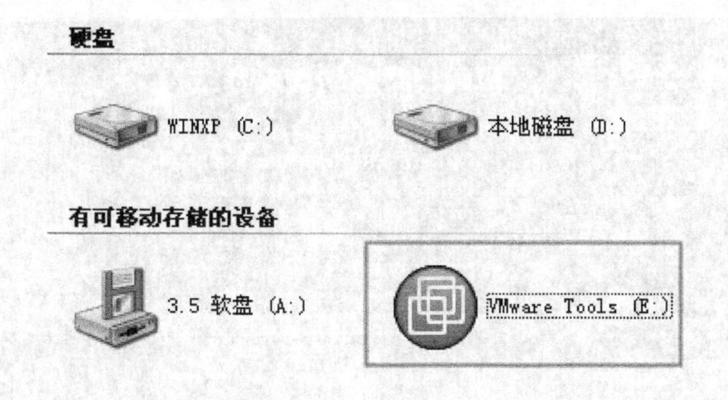

图 11-26　WMware Tools 被加载到光驱界面

【特别提示】

① VMware Workstation 具有较全面的功能、逼真的裸机模拟能力、强大的虚拟网络模拟能力；Virtual PC 2007 小巧精悍、方便实用、容易上手。

② 两款软件也都存在明显的缺点。VMware Workstation 作为行业的龙头，却依然未明确支持硬件虚拟化技术，网络功能需要加载服务，容易导致宿主机的网络设备混乱，系统资源占用率居高不下；Microsoft Virtual PC 在方便易用的背后也隐藏着兼容性差的弱点，对双核 CPU 支持不够彻底，辅助工具功能太单薄，不支持移动存储设备（USB 设备）等。

所以，推荐当用户电脑配置一般时，主要用虚拟机试用新软件的用户选择 Virtual PC。而对于双核 CPU 电脑用户，如果需要用虚拟机来模拟复杂网络环境则可以考虑使用 VMware Workstation。

实训指导

电脑使用不正常，有时候进不了操作系统，有时候进去一会就蓝屏了，有时候开机画面中不停地出现磁盘自检现象，这个时候要考虑硬盘是否有坏道了，那么应怎么检测硬盘坏道呢？检测硬盘坏道的工具很多，现在提供一个俄罗斯 Maysoft 公司出品的专业硬盘检测及维修工具软件 MHDD。

MHDD 具有很多其他硬盘工具软件所无法比拟的强大功能。MHDD 所有对硬盘的操作要完全独占端口执行，不需要任何 BIOS 支持，也不需要使用任何中断，所有的操作都是直接完成的。所以不管被检测的硬盘上安装的是何种操作系统，对 MHDD 效果都是一样的，它能够独立地访问硬盘驱动器的所有扇区，而不论上面有何种信息。

MHDD 软件检测硬盘坏道的过程如下。

① 首先，在电脑上插入 U 盘启动工具（可用大白菜制作 U 盘启动盘），然后在 BIOS 中设置 U 盘为第一启动。大白菜制作的 U 盘启动界面如图 11-27 所示。

② 将光标定位在“【08】运行硬盘内存检测扫描工具菜单”上按“Enter”键，选择运行 MHDD 菜单。

③ 选择“【01】运行 MHDD V4.60 硬盘检测”并按“Enter”键，如图 11-28 所示。选择启动计算机方式界面如图 11-29 所示。

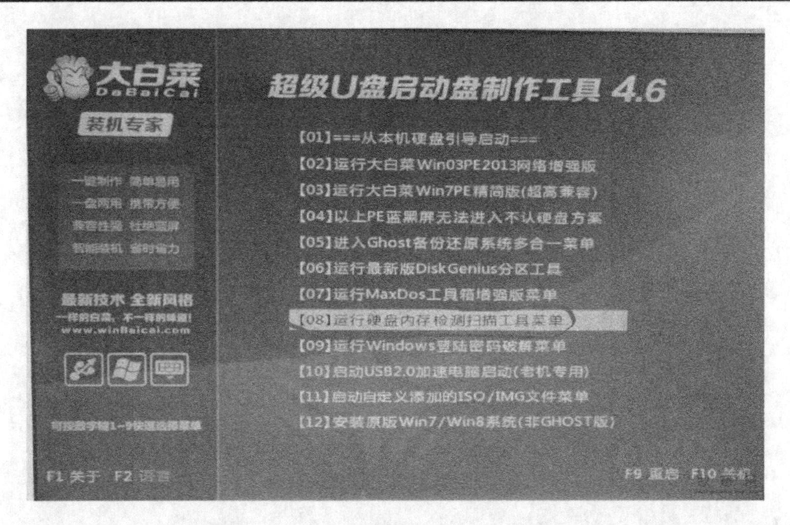

图 11-27　大白菜制作的 U 盘启动界面

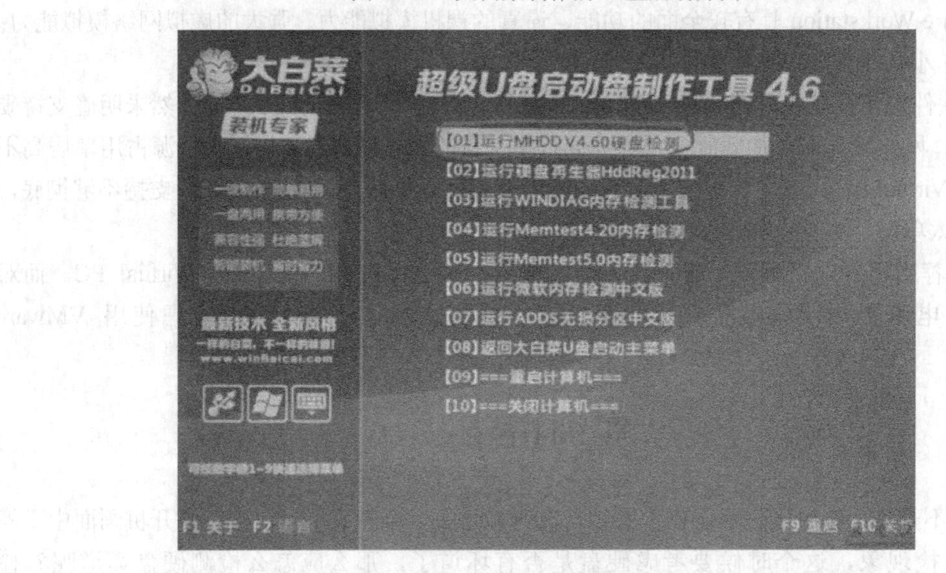

图 11-28　选择运行 MHDD 菜单

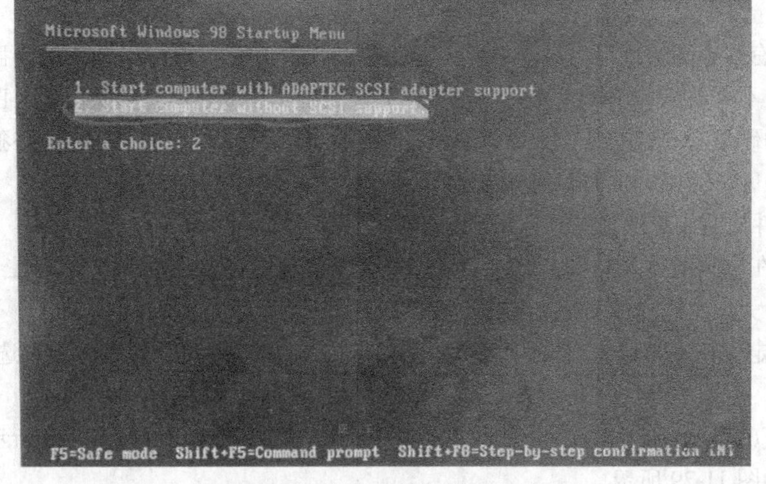

图 11-29　选择启动计算机方式

④ 选择“2.Start computer without SCSI support”按“Enter”键，出现如图 11-30 所示选择驱动器序号界面。

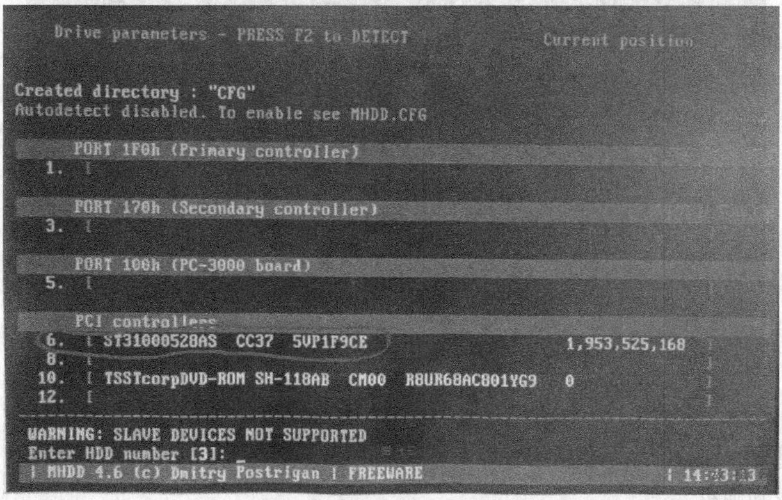

图 11-30 选择驱动器序号界面

注意：数字“10”那一排的设备是 DVD 光驱。MHDD 界面上出现的数字“1”、“3”等对应的是主板上的 SATA 接口，即数字“1”对应的是主板上的 SATA1 接口上连接的硬盘，数字“3”对应的是主板上 SATA3 接口，依此类推。

⑤ 在图 11-30 中，硬盘为“ST31000528AS”，出现在数字“6”的后面，所以在“Enter HDD number [3]:”后面从键盘输入数字“6”然后按“Enter”键，即可进入“MHDD>”界面，如图 11-31 所示。

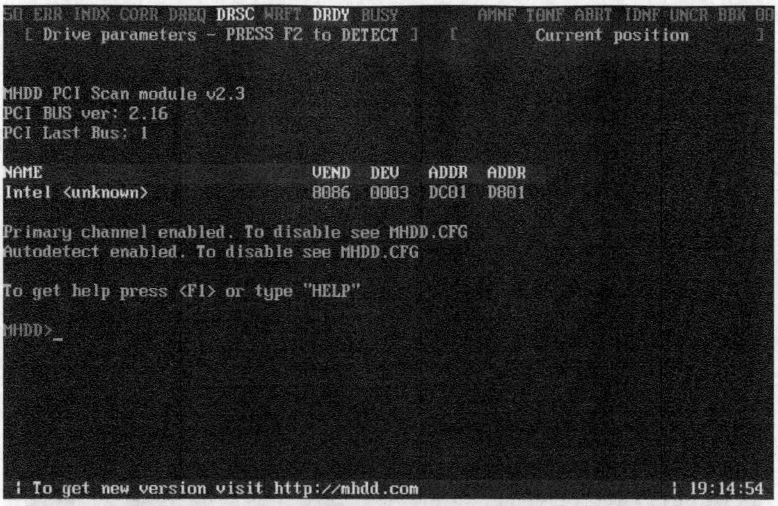

图 11-31 进入“MHDD>”界面

⑥ 在“MHDD>”提示符下，执行“help”命令或按“F1”键可以查看 MHDD 的具体命令及用法，如图 11-32 所示。

在图 11-32 中，屏幕第一行的左半部分为状态寄存器，右半部分为错误寄存器。左边的状态寄存器显示的是硬盘的状态，具体含义如下。

图 11-32　按“F1”键查看 MHDD 的具体命令及用法

BUSY：硬盘忙且对指令不反应。

DRDY：找到硬盘。

WRFT：写入失败。

DREQ：硬盘需要和主机交换数据。

DRSC：硬盘初检通过。

ERR：上一步的操作结果有错误。

当 ERR 指示闪烁时，注意屏幕的右上角，错误类型显示在那里，其含义如下。

AMNF：地址标志出错。

T0NF：0 磁道没找到。

ABRT：指令被中止。

IDNF：扇区 ID 没找到。

UNCR：不可纠正的错误。

BBK：校验错误。

⑦ 进入了 MHDD 的主界面后，在“MHDD>”提示符下输入“scan”或按一下键盘上的“F4”键，出现图 11-33 所示的检测驱动器参数设置界面。

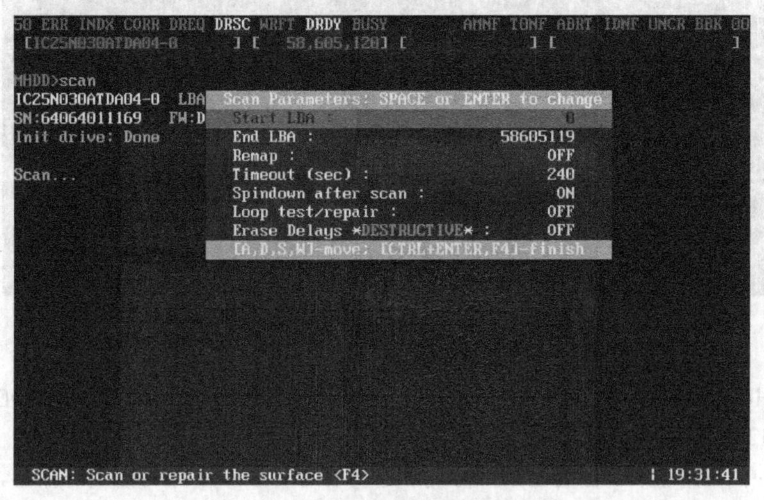

图 11-33　检测驱动器参数设置界面

在扫描硬盘之前，还必须设置扫描配置，主要选项有扫描寻址模式（LBA 或 CHS）、起始及结束的柱面或扇区、超时时限、清零时限及是否重复扫描/修复等。按空格键或“Enter”键更改设置，为了达到修复效果，可以打开“Remap”（坏道重映射）、“Loop test/repair”（重复扫描/修复）及“Erase Delays”等选项，但如果打开“Erase Delays”选项，数据将丢失。

在图 11-33 的设置对话框中，可以设置检测的范围。“Start LBA”为起始扇区号，默认为 0 号扇区；“End LBA”为结束扇区号，默认为磁盘的最大 LBA 地址。通常对磁盘检测时需要对全盘进行检测，因此不需要改动这些设置值。

⑧ 设置完成后按“Ctrl”和“Enter”两个组合键或“F4”就可开始磁盘扫描。扫描时，在屏幕的右侧将会出现一个窗口，显示磁盘表面各种状态的数量统计界面，如图 11-34 所示。

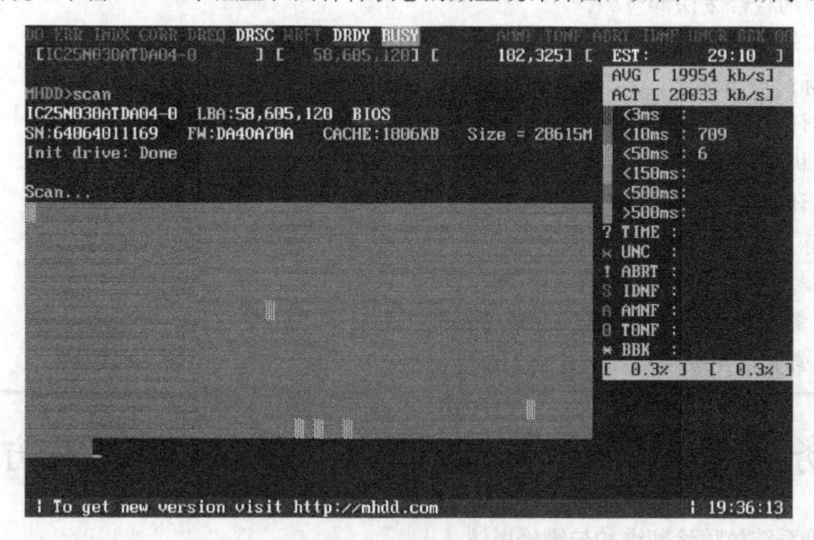

图 11-34　磁盘表面各种状态的数量统计界面

检测进程中，MHDD 用方块的颜色和符号来表示硬盘的状态。方块从上到下依次表示从正常到异常，读写速度由快到慢。正常情况下，应该只出现第一个和第二个灰色方块，如果出现浅灰色方块（第三个方块），则代表该处读取耗时较多；如果出现绿色和褐色方块（第四个和第五个方块），则代表此处读取异常，但还未产生坏道，而彩色块表示此处的磁盘有潜在不稳定因素；如果出现红色方块（第六个，即最后一个方块），则代表此处读取吃力，马上就要产生坏道；如果出现问号（？），则表示此处读取错误，有严重物理坏道，无法修复。

⑨ 检测完毕后，MHDD 会发出一声“嘀嘀”报警声，提醒检测人员已经检测完毕。检测过程中，也可以随时按“Esc”键中止检测。

【特别提示】

注意不要在被检测的硬盘中运行 MHDD，MHDD 需要工作在 DOS 环境下，可以访问 137GB 以上的超大容量硬盘。MHDD 运行时是没有“菜单”可供选择的，它的功能都是在 DOS 环境下通过指令输入的方式实现的，或者通过组合键自动输入命令。

思考与练习

1. 完成一次磁盘清理和磁盘碎片整理操作。
2. 安装一台虚拟机，可以通过物理机连接互联网。
3. 下载安装练习磁盘无损分区软件 Acronis Disk Director Suite，并练习其应用技巧。

项目 12　计算机系统故障诊断与维护

【项目分析】

计算机系统故障分为软件故障和硬件故障，这些故障大部分可以修复，如何诊断与检修是一项较为复杂而又细致的工作，除了需要充分了解有关计算机软硬件的工作原理和基本知识外，还需要掌握正确的检修方法和步骤。

【学习目标】

知识目标：

① 了解计算机故障产生的原因和种类；

② 计算机故障检修的一般原则和步骤；

③ 了解计算机故障的常规检测方法。

能力目标：

① 能够对计算机故障进行判断分析；

② 掌握常见硬件故障的诊断和排除方法；

③ 掌握常见应用软件故障的诊断和排除方法。

任务 12.1　了解计算机系统维护的基本原则和方法

12.1.1　计算机系统故障诊断维护与维修概述

计算机故障是指造成计算机系统功能出错或系统性能下降的硬件物理损坏或软件系统的运行错误，前者称为硬件故障，后者称为软件故障。

（1）软件故障

① BIOS 中选项或系统参数设置不当。

② 操作系统和应用程序有设计漏洞或应用程序间发生冲突。

③ 操作不当或病毒、木马、恶意软件破坏造成系统文件损坏。

④ 驱动程序不兼容或安装错误、软硬件兼容性欠佳。

（2）硬件故障

硬件故障指计算机硬件设备的电气、机械故障或接触不良、安装不当等导致的物理性故障，包括如下四个方面。

① 机械故障。

② 电气故障。

③ 介质故障。

④ 人为故障。

故障诊断是指不仅要判断计算机的硬件、软件故障，而且要分析故障产生的原因和确定故障部位。故障诊断也就是根据故障现象的检查、分析，揭示这种内在的规律性，从而准确地定位故障点。

所谓维护是指使计算机系统的硬件和软件处于良好工作状态的活动，包括检查、测试、调整、优化、更换和修理等。

故障维修是指在计算机系统硬件发生故障之后，通过检查某些部件的机械、电气性能，修理更换已失效的可换部件，使计算机系统功能恢复的手段和过程。

12.1.2 计算机系统故障形成原因

计算机出现故障与环境因素、硬件质量、系统兼容性、人为故障、网络病毒和木马等因素有关。

（1）环境因素

长期工作在多灰尘、多静电等恶劣环境中，一些部件就会因为积尘、静电、潮湿等出现故障。

供电电压不稳，没有可靠接地，开关电源品质不良等，不能按时、正确地对计算机设备进行必要的日常维护，都会增加其故障率。

（2）硬件质量

计算机硬件设备中所使用电子元器件和其他配件的质量及制造工艺，都会影响到硬件的可靠性和寿命。

（3）系统兼容性

硬件和硬件间，操作系统和硬件间，硬件和驱动程序间有不能完全兼容的现象，这些不兼容同样会导致计算机各种故障的出现。

（4）人为故障

不正确的使用方法和操作习惯，如大力敲击键盘、随意插拔硬件设备、不正常关机等，都会损坏计算机硬件，使故障率增加。

（5）网络病毒和木马

病毒和木马会使计算机启动时间加长、运行速度变慢、正常操作出错，更甚者会造成硬件设备的损坏。

12.1.3 计算机故障查找的基本原则

计算机系统出现故障，就要查找并解决故障，计算机故障的查找应遵循一些基本原则。

（1）先静后动

① 维修人员要保持冷静，先动脑，后动手，考虑好维修方案才动手。

② 不能在带电状态下进行静态检查，以保证安全，避免再损坏别的部件；处理好发现的问题后再通电进行动态检查。

③ 电路先处于直流静态检查，处理好发现的问题，再接通脉冲信号进行动态检查。

（2）先外后内

先检查各设备的外表情况，如机械是否损坏，插头接触是否良好，各开关旋钮位置是否合适等，然后检查内部部件。

（3）先辅后主

一般来说，主机可靠性高于外部设备，所以应先检修外部设备，然后检修主机。

（4）先电源后主机

电源产生故障，计算机其他部件即使正常也无法使用。只有电源故障排除了，才能有效地分析和检查计算机的其他部件有无问题。如计算机外部供电系统出现了故障，而误认为内部故障而盲目检修，则可能使故障扩大。

（5）从简到繁

先解决简单的、难度小的故障（如接触不良，保险丝过流熔断等），再解决复杂的故障。

（6）先一般后特殊

从故障率来说，一般先解决故障率较高的故障，然后解决故障率较低的特殊故障，这样做故障解决的命中率更高，能更快排除故障。

（7）先共用后专用

某些芯片（如总线缓冲驱动器、时钟发生器等）是数据和信号传输必经之路或共同控制部分，是后面许多芯片的共用部分，如果工作不正常，其后许多芯片都会影响。因此，应先检修共用芯片，然后检修其后各局部专用的芯片。

（8）先软后硬

计算机出了故障时，先从操作系统和软件上来分析故障原因，如分区表丢失、CMOS 设置不当、病毒破坏了主引导扇区、注册表文件出错等，在排除软件方面的原因后，再来检查硬件的故障。一定不要一开始就盲目地拆卸硬件，以免走很多弯路。

12.1.4 计算机系统的故障诊断方法

计算机系统的故障包括软件和硬件故障，而计算机故障诊断的主要工作是判断故障源，而对故障源的判断并不容易，应该掌握一些诊断方法。

1）观察法

使用看、听、闻、摸、问等方法，通过再现和观察计算机故障来判断故障原因和故障部件。

① 看：观察计算机的工作环境、线缆连接；查看计算机启动时的提示信息，设备指示灯的显示状态；检查计算机使用的操作系统、安装的软件、驱动程序、软件设置等情况；检查设备的清洁程度、各连接部件是否有锈蚀，有无连接不良的现象，PCB 上元器件有无烧灼、变形和发黑等异常状态；对电路板要用放大镜仔细观察有无断线、焊锡片、杂物和虚焊点等；观察器件表面的字迹和颜色，如发生焦色、龟裂或字迹颜色变黄等现象，应更换该器件。

② 听：听计算机电源、CPU、显卡等设备风扇的转动声音，硬盘有无异常响声，设备启动时的报警提示音等。

③ 闻：闻一下有没有发霉或元器件烧毁产生的焦糊味，显示器有没有异常的气味。

④ 摸：检查各设备是不是有连接处松动、接触不良的现象；CPU、显卡等设备有没有正常工作时产生的热量或异常的热量增加、温度过高等。

⑤ 问：询问计算机操作人员的操作习惯、设备供电情况，故障产生前后计算机的症状，故障发生时的提示信息和故障发生的规律等。

2）插拔法

插拔法是通过将插件板或芯片“拔出”或“插入”来寻找故障原因的方法。采用该方法能迅速找到发生故障的部位，从而查到故障的原因。此法虽然简单，却是一种非常实用而有效的方法。例如，若计算机在某时刻出现“死机”现象，很难确定故障原因，从理论上分析故障原因是很困难的，有时甚至是不可能的。采用“插拔法”有可能迅速查找到故障的原因及部位。插拔法不仅适用于插件板，同样适用于在印制板上装有插座的中、大规模集成电路的芯片。只要不是直接焊在印制板上的芯片和器件都可以采用这种方法。

插拔法就是对有故障的系统一块一块地依次拔出插件板，每拔一次，则开机测试一次机器状态。一旦拔出某块插件板后，机器工作正常了，那么故障原因就在这块插件板上，很可能是该插件板上的芯片或有关部件有故障。

插拔法的操作步骤如下。

① 首先切断电源，先将主机与所有的外设连线拔出，再合上电源。若故障现象消失，则查外设及连接线是否有碰线、短路、插针间相碰等短路现象。若故障现象仍然存在，问题在主机或电源本身，关机后继续进行下一步检查。

② 将主板上的所有插件板拔出，再通上电源，若故障现象消失，则故障出现在拔出的某个插件板上，此时可转③步检查。若故障现象仍然存在，则应检查主板与机箱之间、电源与机箱之间有

无短路现象，若没有发现问题，则可断定是电源直流输出电路本身的故障。

③ 对从主板上拔下来的每一块插件进行常规自测，仔细检查是否有相碰或短路现象。若无异常发现，则依次插入主板，每插入一块重新开机观察故障现象是否重新出现，如此反复，直到故障消失，即可找到有故障的插件板。

注意：无论是对计算机的哪一部件，每次拔、插系统主板及外部设备上的插卡或器件时，都一定要关掉电源后再进行。

3）替换法

替换法是用好的部件去代替可能有故障的部件，以判断故障现象是否消失的一种维修方法。好的部件可以是同型号的，也可以是不同型号的。替换的顺序一般如下。

① 根据故障的现象或故障类别来考虑需要进行替换的部件或设备。

② 按先简单后复杂的顺序进行替换。如先内存、CPU，后主板；打印出现故障时，可先考虑打印驱动是否有问题，再考虑打印电缆是否有故障，最后考虑打印机或接口是否有故障等。

③ 最先怀疑与故障部件相连接的连接线、信号线等，之后才是替换怀疑有故障的部件，再后是替换供电部件，最后是与之相关的其他部件。

④ 从部件的故障率高低来考虑最先替换的部件。先替换故障率高的部件。

4）比较法

比较法与替换法类似，即用好的部件与怀疑有故障的部件进行外观、配置、运行现象等方面的比较，也可在两台电脑间进行比较，以判断故障电脑在环境设置、硬件配置方面的不同，从而找出故障部位。

5）加快显故法

有些故障不是经常出现的，要很长时间才能确诊。因此，采取加快故障显现的措施，以便诊断，一般有三种方法。

（1）升温法

用电吹风或电烙铁使个别器件温度升高，加速故障显现。此法对于器件性能变差引起故障很适用。这些器件，刚开机时工作正常，一段时间后，随着温度的升高，参数会改变，就会出现故障。逐个升温，观察是哪个器件故障。但是要注意掌握温度，一般不要超过70℃。若温度太高，会损坏器件。

（2）敲击法

此法适用于接触不良，虚焊引起的故障。具体方法是用螺丝刀绝缘柄或小锤子逐个轻敲插件板和器件，在正常工作时，敲到哪一个出故障，就是这个部位引起的。若不正常时，敲到哪一个变正常了，就是这个部位引起的。

例如计算机工作时，有时会出现某位数据出错，有诊断程序检查不出原因，推测可能是接触不良引起。用敲击法检查，当敲到内存扩展板时，突然停机，说明故障源就在此板上。再详细检查，发现插头有引脚弯曲或接触不良，处理好后工作正常。

（3）电源拉偏法

此法适用于器件性能变差和各种干扰引起的故障。故意将电源电压升高或降低20%，使工作条件恶劣，加快故障显现，以便查找。

例如在＋5V时，系统工作正常，长时间运行，有机会出错。采用电源拉偏法，将电压降至＋4V运行，若故障频繁出现，就容易找到原因。

6）原理分析法

按照计算机的基本原理，根据机器所安排的时序关系，从逻辑上分析各点应有的特征，进而找出故障原因，这种方法称原理分析法。

例如，计算机出现不能引导的故障，用户可根据系统启动流程，仔细观察系统启动时的屏幕信息，一步一步地分析启动失败的原因，便可查出故障的大致范围。

如果怀疑某个板卡出现硬件故障，则可根据在某一时刻的具体现象，分析和判断故障原因的可能性，要缩小范围进行观察、分析和判断，直至找出故障原因。这是排除故障的基本方法。

7）软件诊断法

使用系统自带的检测程序或专业的诊断工具软件对计算机的软、硬件进行诊断测试。通过生成的报告文件快速定位，并修复故障。常用的测试软件有 3D Mark、PC Tools、Norton Doctor 和 DM 等。

8）清洁法

使用专用的清洁工具清除计算机设备上的灰尘，擦拭金手指等接插部位的锈迹等来排除故障。

9）测量法

使用仪表测量各元器件的电压、电流是否符合系统要求，电路的通、断路及短路等情况；借助主板上的 Debug 灯或插入的 Debug 卡对计算机 POST（Power On Self Test，加电自检）过程进行诊断，并根据显示信息确定设备的故障点及故障原因。

10）信息提示检测法

通电并按下计算机电源开关后，BIOS 中的启动代码首先要对 CPU、主板、内存、鼠标、键盘和硬盘等几乎所有硬件进行检测，以确定这些设备是否处于正常工作状态，这个过程一般称为 POST 自检。在自检过程中，如果某个设备没有通过测试，检测程序就会中止，并根据内置预设进行声音报警（BIOS 厂商对报警声作了定义，不同的故障报警声也不相同）或显示错误信息。

POST 错误提示的方式有声音报警、显示错误信息、板载 Debug 灯显示和 Debug 卡代码等。

（1）BIOS 自检时屏幕提示的出错信息

① CMOS battery failed（CMOS 电池失效）。

原因：CMOS 电池的电力不足，更换新的电池。

② CMOS check sum error－Defaults loaded（CMOS 执行全部检查时发现错误，载入系统缺省设定值）。

原因：由于电池电力不足造成 BIOS 信息无法保存，建议更换新的主板电池。如果问题依然存在，说明 CMOS RAM 可能有问题，需要送去进行专业维修。

③ Press Esc to skip memory test（按“Esc”键可跳过内存检查）。

原因：如果在 BIOS 内没有设置快速加电自检，在开机时就会执行内存的测试。如果不想等待，可按“Esc”键跳过或到 BIOS 内开启 Quick Power On Self Test。

④ Hard Disk initializing Please wait a moment……（硬盘正在初始化，请等待片刻）。

原因：在较新的硬盘上看不到该提示。由于较旧的硬盘启动较慢，所以会出现这个提示。

⑤ Hard Disk Install Failure（硬盘安装失败）。

原因：硬盘的电源线、数据线可能未接好或者硬盘跳线不当出现错误（例如同一个 IDE 口上的两个 IDE 设备都设置为 Master 或 Slave。）

⑥ Hard disk(s) diagnosis fail（执行硬盘诊断时发生错误）。

原因：硬盘本身出现故障。使用替换法把硬盘接到另一台计算机上试一下，如果提示信息一样，可维修或更换硬盘。

⑦ Keyboard error or no keyboard present（键盘错误或者未连接键盘）。

原因：没有连接键盘或者键盘出现故障。

⑧ Memory test fail（内存检测失败）。

原因：通常是因为内存不兼容或内存芯片损坏所导致的。

⑨ Override enable－Defaults loaded（当前 CMOS 设定无法启动系统，加载 BIOS 预设值）。

原因：BIOS 内的设定不适合使用中的计算机硬件。进入 BIOS 设定重新设置即可。

⑩ Press Tab to show POST screen（按“Tab”键切换到 POST 显示屏幕）。

原因：OEM 厂商会以自己的商标标识画面来取代 BIOS 预设的 POST 开机检测信息。可以按“Tab”键在厂商的 LOGO 画面和 BIOS 预设的开机画面间进行切换。

⑪ Resuming from disk，Press Tab to show POST screen（从硬盘恢复开机，按“Tab”显示开机自检画面）。

原因：某些主板的 BIOS 提供了 Suspend to disk（挂起到硬盘）的功能，当使用者以 Suspend to disk 的方式来关机时，在下次开机时就会显示此提示消息。

⑫ BIOS ROM checksum error-System halted（BIOS 程序代码在进行检查时发现错误，导致无法开机）。

原因：因为 BIOS 程序代码更新不完全造成故障，应重新刷写烧坏的主板 BIOS。

⑬ Hardware Monitor found an error，Enter POWER MANAGEMENT SETUP for details，Press F1 to continue，Del to Enter SETUP（监视功能发现错误，进入 POWER MANAGEMENT SETUP 查看详细资料，按“F1”键继续开机程序，按“Del”键进入 COMS 设置。）

原因：部分主板具备硬件监视功能，可以设定主板与 CPU 温度、电压调整器的电压输出和各个风扇转速的监视，当监视功能在开机发觉异常情况时，就会出现这个提示。此时可以进入 COMS 设置，选择“POWER MANAGEMENT SETUP”，检查并重新设置“Fan Monitor”、“Thermal Monitor”和“Voltage Monitor”的监视内容。

（2）BIOS 自检时喇叭报警信息

各种 BIOS 自检时喇叭报警信息如表 12-1 所示。

以上多种基本方法，应结合实际灵活使用。往往不是只应用一种方法，而是综合运用多种方法才能确定故障部位并修复故障。

12.1.5 计算机检修中应注意的安全问题

在计算机检修过程中，无论是计算机系统本身，还是所使用的维修设备，它们既有强电系统，又有弱电系统，注意维修中的安全问题是十分重要的。

在维修工作中的安全问题主要有三方面的内容，即维修人员的人身安全，被维修计算机系统的安全，所使用的维修设备特别是贵重仪表的安全。

（1）注意机内高压

机内高压是指市电 220 V 的交流电压；CRT 显示器万伏以上的阳极高压；液晶显示器液晶灯管 1000 多伏高压。这样高的电压无论是对人体、计算机或维修设备，都将是很危险的，必须引起高度重视。

在对计算机做一般性检查时，能断电操作的尽量断电操作，在必须通电检查的情况下，注意人体和器件安全，对于刚通电又断电的操作，要等待一段时间，或者预先采取放电措施，待有关储能元件（如大电容等）完全放电后再进行操作。

表 12-1 BIOS 自检时喇叭报警信息

BIOS 类型	喇叭鸣叫方式、次数	含 义	解 决 方 法
Award	无声无显示	主板或电源	检查电源、主板
	1 短	系统正常启动	—
	2 短	非致命性错误	进入 BIOS 重新设置
	1 长 1 短	内存或主板出错	先换内存，若不行换主板
	1 长 2 短	显示器或显卡出错	重新连接，检查显示器或显卡是否插好
	1 长 3 短	键盘控制器出错	检查主板键盘接口电路
	1 长 9 短	RAM 或 EPROM 错误，BIOS 损坏	刷新 BIOS 或更换 FLASH RAM
	不断长鸣	内存条未插紧或损坏	清除内存金手指上锈迹并重新（或更换内存插槽）插入。若故障没有排除，则需更换内存
	重复短响	电源故障	更换、检查电源
	连续 1 短	内存出错	重插内存，若不行换内存
AIM	无声	主板、电源	检查电源、主板
	1 短	内存刷新失败	更换内存条
	2 短	内存校验错误	将 BIOS 中 ECC 设为 Disabled
	3 短	基本内存出错	更换内存条
	4 短	系统时钟出错	维修或更换主板
	5 短	CPU 出错	检查 CPU
	6 短	键盘控制器出错	检查键盘和键盘控制芯片或相关部位
	7 短	CPU 异常中断	检查主板
	8 短	显卡存储器出错	更换显卡
	1 长 3 短	内存出错	更换内存条
兼容机	无声	电源	检查电源
	1 短	系统正常启动	—
	2 短	自检失败	更换主板
	3 短	电源出错	检查电源
	1 长	电源出错	检查电源
	1 长且无显示	显卡出错	检查显卡是否插好
	1 长 1 短	主板出错	检查主板
	1 长 2 短	显卡出错	检查显卡是否插好
	3 长 1 短	键盘出错	重新插键盘
	连续 1 短	内存出错、显卡出错	检查内存和显卡

（2）不要带电插拔各插卡和插头

带电插拔各控制插卡很容易造成芯片的损坏。因为在加电情况下，插拔控制卡会产生较强的瞬间反激电压，足以把芯片击毁。同样，带电插拔打印口、串行口、键盘口等外部设备的连接电缆常常是造成相应接口损坏的直接原因。

（3）防止烧坏系统板及其他插卡

烧坏系统板是非常严重的故障，应尽量避免。因此，当插卡无法确定好坏，也不知控制卡或其他插件有无短路情况时，先不要马上加电，而是要用万用表测一下+12 V 端和−12 V 端与周围的信号有无短路情况（可以在另一空槽上测量），再测一下系统板上电源+5 V 端、−5 V 端与地是否短路。如果没有异常情况，一般不会严重烧坏系统板或控制卡。

任务 12.2　计算机硬件故障分析与维修案例

12.2.1　诊断和分析硬件故障的步骤

计算机硬件故障的基本检查步骤可归纳为由系统到设备，由设备到部件，由部件到器件，由器件到故障点。

由系统到设备是指一个计算机系统出现故障，应先确定是系统中的哪一部分出了问题，例如主板、电源、硬盘驱动器、光驱、显示器、键盘、打印机等。先确定了故障的大致范围后，再进一步检测。

由设备到部件是指在确定是计算机的哪一部件出了问题后，再对该部件进行检查。例如，如果判断是一台计算机的主板出了故障，则进一步检测是主板中哪一个部分的问题，如主板供电电路、接口部件等。

由部件到器件是指判断某一部件出问题后，再对该部件中的各个具体元器件或集成芯片进行检查，以找出有故障的器件。例如，若已知是内存故障，还需要检查是哪一个内存条或哪一块 RAM 芯片损坏。

由器件到故障点是指确定故障器件后，应进一步确认是器件的内部损坏还是外部故障，是否器件引脚、引线的接点或插点接触不良，焊点、焊头虚焊，以及导线、引线的断开或短接等问题。

12.2.2　硬件故障产生的主要原因

（1）元器件损坏引起的故障

计算机中，各种集成电路芯片、电容等元器件很多，若其中有功能失效、内部损坏、漏电、频率特性变坏等，计算机就不能正常工作。

（2）制造工艺引起的故障

指焊接时，虚焊、焊锡太近、积尘受潮时漏电，印制板金属孔阻值变大，印制板铜膜有裂痕日久断开，各种接插件的接触不良等工艺引起的故障。

（3）疲劳性故障

机械磨损是永久性的疲劳性损坏，如打印针磨损、色带磨损、磁盘和磁头磨损、键盘按键损坏等。

电气、电子元器件长期使用的疲劳性损坏，如显像管荧光屏长期使用过亮、发光逐渐减弱、灯丝老化，电解电容日久电解质干涸，集成电路寿命到期，外部设备机械组件的磨损等。

（4）电磁波干扰引起故障

交流电源附近电机启动又停止、电钻等电器的工作，都会引起较大的电磁波干扰。另外，电容、电感性元件也会引起电磁波干扰，从而使触发器误翻转，造成错误。

（5）机械故障

机械故障通常主要发生在外部设备中，而且这类故障也比较容易发现。

系统外部设备的常见机械故障有以下几种。

① 打印机断针或磨损、色带损坏、电机卡死、走纸机构失灵等。

② 驱动器磁头、磁盘损坏，光驱盒卡住不能进出。

③ 键盘按键接触不良、弹簧疲劳致卡键或失效等。

（6）存储介质故障

这类故障主要是由硬盘磁介质损坏而造成的系统引导信息或数据信息丢失等原因造成的。

（7）人为故障

人为故障主要是由于机器的运行环境恶劣或者用户操作不当产生的，原因是用户对机器性能、操作方法不熟悉。所涉及的问题包括以下几个方面。

① 电源接错，例如，把 110V 的电源转换挡转到 220V 上，把±5V 的电源部件接到±12V 等。这种错误大多会造成破坏性故障，并伴有火花、冒烟、焦臭、发烫等现象。

② 在通电的情况下，随意拔插外设板卡或集成芯片造成人为的损坏，如硬盘运行的时候突然关闭电源或者搬动主机箱，致使硬盘磁头未推至安全区而造成损坏。

③ 直流电源插头或 I/O 通道接口接反或位置插错；各种电缆线、信号线接错或接反。一般说来，这类错误除电源插头接错或接反可能造成器件损坏之外，其他错误只要更正插接方式即可。

④ 用户对计算机系统操作使用不当引起错误也是很常见的，尤其是初学者。常见的有写保护错、读写数据错、设备（例如打印机）未准备好和磁盘文件未找到等错误。

【特别提示】

最小系统法是判断计算机故障范围很有效的方法，即计算机只保留最小系统——主机电源、主板、CPU、显卡、内存、显示器这六大件，去掉计算机其他多余部件，这样可以缩小故障范围。

12.2.3　常见主板故障与排除

主板是整个计算机的关键部件，在计算机中起着至关重要的作用。如果主板产生故障将会影响到整个 PC 机系统的工作。在诊断主板故障之前，首先排除其他部件如电源、内存条、CPU、显示卡等故障或接插部件接触不良的可能性，将故障准确定位。

主板常见的故障点有：CPU 和插座、内存条和插槽、各个总线插槽、各个接口插槽等。可能是接触不良，也可能是硬件损坏。

1）主板发生故障后主要症状

① 计算机不启动，开机无显示。

② CMOS 设置不能保存。

③ 计算机开机后启动缓慢，长时间没有反应。

④ 计算机频繁死机，即使进行 CMOS 设置也会出现死机。

⑤ 主板接口损坏，不认硬盘、光驱、键盘和鼠标等设备。

2）主板发生故障的原因

（1）设置和兼容性故障

硬件设置不当，主板和硬件设备间兼容性不佳，会导致随机故障的出现。

（2）BIOS 损坏或失电

BIOS 版本低，刷新失败或被病毒破坏，主板电池电量不足等。

（3）工作环境恶劣

计算机长期在恶劣的环境下工作，不但会出现黑屏、死机等故障，还会缩短设备的使用寿命。

（4）电源系统故障

计算机供电系统品质不良，会出现无法启动、硬件设备烧毁等故障。

（5）元器件故障

电子元器件老化，品质不高的元器件，偷工减料或出现性能故障，都会增加计算机的故障率。

（6）其他类型故障

由于操作失误，带电插拔键盘、鼠标或显示器、打印机等设备的信号线和电源线。驱动程序丢失，也会出现操作系统引导失败、工作不稳定的故障。

3）主板故障维修案例

【案例 1】灰尘导致散热不良，引发频繁死机

故障现象：计算机经常提示非法操作，进而出现蓝屏死机。刚开始出现的时间没有规律，但随着时间的推移，死机越来越频繁。

故障分析与处理：先用各种杀毒软件检查没有发现病毒，又把开机自动运行的程序关掉，故障依然存在。重新安装操作系统过程中出现死机。随后怀疑内存品质不良，打开机箱后，发现主板上积满了灰尘。使用吹风机吹去主板上的灰尘，再用毛刷清洁各缝隙中的顽固积尘，给显卡和CPU风扇滴加润滑油。开机测试，故障不再出现。

【案例2】电容损坏，计算机不能启动

故障现象：一台计算机出现开机后光驱指示灯微亮，显示器无任何信息显示。大约2min后主机开始启动，并能工作正常，但速度变慢。两周后，开机需要等待的时间变得更长，如果计算机启动成功后，在关闭主机的三四分钟内再次启动，则无此问题。

故障分析与处理：首先怀疑是病毒破坏，用杀毒软件检查，没有发现病毒；重新安装操作系统也无济于事。打开机箱仔细检查，发现CPU插座旁边的三个电解电容中，有两个上端微微鼓起，其中一个已开始渗出电解液。取下故障主板，从旧主板上取下两个同型号的好电容将坏电容换下，开机测试，故障排除。

【案例3】CMOS电池失效

故障现象：计算机在启动时显示如下提示。

CMOS Battery Low，CMOS Memory Size Wrong

故障分析与处理：开机出现的提示信息表明主板电池电量低，CMOS存储器出错。出现此类故障的原因和处理方法如下。

主板电池耗尽。更换新的主板电池，并重新设置BIOS参数。

主板上的COMS跳线被设置为“Clear COMS”，将跳线器上的跳线帽取下，并跳接为“Normal”。

主板上的Clear COMS跳线帽脱落，使COMS处于清除状态，将其重新接入即可。

主板出现质量问题，送修或更换新主板。

【案例4】BIOS设置不当，开机出现提示信息

故障现象：一台使用945主板的P4品牌计算机，启动时都会出现“Monitor Warning”的提示，按“Esc”键可以跳过，启动后一切运行正常，没有其他现象发生。

故障分析与处理：“Monitor Warning”是主板环境监测功能的错误警告。当计算机电源的输出电压高于BIOS中设置的数值时，就会出现“Monitor Warning”的提示信息。

启动计算机时，按下“Del”键，进入BIOS设置界面，在“Power Management Setup”中将检测电压的选项关闭，问题就可以解决了。

【案例5】主板上键盘接口不能使用

故障现象：计算机开机自检时，出现提示“Keyboard Interface Error”后死机，拔下键盘，重新插入后又能正常启动系统，使用一段时间后键盘无反应。

故障分析与处理：由于多次拔插键盘，引起主板上键盘接口松动，导致故障的出现，找一报废主板，拆下键盘接口安装到故障机上即可排除故障。

如果是带电拔插键盘，会造成主板上键盘接口处的保险电阻熔断（标记为Fn），可以拆下主板换上一个1Ω/0.5W的电阻以排除故障。

【案例6】主板变形致使计算机无规律黑屏

故障现象：一台新组装的计算机，在使用中常出现无规律的黑屏现象。

故障分析与处理：将CPU、内存条、显卡等安装到其他计算机上，运行正常。对主板进行检查，没有发现划痕，各元器件也正常完好。将主板拆下来进行测试，发现计算机能够正常启动。但装进机箱固定好后，又出现黑屏现象，反复几次均是如此。尝试将主板放置到机箱里，不安装固定螺钉，接通电源一切正常。对机箱进行检查，发现支撑和固定主板的几个螺柱中，中间的一个有点倾斜，并且要高出一部分。原来是支撑螺柱不在同一水平面，安装了固定螺钉后，主板弯曲变形，导致电

脑无法正常工作。将倾斜螺柱重新安装，放好主板，拧紧固定螺钉，再次开机，故障不再出现。

【案例 7】 元器件虚焊造成键盘失灵

故障现象：一台计算机开机一段时间后，键盘锁死，鼠标可以正常使用。关机冷却后，键盘使用时间明显变短。反复冷启动几次后，键盘完全失灵。

故障分析与处理：更换新的键盘后，故障依旧出现。仔细观察主板，发现该主板做工粗糙，质量欠佳，并在主板键盘接口旁发现一个电容有脱焊现象，重新焊接后开机测试，故障排除。

【案例 8】 AGP 插槽灰尘导致显示器黑屏

故障现象：一计算机开机后出现黑屏，显示器指示灯呈橙红色，无报警声。

故障分析与处理：根据故障现象诊断是显卡故障。打开主机箱，发现主板和各板卡上有厚厚的一层灰尘。使用清洁工具清除掉堆积的灰尘，再用橡皮擦擦拭显卡金手指，除去上面的锈迹，重新安装显卡，故障没有排除。

仔细观察 AGP 插槽，发现 AGP 插槽由于积尘过久，已有两针脚出现发黑现象，判断可能是插槽针脚氧化导致的接触不良。使用棉签蘸无水酒精反复擦拭针脚，直至除去氧化层，装入显卡，重启后故障排除。

【案例 9】 CPU 频率自动下降故障

故障现象：一台正常使用中的计算机，开机后自检信息中 1.6 GHz 的 CPU 变成 1GHz，并显示"Defaults CMOS Setup Loaded"的提示信息，进入 CMOS Setup 中重新设置 CPU 参数后，正常显示 166MHz 主频，但过了一段时间后又出现同样故障。

故障分析与处理：出现"Defaults CMOS Setup Loaded"的提示信息，说明主板上的电池电量不足，使得 CMOS 的设置参数不能长久有效地保存。更换主板上的 COMS 电池，故障排除。

【案例 10】 花屏

故障现象：一台组装电脑，近期经常出现花屏现象，有时无任何显示。

故障分析与处理：一般情况下，出现花屏现象时，显卡、显示器、内存和主板的故障率较大。将显卡、显示器和内存安装到其他电脑上，可以正常工作。仔细检查印制电路板，在 AGP 插槽的背面发现有两根很细的线路有断裂痕迹。推测是机箱质量不佳导致主板没有得到完全的支撑，多次插拔显卡造成的主板线路断裂。经专业人员维修后，故障排除。

12.2.4 CPU 常见故障分析与排除

CPU 是计算机中最核心的器件，它具有很高的可靠性和无故障使用寿命。但是如果在安装拆卸时不小心或工作环境恶劣，也会造成 CPU 损坏。常见的 CPU 故障现象有：开机后系统无任何反应、系统运行不稳定并反复重新启动、系统自行锁定或崩溃等。

造成 CPU 损坏的硬件原因有：过热烧坏、静电击穿、电压过高击穿和插脚损坏等。

1）CPU 故障排除方法

（1）接触不良

卸下 CPU 芯片，观察针脚和触点是否有锈蚀、弯曲、断裂等。如有则要清除锈蚀，修正弯曲，然后将 CPU 装入插座并按压芯片四周，使 CPU 与插座接触良好。如出现 CPU 针脚或触点发生断裂，则应更换新的 CPU 或对 CPU 进行维修。

（2）超频及设置不当

参照说明书相关内容将 CPU 的电压、外频等调整为正常状态。还要注意选择与 CPU 匹配的主板、内存等设备，以减少设备兼容性故障。

（3）散热类故障

清除 CPU 散热器上的灰尘，牢固连接散热器风扇的电源线，使用优质导热硅脂，或更换高品质的散热设备以提高散热效率。如果风扇扇页晃动、不转或转动不灵活，可以为风扇加注润滑油或更换新的风扇。

2）CPU 故障维修案例

【案例 1】 CPU 超频后计算机无法启动

故障现象：CPU 超频使用，几天后开机时，显示器黑屏，重启无法开机。

故障分析与处理：打开机箱，用手摸了一下 CPU 发现非常烫，确定是由于 CPU 超频后热量增加引起的。将 CPU 的外频与倍频调到合适的状态后，启动计算机，显示器有了显示，系统也恢复正常。

【案例 2】 CPU 风扇转速慢

故障现象：计算机机箱内有“嗡嗡”的响声，并出现规律性死机：使用两个小时左右发生死机，关机一段时间后又可以使用一段时间。玩游戏和执行大的程序时也会发生死机。

故障分析与处理：打开主机后发现 CPU 风扇转动缓慢，拨动扇页，转动不灵活。确定是由于没有及时维护，风扇润滑油干涸，导致风扇转速变慢，CPU 产生的热量不能及时排出，CPU 启动了自动保护机制。于是揭掉 CPU 风扇上的标签，向风扇转轴上滴加润滑油，等浸润充分后，接通电源，风扇恢复正常转速，故障排除。

【案例 3】 CPU 损坏，计算机不断重启

故障现象：计算机不断重启，其表现为有时刚刚出现启动画面即重启，或者进入系统后不久就重启。格式化硬盘并重新安装操作系统，在安装过程中出现蓝屏和死机。

故障分析与处理：怀疑是主机箱有灰尘，打开机箱进行清洁，故障没有排除。使用替换法，更换同型号的 CPU 后故障不再出现。

原来是故障前更换过风扇和散热器，由于安装不当造成散热器和 CPU 接触不良，影响了 CPU 的散热，长此以往导致 CPU 损坏。

【案例 4】 CPU 风扇电源线导致计算机死机

故障现象：一台 P4 计算机，经常在开机一段时间后自动热启动，甚至数次不停。

故障分析与处理：用杀毒软件检测没有发现病毒，进入 BIOS 后检查各项设置没有问题，在“PC Health Status”中发现 CPU 温度很高。打开主机箱，通电后发现 CPU 散热风扇不转，断电后用手触摸 CPU 和散热器，感觉很烫。拆下散热器和风扇，发现其与主板相连的供电插头松动并脱离，将插头拔出，修理并插入，加电测试，故障排除。

【案例 5】 BIOS 设置不当，系统性能下降

故障现象：一台计算机开机使用中，约半个小时后性能下降，不时出现死机现象。

故障分析与处理：使用杀毒软件检查后没有发现病毒，查看任务和进程也正常。考虑到故障是开机一段时间后发生，把故障点定位到产生热量的硬件设备上。进入 BIOS 设置，在“Chipset Features Setup”项中查看“CPU Warning Temperature”的设置值为“50℃/122℃”，“Current CPU Temperature”中的当前温度为“53℃/127℃”。因为当前 CPU 温度超过了 BIOS 所设置的警戒温度，所以当主板探测到 CPU 温度过高时就会自动将 CPU 降频运行，所以系统运行速度会变慢。把“CPU Warning Temperature”一项设置改为“60℃ /140℃”，保存设置后重新启动，故障排除。

【案例 6】 CPU 缓存被关闭，致使 CPU 速度下降

故障现象：一台 P4 计算机突然出现长时间启动、运行速度缓慢，工作效率变低。

故障分析与处理：更换各个硬件，全部没有发现存在故障。进入 BIOS 设置程序，对参数逐项检查，发现其中的 “CPU L1 & L2 Cache”被设为了“Disabled”，原来是 CPU 的一、二级缓存被关闭了，立即将它改为“Enabled”，退出来后重新启动，一切正常。

【案例 7】 CPU 针脚接触不良造成主机无法启动

故障现象：一台组装的兼容机，选用了 Intel 赛扬 2.8GHz CPU，使用两年一切正常，之后出现

无法启动故障。

故障分析与处理：由于已使用两年，先清洁了主机箱，检查风扇运转正常，CPU 温度也不高。利用替换法，更换内存条故障依旧，最后更换了 CPU 后，机器正常启动。仔细观察 CPU，发现针脚上有颜色发暗的现象，怀疑是针脚上有锈迹，使用棉签蘸无水酒精仔细擦拭，直至颜色恢复。装入 CPU，计算机正常启动，运行测试软件，故障不再发生。

【案例 8】 CPU 触点式引脚与 CPU 插座接触不良

故障现象：一台式计算机开机显示器黑屏，机器无报警声。

故障分析与处理：开机显示器黑屏，机器无报警声。打开机箱，发现 CPU 风扇运转正常，主板上无任何元件烧坏迹象。用最小系统法，即只保留 CPU、电源、主板、显卡、内存，重新开机，还是无任何报警声，去掉显卡、内存，还是无报警声。可大概确定为主板、CPU 或电源故障。下面逐一排除，换一新的电源，故障依旧，维修陷入困境，用主板故障诊断卡插入 PCI 插槽，重新开机发现 RUN 运行指示灯不亮，数码显示管不亮，BIOS 灯不闪烁（正常应在启动时闪烁，启动完成后不亮），说明主板或 CPU 不工作。显示器点不亮，检修重点在 CPU 主供电电路。CPU 主供电电路是维修中最易损坏的一个区域。不加 CPU 风扇，开机通电试机，马上用手摸 CPU 有温升，说明 CPU 工作电压正常。用万用表查 CPU 内核供电电压大概 1.38V 也正常。无奈将主板拿出来，用毛刷清理主板上灰尘后放在桌上再次通电试机，发现显示器出现字符。重新将主板放入机箱中，将显卡、内存等全部安装好，开机显示器又出现黑屏，无报警声，再次用主板测试卡发现数码管无显示，可确定为 CPU 的部分引脚与 CPU 插座接触不良。在主板下面垫一块薄的绝缘泡沫板，使主板平整不下陷后故障排除。所维修的酷睿 i5 CPU 及插座如图 12-1 所示。

维修经验总结：由于主板是一块大的电路板，仅靠 4 个螺柱支撑重量，显卡比较重（专门玩游戏的“发烧友”显卡，散热片重、双风扇）长期压力使主板变形下沉，由于酷睿 i5 CPU 引脚为接触式引脚（而不是插针式），主板的应力变形造成部分 CPU 触点式引脚与 CPU 插座接触不良（因此造成主板诊断卡数码管不显示）。以后维修类似检测不到 CPU 故障时，可借鉴这次维修经验，可以少走很多弯路。

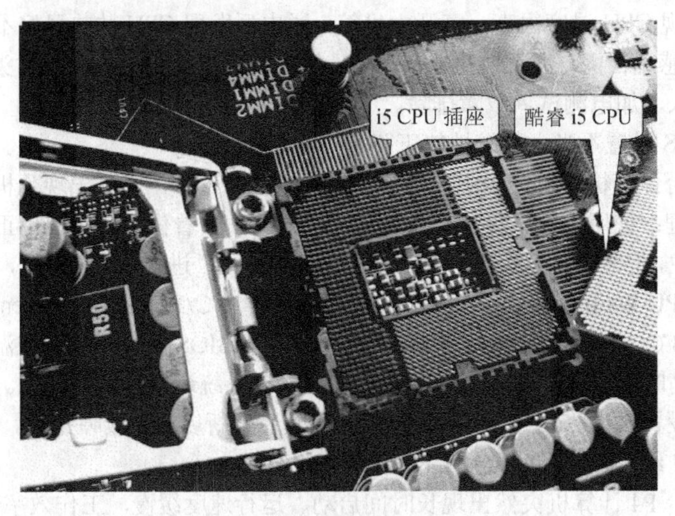

图 12-1　酷睿 i5 CPU 及插座

12.2.5　电源常见故障分析与排除

1）电源常见的故障症状

① 计算机死机，黑屏，风扇不转动，系统不能启动。主机有焦煳味或元器件有烧灼的痕迹。

② CPU、显卡工作不稳定，硬盘出现读写错误甚至坏道、刻录机无法正常刻盘等。

③ 系统加电、启动不正常或间歇性死锁，运行中出现自动复位，间歇性奇偶校验错误或其他内存错误。

④ 硬盘及风扇同时不转，电网电压轻微下降（±10%以内）就产生系统复位，触摸机箱或连接器时有电击感等。

2）电源的故障类型

一般电源的故障可以归结为以下几类。

（1）市电异常

市电的供电线路，受附近用电设备的影响，会出现某时段电压降低或过高的现象，造成正常使用中的计算机自动重启或不能启动故障。

（2）电源不稳定

电源工作状态不稳定的特征有启动困难、自动重启、故障时有时无等。无 PG（Power Good，电源好）信号或信号延迟时间不足是较为典型的电源故障。

优质的电源，只要电压输出端的任意一路出现负载过重或短路，均会立即启动从而保护硬件不被损坏。

劣质电源使用不良元器件或者电源功率不足，不能满足计算机系统的供电需求，会出现部分设备无法使用或计算机不能启动等故障。

（3）物理故障

保险管熔断，电源设计不合理，元器件烧毁、虚焊等都会造成电源故障。

3）维修案例

【案例1】 机箱带电

故障现象：计算机主机外壳带有较大的交流电压，用手触摸时有刺麻感。

故障分析与处理：为防止来自电脑外部的电磁干扰，优质的电源会在 220V 输入回路中安装两路 EMI 滤波电容。由于 EMI 滤波的原因使得主机箱壳体有理论值为 110V 的电压，所以这种带电情况是正常的，可以通过安装接地装置来消除。在安装计算机时要严格按照《电气安全规范》安装保护接地装置，将机壳牢靠地连接在接地装置上，以便在漏电故障出现时能及时烧断保险，并使电脑机箱不会带电，消除对人身的安全威胁。

【案例2】 多次重启电脑才能进入系统

故障现象：一台计算机开机后不能进入操作系统，但按重启按钮重新启动一次后又能进入系统。

故障分析与处理：首先怀疑是电源损坏，因为计算机的 POWER 按钮在按下并接通电源后，首先会向主板发送一个 PG 信号，接着 CPU 会产生一个复位信号开始自检，自检通过后，才会引导硬盘中的操作系统完成计算机启动过程。而 PG 信号相对于+5V 供电电压有大约 4ms 的延时，以确保电压稳定以后再启动计算机。如果 PG 信号延时过短，会造成供电不稳，CPU 不能产生复位信号，导致电脑无法启动。随后按下 Restart 按钮重启时，电压已经稳定，于是电脑启动正常。更换新的主机电源后重新开机测试，故障排除。

【案例3】 电源故障导致硬盘电路板被烧毁

故障现象：一台计算机，更换硬盘后只使用了三四个月，硬盘电路板就被烧毁了，再换一块新硬盘，不到两个月，硬盘电路板又被烧毁。

故障分析与处理：因为两个硬盘都是电路板被烧毁，怀疑是电源供电问题，用万用表检测电源，发现+5V 电源输出仅为+4.6V，而+12V 电源输出却高达+14.8V。立即关机，打开电源外壳，发现上面积满灰尘。清除灰尘后仔细检查，发现在+5V 电源输出部分的电路中，有一支二极管的一只引脚有虚焊现象，重新补焊之后，故障排除。

【案例 4】 电源供电不足导致系统不稳定

故障现象：正常使用中的计算机，增加一台刻录机后出现系统不稳定、无故自动重启的故障，而且使用时明显感觉到电源风扇吹出的风很热，风扇转动很吃力。

故障分析与处理：由于是增加新硬件后出现的故障，首先想到是电源功率不能满足设备需求，供电不足。于是更换优质的大功率电源后，故障排除。

【案例 5】 电源故障导致显示器图像抖动

故障现象：一台使用中的计算机，开机后显示器屏幕上有小波纹上下抖动，把显示器连接到其他计算机上，一切正常。把一台正常工作的显示器连接到故障计算机上，同样出现上下抖动的小波纹。

故障分析与处理：根据故障现象判断是主机电源内整流电路中的主滤波电容性能变差，电源输出电压上有寄生波纹，使得显示器出现上下抖动的干扰波纹。

打开电源外壳，用质量好的电解电容（耐压要足够高）替换原来那两个大电解电容，也可以更换新的主机电源来解决问题。

【案例 6】电源损坏，计算机反复自动重启

故障现象：一台组装计算机，开机时计算机反复自动重启。

故障分析与处理：这种现象是典型的电源损坏故障，由于电源内部元器件损坏，无法满足计算机正常工作的需求。更换新电源后，故障排除。主板发送一个 PG 信号，接着 CPU 会产生一个复位信号开始自检，自检通过后，才会引导硬盘中的操作系统完成计算机启动过程。而 PG 信号相对于 +5V 供电电压有大约 4ms 的延时，以确保电压稳定以后再启动计算机。如果 PG 信号延时过短，会造成供电不稳，CPU 不能产生复位信号，导致电脑无法启动。随后按下 Resert 按钮重启时，电压已经稳定，于是电脑启动正常。更换新的主机电源后重新开机测试，故障排除。

【案例 7】 接通电源自动开机

故障现象：计算机一接通电源就自动开机。

故障分析与处理：造成这种故障的原因有以下几种。

① BIOS 的电源选项中开启了来电自动开机的功能，这样一接通交流电源，计算机就会自动启动。

② 电源故障引起的,可以尝试更换新的主机电源以排除故障。

判断主机 ATX 电源好坏的简易方法：给电源通电，然后用回形针或焊锡丝等导体短接电源输出端绿色和任意一个黑色线端口，如果电源无反应，表示该电源损坏。现在的很多电源都加入了保护电路，如果在没有额外负载的情况下启动电源，电源系统会自动关闭。因此需要仔细观察电源一瞬间的启动情况。

12.2.6 内存常见故障分析与排除

内存是计算机中最重要的配件之一，内存故障会随时随地以各种各样的方式表现出来。内存故障的现象可能是固定的，也可能是变化的；可能重复出现，也可能随机出现。这些特点都使得内存故障比较难于准确判断和精确定位。

内存接触不良，存储芯片损坏、兼容性不强或内存插槽损坏等，都会使计算机出现死机、蓝屏、无法启动以及启动后无法进入操作系统等故障。

1）内存发生故障的常见症状

① 开机无显示，并伴随着机箱内连续的短“嘀、嘀”报警声。

② 经常提示注册表损坏，系统文件丢失，或运行内存占用高的程序时频繁死机。

③ 安装、运行操作系统时出现死机或蓝屏。

④ 开机时内存检测时间过长，自动重启，内存容量减少。

⑤ 经常自动进入安全模式，并随机性死机。

2）内存故障排除

（1）接触不良

内存的金手指和插槽表面产生氧化层，都会导致内存自检错误，表现为开机时无显示，发出“嘀、嘀”间断长鸣的内存报警声。只要将内存拔下来，使用橡皮擦拭金手指或用一字螺丝刀除去其内存插槽表面的氧化层即可。

（2）劣质内存

如果内存芯片有瑕疵或损坏，都会出现 Windows 提示注册表和系统文件损坏，操作系统报错，并发生随机性死机的故障。

（3）兼容性

同时使用了不同厂家、不同型号、不同容量的内存会产生兼容性问题。解决方法是换用同品牌、同规格的内存。

（4）内存损坏

暴力插拔、带电插拔都会损坏内存或内存插槽。内存芯片品质不高，内存芯片损坏，也会导致各种故障。所以插拔内存用力要柔和，勿用蛮力。

3）内存维修案例

【案例 1】 内存过热导致死机

故障现象：购买的计算机，使用了 6 个多月一直运行良好。近段时间突然出现“内存不可读”的提示，然后是一串英文错误提示。该故障出现的概率很大，且没有规律，有时使用了一天也不出现问题，但是有时候开机不久就会出现，并且气温高的时候出现的概率大。

故障分析与处理：由于天气越热，问题出现的概率就越大，所以可以确定是由于内存过热导致工作不稳定而死机。对于散热引起的硬件故障，可以通过安装机箱风扇以加强机箱内部空气流通、减少开机时间等方法解决。

【案例 2】 劣质内存条导致 Windows 安装出错

故障现象：一台新组装的兼容计算机，安装 Windows XP 操作系统至复制系统文件时提示错误，按“取消”后可以跳过错误继续安装，但稍后又会出现同样错误。

故障分析与处理：由于故障发生在安装文件复制阶段，更换新的安装光盘，重新进行安装，故障重新出现。检测硬盘没有问题，更换新硬盘故障仍然存在。怀疑是使用了劣质内存条，导致文件复制过程出错，更换优质内存条，故障消失。

【案例 3】 内存损坏导致注册表错误

故障现象：计算机使用一年多后系统变得不稳定，经常在开机进入 Windows 后出现注册表错误，提示需要恢复注册表。

故障分析与处理：格式化硬盘，重装操作系统问题没有得到解决，同时还出现“Windows Protection Error”的错误提示。使用替换法进行测试，更换内存条后，故障排除。

【案例 4】 内存接触不良

故障现象：计算机黑屏无法启动，同时主板发出“嘀、嘀”间断长鸣的报警声。

故障分析与处理：内存与内存插槽接触不良，POST 过程中检测不到内存，就会以“嘀、嘀”报警声提示用户。切断计算机电源，取下内存条，用橡皮擦擦拭金手指或内存插槽以除去氧化层，然后重新插入就可以排除故障。如果故障不能排除，可以更换内存插槽或新的内存条试一试。

【案例 5】 内存条金手指烧毁

故障现象：一台计算机，前一天使用正常，第二天开机不能启动。

故障分析与处理：先检查排除了电源系统的问题，打开主机，拆下内存条，擦拭金手指时发现有两个金手指引脚被烧脱落。更换内存条后故障排除。

【案例 6】 内存参数设置错误导致不能开机

故障现象：一台 P4 计算机，在对 BIOS 进行优化设置后，经常出现开机无任何反应，偶尔进入系统也不能正常工作，经常出现死机。

故障分析与处理：由于在进行 BIOS 优化设置后出现故障，故先检查 BIOS 设置。进入 BIOS 程序，发现“Advanced Chipset Setting”项中内存设置中的“CAS Latency”被设置为“CL=2”。如此设置虽然在理论上可以提高内存的读写速度，但多数 DDR SDRAM 内存的 CL 值为 2.5。将 CL 值改为 2.5 后顺利进入操作系统。

【案例 7】 内存规格不同，导致无法启动系统

故障现象：为提高计算机性能，在 512MB 内存的基础上又增加了一条 512MB 内存，出现不能启动故障，使用替换法单独插上任意一条内存都没有问题。

故障分析与处理：由于两条内存规格不同，很可能会由于速度不同出现兼容性问题。若要在同一主板上使用两条以上的内存，最好是选择同品牌、同规格、相同容量的内存，这样出现兼容性问题的概率将减小。

12.2.7 显卡故障分析与排除

显卡是计算机很重要的部件，由于发热量大，故障率较高。

1）显卡故障的主要症状

① 开机有报警声，自检无法通过、无自检画面。

② 显示异常杂点、花斑、花屏，看不清字迹。

③ 黑屏、蓝屏等。

④ 显卡驱动程序丢失，颜色显示不正常。

2）诊断和排除显卡故障

（1）接触不良

金手指表面氧化，主板、显卡 PCB 板、机箱等变形等都会影响到部件接触，会出现接触不良的故障。

（2）设置问题

双显卡的计算机应优先选择性能优良的显卡作为主显卡，屏蔽性能不好的显卡。

（3）驱动程序

显卡驱动程序安装不正确，与系统兼容性差或丢失，会出现显示颜色数少，分辨率低，刷新率不能调高，甚至会导致显示器花屏或者计算机死机等故障。

（4）兼容性

劣质显卡、显卡与主板供电电压不匹配，都会出现兼容性故障。

（5）其他故障

显卡超频不当，表面堆积灰尘，散热风扇功率不足或转速不高，使用不兼容的 BIOS 文件或显卡 BIOS 刷新失败也会导致各种各样的显卡故障。

3）维修案例

【案例 1】 颜色显示不正常

故障现象：一台计算机，显示器显示画面好像蒙了一层带颜色的纸，有时呈淡黄色，有时呈淡红色。

故障分析与处理：由于该计算机周围没有磁性物体，排除显示器被磁化的可能。观察发现显卡与显示器信号线插头连接松动。拔下信号线插头，插入后拧紧固定螺钉，故障消失。

【案例2】 显示器花屏

故障现象：一台计算机，刚开机时工作正常，运行时间稍长便有花屏现象发生。

故障分析与处理：由于故障在工作一段时间后出现，就把重点放在产生热量的设备上。仔细观察显存，没有发现接触不良和损坏症状。对显卡可能产生热量的元件进行观察和测量，在检测到主芯片时，发现主芯片左下脚有两根针脚与PCB板接触不良，轻轻地掰动一下PCB板，听到“啪”的一声响，有几根针脚与PCB板脱焊。将脱焊针脚焊好，插入显卡进行测试，长时间运行无花屏现象发生。

【案例3】 显卡驱动引起自动重启

故障现象：一台计算机在将操作系统由Windows XP升级为Windows 7后，运行程序和游戏都正常，但播放VCD时按下鼠标右键，就会立即重启。

故障分析与处理：由于以前安装Windows XP操作系统没有问题，怀疑是硬件驱动或病毒造成的，使用杀毒软件查杀后，没有发现任何病毒。估计问题出现在显卡驱动上，下载最新版本的Windows 7的显卡驱动程序并安装更新，故障消失。

【案例4】 刷新显卡BIOS，出现花屏

故障现象：为提高显卡性能，使用名牌Geforce MX5700显卡的BIOS刷新一杂牌同显示芯片显卡，结果出现严重的花屏故障。

故障分析与处理：此故障应该是由于刷新了与显卡不兼容的BIOS文件所造成的，重新刷回原来的BIOS就可以排除故障。

【案例5】 灰尘引起的黑屏

故障现象：一台计算机最近出现故障，现象为开机后显示器黑屏，主机无报警声。

故障分析与处理：起先以为是主机内电源线松动造成的，拆开机箱后发现主机内布满灰尘。清除灰尘并插拔电源线，故障依旧。将显卡拔下后主机报警，查看显卡插槽，发现部分针脚已经氧化。用棉签蘸无水酒精小心擦拭显卡插槽，并清除显卡金手指上的氧化层，再插上显卡，计算机正常启动。

【案例6】 显卡超频引起的显示不正常

故障现象：显卡一直在超频使用，最近在使用时屏幕经常出现一些色块。

故障分析与处理：可能是显卡长期超负荷工作，使得显示芯片和显存工作不稳定造成的，将显卡恢复到默认频率即可排除故障。如果恢复到默认频率后显示器还是不正常，则有可能是显示芯片虚焊或损坏，可以重新加焊或更换显示芯片，也可换显卡。

12.2.8 硬盘故障分析与排除

硬盘的故障可以分为硬故障和软故障两类，硬盘的软故障即非物理性故障，比如主引导记录、分区表、启动文件等被破坏而导致系统无法启动，硬盘被病毒感染造成无法运行，以及非法操作、维护不当等。这类故障一般可以自己通过软件解决。硬故障即物理性故障，是由于硬盘的机械零件或电子元器件物理性损坏而引起。硬盘常见的能够自己处理的硬故障是出现坏道，其中最为严重的是零磁道损坏。硬盘的故障如果处理不当往往会导致系统的无法启动和数据的丢失，常见的硬盘故障如下。

1）物理性故障

（1）机械故障

机械故障是最为致命的故障,可分为PCB板故障和盘体其他机械故障。

（2）盘片故障

盘片故障主要是指硬盘出现坏道、数据损坏等故障，分为“逻辑坏道”和“物理坏道”两种。

（3）设置故障

硬盘主从跳线设置不当，会造成两个 IDE 设备发生冲突。另外硬盘 IDE 数据线、IDE 插头损坏或连接不正确，也会出现无法识别硬盘的故障。

使用 SATA 硬盘时还要注意正确设置主板 BIOS 中有关 SATA 的选项，并在安装操作系统时安装 SATA 驱动程序。

（4）其他故障

由于木马病毒破坏或操作失误，会造成分区表损坏、FAT 文件分配表错误、系统引导文件损坏等故障。

2）硬盘故障提示信息

① Hard Disk Failure：检测硬盘失败。

故障原因：硬盘供电不足、数据线损坏、接口故障以及硬盘损坏都会出现该提示信息。

故障排除：更换并重新拔插数据线，检查硬盘的 PCB 板有无烧灼的痕迹，使用替换法确认主板的接口或硬盘是否出现故障。

② Error Loading Operation System：加载操作系统错误。

故障原因：计算机启动时读取硬盘引导区（BOOT 区）错误时的提示信息。有几种可能：一是分区表指示的分区起始物理地址不正确；二是分区引导扇区所在磁道的磁道标志和扇区 ID 损坏，找不到指定扇区；三是驱动器读电路故障。

故障排除：分区表错误应重新分区或用软件重建分区表；对于磁道标志和扇区损坏可用低级格式化工具格式化硬盘，重新分区再安装操作系统。如果还是不能解决问题，则可能是硬盘的读电路故障所引起的，就只能进行专业送修了。

③ Invalid Drive Specification：无效的驱动器号。

故障原因：分区表错误，导致分区或逻辑驱动器在分区表里的相应表项不存在，操作系统认为该分区或逻辑驱动器不存在。

故障排除：最简单有效的预防方法是提前做好分区表的备份。如果出现了该类故障，可以用备份的分区表恢复。也可以使用具有分区表修复功能的软件来找回丢失的分区表，如 Diskgenius、易我分区表医生等。

④ C Drive Failure，Run Setup Utility Press (F1) to Resume：硬盘 C 驱动失败，运行设置功能，按“F1”键重新开始。

故障原因：硬盘设置参数与格式化时所用的参数不符。

故障排除：重新设置硬盘参数，重新分区或使用硬盘分区工具修正错误。

⑤ Non-System Disk or Disk Error，Replace and Press any key when ready：非系统盘或磁盘错误，更换后按任意键重新读取。

故障原因：引导区中的引导程序错误或丢失。

故障排除：设置 BIOS 中启动顺序为硬盘优先。如果故障不能排除，说明硬盘系统文件丢失，可以重新安装系统或向激活的引导分区传送系统引导文件。

⑥ Invalid Partition Table：无效的分区表。

故障原因：分区表丢失或损坏。

故障排除：使用专业的硬盘分区软件进行分区表的修复。如果不能修复，则需要对硬盘重新分区，并安装操作系统。

⑦ Hard disk drive read failure：硬盘驱动器读取失败。

故障原因：硬盘连接错误或损坏。

故障排除：检查硬盘接口及数据线是否松动，硬盘参数及配置是否正确。使用硬盘检测工具对硬盘进行检测。

⑧ Sector not Found,General Error in Reading Drive C：没有找到扇区，读C盘时出现错误。

故障原因：硬盘品质不良或有坏道。

故障排除：用MHDD检测硬盘并修复坏道，或使用硬盘低级格式化工具或DM的Fill Zero功能对硬盘进行低级格式化，完成后重新分区，并安装操作系统。

⑨ Missing operating system：无效的操作系统。

故障原因：硬盘分区表中起始定位的数据错误或DOS引导扇区结束标志“55AA H”错误。

故障排除：使用Diskgenius等硬盘分区工具修复引导扇区，使硬盘出现结束标志“55AA H”。

3）维修案例

【案例1】 检测不到硬盘

故障现象：开机自检过程中，检测到IDE设备时长时间没有响应。

故障分析与处理：检查IDE数据线连接处是否接触不良或者出现断裂，重新连接电源线和IDE数据线。如果检测时硬盘灯亮了几下，但BIOS仍然报告没有发现硬盘，则可能是硬盘电路板、主板IDE接口、IDE控制器损坏，或连接在同一IDE接口上的两个IDE设备发生冲突。

【案例2】 硬盘时有时无

故障现象：BIOS有时能检测到硬盘，有时又检测不到。

故障分析与处理：先检查硬盘的电源线和IDE数据线是否损坏或接触不良，如有更换相应线缆即可。供电电压不稳定或者电源输出功率不能满足设备需求，都有可能会出现类似故障。

【案例3】 硬盘内部异常响声

故障现象：硬盘启动时发出清脆的“哒、哒”声。

故障分析与处理：在CMOS检测硬盘时，认真听一下硬盘发出的声音，如果声音是“哒、哒、哒……”，然后就恢复了平静，可以判断硬盘基本没有问题；如果声音是“哒、哒、哒……”，然后又连续几次发出“咔哒、咔哒”的声响的话，就有可能是硬盘出故障；自检时硬盘不停地出现“哒、哒、哒……”之类的周期性噪声，说明硬盘盘片有严重损伤或者机械控制部分、传动臂出现了问题。出现硬盘故障时，可以将硬盘拆下来，接到其他的计算机上，如果同样检测不到，说明硬盘损坏，就需要更换新的硬盘了。

【案例4】 打开硬盘文件时，读盘声慢，很吃力

故障现象：正常使用的文件突然无法打开，在打开的过程中听到硬盘吃力的读盘声。

故障分析与处理：这种故障可能是硬盘发生了物理性损伤。可以使用Windows自带的ScanDisk程序或其他硬盘扫描程序进行扫描，可以通过标记和屏蔽损坏的磁道来修复故障，最好的办法是更换新的硬盘。

【案例5】 Disk I/O error

故障现象：一台计算机开机后，屏幕显示“Disk I/O error,replace the disk,and then press any key”，无法启动计算机。

故障分析与处理：进入BIOS设置程序的“Standard CMOS Setup”选项检测硬盘，发现检测不到硬盘。关闭电源，检查硬盘数据线和电源线都连接正常。将硬盘连接到其他计算机中，同样检测不到硬盘。经测试发现硬盘电路板中的主控芯片损坏，更换后，故障排除。

【案例6】 开机时经常找不到硬盘

故障现象：一台老计算机，开机时经常找不到硬盘。进入BIOS程序检测时，需要反复按几次“Enter”键才能找到硬盘。

故障分析与处理：此故障可能是硬盘接触不良或其他物理故障引起的。首先打开机箱，将硬盘的数据线和电源线拔下，重新插好，开机测试，故障依旧。将硬盘接到其他计算机测试，出现同样

的故障，确定是硬盘自身引发的故障。拆下硬盘检查控制电路板，发现硬盘数据接口处有虚焊的针脚，重新加焊后故障排除。

【案例 7】 硬盘出现坏道

故障现象：读取某个文件或运行某个软件时经常出错，或者需要经过很长时间才能操作成功，其间硬盘不断读盘并发出刺耳的杂音；开机时系统不能通过硬盘引导，光盘或 U 盘启动后可以转到硬盘盘符，但无法进入；正常使用计算机时频繁无故出现蓝屏；在对硬盘进行格式化时，系统提示“Track 0 Bad”的话，那么意味着硬盘的 0 磁道损坏了。

故障分析与处理：这种现象意味着硬盘上载有数据的某些扇区已坏。这种情况比较严重，因为很有可能是硬盘的引导扇区出了问题。用“ScanDisk”扫描硬盘时程序提示有了坏道，首先应该重新使用各品牌硬盘自己的自检程序进行完全扫描。如果检查的结果是“成功修复”，那可以确定是逻辑坏道；物理坏道可以用软件分区，删除有坏道的分区。

任务 12.3　计算机常见软件故障分析与维护

12.3.1　引起软件故障的原因和表现形式

由于操作人员对软件使用不当，或者是因为系统软件和应用软件损坏，致使系统性能下降甚至“死机”，称这类故障为“软件故障”。系统发生故障除少数是由于硬件质量问题外，绝大多数是由于软件故障造成的。

软件故障的原因有：系统配置不当、系统软件和应用软件损坏、丢失文件、文件版本不匹配、内存冲突、计算机病毒等。

软件故障常常表现为以下几个方面。

（1）驱动程序故障

驱动程序故障可引起计算机无法正常使用。未安装驱动程序或驱动程序间产生冲突，在操作系统下的资源管理器中发现一些标记，其中“？”表示未知设备，通常是设备没有安装驱动程序；“！”表示设备间有冲突；“×”表示所安装的设备驱动程序不正确。

（2）自动重启或死机

运行某一软件时，系统自动重启 Windows 系统，或死机只能按机箱上的重启键才能够重新启动计算机。

（3）提示内存不足

在软件的运行过程中，提示内存不足，不能保存文件或某一功能不能使用。

（4）运行速度缓慢

在计算机的使用过程中，当用户打开多个软件时，计算机的速度明显变慢，甚至出现假死机的现象。

（5）软件中毒

病毒对计算机的危害是众所周知的，轻则影响机器速度，重则破坏文件或造成死机。一旦病毒感染了软件，就可以在后台启动软件，甚至破坏软件的文件，导致软件无法使用。

12.3.2　正确判断计算机软件故障

许多用户对病毒有些“神经过敏”了，动不动就怀疑“中毒”，有的甚至经常格式化硬盘，这样不仅不能解决问题，还会影响硬盘的寿命。其实在各种计算机故障中，病毒只占其中的一小部分，很多类似病毒的现象都是由计算机硬件或软件故障引起的；另一方面，有些病毒发作时的现象又与硬件或软件的故障现象类似（如引导型病毒等），这给用户的正确判断造成了很大的影响。

在这种情况下，该如何正确区分计算机病毒与系统软、硬件故障呢？这里，有一些区分病毒与系统软故障的方法。

1）常见的病毒表现

① 屏幕上出现一些不是由正在运行的应用程序显示的异常画面，如字符跳动、屏幕混乱、无缘无故地出现一些询问对话框等。

② 在排除磁盘故障的情况下出现用户数据丢失。

③ 磁盘文件的属性、长度发生变化。

④ 系统的基本内存无故减少。

⑤ 磁盘出现莫名其妙的坏块，或磁盘卷标发生变化。

⑥ 系统在运行过程中莫名其妙地死机、系统自动启动等。

⑦ 计算机从事同一磁盘操作（如拷贝文件、存储文件等）的时间明显增加。

⑧ 应用程序的启动速度明显下降。

一般来说，系统出现前面4种现象，可以肯定就是感染了病毒，应立即对病毒进行清除；系统若出现后面4种现象，则有可能是感染了病毒，也有可能是系统其他故障所造成的，不过最好还是不要掉以轻心，使用最新版的杀毒软件对系统进行扫描还是很有必要的。

2）与病毒现象类似的软件故障

（1）Bug

现在许多应用程序的设计都不太完善，经常出现这样或那样的Bug，它们都有可能引发一些莫名其妙的系统故障，广大用户应尽量避免使用那些设计不完善的应用程序。

（2）自动运行的程序过多

许多软件在安装时都“自作主张”将自己添加到系统的启动程序组，这样系统启动时就会自动运行，这虽然对用户的操作带来某些便利，但启动时间过长却是绝对避免不了的了。另外，启动Windows系统时若运行了太多软件，系统资源就会下降，系统性能会变得相应不稳定。

（3）软件冲突

许多软件之间存在着一定的冲突，同时运行这些软件时就会出现一些故障。用户若同时启动了两种不同的多内码支持软件，那么很容易出现死机的情况；如果使用诺顿的NDD对磁盘进行检测，系统就会禁止其他任何磁盘操作软件的运行。因此一定要掌握这些软件之间的冲突，避免同时使用它们。

（4）软件自身被破坏

如果因为磁盘或其他一些原因导致应用软件被破坏，那么计算机也会出现不正常情况，如Format程序被破坏后，若再使用它就很容易格式化出非标准格式的磁盘，这就会产生一连串的错误，它们当然与病毒没有任何关系。

（5）系统配置不当

许多软件在运行过程中都要求某些特殊环境，如果用户的计算机不能满足它们的要求，这些软件也就无法正常运行。这就要求人们掌握不同软件的要求，并分别针对它们给出不同的运行环境，保证软件的正常运行。

（6）软件与操作系统版本的兼容性

操作系统自身具有向下兼容的特点，不过应用软件却不同，许多软件都要过多地受其环境的限制，在操作系统的某个版本下可正常运行的软件，到另一个版本下却不能正常运行（如一些在Windows XP下运行正常的软件到了Windows 7中就无法正常运行）。因此用户需要注意这些软件与操作系统的兼容性。

以上介绍了常见的病毒现象，并列举了许多与病毒相似的软硬件故障。不过在学习、使用计算机过程中还有可能会遇到更多问题，所以要多阅读、参考有关资料，了解检测病毒的方法，注意积累经验，就不难区分病毒与软硬件故障了。

12.3.3 应用软件故障的处理

软件故障大多数是应用软件的故障，以下列举一些常见的应用软件故障处理要点。

1）正确选择应用软件的版本与补丁

安装应用软件尽量选择安装正式版本，不建议安装 Beta 版本。

应用软件经常会发布补丁，补丁程序主要解决软件中的错误、功能缺陷、不安全因素、兼容性等问题。常见的补丁类型有以下几种。

系统安全补丁：主要针对某个操作系统定制，如 Windows 的 SP 修正包。

程序 Bug 补丁：解决应用软件的兼容性和可靠性问题。

英文汉化补丁：对国外软件英文界面进行汉化。

硬件支持补丁：解决硬件设备兼容性问题。

2）正确安装与卸载软件

（1）软件安装的位置

大部分软件都提供了一个专门的“安装程序”。软件在安装时，将软件中的大部分文件安装在用户指定的目录中。如果用户没有指定安装目录，一般安装在系统引导分区（C 盘）的“Program Files”目录中。另外还有一部分文件则安装在 Windows 目录中，如动态链接库文件（*.dll）。软件安装后，一般在注册表文件中加入了一些软件的运行参数。部分软件还在硬盘中建立了软件加密点。安装时的临时文件一般存放在 C:\Windows\Temp 目录中。

不建议安装“绿色版”软件，绿色版软件不需要安装，但是在使用和卸载过程中往往会出现一些不明的问题，影响软件的正常使用或者造成系统缓慢。

（2）软件正常卸载方法

① 利用软件自带的卸载程序（Uninstall）来删除软件。

② 用控制面板的“添加/删除程序”将软件删除。

③ 使用专用的反安装软件进行删除。

④ 采用手工删除软件。

（3）软件卸载后可能出现的问题

① 卸载软件前，必须先检查这个软件当前是否在运行之中。

② 卸载软件中出现“无法找到某文件”等信息时，可检查应用程序的文件夹是否被改名、移动、删除等。

③ 在卸载某些软件前，应先检查程序中是否有开机启动时自动加载的选项。

④ 在软件卸载后，最好不要手动删除那些“.dll”、“.vxd”、“.sys”等文件。

⑤ 一些软件卸载后，软件目录仍旧存在，可以手工删除。

⑥ 某些应用软件删除后，这个软件原来关联的文件的图标没有改变，可以手工进行修改。

3）IE 浏览器软件故障分析

IE 浏览器软件故障经常表现为无法浏览网页，可能的原因及解决方法有：因特网服务提供商服务器不通；用户网络设置的问题；浏览器的设置错误；在 ADSL 接入方式中，检查 DNS 服务器设置是否正确；拨号上网的用户，可以重新安装拨号软件；网络防火墙设置不当，如安全等级过高、不小心把 IE 放进了阻止访问列表、错误的防火墙策略等；DNS 服务器问题，可尝试直接采用 IP 地址访问网页；IE 浏览器被恶意修改破坏，可使用修复软件进行修复。

任务 12.4 计算机主板故障诊断卡的应用

主板故障诊断卡也叫 Debug 卡或 POST（Power On Self Test）卡，是一种非常实用的计算机故障辅助检修工具。如图 12-2 所示。

它的主要功能是利用主板中 BIOS 内部自检程序的检测结果，通过代码显示出来，结合代码含义速查表就能很快地知道计算机故障所在。尤其在计算机不能引导操作系统、黑屏、喇叭不叫时使用，更能体现其便利。

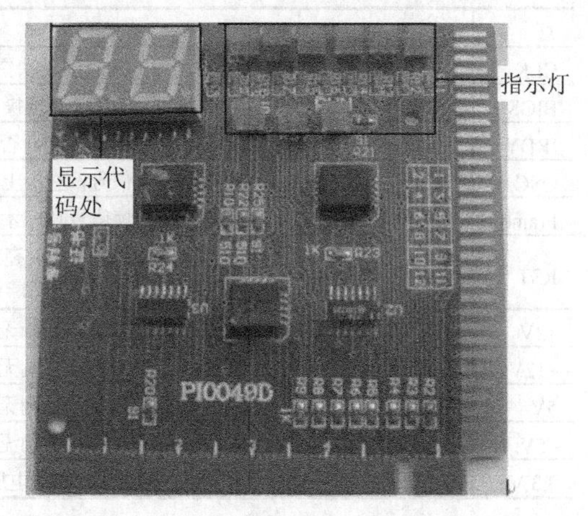

图 12-2 主板故障诊断卡

（1）工作原理

BIOS 在每次开机时，对系统的电路、存储器、键盘、视频部分、硬盘、软驱等各个组件进行严格测试，并分析系统配置，对已配置的基本 I/O 设置进行初始化，一切正常后，再引导操作系统。其显著特点是以是否出现光标为分界线，先对关键性部件进行测试。关键性部件发生故障强制机器转入停机，显示器无光标，则屏幕无任何反应。然后，对非关键性部件进行测试，如有故障机器也继续运行，同时显示器显示出错信息。当机器出现故障，尤其是出现关键性故障，屏幕上无显示时，将诊断卡插入扩充槽内。根据卡上显示的代码，结合代码含义速查表查询故障原因和部位，就可清楚地知道故障所在。

（2）故障代码

对于不同的 BIOS，同一个故障代码所代表的意义不同，因此应弄清所检测的计算机是属于哪一种类型的 BIOS，可查阅计算机使用手册，或从主板上的 BIOS 芯片上直接查看，也可以在启动的屏幕中直接看到。

由于主板品种和结构的多样性及BIOS POST 代码不断更新，使得故障代码表示的故障部件和范围的准确性受到影响，所以代码含义速查表的内容也需要及时更新，其诊断结果可作为参考，在确定计算机故障时，还应结合其他方法和手段来明确论断。目前，老版的两位代码诊断卡已经不适用了，建议使用智能型四位代码诊断卡。如图 12-3 所示。

图12-3 四位代码诊断卡

（3）诊断卡指示灯

主板故障诊断卡上除了有 3.3V、±5V、±12V 指示灯外，还有系统复位（RST）、时钟信号（Clock）灯、总线周期（Frame）灯、运行（Run）灯、主设备准备好灯及故障代码显示屏。常见的主板故障诊断卡指示灯的功能如表 12-2 所示。

表 12-2　诊断卡指示灯功能表

灯　名	中 文 意 义	说　　明
CLK	总线时钟	不论 ISA 或 PCI 只要一块空板（无 CPU 等）接通电源就应常亮，否则 CLK 信号坏
BIOS	基本输入输出	主板运行时对 BIOS 有读操作时就闪亮
IRDY	主设备准备好	有 IRDY 信号时才闪亮，否则不亮
OSC	振荡	ISA 槽的主振信号，空板上电则应常亮，否则停振
Frame	帧周期	PCI 槽有循环帧信号时灯才闪亮，平时常亮
RST	复位	开机或按了 Reset 开关后亮半秒钟熄灭属正常；若不灭，常因主板上的复位插针接上了加速开关或复位电路坏
12V	电源	空板上电即应常亮，否则无此电压或主板有短路
–12V	电源	空板上电即应常亮，否则无此电压或主板有短路
5V	电源	空板上电即应常亮，否则无此电压或主板有短路
–5V	电源	空板上电即应常亮，否则无此电压或主板有短路（只有 ISA 槽才有此电压）
3.3 V	电源	这是 PCI 槽特有的 3.3V 电压，空板上电即应常亮，有些有 PCI 槽的主板本身无此电压，则不亮

将测试卡插入 PCI 插槽中，开机正常情况下，系统复位灯在开机瞬间会闪亮一下，表示系统复位正常，否则复位电路有故障。时钟灯开机后应常亮（亮度低），否则时钟电路有故障。供电灯 3.3V、±5V、±12V 在开机后应常亮，否则说明供电电路有故障。运行灯开机后应常亮并有时闪亮，否则总线中无脉冲信号。主设备准备好灯在开机后闪亮，有信号时亮，无信号时不亮。总线周期灯在开机后闪亮，平时常亮。如果运行灯正常闪亮，则说明供电、复位、时钟信号也基本正常。

【特别提示】

使用诊断卡时应注意：故障代码显示要依据使用手册，诊断卡上指示灯所指示的电压、时钟、复位只说明有这些信号，而电压是否标准，传输线路是否正常，时钟、复位信号是否都传输到位不一定非常准确，还要借助其他工具做进一步检查。

实训指导

（1）观察和描述计算机故障现象，撰写维修方案

对计算机用户而言，一定要准确描述计算机存在的问题，比如电源是否启动、主板是否通电、CPU 风扇是否正常运转、屏幕是否正常显示等。描述故障现象的表述越详尽、越准确，对维修者发现故障所在就越有帮助。对于维修者而言，必须熟悉故障现象可能存在的问题以及处理方法，才能“对症下药”，“药到病除”。这种能力不是一朝一夕获得的，需要用户熟悉故障产生的原因和处理流程，并且不断学习维修案例、实际操作才能达到。

网上学习故障诊断与排除，查阅各种计算机故障诊断资料，浏览相关网站资源，根据故障现象分析原因并撰写维修方案。

根据以下故障现象，详细了解故障现象，分析原因，撰写维修方案，并在条件允许情况下动手实践直至故障解决。

故障一：开机无任何反应故障。

故障二：显示“花屏”故障。

故障三：拿掉 CPU 风扇，试着开机几秒钟，用手摸 CPU 表面的温度，如没有温度，判断可能原因。

（2）主板故障诊断卡的应用

拆卸一台旧的计算机，使用最小系统法，分别人为地设置内存故障、电源供电故障、Reset 短路故障等，造成计算机无法正常使用。插入主板诊断卡，阅读诊断卡说明书，认真查看代码含义速

查表，观察诊断卡指示灯，结合其他故障诊断的知识，判断故障类型和故障位置，从而学习如何正确使用主板诊断卡。

思考与练习

1. 计算机系统故障是由哪些原因造成的？
2. 计算机系统故障处理的原则有哪些？
3. 简述排除计算机硬件故障的一般思路。
4. 简述主板诊断卡的使用流程。
5. 计算机的最小系统有哪些硬件？

项目 13　数据恢复软件与应用

【项目分析】

电脑技术普及让个人和企业用户选择以电子数据的方式来保存自己的资料。因误操作和互联网的高速发展让这些数据面临风险，如不慎用“Shift+Del”键删除了磁盘存储设备(硬盘、U 盘、录音笔、手机卡等)中不该删除的文件，对磁盘进行了格式化操作或删除分区操作，因病毒、误格式化、分区表遭到破坏、网络黑客攻击等原因导致盘中数据丢失或损坏。必须掌握数据恢复基本原理、常用数据恢复方法和数据恢复软件的应用技巧。

【学习目标】

知识目标：

① 了解数据恢复的基本概念、基本原理；

② 了解硬盘的数据结构、数据恢复成功率；

③ 了解常用数据恢复软件应用。

能力目标：

① 掌握用 Diskgenius 恢复磁盘上被删除或格式化的数据；

② 掌握用 R-Studio 数据恢复软件恢复磁盘分区上的数据；

③ 掌握用 Winhex 数据恢复软件恢复指定文件类型的数据。

任务 13.1　了解数据恢复

13.1.1　数据恢复相关知识储备

（1）数据恢复的含义

数据恢复就是从损坏的数据载体和损坏或被删除的文件的集合中获得有用数据的过程。数据被破坏，也可以分为主观破坏和非主观破坏（如操作失误等）。数据载体包括磁盘、光盘、半导体存储器等。还有一个相关的术语叫“灾难恢复”，它通常是指从一个好的数据备份中恢复丢失的数据。

（2）数据恢复分类

数据恢复可分为硬恢复、软恢复和独立磁盘冗余阵列（Redundant Array of Independent Disks，RAID）恢复。所谓硬恢复，就是从损坏的介质里提取原始数据（物理数据恢复），即硬盘出现物理性损伤，比如有盘体坏道、电路板芯片烧毁、盘体异响等故障，出现类似故障时用户不容易取出里面的数据，需要先将它修好，保留里面的数据或者待以后恢复里面的数据，这些都叫数据恢复；所谓软恢复，就是硬盘本身没有物理损伤，而是由于人为或者病毒破坏造成数据丢失（比如误格式化、误分区），那么这样的数据恢复就叫软恢复。因为硬恢复还需要购买一些工具设备，如 PC3000、电烙铁、各种芯片、电路板等，而且还需要精通电路维修技术和具有丰富的维修实践，所以一般数据恢复主要是软恢复。

独立磁盘冗余阵列是把相同的数据存储在多个硬盘的不同地方的方法。通过把数据放在多个硬盘上，输入输出操作能以平衡的方式交叠，改良性能。这是因为多个硬盘增加了平均故障间隔时间，储存冗余数据也增加了容错。

重要提示：数据恢复的前提是数据不能被二次破坏、覆盖！

13.1.2 数据的可恢复性

数据随时都可能丢失，最重要的问题是：数据还有可能恢复吗？这个问题的答案依赖于实际发生的情况：是选择数据恢复，还是选择重建丢失的数据。

应该说明的是本章所提到的“数据可恢复性”的概念，不是指技术理论上的，而是指在“经济上可以承受的数据恢复”。例如当硬盘数据被覆盖一次后，在技术上数据是可以恢复的，但从经济价格上看通常是不可恢复的。

一个文件能够使用数据恢复软件进行恢复的几个必要条件如下。

① 不是在C盘删除的：因为系统会对C盘里的系统文件进行不断的读写操作，即使刚删除的文件也会被迅速覆盖，不容易恢复。

② 如果不是在C盘删除的，请在误删文件后立即停止对文件所在分区的所有读写操作。如文件是在D盘被误删除，请在误删后立即关闭系统内所有正在运行的软件（防止软件对D盘继续进行读写操作，关闭杀毒软件、防火墙，立刻断开网络连接）。

13.1.3 数据恢复的成功率

数据恢复通常必须考虑需要恢复的数据类型。假设待恢复的文件是图片，10幅图片恢复了9幅，则可以认为这些文件的恢复成功率是90%。但是，如果这些文件是数据库中的表格，如果表格数据不完整，假如缺少了10%，则整个数据库可能变得毫无价值，因为这些数据相互关联，彼此依赖。即使是很少一部分数据丢失，也可能引起一次大的数据毁坏。还有一个重要的因素决定了数据“90%恢复”的实际意义，就是“时间尺度”：一次数据恢复的价值，通常随着恢复时间的增加在不断地减少。

在一些数据恢复公司的网站上经常宣称自己的成功率超过了90%。没有任何独立的权威机构证明这些宣传的真实性。事实上，90%的成功率可能只是对某一特定型号的硬盘，或仅是经过选择的一些特定类型的数据恢复，并不是所有的数据类型都能恢复，可能对于一些特定型号的硬盘，其恢复成功率接近于零。物理恢复不可能100%成功恢复全部数据。

任务13.2 熟悉硬盘的数据结构

13.2.1 硬盘分区表

一个硬盘有3个逻辑盘的数据结构，如表13-1所示。

表13-1 逻辑盘的数据结构

MBR	C盘	EBR	D盘	EBR	E盘

MBR（Main Boot Recorder，主引导记录）位于整个硬盘的0柱面0磁道1扇区，共占用了63个扇区，但实际只使用了1个扇区（512个字节）。在总共512个字节的主引导记录中，MBR又可分为三部分：第一部分是引导代码，占用了446个字节；第二部分是分区表，占用了64个字节；第三部分是55AA，结束标志，占用了两个字节。下面介绍的用WinHex软件来恢复误分区，主要就是恢复第二部分的分区表。引导代码的作用是让硬盘具备可以引导的功能。如果引导代码丢失，分区表还在，那么这个硬盘作为从盘所有分区数据都还在，只是这个硬盘自己不能够用来引导系统。

分区表如果丢失，整个硬盘没有分区，就好像刚买来新硬盘没有分过区一样。

因为主引导记录MBR最多只能描述4个分区项，如果想要在一个硬盘上分多于4个区，就要采用EBR（Extended MBR，扩展MBR）的办法。MBR、EBR是分区产生的。

而每一个分区又由 DBR、FAT1、FAT2、DIR、Data 5 部分组成。C 盘的数据结构如表 13-2 所示。

表 13-2　C 盘数据结构

C 盘				
DBR	FAT1	FAT2	DIR	Data

下面来分析一下 MBR，前 446 个字节为引导代码，对数据恢复来说没有意义，这里只分析分区表中的 64 个字节。

分区表占用的 64 个字节，一共可以描述 4 个分区表项，每一个分区表项可以描述一个主分区或一个扩展分区。每一个分区表项占 16 个字节，每个分区表项的 16 个字节内容及含义如表 13-3 所示（H 表示十六进制）。

表 13-3　每个分区表项的 16 个字节内容及含义

字 节 位 置	内容及含义
第 1 字节	引导标志。若值为 80H 表示活动分区；若值为 00H 表示非活动分区
第 2～4 字节	本分区的起始磁头号、扇区号、柱面号
第 5 字节	分区类型符： 00H——表示该分区未用 06H——FAT16 基本分区 0BH——FAT32 基本分区 05H——扩展分区 07H——NTFS 分区 0FH——（LBA 模式）扩展分区 83H—— Linux 分区
第 6～8 字节	本分区的结束磁头号、扇区号、柱面号
第 9～12 字节	本分区之前已用了的扇区数
第 13～16 字节	本分区的总扇区数

13.2.2　磁盘中的文件分配

（1）文件分配表 FAT

文件分配表 FAT（File Allocation Table）：记录文件数据在硬盘中的存储位置。

DIR（Directory，目录）：根目录区的简写，FAT 和 DIR 一起准确定位文件的位置。DIR 主要记录每个文件（目录）的起始单元、相关文件属性（大小、只读）。

根据 FAT 和 DIR 确定文件位置和大小以后，只要将存放该文件内容的数据区中的数据读出来就完成了一个文件的读取。

（2）数据区 Data

数据区是数据恢复的重点，占据了硬盘的绝大多数空间。

数据区和前面的部分是相互依托的作用，缺少任何一部分都无法完成。

通过一定的方法，即使没有索引，也能恢复出想要的数据。

13.2.3　硬盘的数据存取

硬盘数据存取包括文件写入和文件的删除。

（1）文件写入

当硬盘要保存文件时，操作系统首先在 DIR 区存储文件相关信息，然后再到 Data 区写入文件具体内容，具体来说首先在 DIR 的空白区写入文件名、大小和创建时间等信息，然后在 Data 的空白区将文件具体内容进行保存，最后将 Data 区的起始位置写入 DIR 区，这样就完成了一个文件的写入过程。

（2）文件的删除

Windows 操作系统对文件的删除并没有对 Data 区做任何操作，只是将文件头即 DIR 目录区做了删除标记。具体来说就是将目录区文件的第一个字符改成了 E5，表示将该文件删除了，这就为数据恢复提供了可能。

任务13.3 用 DiskGenius 软件恢复数据

13.3.1 DiskGenius 软件功能介绍

DiskGenius 是一款经典的硬盘分区工具，它除了具备基本的建立分区、删除分区、格式化分区、提供快速分区、无损调整分区大小、分区表备份恢复、检查分区表错误与修复分区表错误、检测坏道与修复坏道等功能外，还提供基于磁盘扇区的文件读写、扇区编辑功能；支持删除、格式化后的数据恢复；支持 IDE、SCSI、SATA 等各种类型的硬盘，及各种 U 盘、USB 移动硬盘、存储卡（闪存卡）；支持 FAT12/FAT16/FAT32/NTFS/EXT3/EXT4/RAID 文件系统。可见该软件功能非常强大。

13.3.2 DiskGenius 恢复数据的前提条件

DiskGenius 能够恢复数据的前提条件是：DiskGenius 能够识别出需要恢复数据的存储硬件（硬盘、移动硬盘、U 盘、存储卡等）。DiskGenius 识别存储器界面如图 13-1 所示。

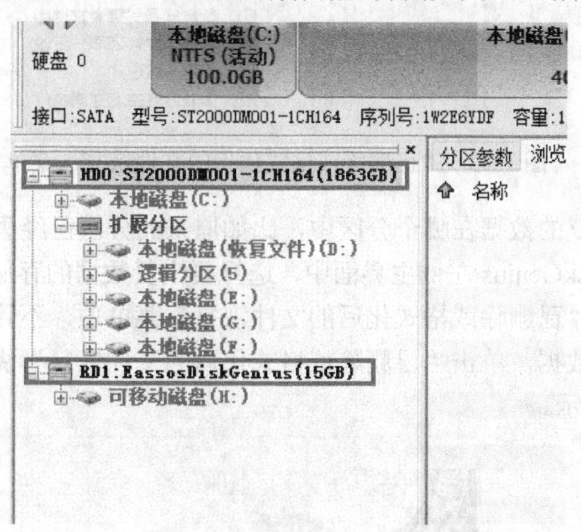

图 13-1 DiskGenius 识别存储器界面

这是运行 DiskGenius，识别出的 HD0 和 RD1 两个存储硬件，HD0 是本机的硬盘，容量 2TB，上面有 C、D、E 等 6 个分区（有一个分区没有被分配盘符）；RD1 是个 U 盘，容量为 15GB，只分配一个分区 H。

如果一个存储设备，连接计算机后，主界面左侧的窗口中不显示磁盘盘符，即不能被 DiskGenius 识别，则可以断定这个存储设备有了硬件故障，仅仅依靠软件已经不能恢复数据恢复，需要送到专业的数据恢复公司，做固件修复或开盘恢复。

【特别提示】

分区丢失并不是硬盘不能识别，通常情况下并不影响数据恢复。有时，用户的分区由于各种原因在 DiskGenius 中看不到了，这不一定是硬件问题，通常是文件系统的软件问题，仍然可以使用 DiskGenius 恢复丢失数据。

13.3.3　磁盘被误删除或格式化后的文件恢复

如果知道了要恢复的数据位于哪个分区上，则可以直接在 DiskGenius 主界面上方的硬盘分区图中，选中分区，单击鼠标右键，然后在弹出的快捷菜单中，选择“已删除或格式化后的文件恢复”菜单项，已删除或格式化后的文件恢复菜单如图 13-2 所示。

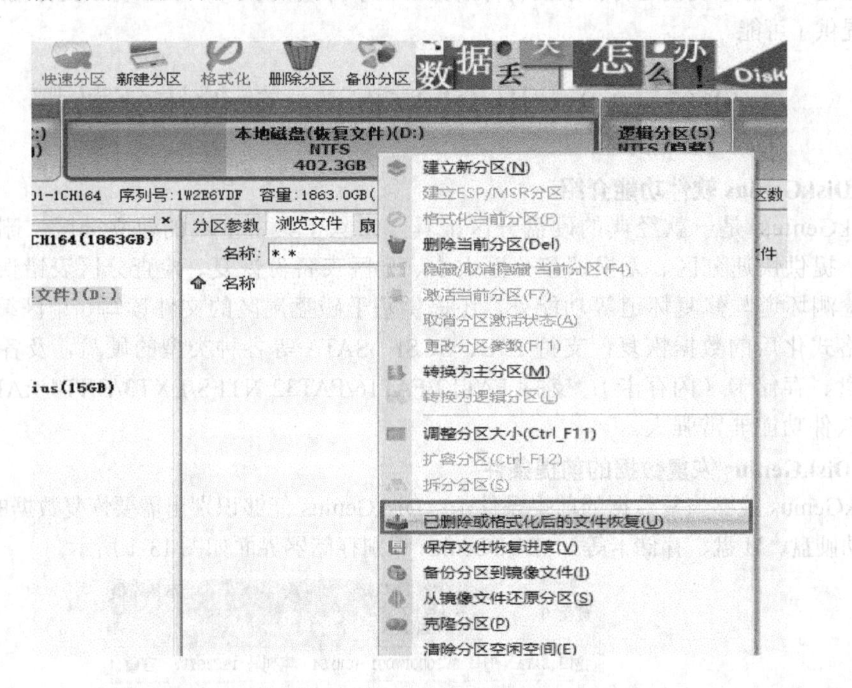

图 13-2　“已删除或格式化后的文件恢复”菜单项

如果不能确定要恢复的数据在哪个分区中，比如原来的分区已经丢失了或者已经被新建的分区覆盖了，这就需要在 DiskGenius 左侧主界面中，选择要恢复数据的存储设备，然后单击右键，在弹出的快捷菜单中，选择“已删除或格式化后的文件恢复”菜单项，不管是要恢复分区中的数据，还是要恢复整个硬盘中的数据，单击“已删除或格式化后的文件恢复”快捷菜单项后，都会弹出恢复选项窗口，如图 13-3 所示。

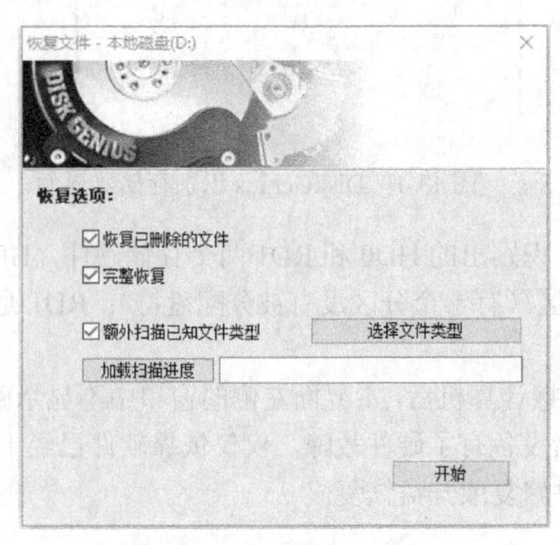

图 13-3　恢复选项窗口

图13-3中有“恢复已删除的文件”“完整恢复”“额外扫描已知文件类型”三个选项，这三个选项，其实是恢复数据时，扫描硬盘、分区等存储介质的三种方式。默认情况下，这三个恢复选项都是勾选的（某些情况下，DiskGenius会自动屏蔽“恢复已删除的文件”选项的选择，即变灰色，不能勾选，因为有的时候，这种扫描方式没有意义），在大多数情况，建议采用默认选项。下面介绍这三个选项的功能。

（1）恢复已删除的文件

该模式只扫描分区文件系统的目录信息部分，适用于简单的数据恢复情形。该选项恢复数据非常快，主要适用于刚刚被删除、还未写入新数据文件的情况，其他情况下数据恢复的效果不好。

（2）完整恢复

该方式下，不仅要扫描分区文件系统的目录信息部分，还要分析分区系统的数据信息部分，尽可能多地查找可能的、有价值的数据信息，因此它的恢复效果非常好，只要数据没有被覆盖，成功恢复数据的希望是非常大。当然，这种扫描方式需要花费的时间比“恢复已删除的文件”扫描方式要多很多。扫描速度慢，但恢复效果非常好，适合于多数情况下的数据恢复。

（3）额外扫描已知文件类型

该扫描方式，有些数据恢复软件称之为万能恢复，其实就是从头至尾扫描分区或硬盘，匹配文件类型的文件头信息，这种扫描方式，一般是针对连续存储的存储介质（比如数码相机中的存储卡），恢复效果较好；对于普通的硬盘等存储介质，也很有意义。缺点是恢复出来的文件，没有文件名及目录结构等信息，由于要对整个数据存储空间进行扫描，速度会比较慢，在硬盘及分区损坏程度比较大的情况下，往往能取得较好的恢复效果。该模式用于恢复大文件的效果要差些，因为大文件连续存储的概率要小一些。勾选“额外扫描已知文件类型”选项后，单击右侧的“选择文件类型”按钮，可以在弹出的窗口中指定需要恢复的文件类型，如图13-4所示。

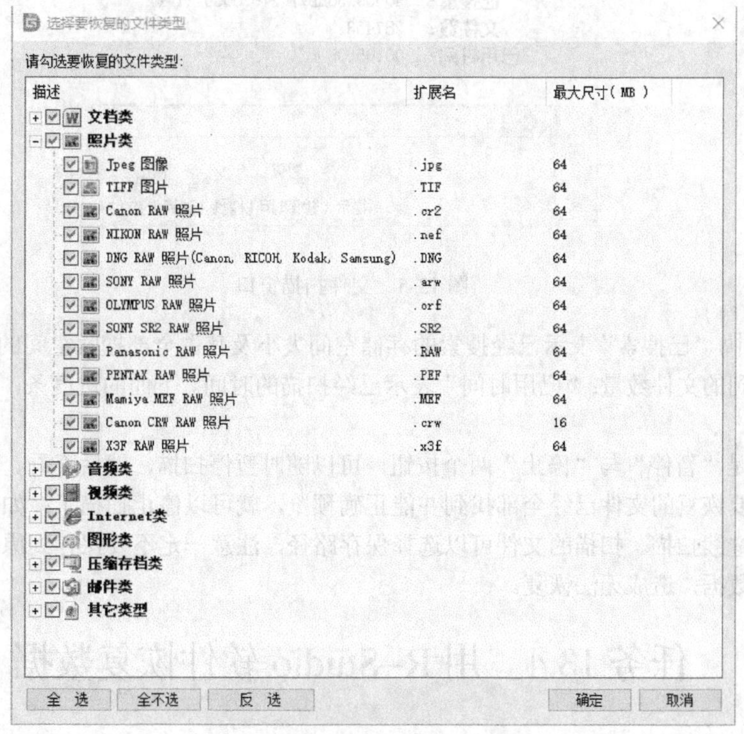

图13-4 指定需要恢复的文件类型

默认是全都勾选，也可以只勾选需要恢复的文件类型，这样可以加快数据恢复进度。

13.3.4　DiskGenius 恢复数据

实际上，“恢复已删除的文件”“完整恢复”“额外扫描已知文件类型”三个选项都被选择时，DiskGenius 扫描数据的过程实际上是这样的：用“恢复已删除的文件”模式，快速扫描一遍硬盘或分区；前一遍的扫描结束后，同时执行“完整恢复”“额外扫描已知文件类型”两种模式的扫描。

此外，DiskGenius 恢复数据时，还有如下一些特色。

① DiskGenius 的扫描结果是所见即所得的方式，即一边扫描，一边把扫描出来的文件、目录等信息显示出来，供用户参考。

② 用户可以随时暂停或停止扫描过程，然后查看当前的扫描结果，预览扫描的文件，以决定是否继续扫描。

③ 用户需要时，还可以暂停扫描，保存扫描进度及结果，这样再次恢复数据时，可以直接读取扫描进度及结果，最大限度地节约了扫描的时间。

设置好恢复选项，单击“开始”按钮后，DiskGenius 软件就开始扫描硬盘或分区中的数据了，首先会弹出一个文件扫描窗口，如图 13-5 所示。

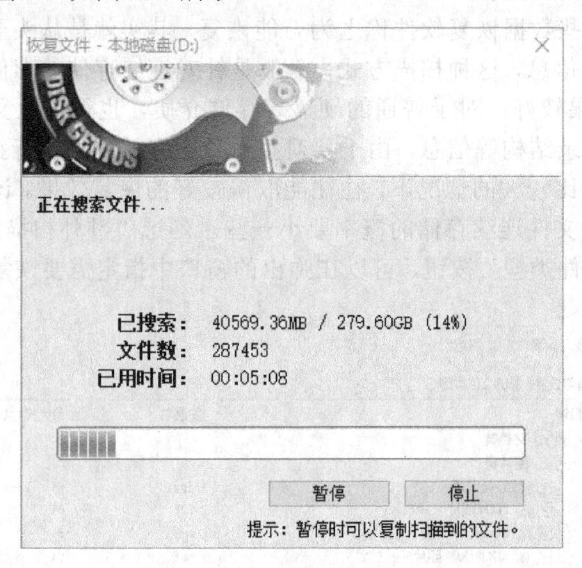

图 13-5　文件扫描窗口

扫描窗口中，“已搜索”表示已经搜索的存储空间大小及其占全部搜索空间的百分比；“文件数”表示已经搜索到的文件数量；“已用时间”表示已经扫描的时间。下面的进度条，图形化地表示文件搜索的进度。

最下面的是“暂停”与“停止”两个按钮，可以随时暂停扫描，然后查看、预览已经扫描出的文件，如果需要恢复的文件已经全部找到并能正确预览，就可以停止扫描了；如果当前的扫描结果不满意，可以继续扫描。扫描的文件可以选择保存路径，注意一定不要保存到原来的存储器中，以免覆盖原来的数据，造成无法恢复。

任务 13.4　用 R-Studio 软件恢复数据

13.4.1　R-Studio 的功能

R-Studio 是一款功能比较强大的数据恢复软件，它的特点有如下几点。

① 支持 FAT 系列、NTFS 系列、UFS 系列、Ext×等文件系统。

② 参数设置非常灵活，使恢复人员可以根据不同的具体情况进行相应的设置，以最大可能地恢复数据。

③ 支持远程恢复，可以通过网络恢复远程计算机中的数据。

④ 支持分区丢失、格式化、误删除等情况下的数据恢复。

⑤ 不仅只支持基本磁盘，还支持动态磁盘。

⑥ 支持 RAID 恢复，可以恢复跨区卷、RAID0、RAID1 及 RAID5 的数据。

13.4.2　R-Studio 恢复磁盘的分区

R-Studio 可以通过对整个磁盘的扫描，利用智能检索技术搜索到的数据来确定现存的和曾经存在过的分区以及它的文件系统格式。下面，以一个 20GB 容量的磁盘演示分区恢复的过程。

首先在磁盘上建立三个分区，并向其中拷入数据。运行 R-Studio 后，程序可以自动识别到硬盘，读取其分区表并列举出现存的分区。R-Studio 运行之后的界面如图 13-6 所示。

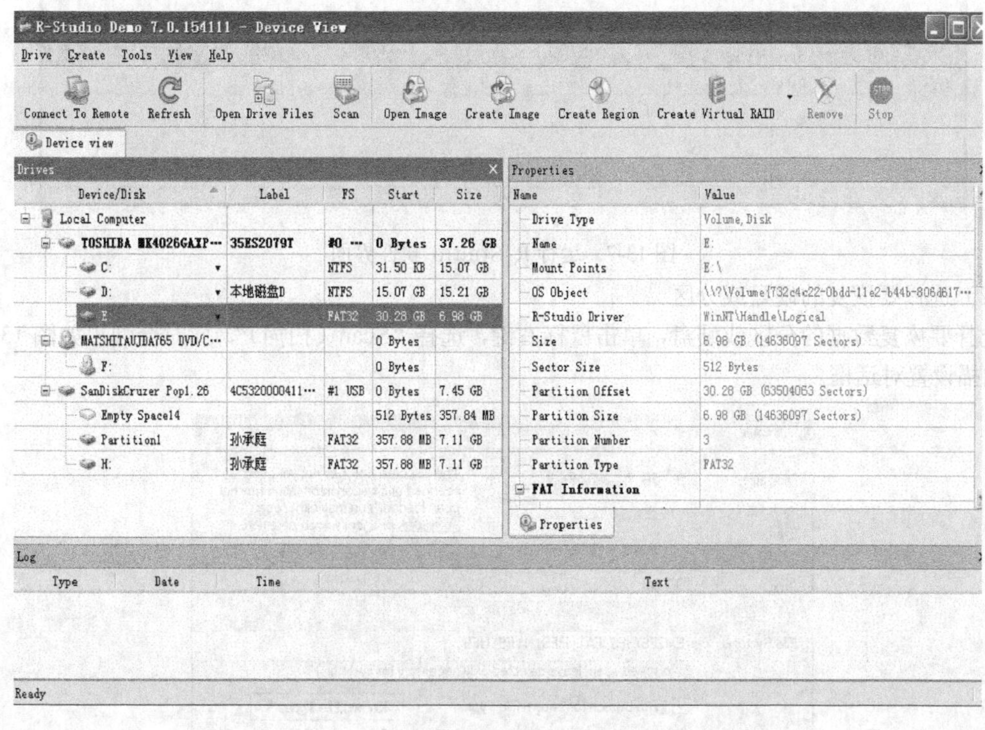

图 13-6　R-Studio 运行之后的界面

可以看到，该磁盘分为三个分区，第一个分区为 FAT32 文件系统，起始于 31.5KB（63 号扇区）的位置，大小为 15.07GB；第二个分区为 NTFS 文件系统，起始于 15.07GB 的位置，大小为 15.21GB；最后一个分区为 FAT32 文件系统，起始于 30.28GB 的位置，大小为 6.96GB。双击列举出的一个逻辑磁盘，就可以遍历该文件系统并以目录树的形式显示其中的目录及文件。

13.4.3　R-Studio 恢复数据

R-Studio 数据恢复软件功能强大。在待恢复存储介质没有硬件故障的情况下，使用数据恢复软件全盘扫描，虽然扫描时间较长，但不用太关心分区大小及格式、故障类型，数据恢复软件会自动将分区结构、分区大小、分区类型、删除的数据文件、丢失的数据文件、无链接的单类型文件计算分析组合整理出来，只需要挑选需要的数据即可。

（1）运行 R-Studio

运行 R-Studio 软件，界面如图 13-7 所示。

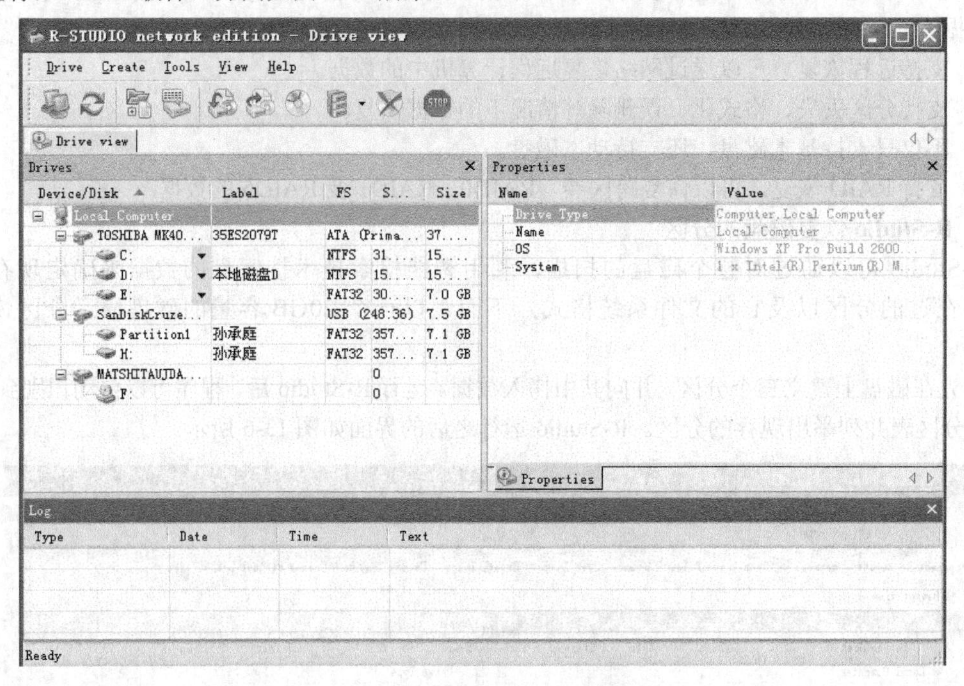

图 13-7　运行 R-Studio 软件界面

（2）选择要恢复的硬盘或分区

选择要恢复数据的分区或硬盘，单击鼠标右键，选择“Scan（扫描）”，此时会弹出如图 13-8 所示的扫描设置对话框。

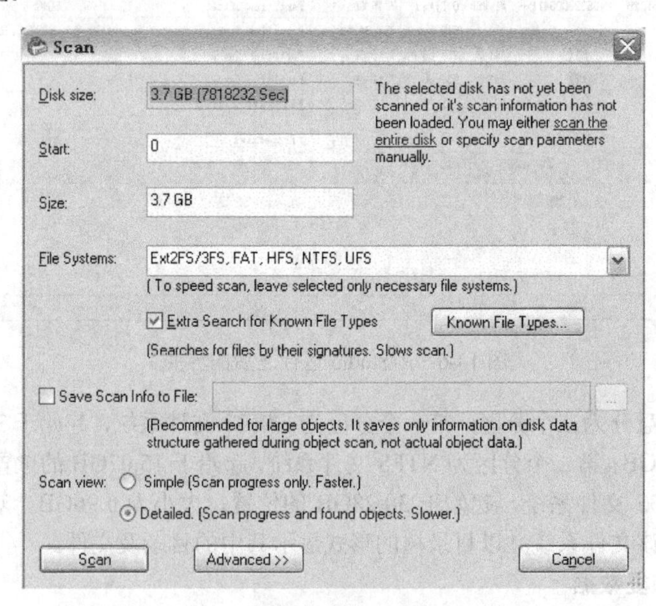

图 13-8　扫描设置对话框

（3）扫描

单击“Scan”即开始扫描，硬盘分区扫描界面如图 13-9 所示。

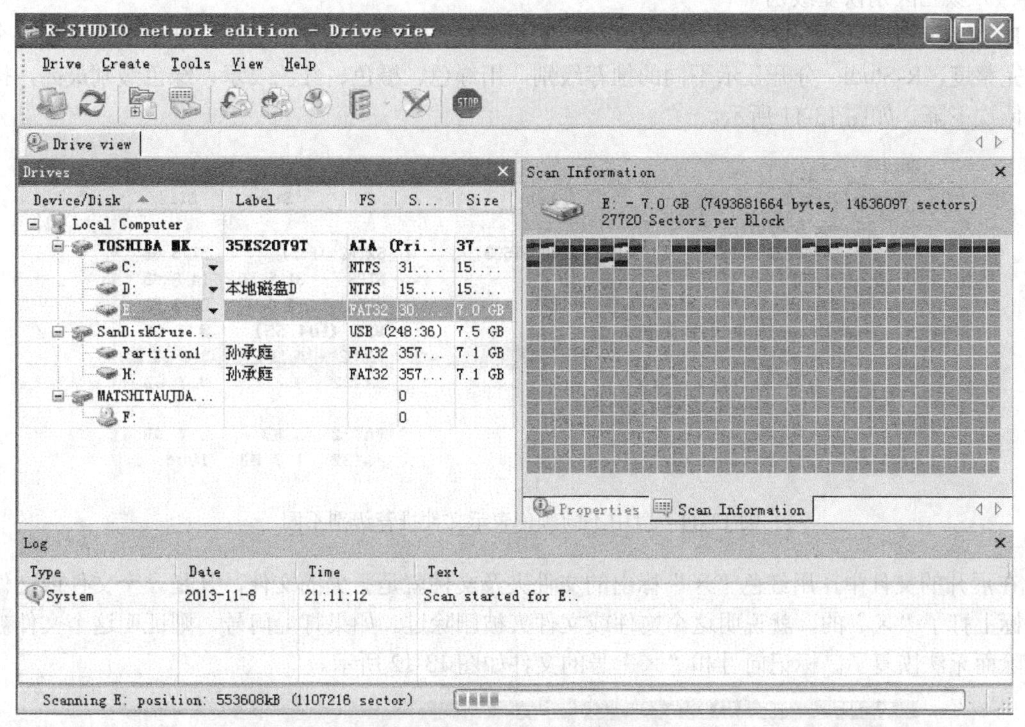

图 13-9 硬盘分区扫描界面

R-Studio 扫描速度很快。图中整个硬盘扫描到一半了，在这里可以看到数据分布、分区状况及扫描进度。R-Studio 扫描完成后会给出提示框，单击“OK”即可。如图 13-10 所示。

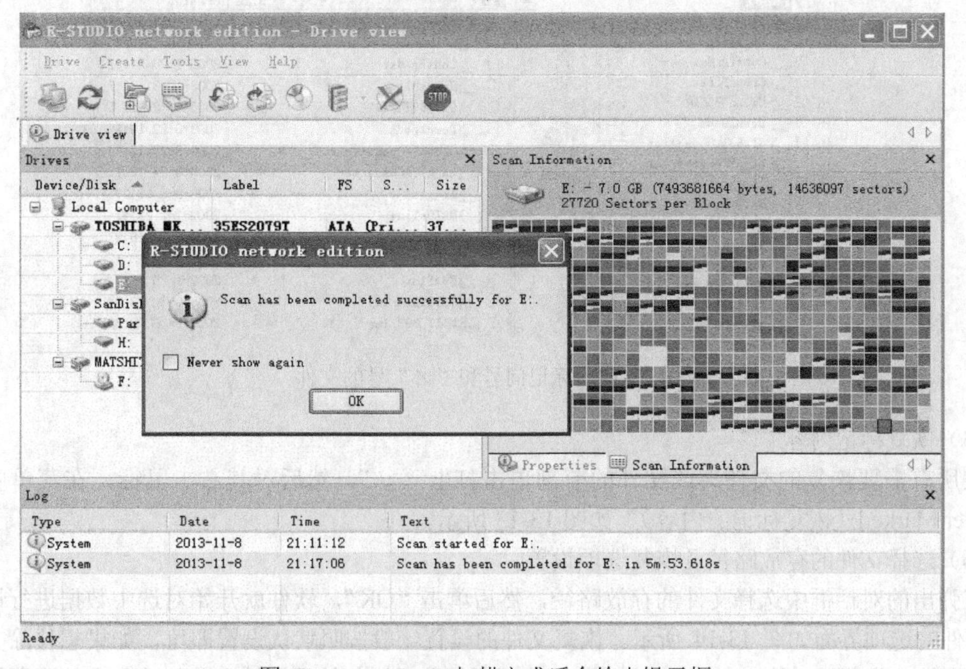

图 13-10 R-Studio 扫描完成后会给出提示框

扫描结束后，依次单击“Drive”→“Save scan information”保存文件。将 R-Studio 的扫描信息保存是个好习惯，以后可以直接打开扫描信息文件，不用再重新扫描，可以节省时间。

（4）颜色区别恢复级别

R-Studio 扫描到的分区结构、分区大小、起始位置、文件系统等信息都分列出来。根据每个分区的完整度，R-Studio 分开显示不同的推荐级别，用绿色、橙色、红色表示，绿色级别最高，推荐级别依次下降。如图 13-11 所示。

Drives

Device/Disk	Label	FS	Start	Size
Local Computer				
WD400JD-00PSA0...13.06H13	CAP96097593	SATA2 (1:1)		37.3 GB
C:		NTFS	31.5 KB	14.6 GB
D:	新加卷	NTFS	14.6 GB	22.6 GB
KingstonDataTravel...		**USB (104:55)**		**3.7 GB**
E:	叶落知秋	FAT32	4 KB	3.7 GB
Recognized1		**FAT32**	**0**	**3.7 GB**
Extra Found Files				
Recognized2		**FAT32**	**3 KB**	**3.7 GB**
Recognized3		**FAT32**	**7.7 MB**	**1004...**

图 13-11　盘中不同颜色表示文件推荐级别不同

在展开的文件中，用红色“×”标出的文件夹及文件就是丢失的文件，凡是一个文件或文件夹的图标上打了“×”的，就说明这个文件或文件夹被删除过。如果打上问号，则证明这个文件被彻底删除而无法恢复了。标记问号和“×”号的文件如图 13-12 所示。

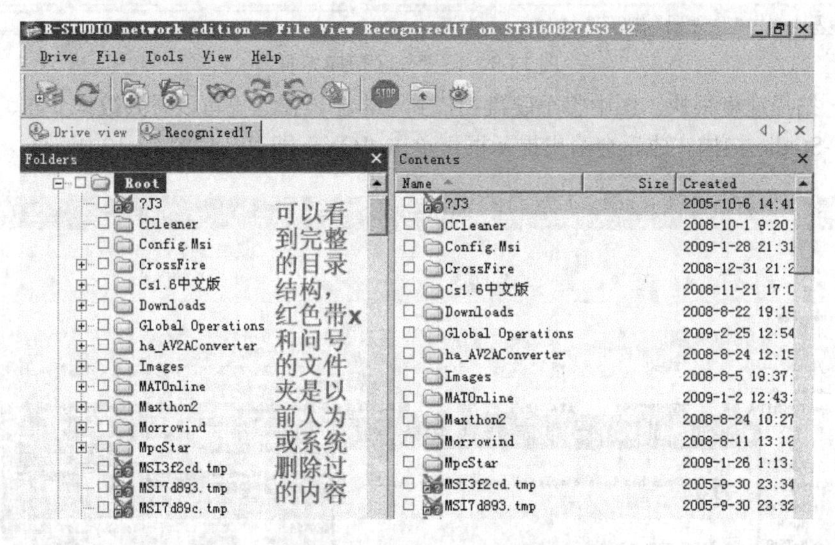

图 13-12　标记问号和“×”号的文件

（5）恢复标记内容

在所有需要恢复的文件夹或文件的前部单击打上“√”，然后对其右击鼠标，在菜单中选择“Recover Marked（恢复标记的内容）”如图 13-13 所示。

（6）选择文件的存放路径及恢复选项设置

在弹出的对话框中选择文件的存放路径，然后单击“OK”，软件就开始对选中数据进行恢复，恢复文件的选项界面如图 13-14 所示。恢复文件的设置一般按照默认设置即可，如果想移除文件所有扩展属性（隐藏、系统、存档、只读等），请不要勾选“恢复扩展属性”并勾选“去掉隐藏属性”。

（7）查看归类文件

拖滚动条继续向下看，R-Studio 命名的 Extra Found Files 文件夹里存放的是没有目录结构、按文件类型归类的文件，如图 13-15 所示。再下面是父目录链丢失，是 R-Studio 重命名的目录 $ROOT0000n。

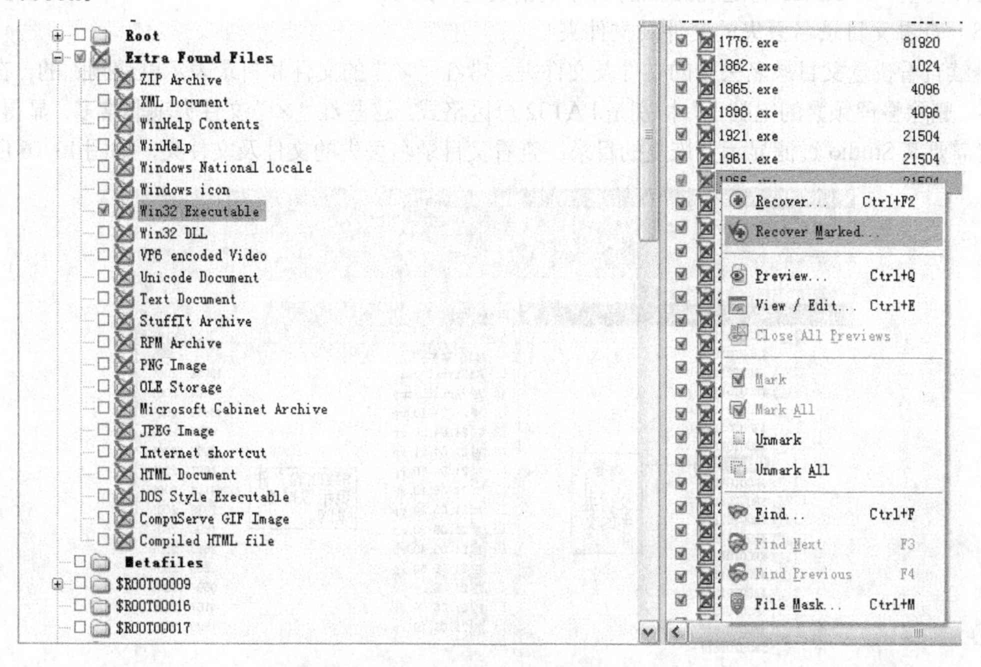

图 13-13 恢复有勾选标记的文件

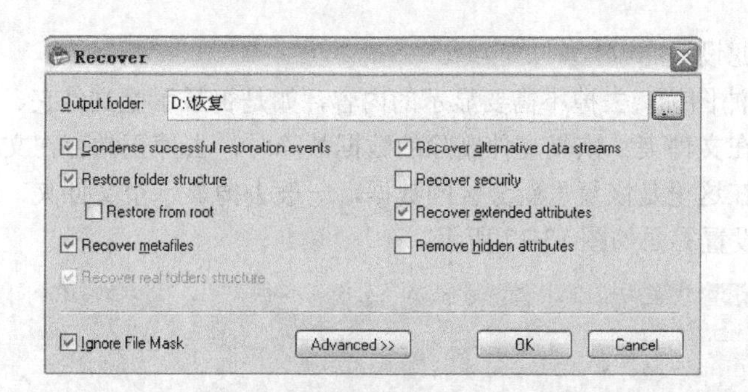

图 13-14 恢复文件的选项设置界面

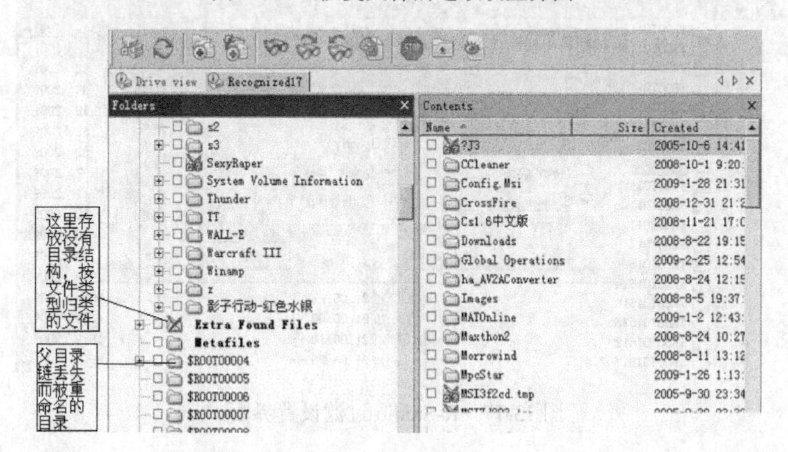

图 13-15 没有目录结构的按照文件类型归类

如果遇到在正常目录结构里没有找到需要的数据，就要到 Extra Found Files 文件夹寻找挑选需要的文件类型，R-Studio 将这些孤立的文件根据类型存放在一起。

（8）查看父目录名丢失的文件及文件夹

继续查看挑选父目录名丢失的文件及文件夹。带红“×”的文件和目录表示以前删除的。在文件目录多、删除整理频繁的电脑上，特别是 FAT32 分区格式，这些红“×”文件夹项非常多，显得杂乱。这时就需要 R-Studio 过滤显示要恢复的目录。查看父目录名丢失的文件及文件夹，如图 13-16 所示。

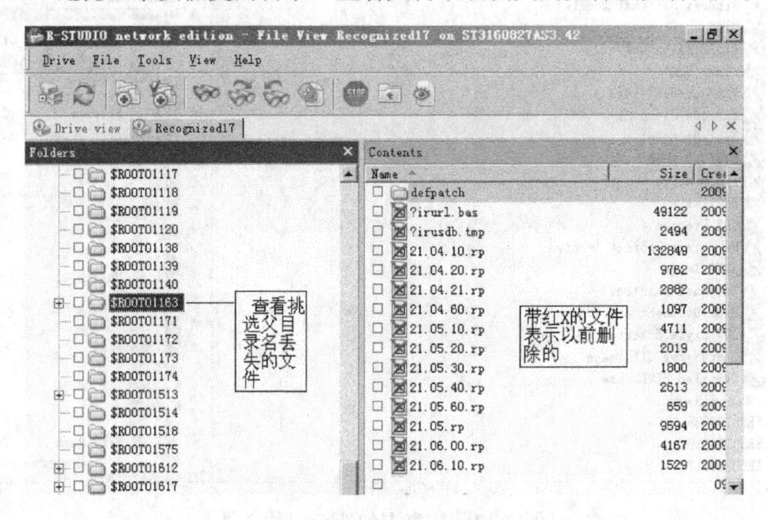

图 13-16　查看父目录名丢失的文件及文件夹

（9）R-Studio 过滤设置

单击 R-Studio 过滤图标，去掉不需要显示的内容，如是否显示空文件夹、是否显示已删除的文件、是否显示正常存在文件夹。恢复文件删除的数据故障时，去掉正常存在文件夹，可以只保留显示删除过的文件夹。在这里是恢复重新分区的数据，一般去掉显示空文件夹、显示已删除的文件这两项。R-Studio 过滤设置界面如图 13-17 所示。

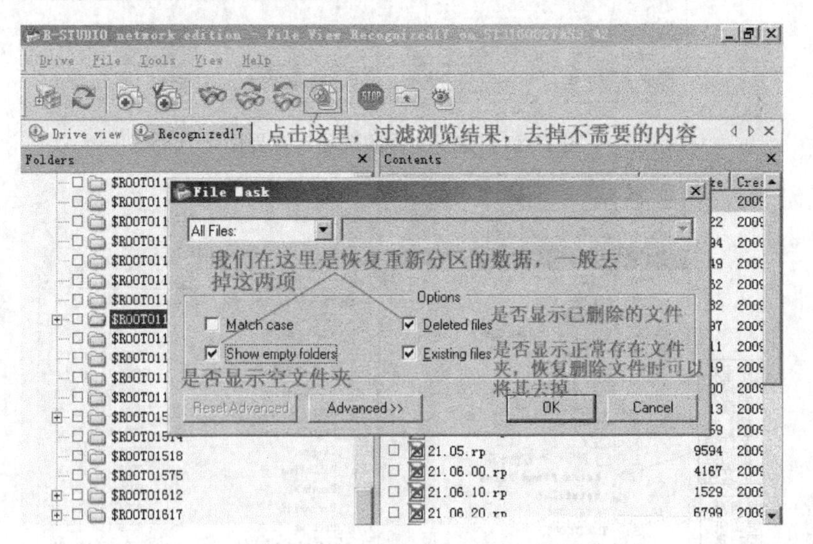

图 13-17　R-Studio 过滤设置界面

过滤掉删除的和异常的文件夹，目录清晰多了。挑选需要的数据并勾选。在 R-Studio 窗口底部状态栏里，显示挑选标记的文件信息，有文件、文件夹数量，还有标记总数据量。右边显示的是可恢复的所有文件信息，挑选完成，单击恢复图标，开始导出。选择设置导出数据存放的目的地，其他选项默认即可。

选择导出位置，注意不应覆盖待恢复数据的硬盘分区。恢复导出过程中，R-Studio 将显示进度比、剩余文件量信息。

（10）R-Studio 目录重名设置

恢复时，遇到目录重名时 R-Studio 会提示，有覆盖、重新命名、跳过、中断恢复几个选项。勾选总是采用相同回答后，相同问题将不再提示。R-Studio 目录重名设置界面如图 13-18 所示。

图 13-18　R-Studio 目录重名设置界面

【特别提示】

① 选择恢复文件保存位置时，注意不要选择待恢复数据的硬盘上的分区！

② 经过打包的压缩包的文件即使经过了覆盖，还是有机会恢复的。

③ 根据每个分区的完整度，R-Studio 扫描完成后会分开显示不同的推荐级别，用绿色、橙色、红色表示，最高推荐等级为绿色，推荐级别依次下降。

任务 13.5　WinHex 对指定类型的文件进行恢复

WinHex 是 Windows 下使用最多的一款十六进制编辑软件，该软件功能非常强大，有完善的分区管理功能和文件管理功能，能自动分析分区链和文件簇链，能对硬盘进行不同方式、不同程度的备份，甚至克隆整个硬盘；它能够编辑任何一种文件类型的二进制内容（用十六进制显示），其磁盘编辑器可以编辑物理磁盘或逻辑磁盘的任意扇区，是手工恢复数据的首选工具软件。首先要安装 WinHex，安装完了就可以启动 WinHex 了。

WinHex 可以对已知类型的文件进行恢复，如“.jpg”文件、“.doc”文件。下面介绍恢复“.jpg”文件的过程。

首先，安装 WinHex 并运行软件，运行主界面如图 13-19 所示。

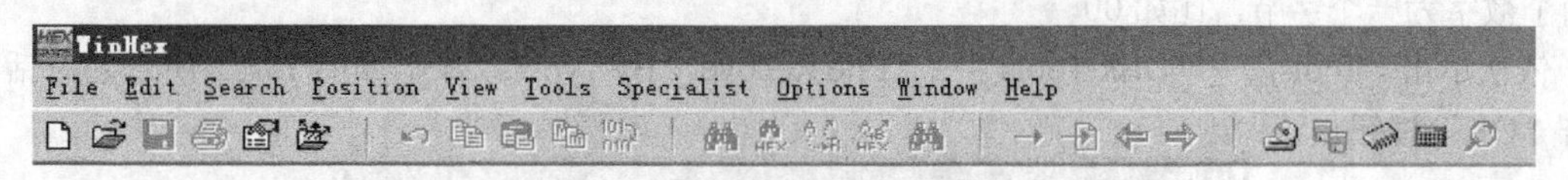

图 13-19　WinHex 软件运行主界面

单击图标，在弹出的对话框中双击打开需要恢复数据的硬盘或分区，如图 13-20 所示。

打开之后会出现如图 13-21 所示编辑界面。最上面的是菜单栏和工具栏，下面最大的窗口是工作区，现在看到的是硬盘的第一个扇区的内容，以十六进制进行显示，并在右边显示相应的 ASCII 码，右边是详细资源面板，分为五个部分：状态、容量、当前位置、窗口情况和剪贴板情况。这些情况对把握整个硬盘的情况非常有帮助。另外，在其上单击鼠标右键，可以将详细资源面板与窗口对换位置，或关闭资源面板（如果关闭了资源面板，可以通过“查看”→“显示”→“详细资源面板”来打开）。

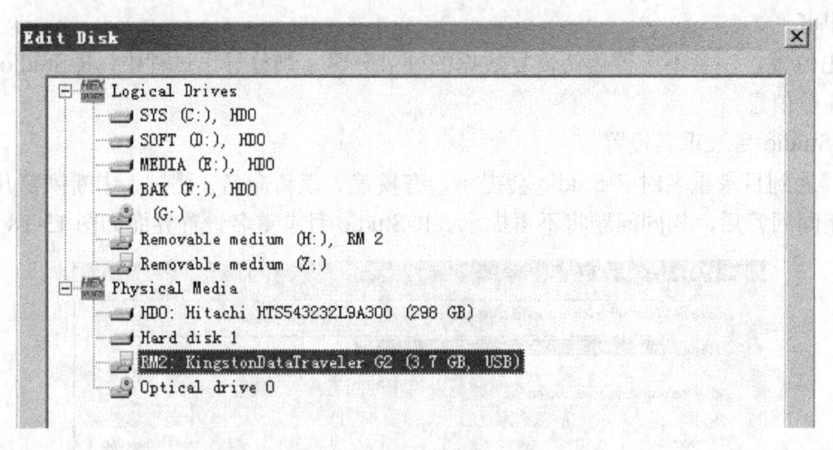

图 13-20　打开需要恢复数据的硬盘或分区

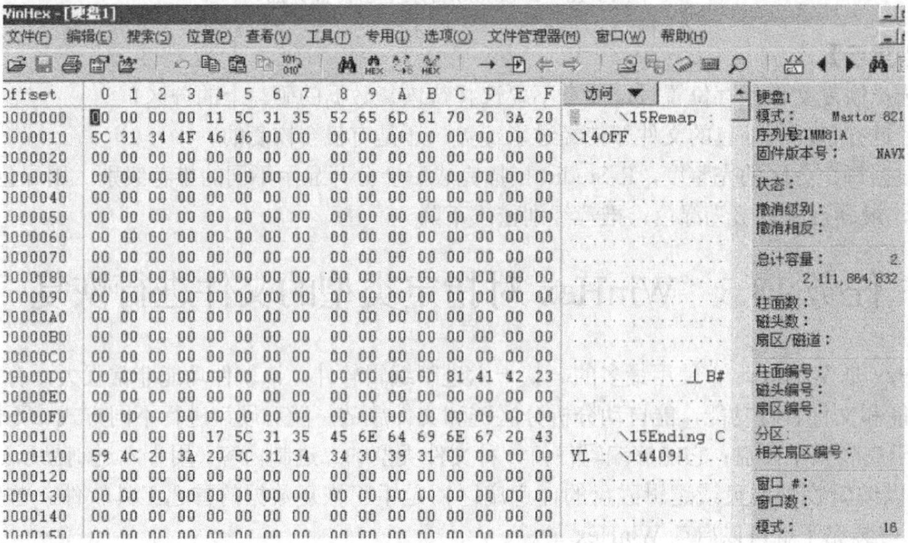

图 13-21　硬盘的编辑界面

向下拉滚动条，可以看到一个灰色的横杠，每到一个横杠为一个扇区，一个扇区共 512 个字节，每两个数字为一个字节，比如 00。

依次单击“Tools”→“Disk Tools”→“File Recovery By Type”，弹出如图 13-22 所示的对话框，单击“OK”按钮。

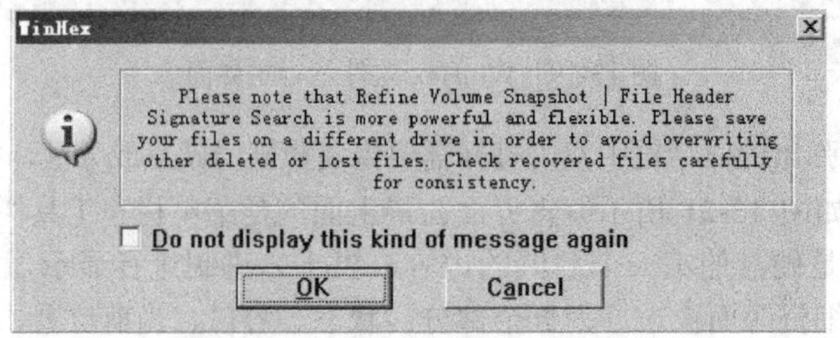

图 13-22　弹出确认对话框

之后又会弹出一个对话框，在此对话框的左侧选择要恢复的文件类型，在对话框的右侧“Default file size：”处输入文件的最大容量。在“Output folder：”处选择恢复出来的文件所要放置的位置，如图 13-23 所示。

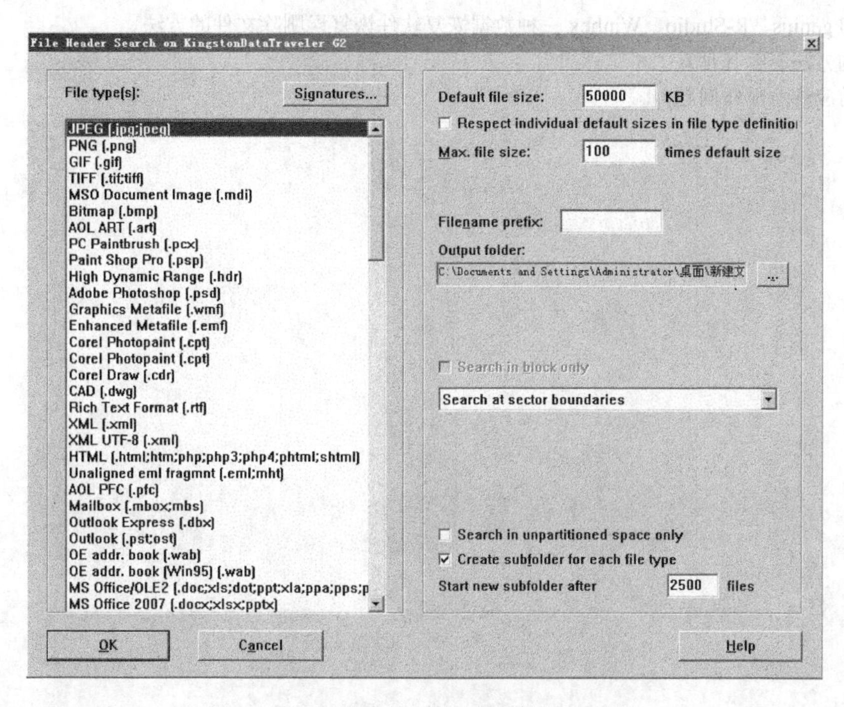

图 13-23　设置待恢复数据容量和存放位置

单击“OK”按钮，WinHex 便开始对指定文件进行恢复，数据恢复进度界面如图 13-24 所示。

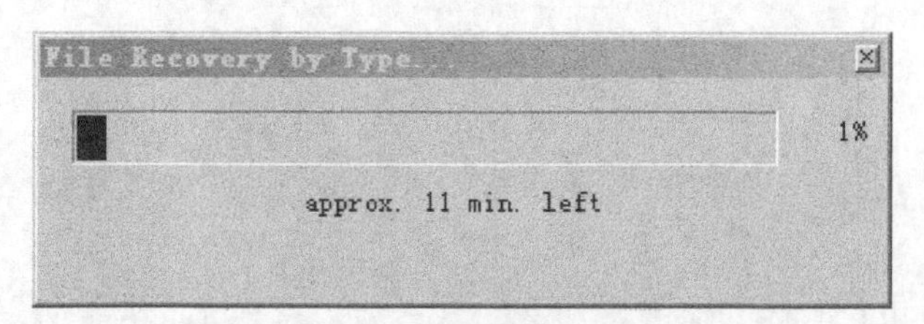

图 13-24　数据恢复进度界面

当进度条达到 100%时，指定类型的文件就全部被恢复出来了。

实训指导

1．用 WinHex 恢复删除的文件

① 在 D 盘新建一个 JPG 图片文件，用 Shift+Del 键将其删除，然后用 WinHex 将其恢复。

② 比较用直接恢复文件与用$MFT（Master File Table，主文件分配表）恢复文件的异同点。

2．用 R-Studio 恢复硬盘删除的文件

在 E 盘新建一个 Word 文档，用“Shift+Del”键将其删除，然后用 R-Studio 将其恢复。注意过滤器功能的应用。

思考与练习

1．比较用 Diskgenius、R-Studio、Winhex 三种数据恢复软件恢复误删除文件的方法。
2．数据恢复的方法有哪几种？
3．恢复数据前应注意哪些问题？

项目 14　笔记本电脑维护

【项目分析】

笔记本电脑在使用中会出现故障，因此要掌握笔记本电脑的结构、组成、电路结构、基本的日常维护与保养，并掌握笔记本电脑的拆、装技巧。

【学习目标】

知识目标：

① 认识笔记本电脑的主要组成部件、架构；

② 掌握笔记本电脑的品牌、分类及日常部件维护技巧。

能力目标：

① 掌握笔记本电脑的日常维护与保养技巧；

② 掌握部件拆装技巧、常见故障分析与维护。

任务 14.1　认识笔记本电脑

14.1.1　笔记本电脑的品牌

笔记本电脑（Notebook Computer）又被称为"便携式电脑"，是一种小型、可携带的个人电脑，通常重 1～3kg，当前的发展趋势是体积越来越小，重量越来越轻，而功能却越发强大。为了缩小体积，笔记本电脑采用液晶显示器（也称液晶屏）。除了键盘以外，有些还装有触控板（Touchpad）或触控点（Pointing stick）作为定位设备（Pointing device）。其最大的特点就是机身小巧，相比台式电脑携带方便。虽然笔记本的机身十分轻便，但完全不用怀疑其应用性，在日常操作和基本商务、娱乐操作中，笔记本电脑完全可以胜任。目前，在全球市场上有多种品牌，排名前列的有联想、华硕、戴尔（Dell）、惠普（HP）、苹果（Apple）、宏基（Acer）、索尼、东芝、三星等。笔记本电脑的标识如图 14-1 所示。

图 14-1　笔记本电脑的标识

14.1.2　笔记本电脑的分类

目前，笔记本电脑从用途上一般可以分为四类：商务型、时尚型、多媒体应用型、特殊用途型。商务型笔记本电脑的特征一般可以概括为移动性强、（电池）续航时间长、外观时尚适合商务使用。多媒体应用型笔记本电脑不但具有强大的图形及多媒体处理能力，又兼有一定的移动性。市面上常见的多媒体应用型笔记本电脑拥有独立的较为先进的显卡、较大的屏幕等特征。特殊用途的笔记本电脑是服务于专业人士，可以在酷暑、严寒、低气压、战争等恶劣环境下使用的机型，多数较笨重。

14.1.3　笔记本电脑的组成

笔记本电脑与台式机电脑组成基本相同，但又有一些区别，主要包括外壳、液晶屏、处理器、散热系统、主板、定位设备、硬盘、电池、显卡与声卡、无线设备、键盘、外接电源适配器等。

（1）外壳

外壳除了美观外，相对于台式计算机更起到对于内部器件的保护作用。较为流行的外壳材料有：工程塑料、镁铝合金、碳纤维复合材料（碳纤维复合塑料）。其中碳纤维复合材料的外壳兼有工程塑料的低密度、高延展，又具备镁铝合金的刚度与屏蔽性，是较为优秀的外壳材料。一般硬件供应商所标示的外壳材料是指笔记本电脑的上表面材料，托手部分及底部一般习惯使用工程塑料。

笔记本电脑常见的外壳用料有：合金外壳有铝镁合金与钛合金，塑料外壳有碳纤维、聚碳酸酯和 ABS 工程塑料。

（2）液晶屏

笔记本的液晶屏可分为 LCD 和 LED 两种。最常用的是 TFT-LCD（Thin Film Tube，薄膜晶体管）。

LCD 和 LED 是两种不同的显示技术，LCD 是由液态晶体组成的显示屏，而 LED 则是由发光二极管组成的显示屏。LED 显示器和 LCD 显示器相比，LED 在亮度、功耗、可视角度和刷新速率等方面，更具优势。

液晶屏的尺寸有：10in、12.1in、13.3in、14.0in、14.1in、15.0in、15.3in、17in 等。

液晶屏由成像系统和背光系统组成。

① 成像系统组成：屏幕保护膜、前偏光片、前玻璃片、彩色滤色膜、液晶、后偏光片、集成电路板。

② 背光系统组成：光导板（背光板、反光板、导光板）、灯管、高压板。

（3）处理器

处理器是台式电脑的核心设备，笔记本电脑也不例外。主要类型是 Intel 和 AMD 公司生产的 CPU。和台式计算机不同，笔记本的处理器除了速度等性能指标外还要兼顾功耗。处理器的本身是能耗大户，笔记本电脑的整体散热系统的能耗不能忽视。

目前主流 CPU 有双核、三核、四核等。增加核心数目就是为了增加线程数，因为操作系统是通过线程来执行任务的，也就是说四核 CPU 一般拥有四个线程。但 Intel 引入超线程技术后，使核心数与线程数形成 1∶2 的关系。

（4）散热系统

散热系统一直是各大品牌厂商非常关注的。笔记本电脑的散热系统由导热设备和散热设备组成，其基本原理是由导热设备（现在一般使用热管）将热量集中到散热设备（现在一般使用 U 形中空铜导管加涡轮风扇，也有使用水冷系统的型号）散出，采用多出风口分散设计共同构成超强散热系统。

风扇启动与停止控制：将一个测温二极管安放在 CPU 下面，接到 CPU 相应引脚上，CPU 内部的电路便可感知其自身的温度，并对发生的高温提供保护。测温二极管还常提供给其他控制芯片实现温度监控，并完成一定的系统控制，如风扇启动等。

（5）定位设备（Pointing device）

笔记本电脑一般会在机身上搭载一套定位设备（相当于台式电脑的鼠标，也有搭载两套定位设备的）。早期一般使用轨迹球（Trackball）作为定位设备，现在较为流行的是触控板（Touchpad）与指点杆（Pointing Stick）。笔记本电脑定位设备如图14-2所示。

轨迹球　　触控板

指点杆

图14-2　笔记本电脑定位设备

（6）硬盘

硬盘的性能对系统整体性能有至关重要的影响。由于受发热量、耗电量和体积等因素的限制，笔记本电脑硬盘的转速、持续传输速度和随机传输速度都低于台式机硬盘。

硬盘的尺寸分为1.8in和2.5in。现有的笔记本电脑用硬盘有四种厚度规格：17mm、12.5mm、9.5mm和7mm。接口有IDE接口和SATA接口。使用何种厚度的硬盘主要由笔记本电脑内部硬盘仓的空间决定。

（7）电池

与台式电脑不同，电池不仅是笔记本电脑最重要的组成部件之一，而且在很大程度上决定了它使用的方便性。对笔记本电脑来说，电池的轻和薄要求越来越高。

笔记本电脑上普遍使用的是可充电电池，现在能够见到的电池种类大致有三种。一种是较为少见的镍镉电池，这种电池具有记忆效应，即每次必须将电池彻底用完后再单独充电，充电也必须一次充满才能使用。如果每次充放电不充分，充电不满或放电不净都会导致电池容量减少。第二种是镍氢电池，这种电池基本上没有记忆效应，充放电比较随意，因此在使用时，可以用笔记本电脑所配的外接电源适配器给笔记本供电。此时如果电池处于不足状态，就可以一边充电一边使用电脑，如果无交流供电，电池可以自动供电。以上两种电池的单独供电时间标称一般不会超过2个小时。第三种锂电池是目前的主流产品，特点是高电压、低重量、高能量，没有记忆效应，可以随时充电；在其他条件完全相同的情况下，同样重量的锂离子电池比镍氢电池的供电时间延长5%，一般在2个小时以上。

除了电池自身的容量和质量之外，笔记本电脑的电源管理能力也是用户必须考虑的。目前几乎所有的笔记本电脑都支持ACPI电源管理特性，主板的控制芯片组也可以通过控制内存的时钟，将内存设置于低电压状态来减少能耗。

目前，笔记本电池主要分为3芯、4芯、6芯、8芯、9芯、12芯等。芯数越大，续航时间越长，价格也越高，一般4芯电池可以续航2h，6芯则为3h。

（8）声卡和显卡

目前的笔记本电脑普遍都使用16位的声卡，也有32位的，但它们音响效果的区别不是普通人耳朵能够听出来的。因此，16位声卡的笔记本电脑完全可以适用于一般办公和娱乐。大部分的笔记本电脑带有声卡或者在主板上集成了声音处理芯片，并且配备了小型内置音箱。但是，笔记本电脑的狭小内部空间通常不足以容纳顶级音质的声卡或高品质音箱。

笔记本电脑的显卡主要分为两大类：集成显卡和独立显卡，性能上独立显卡要好于集成显卡。

集成显卡优点：功耗低、发热量小、性价比高。部分集成显卡的性能已经可以和低档的独立显卡相媲美，所以如无特殊需要,不用花费额外的资金购买显卡。

独立显卡优点：显示成效和性能更好。缺点：系统功耗加大，发热量较大，需额外花费购买显卡的资金。

笔记本集成显卡主要有 Intel、A 卡（ATI 显卡）、N 卡（NVIDIA 显卡）。独立显卡主要分为A 卡（ATI 显卡）及 N 卡（NVIDIA 显卡）。

（9）内存

笔记本电脑内存条比台式机小。Mini 内存用于日系小尺寸笔记本，BGA 封装的内存颗粒用于DDR2 和 DDR3 内存。笔记本内存分类如表 14-1 所示。

表 14-1　笔记本内存分类

分　类	频率/MHz	针脚数/针
SD	100、133	144
DDR	266、333、400、533	200
DDR2	533、667、800、1066	200
DDR3	1066、1333、2666	204

（10）键盘

各种笔记本电脑的键盘形状千差万别,标准化较差。一些外形尺寸完全一样的键盘，也有不少由于内部接口和连线不同而不能通用。但国内销售的笔记本电脑基本上都是 85~88 键的美式键盘，按键大小基本相同。

（11）外接电源适配器

笔记本电脑工作的动力之源是个高品质的开关电源，其工作原理与彩电等家电中的开关电源是一样的，它的作用是为笔记本电脑提供稳定的低压直流电（一般在 12～19V 之间）。作为电源系统的重要部分，它主要起到为笔记本提供外接电源的作用，输入电压范围为 100～240V、频率 50～60Hz、电流 1.5A 的交流电，经过转换，输出为直流。由于目前各笔记本厂家的外接电源适配器尚无统一标准，对于不同厂家不同产品的电源适配器一般不能通用，否则可能会造成机器损坏。

（12）笔记本的接口

一台好的笔记本电脑，需要的不仅是最好的部件，高质量的性能，还要有多种接口，以为笔记本电脑提供良好的扩展性。主要接口有 VGA 图形接口、RJ45 网线接口、HDMI 多媒体高清接口、USB 接口、IEEE 1394 接口、FIR 快速红外传输端口、PCMCIA（Personal Computer Memory Card International Association，个人计算机存储卡协会）接口、音频输入输出接口、RJ11 电话线接口等。联想笔记本电脑接口示意如图 14-3 所示。

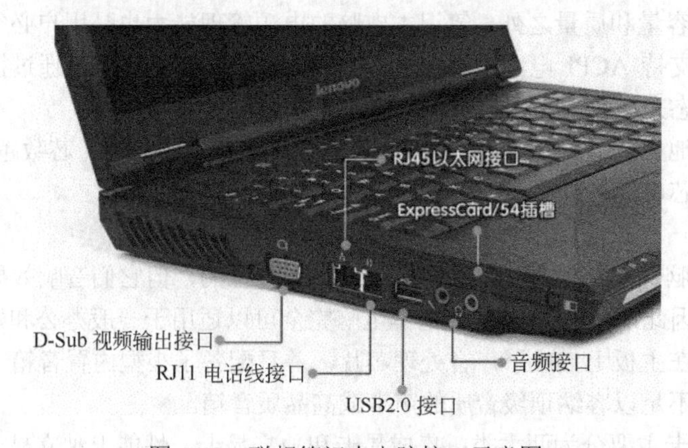

图 14-3　联想笔记本电脑接口示意图

【特别提示】

笔记本电脑的新功能、新技术：最新的第三代（DDR3）内存和显存；APS 硬盘防振技术（可检测机身突发变动，并可临时停止硬盘，以帮助保护用户的数据）；键盘防水；多点触控触摸板；指纹加密；集成摄像头、话筒；有线网、无线网、蓝牙等。

任务14.2 了解笔记本电脑的电路原理

普通的用户对电脑的了解一般停留在应用的阶段，都基于电脑基础之上做一些应用开发和科研，对电脑内部的电路了解较少。目前介绍电脑内部电路的资料和书籍很少，对于笔记本电脑的介绍更是少之又少了。了解笔记本电脑的电路架构，更有利于掌握笔记本电脑维护技术。笔记本电脑的电路原理结构如图14-4所示。

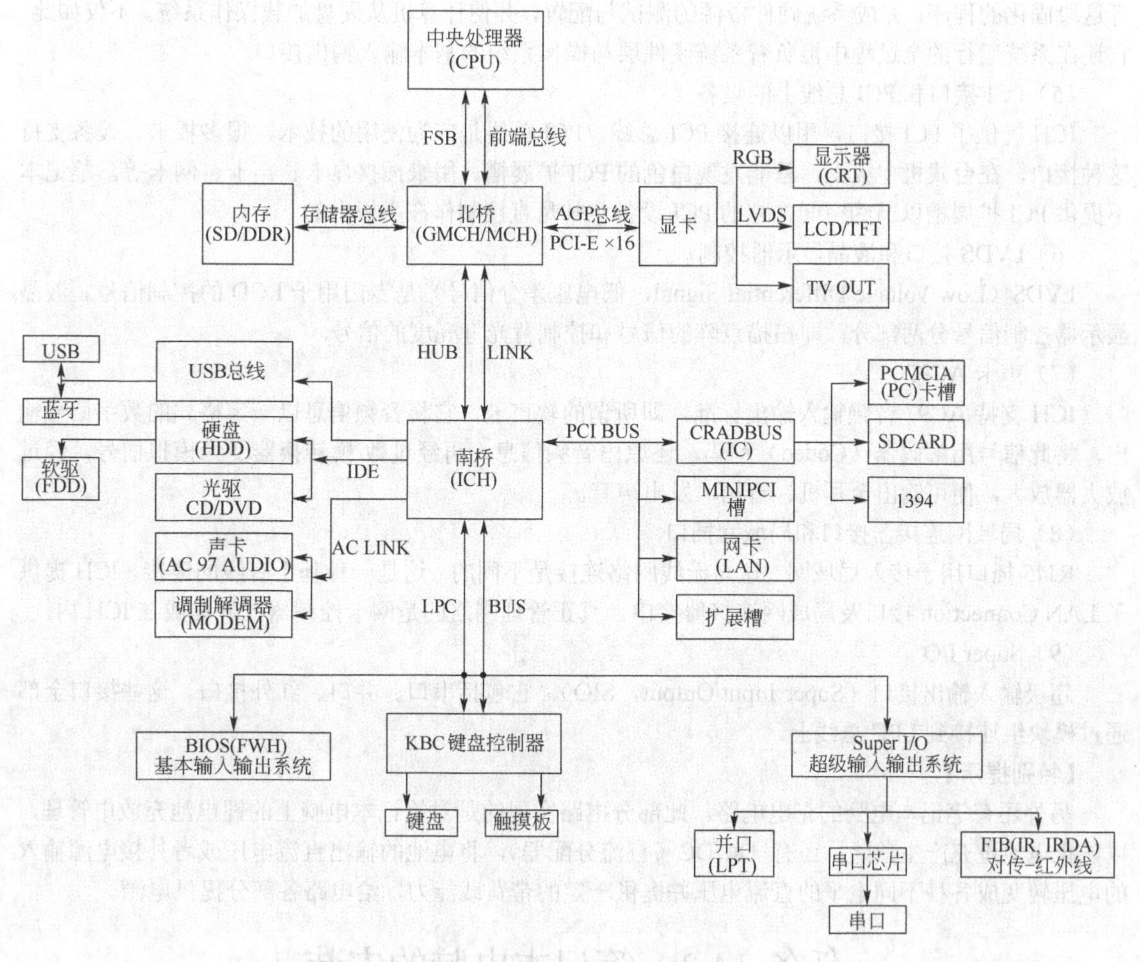

图14-4 笔记本电脑电路原理结构

下面就笔记本电脑电路原理结构图做简要介绍。

（1）GMCH

图形内存控制集线器（Graphics & Memory Controller Hub，GMCH），有的内部集成了显示功能的北桥芯片，如915GM。它主要处理高速设备，包括显卡、内存和CPU之间的通信。它相当于CPU的管家，将CPU的指令分发给相应的模块，或将各模块向CPU的请求在恰当时候通报CPU。它也像网络中使用的集线器，实现一点与多点的连接。

（2）ICH

输入/输出控制集线器（I/O Controller Hub），也叫 I/O 控制器，主要负责低速设备，它可以为系统提供强大的数据 I/O 支持。它提供的接口和相应的周边设备有：PCI 总线、IDE 设备（光驱和硬盘）、声卡、网卡、USB。以 I/O 控制器为核心分别连接了 IDE（光驱和硬盘）、USB、网卡、声卡、PCI 总线和扩展槽等器件的控制电路和接口电路。

（3）LPC 接口及 LPC 总线上的设备

短引脚计数总线（Low Pin Count），它用少量的信号线完成较低速的数据传输。ICH 直接提供了接口来引出 LPC 总线，LPC 总线上一般连接 FHW、SIO 和 KBC/SMC 等设备。

（4）FWH

FWH（Firm Ware Hub，固件集线器）内固化着系统 BIOS 和显示 BIOS。系统启动时，首先执行这段固化的程序，完成系统硬件资源的测试与配置，并使计算机从硬盘加载操作系统。不仅如此，它还在系统运行的全过程中担负着系统硬件层与操作系统的基本输入输出接口。

（5）PCI 接口和 PCI 总线上的设备

ICH 提供了 PCI 接口，用以连接 PCI 总线。PCI 总线是广为使用的技术，很多板卡、设备支持这种接口，在台式机主板上，总能发现白色的 PCI 扩展槽，用来插接显卡、声卡、网卡等。笔记本不提供 PCI 扩展槽以节约空间，它的 PCI 设备常常是直接制作在主板上的。

（6）LVDS 接口和液晶显示器控制

LVDS（Low Voltage Differential Signal，低电压差分信号）是专门用于 LCD 的控制信号。液晶显示器控制信号分两部分，即扫描点阵的信号和控制背光灯亮度的信号。

（7）声卡 AC97

ICH 支持 AC97 音频输入输出标准，即所谓的软声卡，它将音频信息以一定格式的数字信号输出，将此信号用解码器（Codec）解码，还原出音频信息，再经过数/模转换器变为模拟信号，经过放大器放大，便可输出至耳机、音箱，发出声音。

（8）局域网连接器接口和局域网插口

RJ45 插口用于接入局域网。这与无线网络连接是不同的，这是一种基于有线的连接。ICH 提供了 LAN Connection 接口及局域网连接器接口。真正管理网络的是网卡控制器，并集成在 ICH 内。

（9）Super I/O

超级输入输出接口（Super Input/Output，SIO），它包括串口、并口、红外接口。这些接口全部通过模块组连接到 LPC 总线上。

【特别提示】

另外还有笔记本电脑的充电电路，此部分电路实现的是对笔记本电脑上的锂电池充放电管理，以防止电池过充产生危险；还有 DC/DC（直流分配器），将电池的输出直流电压或者外接电源输入的电压转变成各种不同电平的直流电压并提供一定的带负载能力，给电路各部分提供电源。

任务 14.3　笔记本电脑的安装

笔记本电脑维护、部件升级前提是要掌握笔记本电脑拆装技巧。由于笔记本电脑的品牌不同，结构差异大，拆装技巧当然也不同，但还是有一定规律可循的。

14.3.1　准备拆装工具

① 准备各种直径的十字螺丝刀，螺丝刀最好用带有磁性的。部分机型在拆卸时需要用内六角的螺丝刀，最好能购买成套的六角螺丝刀，这样使用比较方便。

② 准备两把镊子。一把尖的镊子，一把钝的镊子。

③ 准备斜口钳、尖嘴钳和钢丝钳等夹取工具。

④ 准备螺钉盒。用于盛放螺钉，防止螺钉丢失。最好有个磁铁吸住卸下的螺钉。

⑤ 准备多只大小不同的盒子，用于盛放拆卸后的部件。

⑥ 准备撬卡扣的硬塑料卡片。防止划伤外壳，影响美观。

14.3.2 笔记本拆机注意事项

① 拆装人员应佩戴相应器具（如静电环等），做好静电防护，而且不要穿涤纶、麻类衣服，注意防止静电。

② 拆机之前要检查机器外壳有无划伤、缺少螺钉，机器是否能启动，硬盘内是否有重要资料，确认后方可拆机。

③ 拆机之前要断开供电电源（电源适配器、电池），并按下开关键 3～5s，放掉电路中的余电。

④ 在工作台上铺一块防静电软垫，确保工作台表面的平整和整洁，防止刮伤笔记本的外壳。

⑤ 拧下的内部螺钉和外部螺钉最好分开放置，并记下螺钉的长短、位置。

⑥ 个别部位拆不开时要观察有无暗扣，商标或保修贴下是否有螺钉，不可用蛮力强拆。

⑦ 拆装部件时要仔细观察，明确拆装顺序和安装部位，拆下的配件依次放置好，以便装机时依次安装，必要时用笔记下顺序或标注。

⑧ 拆卸各类电线时不要直接拉拽，否则会造成不可逆的损坏。一般线缆接口固定有两种：一种是卡口上拉型，另一种为卡口外拉型。仔细观察辨认是何种类型，动作要轻。

⑨ 拆下的液晶屏要轻拿轻放，防止造成屏划伤或屏碎。另外，硬盘也要轻拿轻放。

【特别提示】

注意标签处的螺钉，有些厂家有意用标签盖住螺钉，并注意螺钉的长短区别和安装部位。

14.3.3 认识笔记本底部螺钉的标识

在拆机前，还需要了解笔记本底部的各种标识符，这样想拆下哪些部件就能一目了然了。

（1）认识电池标识

电池的标识如图 14-5 所示。只要拨动电池标识边上的卡扣，就可以拆卸电池。

（2）认识光驱的标识

光驱的标识如图 14-6 所示。固定光驱的螺钉拧下后才可以拆卸光驱。

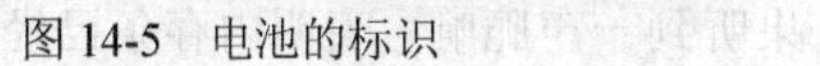
图 14-5 电池的标识

图 14-6 光驱的标识

某些光驱是卡扣固定的，只要扳动卡扣就可以拆卸光驱。此类光驱多支持热插拔，商用笔记本多支持此技术。

（3）认识内存标识

通常内存插槽由两颗螺钉固定。内存的标识如图 14-7 所示。

（4）认识无线网卡标识

无线网卡的标识如图 14-8 所示。需要注意的是，不带内置无线网卡的笔记本是不会有此标识的。

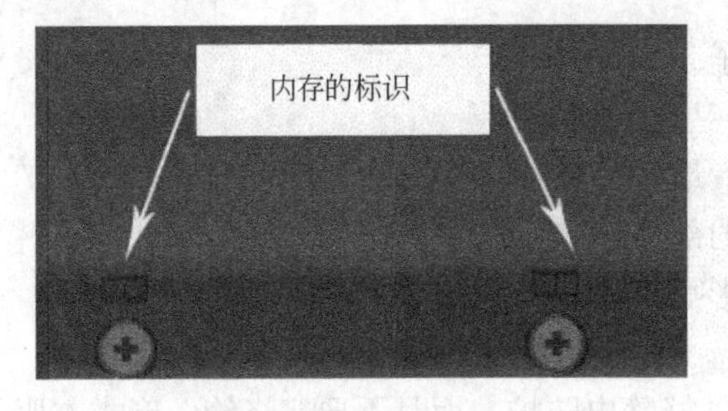

图 14-7 内存的标识

图 14-8 无线网卡的标识

（5）认识硬盘的标识

硬盘的标识如图 14-9 所示。

（6）认识键盘标识

键盘标识如图 14-10 所示。有的键盘有固定螺钉，必须拆下底部相应的螺钉才能拆下键盘。

图 14-9 硬盘的标识

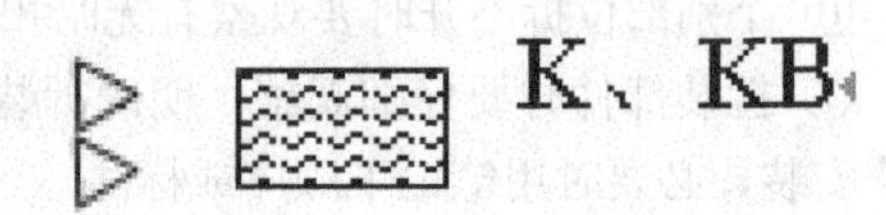

图 14-10 键盘标识

任务 14.4 笔记本电脑的拆卸

笔记本拆卸要掌握一定的顺序和技巧，必要时要学习网络资源，掌握特殊的拆装技巧和厂家说明书。

1）拆内存

内存相对来说是最容易取下来的。先在笔记本的底部找一找，拧下盖板上做标记的螺钉。如果没有也不要紧，把笔记本底部能打开的盖板全打开，一般可以找到内存和硬盘。

看到内存条后，将内存条两侧的卡子平行向外侧拉开，内存条就自动弹了出来。笔记本内存的拆卸如图 14-11 所示。装回时先将内存条以倾斜 30°左右的方向斜插入插槽，一是要注意使金手指完全插入插槽中，二是要注意让金手指缺口对齐插槽上的突起。确定后用力按下内存条，如果听到一声脆响，表明内存条已经安装到位。拆卸内存的时候，用拇指的指甲扣住两边的金属扣，轻轻一拉，内存就会弹出来。把内存对应卡槽倾斜地插进去，然后向下推，听到“咔吧”一声，证明内存已经到位。

图 14-11 笔记本内存的拆卸

有个别时候会出现特殊情况，电脑背面只有一条内存插槽，另一条内存插槽需要打开键盘才能找到。这时，需要先在笔记本电脑的底面找到固定键盘的螺钉（通常在螺钉旁边都会有相应的标识）。

拆下螺钉后，打开笔记本电脑的屏幕，在键盘区的边缘找到长方形的卡扣，一一打开。然后就能将键盘从笔记本电脑上移开了。

移开键盘后，会在主板中间部位找到另一条内存插槽。也有个别品牌的内存安装的位置比较怪异，比如苹果笔记本的内存就藏在电池的后面。拆卸时需要首先拿下电池，然后根据旁边贴着的图示操作即可。

2）拆硬盘

硬盘通常也和内存一样，打开底部的盖板就可以看到，笔记本硬盘如图 14-12 所示。有的厂商还会给硬盘包上一个金属保护外壳，取下周围的固定螺钉后一起拉出即可。现在很多笔记本都会在硬盘上加一个塑料纸片的拉手，值得称赞，如图 14-13 所示。大多数的电脑都将硬盘安装在了笔记本电脑的底面，并有明显标识指向硬盘位。找到硬盘位后，能够很容易拆下或更换硬盘。

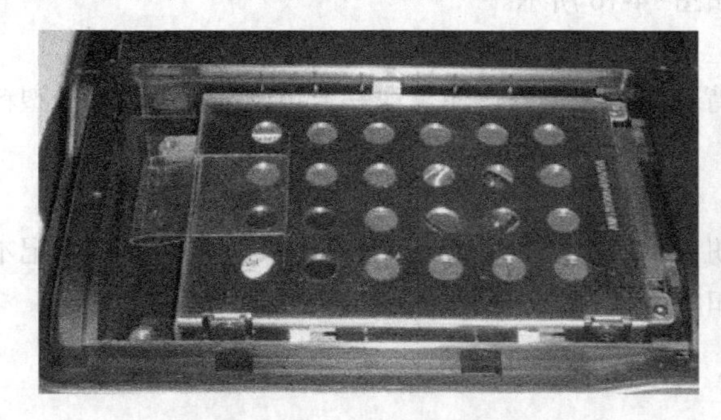

图 14-12　笔记本硬盘

图 14-13　硬盘上加一个塑料纸片的拉手

如果在底部没有找到硬盘，那么很可能硬盘设置在侧面。只有少数袖珍笔记本设计特殊，需要打开掌托才能更换硬盘，这就要麻烦得多。硬盘插回去的时候要注意方向，注意对齐针脚。

3）拆光驱

光驱的取下也很简单，多数是在光驱尾部用一颗螺钉固定，取下后再用手指将光驱拉出。

另外有的笔记本电脑本身支持减重模块，设有一个专门的按钮，拨动一下就可抠出光驱。

4）拆无线网卡

无线网卡采用 Mini PCI 接口，插槽看上去和内存插槽有几分相似，无线网卡的拆卸、安装与内存条也很相似。只是无线网卡带有天线，天线通常设置在 LCD 旁边，再用引线与无线网卡连接起来。在取下无线网卡前先得取下天线，天线是非常细小的同轴电缆，用镊子或者手指拨出时需要小心一点，不要弄弯或者弄断引脚。无线网卡正面如图 14-14 所示。无线网卡反面如图 14-15 所示。

图 14-14　无线网卡正面

图 14-15　无线网卡反面

在将天线装回时要注意不要接反了。天线是一黑一白两根，在无线网卡接口处有“MAIN”标识的接白色天线，标有"AUX"的接黑色天线。有的笔记本虽然没用颜色区分，但是也会标明连接的方向，就更不容易出错了。

5）拆键盘和键帽

在进行拆卸之前先要确定笔记本键盘的封装类型，现在常见的主要有三种，一种是内嵌式固定型，一种是卡扣式固定型，还有一种是螺钉固定型。

（1）内嵌式固定键盘

这种键盘的固定方式多见于 Dell 商务机和日系的笔记本中，从机身后面看不见固定螺钉，拆卸时要先把键盘上方的压条拆除。这种压条在机器背后通常有固定的螺钉。注意键盘下方的数据线，不要硬拉。

除了挡板有螺钉固定之外，还有的笔记本采用内嵌式键盘而挡板没有采用螺钉固定。从转轴处将挡板撬起，慢慢延伸至前面板，整体取下。如图 14-16 所示。

（2）卡扣式固定键盘

卡扣式键盘多见于台系笔记本电脑。拧下背部的固定螺钉，注意观察卡扣位置，用硬物（塑料片、硬的身份证等）将卡扣撬开。

（3）螺钉固定型键盘

螺钉固定型键盘的笔记本主要出现于欧美机型。如早期的 ThinkPad 和 HP 等。首先，把笔记本电脑翻过来，卸下背后印有键盘标记的螺钉，如图 14-17 所示。

图 14-16　内嵌式键盘拆卸

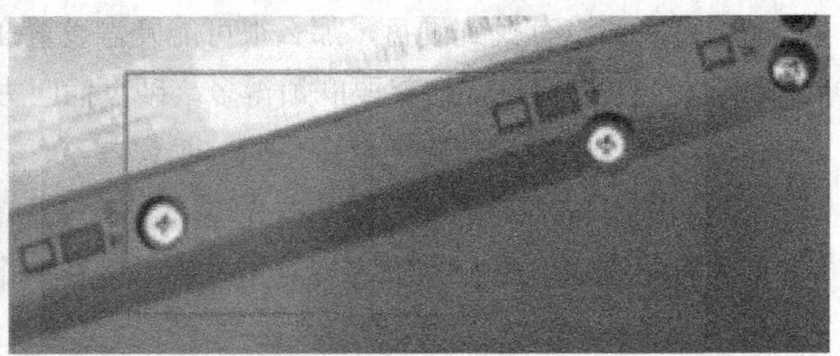

图 14-17　键盘标记的螺钉

注意，卸下印有键盘标志的螺钉之后，将键盘下方的部位向上翘起，注意不要用力过猛。待整个键盘的下部脱离机体之后，再向下抽出键盘，但要注意下面连着的数据线。拆开键盘后机身就露出了差不多一半，已经可以看到主板的许多元件，比如 CPU 或者北桥芯片。

再顺便谈一个小技巧，那就是如何取下键盘的键帽呢。键帽与键盘都是用卡榫连接，取时用中指压住键帽上方，大拇指拉住键帽下边缘使劲向上抠，键帽就会被取下。安装时对准位置，用力按下键帽即可。

6）拆 CPU 及热散热管

CPU 是笔记本电脑的大脑，不过出于散热的考虑，通常情况下它都不会"深藏不露"。很多笔记本电脑的 CPU 打开底部的盖板就可以看到。只有少数笔记本才需要取下键盘甚至把上盖拆开才能看到。判定 CPU 的大体位置不难，因为它总在出风口附近，嗡嗡作响的风扇处就是 CPU 的位置。CPU 及热散热管如图 14-18 所示。

在与 CPU 打交道前，先取下热导管旁边的散热风扇电源接口，再取下固定螺钉（一般只在 CPU

插座周围才有），拿下热导管装置，CPU 就露出来了。可以看到笔记本电脑所用的 CPU 核心直接裸露在外面，没有台式机 CPU 的保护盖，因此当心不要压坏 CPU 核心。

图 14-18　CPU 及热散热管

露出 CPU 后不可硬拨，笔记本的 CPU 同样用 ZIF 插座锁定，只是没有了拨杆，插槽上黑色的平口螺钉就是固定装置，在它的旁边还各有一个锁状标记，指明了目前固定螺钉的状态。这时用平口螺丝刀将固定螺钉旋转 180°，CPU 就很容易取下。用平口螺丝刀旋转 180°，如图 14-19 所示。

图 14-19　用平口螺丝刀旋转 180°

CPU 安装时也有方向性，将 CPU 上的三角形标记对准插座上缺角处，这点和台式机类似。插好后再反向旋转固定螺钉 180°，直到固定螺钉的指针指向了锁定标记，这样 CPU 才算装好。在装回热导管的时候，记住接上风扇的电源接口。

7）拆掌托

掌托也可称为机身上盖。掌托上可能会粘着更多的连线。这一步可以称为拆机的关键，因为在拆下掌托后，就能够完全看到主板。取下机身上盖通常有两种情况，一种是机身上盖浑然一体，一种是上盖分成了两部分，键盘上方一部分，从掌托延伸出来的又是一部分。后一种情况在键盘拆卸部分就已经涉及到，这里只说第一种情况。在这种情况下，拆卸的第一步是取下 LCD 屏旋转部分的铰链盖。铰链盖也是用卡榫连接，先松开 LCD 里面的边缘要容易些，再抠松机身外面的边缘，就可以取下来了。

然后取下底部所有的螺钉，要注意的是现在很多笔记本在底部贴了不少的标签，可能会遮住螺孔。再取下键盘下方的上盖固定螺钉（如果有的话）。取下这些螺钉后，上盖已经有了松动的迹象，再用手或硬卡片沿着机身边缘慢慢撬动，直到上盖脱离机身。注意这时不能用力拽上盖，因为有连线接在上盖上。

8）拆 LCD

观察 LCD 的边框，可看到几个突出的橡胶小圆点，下面就藏着边框的固定螺钉，将它们全部取下，然后沿着 LCD 的内边框（注意不要划伤 LCD 屏幕），将边框松开，面板就露了出来。如果再接着取下面板的固定螺钉，面板也可取下。

笔记本的 LCD 里通常还藏着与主板相连的电源线、显示信号线以及无线网卡天线，还可能看到摄像头的数据线（现在流行给笔记本内置一个摄像头），要注意不要把这些连接线扯坏。

安装时要遵循记录，按照与拆开相反的顺序依次进行。

结语：从实践来看，拆卸笔记本电脑并不容易造成部件的损坏。但是拆完后笔记本黑屏或者不能还原，在新手中确实是存在的。因此刚拆笔记本时一定要小心，不能确定的地方千万不要用蛮力。再就是拆卸一定要遵循循序渐进的原则，一次不要拆得太多，在熟悉后再逐渐向笔记本电脑内部扩展。这样遇到的麻烦会少得多。

任务 14.5　笔记本电脑的维护与保养技巧

14.5.1　笔记本电脑的日常维护

笔记本电脑的维护非常重要，日常维护应掌握以下几点。

① 保护电路，远离有水、火、强电场、潮气的环境。

② 保护硬盘，防止振动，不要强断电关机。

③ 保护显示屏，防止挤压屏幕，不要随意擦拭屏幕，要用眼镜布或者屏幕专用清洁布擦拭。

④ 保护各种接口，不要开机后接设备，除 USB 设备，其他设备最好在开机前接好再用，防止烧口。

⑤ 保护键盘，不要在键盘上压东西，不要用力敲打。

⑥ 保护 CPU，笔记本不能放在松软处，要保持四边和下面的通风良好，保证良好的散热。

14.5.2　笔记本电脑液晶屏的维护与保养

液晶屏约占整机价格的 1/3，且最娇贵，平时在使用中最容易损坏。日常维护应注意如下几点。

（1）保持干燥的工作环境

液晶显示器对空气湿度的要求比较苛刻，所以必须保证它能够在一个相对干燥的环境中工作。特别是不能将潮气带入显示器的内部，这对于一些工作于环境比较潮湿的用户来说，尤为关键。最好准备一块干净的软布，随时保持显示屏的干燥。如果水分已经进入液晶显示器里面的话，就需要将显示器放置到干燥的地方，让水分慢慢地蒸发掉，千万不要贸然地打开电源，否则显示器的液晶电极会被腐蚀掉，从而铸成大错。

（2）使用间歇期注意保持休眠状态

较长时间离开时，可通过键盘上的功能键暂时仅将液晶显示屏幕电源关闭。有的机型是合上显示器，这除了省电外，还可延长屏幕寿命。

（3）合理安排使用时间和调整显示亮度

LCD 与 CRT 相比，其使用寿命要短许多。它的显示照明来自于装置在其中的背光灯管，使用超过一定时间，背光灯的亮度就会逐渐地下降。因此屏的亮度不可过高，这样会使灯管过度疲劳，必然会加速灯管的老化。

（4）充分保证液晶显示器的健康

液晶显示屏非常脆弱，在剧烈的移动或者振动的过程中就有可能损坏显示屏。不要用力盖上液晶显示屏的屏幕上盖或是放置任何异物在键盘及显示屏幕之间，避免上盖玻璃因重压而导致内部组件损坏；千万不要用手指甲及尖锐的物品（硬物）碰触屏幕表面，以免刮伤。

（5）定时定量清洁显示屏

由于灰尘等不洁物质，液晶显示器的显示屏上经常会出现一些难看的污迹疤痕，所以要定时清洁显示屏。拿蘸有少许玻璃清洁剂的软布小心地把污迹擦去（购买液晶显示屏幕专用擦拭布更好）。擦拭时力度要轻，否则显示器屏幕会短路损坏，擦的过程中始终顺着一个方向。清洁显示屏还要定时定量，频繁擦洗也是不对的，那样同样会对显示屏造成一些不良影响。切忌用手指擦除，以免刮伤、留下指纹。

14.5.3 电池的维护与保养

（1）新电池的使用

当购买了一块新电池或一台新笔记本电脑时，会发现电池电量很少，或许根本启动不了电脑。这是因为电池经过长时间的存放，已经自然放电完了，这并不影响电池的容量。

一般的做法是为电池连续充放电 3 次，才能够让电池充分地预热，真正发挥潜在的性能。这里说的充放电指的是用户对电池进行充满/放净的操作，记住，一定要充满，放干净，然后再充满，再放干净，这样重复 3 次。电池不要随意取掉，要保证电池经常处于满电状态和激活状态。此后就可以对电池进行正常的使用了。

（2）电池的充、放电

开始给电池充电之后，最好等它完全充好电之后再使用。由于笔记本电脑使用的锂电池存在一定的惰性效应，长时间不使用会使锂离子失去活性，需要重新激活。因此，如果长时间（3 个星期或更长）不使用电脑或发现电池充放电时间变短，应使电池完全放电后再充电，一般每个月至少充放电 1 次。具体做法就是用电池供电，一直使用到电池容量为 0%（这时系统会自动进入休眠或待机状态，根据 BIOS 中设置不同），然后接上交流充电器一直充满到 100%为止。

（3）电池的节电与卸载

尽可能用电源适配器，这样当真正需要用到电池时，手边随时都会有一块充满的电池。尽可能调低屏幕亮度。液晶显示屏幕越亮，所消耗的电能越多。在同时使用交流电及电池运行笔记本电脑时（即开机状态下），切勿取出电池，否则有可能使电池损坏，正确方法是关机后再取出电池。

电池驱动时最好选择“休眠”。“休眠”状态会关闭硬盘、CPU、内存的所有电源，没有耗电。

【特别提示】

要定期进行电池保养。如果保证不了每次都把电池用到彻底干净再充电，那么至少应 1 个月为其进行一次标准的充放电（即充满后放干净再充满），这样对延长电池的寿命很有好处。

14.5.4 键盘的维护与保养

清洁时千万要小心，一定要先关闭电源，然后用小毛刷或吹气球来清洁缝隙的灰尘；或使用掌上型吸尘器来清除键盘上的灰尘和碎屑。接下来再用软布擦拭键帽，可在软布上蘸上少许清洁剂，在关机的情况下轻轻擦拭键盘表面。

14.5.5　硬盘的维护保养

硬盘特别娇贵，在硬盘运转的过程中，尽量不要过快地移动笔记本电脑，当然更不要突然撞击笔记本电脑。

① 尽量在平稳的状况下使用，避免剧烈晃动计算机。

② 开关机过程是硬盘最脆弱的时候。此时硬盘轴承转速尚未稳定，若产生振动，则容易造成坏道。故建议关机后等待约 10s 后再移动笔记本电脑。

③ 平均每月执行一次磁盘查错及碎片整理，以提高磁盘存取效率。

④ 注意不要接触带磁性的物品，切忌将磁盘、CD、信用卡等带有磁性的东西放在笔记本电脑上，因为它们极易消去电脑硬盘上的信息。

14.5.6　光驱的维护与保养

① 使用光盘清洁片，定期清洁镭射读取头。

② 笔记本电脑光驱的光头多和托盘制作在一起，为避免 CD 托盘变形，在取放光盘时，一定要双手并用，一只手托住托盘，另一只手将光盘片固定或取出。

③ 注意及时取出光盘。如果笔记本电脑发生跌落或磕碰，会导致盘片与激光头产生碰撞，这样极易损坏盘中的数据或驱动器。

14.5.7　触控板的维护与保养

一般的触控板都分为多层，第一层是透明的保护层，第二层为触感层。需要注意的是第一层，这层保护层主要功能是加强触控板的耐磨性。

由于触控板的表面经常受到手指的按压和摩擦，所以这层保护层的作用至关重要。千万注意不要不小心让硬东西将这层保护膜划破，这层膜只要破了一点，其余的部分很快就会脱落，到时候整个保护膜掉光了，触控板的耐磨性就非常脆弱了，很容易由于长时间的摩擦导致其失灵。

当然，保持触控板的清洁也是必要的。不可以让触控板碰到水之类的流质物体，使用触控板时请务必保持双手清洁，以免发生光标乱跑现象。不小心弄脏表面时，可将干布蘸湿一角轻轻擦拭触控板表面即可（在关机的状态下），请勿使用粗糙布等物品擦拭表面。触控板是感应式精密电子组件，请勿使用尖锐物品在触控面板上书写，亦不可重压使用，以免造成损坏。

【特别提示】

定期使用外部存储方式（比如光盘刻录、磁带存储、外置硬盘或网络共享）进行外部备份，以确保在关键时刻可以保住重要数据。

任务 14.6　笔记本常见故障分析与维修案例

笔记本出现故障后，如果自己不能解决时，不要盲目拆机，否则有可能扩大故障。应该先对故障现象进行分析，找出故障原因后再进行针对性处理。下面给出了笔记本电脑比较常见的软、硬故障案例，并给出了故障分析及处理方法。

【案例 1】 笔记本开机不通电，无指示灯显示

① 拆除系统电池和外接电源，按下开机按钮后，释放静电若干秒。

② 单独接上标配外接适配器电源，开机测试。

③ 如果按步骤②的方法能正常开机，则拔除外接电源，安装系统电池，开机测试。

④ 故障件确认：使用最小化测试方法，即维持开机最少部件（主板和 CPU），如果测试能正常开机，则可以通过逐个增加相关部件，找出影响故障的部件或者安装问题；如果仍然不能开机，则可能的故障部件为主板、电源板或 CPU，应更换相应部件后再进行测试。

【案例 2】 笔记本开机指示灯显示正常，但显示屏无显示

① 外接一个显示器，并且确认切换到外接显示状态。

② 如果外接显示设备能够正常显示，则通常可以认为 CPU 和内存等部件正常，故障部件可能为液晶屏、屏线、显卡（某些机型含独立显卡）和主板等。

③ 如果外接显示设备也无法正常显示，则故障部件可能为显卡、主板、CPU 和内存等。

④ 进行最小化测试，注意内存、CPU 和主板之间兼容性问题。

【案例 3】 液晶屏有画面，但显示暗

① 背光板无法将主板提供的直流电源进行转换，无法为液晶屏灯管提供高压交流电压。

② 主板和背光板电源、控制线路不通或短路。

③ 主板没有向背光板提供所需电源，或控制信号。

④ 休眠开关按键不良，一直处于闭合状态。

⑤ 液晶屏模组内部的灯管无法显示。

⑥ 其他软件类的一些不确定因素等。

【案例 4】 开机或运行中系统自动重启

① 系统文件异常，或中病毒。

② 主板、CPU 等相关硬件存在问题。

③ 使用环境的温度、湿度等干扰因素。

④ 系统是否设置定时任务。

【案例 5】 USB/1394 接口设备无法正常识别、读写

① 在其他机型上使用 USB/1394 相关设备，如果也无法正常使用，则 USB/1394 设备本身存在问题。

② 检查主板上其他同类型端口是否存在相同的问题，如果都有故障，则可能为主板问题。

③ 检查是否存在设备接口损坏、接触不良、连线不导通、屏蔽不良等的设备接口问题。

④ 使用其他型号 USB/1394 设备测试，如果使用正常，则可能是兼容性问题。

⑤ 检查 USB/1394 设备的驱动程序是否正确安装。

【案例 6】 液晶屏“花屏”

① 如果开机时的 LOGO 画面液晶屏显示“花屏”，则可以连接外接显示设备，若能够正常显示，则可能液晶屏、屏线、显卡和主板等部件存在故障；若无法正常显示，则可能故障部件为主板、显卡、内存等。

② 如果在系统运行过程中不定时出现“白屏、绿屏”相关故障，则通常是显卡驱动兼容性问题所导致。

【案例 7】 系统内外喇叭无声、杂音、共响

① 系统内置喇叭无声，外接喇叭输出正常，可能故障原因为内、外喇叭接口损坏或内置喇叭、主板（部分机型含声卡板）、连接线未接导致屏蔽等。

② 系统内置、外接喇叭同时无声，可能为主板、声卡驱动等相关问题。

③ 系统内置、外接喇叭同时发声，可能外喇叭接口损坏、主板（部分机型含声卡板）、连接线未接屏蔽等问题。

④ 系统音频播放杂音“咔、咔”，可能为内置喇叭、主板（部分机型含声卡板）、驱动存在问题等。

【案例 8】 网络无法连接

① 网线连接不通，网络图标打“红叉”，显示网络不通，可能是主板、网线、相关服务器和其他软件存在问题。

② 显示网络已连接，但是无法上网，可能是主板、网线、相关服务器和其他软件设置存在问题。

③ 有些网页能够连接，而有些网页连接不上，经常断线，可能是网络的 MTU（Maximum Transmission Unit，最大传输单元）值不对。

【案例 9】 触摸板无法使用或者使用不灵活

① 触控板无法实现鼠标类相关功能，可能为快捷键关闭或触控板驱动设置有误，主板或触控板硬件存在故障，接口接触不良或其他软件的设置存在问题。

② 使用过程中鼠标箭头不灵活，可能是机型与鼠标不匹配、使用者个体差异，或者触控板驱动等软件问题。

实训指导

1．了解笔记本电脑的特性与拆装

（1）观察笔记本电脑的特性

观察一台笔记本电脑，查阅它的文档，浏览制造商网站，回答以下问题。

① 如何在笔记本电脑上更换充电电池？

② 笔记本电脑使用何种内存条？

③ 硬盘驱动器的接口类型、转速与容量。

④ 独立显卡还是集成显卡？查阅显卡的型号。

⑤ 笔记本电脑上有哪些端口？

⑥ 安装的 CPU 类型、参数。

（2）拆装笔记本电脑

学习拆卸笔记本电脑的最佳方式是在一台旧的电脑上进行实践。找一台旧的笔记本电脑，从网络中下载其说明书或维修手册，按照指导手册小心拆卸，之后再重新组合。寻找其他生产厂家的笔记本进行拆装，了解不同厂家笔记本的拆装技巧并总结。

2．笔记本电脑上网

（1）学校无线网络的使用

① 打开网卡设置窗口，鼠标点击桌面上“网上邻居”图标，点击右键打开右键快捷菜单，左键点击“属性”，在打开的窗口中选择“本地连接”（无线网卡），右键菜单中选“属性”，在打开的窗口中选“TCP/IP 协议”，在单击 TCP/IP 协议后点击“属性”打开 IP 设置对话框。

② 设置无线 IP。子网掩码为 255.255.255.0，只要鼠标在其中点一下就自动填好了。设置网关。设置 DNS。单击“确定”按钮就保存好了。

③ 连接无线网，点击网上邻居的无线网卡选择查看无线网络，选择信号强的点击“连接”，出现密匙窗口，输入密码后点“连接”，会出现“已连接”，第一次必须输入密码，以后就不需要了。

④ 打开 IE 浏览器就可以上网了。注意：在网上下载较大的资源请用有线网，无线网速度远不及有线网，无线网上网人越多速度会越慢。

（2）家庭电话线 ADSL 上网

将网线插入笔记本网口；双击桌面上“宽带”，在打开的窗口相应栏输入通信商给的用户名、密码，单击“连接”；打开浏览器上网。

（3）家庭 ADSL 无线路由上网

设置方法同“（1）学校无线网络的使用”的①～③，但要修改 IP 为“自动获取 IP 地址”。

思考与练习

1．拔掉笔记本内存，笔记本会报警吗？请在自己的笔记本电脑试试。

2．笔记本电池很长时间没用，如何激活电池？

3．笔记本外接交流电源适配器一般供电电压、功率是多少？

4．根据开机屏幕提示，观察自己笔记本进入 BIOS 的方法。

5．先看精品课程笔记本拆装“课程录像”，了解基本技巧和步骤。

附录 计算机维护常用专业英语

1 POST—— Power On Self Test 上电自检

2 CPU——Central Processing Unit 中央处理单元

3 MMX——MultiMedia eXtended 多媒体扩展指令

4 CMOS——Complementary Metal-Oxide Semiconductor 互补性氧化金属半导体

5 IDE——Integrated Drive Electronics 电子集成驱动器

6 USB——Universal Serial Bus 通用串行总线

7 RAM——Random Access Memory 随机存储内存

8 GPU——Graphics Processing Unit 图形处理单元

9 AGP——Accelerate Graphical Port 加速图形接口

10 tAC——Access Time from CLK 内存存取时间

11 tCK——Clock Cycle Time 内存时钟周期

12 SPD——Serial Presence Detec 连续存在侦测

13 GMCH——Graphics&Memory Controller Hub 图形内存控制中心（北桥）

14 ICH——I/O Controller Hub 输入/输出控制中心（南桥）

15 AHA——Accelerated Hub Architecture 加速中心架构

16 DMI——Direct Media Interface 直接媒体接口

17 FWH—— Firm Ware Hub 固件中心

18 FSB ——Front Side Bus 前端总线(CPU 外频)

19 PCI——Peripheral Component Interconnection 外设部件互连

20 RAM——Random Access Memory 随机存取储存器

21 DMA——Direct Memory Access 直接内存访问

22 L1、L2 Cache —— CPU 内部集成的一级和二级高速数据缓冲存储器

23 EMI——Electro Magnetic Interference 电磁干扰

24 ESD——Electro-Static Discharge 静电放电

25 PCMCIA——Personal Computer Memory Card International Association 个人计算机存储器卡国际联合会

26 SM-Bus —— System Manager Bus 系统管理总线

27 IRQ—— Interrupt Request 中断请求

28 STR—— Suspend To RAM 休眠到内存

29 STD—— Suspend To Disk 休眠到磁盘

30 OVP—— Over Voltage Protect 过电压保护

31 UVP—— Under Voltage Protect 低电压保护

32 ECC——Error Checking and Correcting 错误检查和纠正 奇偶校验

33 RAMDAC——RAM Digital to Analog Convener 随机存储器数/模转换器

34 CCD —— Charge Coupled Device 光电耦合感光元件

35 EPROM——Erasable Programmable ROM 可擦写、可编程 ROM

36 PROM——Programmable ROM 可编程 ROM

37 EEPROM——Electrically Erasable Programmable ROM 电可擦写、可编程 ROM
38 DRAM——Dynamic Random Access Memory 动态随机存取存储器
39 SRAM——Static Random Access Memory 静态随机存储器
40 SDRAM——Synchronous DRAM 同步动态随机存储器
41 DDR——Double Data Rate 双倍数据传输率
42 CAS—— Column Address Strobe 列地址控制器
43 RAS——Row Address Strobe 行地址控制器
44 CL—— CAS Latency CAS 潜伏期
45 tAC——Access Time from CLK 时钟触发后的访问时间
46 tRP—— Precharge command Period 预充电有效周期
47 HT—— Hyper-Threading Technology 超线程技术
48 BIOS—— Basic Input Output System 基本输入/输出系统
49 ATA——Advanced Technology Attachment 高级技术附加装置
50 eSATA——External Serial ATA 外部串行 ATA
51 RAID——Redundant Array Independent Disks 独立磁盘冗余阵列
52 ECC——Error Check Correct 错误检查与校正
53 TFT——Thin Film Transistor 薄膜晶体管
54 DVD——Digital Video Disc/Disk 数字化视频光盘
55 CRT——Cathode Ray Tub 阴极射线管
56 LCD——Liquid Crystal Display 液晶显示器
57 Defiection Coils 偏转线圈
58 Shadow Mask 荫罩
59 Electron Gun 电子枪
60 Resolution 分辨率
61 Dot Pitch 点距
62 Band Width 带宽
63 TN——Twisted Nematic 扭曲向列型
64 DVI——Digital Visual Interface 数字视频接口
65 SWEDAC——Swedish National Board For Measurement And Testing 瑞典国家技术部
66 S.M.A.R.T——Self Monitoring Analysis And Reporting Technology 自监测、分析、报告技术
67 CD ——Compact Disc 激光唱片、光盘
68 CD-R——CD Recordable 可记录光盘
69 ADSL——Asymmetric Digital Subscriber Line 非对称数字用户线路
70 MBR——Master Boot Record 硬盘的主引导记录
71 DPT——Disk Partition Table 磁盘分区表
72 AHCI—— Advanced Host Controller Interface 高级主控接口（硬盘一种管理模式）
73 PGA——Pin Grid Array 针栅阵列
74 BGA——Ball Grid Array 球栅阵列
75 MBGA——Micro Ball Grid Array 微型球栅阵列
76 PLCC——Plastic Leadless Chip Carrier 塑料有引脚芯片载体
77 PCB—— Printed Circuit Board 印制电路板
78 SOP——Small Outline Package 小外形封装

79 TSOP——Thin Small Outline Package 薄型小外形封装

80 SOJ——Small Out-Line J-Lead 小尺寸 J 形引脚封装

81 FBGA——Fine-Pitch Ball Grid Array 细间距球栅阵列封装

82 CSP—— Chip Scale Package 芯片级封装

83 S. E. C. C——Single Edge Contact Cartridge 单边接触卡盒

84 PLGA——Plastic Land Grid Array 塑料焊盘栅格阵列封装

85 FTP——File Transfer Protocal 文件传输协议

86 RAID——Redundant Array of Independent Disks 独立磁盘冗余阵列

87 ADSL——Asymmetrical Digital Subscriber Loop 非对称数字用户环路

参 考 文 献

[1] 孙承庭．计算机组装维护与维修（修订本）．[M]．北京：清华大学出版社，2007.
[2] 曹然彬．计算机维护与维修．[M]．北京：清华大学出版社，2012.
[3] 黄建设．计算机组装与维护项目化教程．[M]．北京：北京工业大学出版社，2010.
[4] 张思卿，侯德亭．计算机组装与维护项目化教程．[M]．北京：化学工业出版社，2012.
[5] 钱峰．计算机组装与维护．[M]．北京：北京理工大学出版社，2010.